卫星与运载火箭力学环境
分析方法及试

马兴瑞　韩增尧 等　著

科 学 出 版 社

北　京

内 容 简 介

本书系统论述了卫星与运载火箭结构动力学分析与建模方法、飞行力学环境测量与分析技术、卫星的试验技术及星箭组合体联合试验技术等，具体包括以下主要内容：卫星与运载火箭力学环境基本概念；卫星与运载火箭动力学响应的通用分析方法，涉及低频、中频和高频动力学响应分析及卫星与运载火箭结构动力学建模技术；卫星与运载火箭力学环境测量与分析技术；卫星动力学环境试验条件设计技术及工程应用实例；卫星与运载火箭的动力学环境地面模拟试验技术，包括卫星动力学试验、最新发展的力限试验和星箭联合试验等。

本书适合航天工程型号总体设计、动力学环境预示与分析、力学环境试验等专业的科技人员使用，也可供航天、航空飞行器设计专业及力学专业研究生和教师参考。

图书在版编目(CIP)数据

卫星与运载火箭力学环境分析方法及试验技术/马兴瑞等著.—北京：科学出版社，2014.1

ISBN 978-7-03-039568-9

Ⅰ.①卫… Ⅱ.①马… Ⅲ.①卫星-运载火箭-力学-环境试验-研究 Ⅳ.①V412.4②V47

中国版本图书馆 CIP 数据核字(2014)第 011125 号

责任编辑：周　炜 / 责任校对：桂伟利
责任印制：吴兆东 / 封面设计：陈　敬

科学出版社 出版
北京东黄城根北街 16 号
邮政编码：100717
http://www.sciencep.com
北京建宏印刷有限公司 印刷
科学出版社发行　各地新华书店经销
*
2014 年 1 月第　一　版　开本：B5(720×1000)
2022 年 2 月第五次印刷　印张：24 1/2　插页：8
字数：480 000

定价：188.00 元

(如有印装质量问题，我社负责调换)

前　言

航天技术的持续发展和进步为人类进入太空、认识太空和利用太空提供了源源不断的动力。半个多世纪以来，美国、俄罗斯、日本、印度等世界主要航天大国在航天领域经过快速发展，取得了辉煌成就，为人类的科技进步、经济发展和生活水平提高做出了巨大贡献；中国航天也走出了一条独立自主的发展道路，先后成功地实现了从“两弹一星”到载人航天工程和探月工程等重要里程碑的跨越，逐步从航天大国向航天强国迈进。

卫星和运载火箭作为体现航天技术发展的主要载体，其研制、发射和运行是一项庞大的系统工程，而力学环境的分析与试验则是卫星和运载火箭研制过程中的重要环节。力学环境分析方法及试验技术的正确性与合理性直接影响着卫星和运载火箭的设计水平，甚至决定着航天任务的成败。

本书主要作者均具有丰富的卫星或运载火箭工程研制经验，在卫星和运载火箭力学环境分析方法和试验技术方面开展了系统深入研究，先后得到总装备部共性技术重点项目、总装备部支撑项目和国家 973 项目支持。本书系统提炼了项目研制过程中突破的多项关键技术及取得的创新成果，吸取了作者在以往工程实践中的方法和经验，并适当综合了国内外在该领域的主要进展，是力学与航天工程交叉学科领域的一部专业的科技著作。

本书由中国航天科技集团公司及下属研究院所相关专业人员撰写。全书共 8 章：第 1 章由马兴瑞、韩增尧、林益明撰写；第 2 章由邹元杰、马兴瑞、张瑾、韩增尧撰写；第 3 章由丁继锋、马兴瑞、潘忠文、韩增尧撰写；第 4 章由潘忠文、赵会光、厉智强撰写；第 5 章由李正举、马兴瑞、韩增尧、潘忠文撰写；第 6 章由向树红、张俊刚撰写；第 7 章由张俊刚、马兴瑞、李正举、王天罡撰写；第 8 章由张正平、王建民撰写。全书由马兴瑞、韩增尧统稿。

黄文虎院士、邱吉宝研究员、曲广吉研究员、彭成荣研究员、朱礼文研究员、柴洪友研究员、朱凤梧研究员和冯纪生研究员等专家审阅了书稿，提出了宝贵意见；张玉梅、赵小宇、秦玉灵和刘绍奎协助完成全书的整理等工作，在此一并表示感谢。

限于作者水平，书中难免存在疏漏和不足之处，敬请读者批评指正。

目　　录

第1章　卫星与运载火箭力学环境基本概念

卫星与运载火箭在全寿命周期经受的环境并不完全相同。卫星在制造总装、地面运输、发射入轨、在轨运行以至主动返回等阶段要分别经历复杂的地面总装环境、地面试验环境、地面运输环境、发射环境、空间环境和返回环境，这些环境统称为卫星环境[1]。火箭由于其主动段发射任务完成后即告任务终止，因此其环境因素一般只涉及总装、试验、运输和主动段发射等几个阶段[2]。

力学环境(mechanical environment)是卫星环境和火箭环境的重要组成部分，它是指卫星和火箭产品所经受的振动、冲击、噪声、加速度和微重力等环境。力学环境又可分为静力环境(static environment)和动力环境(dynamic environment)。前者主要是指卫星和火箭经历的准静态环境，如发射段的准静态加速度过载、卫星发动机在轨工作过程中引起的整星过载、返回式卫星在返回减速过程中承受的过载等。动力环境则是指能够产生时变扰动激励(亦称外力函数或动力载荷)的所有现象，这些扰动激励直接或间接施加在火箭和卫星及其部组件上，如运载火箭整流罩内的声环境、卫星和火箭对接面上的随机振动环境、火箭级间分离产生的瞬态振动环境、星箭分离时包带解锁引起的冲击环境等。

1.1　卫星与运载火箭力学环境范围

卫星和运载火箭从研制、发射、在轨运行直至任务结束所经受的力学环境并不完全一致。由于研制流程或任务的不同，卫星所受力学环境的种类和特性也会存在一定的差别。例如，不同运输方式(汽车、火车、轮船和飞机)将使卫星承受不同的运输环境，返回式卫星因其返回地面，所以需比非返回式卫星多承受一类返回气动力/热环境和着陆冲击环境等。但概括起来，力学环境的设计和分析过程应涵盖卫星与运载火箭从制造到任务终止的整个寿命周期，不可忽略任何一个环节，否则可能导致部组件的失效，甚至整个任务的失败。

为了归纳卫星与运载火箭整个寿命周期内力学环境的基本特征，按照卫星与运载火箭在寿命期间先后经受的不同力学环境逐一进行介绍[3]。

1. 总装力学环境

卫星及运载火箭在总装过程中(如起吊、翻转、组装等环节)都要经受一定的力学环境，总装期间的力学环境并不突出，一般通过考虑相应的静态过载系数进行静强度的校核,在设计阶段予以克服。此外可在总装过程中通过控制起吊、翻转的速率尽量降低总装阶段力学环境对卫星与运载火箭的影响。

2. 地面试验力学环境

卫星与运载火箭在上天飞行前要开展必要的地面力学试验,以验证其是否具备参加飞行的条件。不同研制阶段开展的地面力学试验内容侧重点不同,但对于参加飞行的产品来说一般只开展验收级力学环境试验。验收试验主要用于检验交付的正样产品是否满足飞行要求,并通过环境应力筛选手段检测出产品质量缺陷,剔除早期失效。不同于本节所介绍的其他力学环境,地面试验力学环境是一种人为的、有目的的力学环境,其条件需要根据卫星和火箭的不同研制阶段,结合不同的目的和需求有针对性地制定和剪裁。

3. 运输力学环境

所有的卫星及火箭都要从生产地、制造地或储存地点运往发射场,运输期间必然要经受运输力学环境。运输的方式也是多种多样的,运载火箭一般采用铁路或船舶运输,卫星通常采用铁路、航空或公路运输。不同的运输方式所诱发的力学环境也存在较大差异,有些可能会对卫星以及星载精密的部组件造成损伤,因此在卫星运输过程中,一般配备专门的运输包装箱,并安装加速度传感器等设备对力学环境进行实时监测。在运输过程中偶尔会发生意外事件,如大幅颠簸、跌落、磕碰等,此时需要对运输产品的受损状况进行专项评估。

4. 运载火箭起飞力学环境

运载火箭起飞力学环境主要包括瞬态冲击力学环境和发动机喷流声环境。

运载火箭起飞前发动机需建立足够的推力,这样连接运载火箭和发射平台的牵引机构才能释放。机构释放同时伴随运载火箭起飞,此时将产生一定的瞬态冲击载荷,载荷的方向主要是在火箭纵向,其频率也比较低,通常在数十赫兹以下。

发动机喷流声环境是由发动机喷出的高速气体和周围空气相互作用所形成的震耳欲聋的声环境。这类声环境呈现一定的随机性,频带很宽,其能量通常集中在50～10 000Hz。喷流噪声的声压级与诸多因素有关,如发动机的个数、喷嘴直径、喷出气体的速度、地面导流槽的设计方式、喷水措施等。这类声环境对火箭外部及内部的结构和部件都会产生影响,其声压级在运载火箭和卫星的不同部位呈现较大差异,并随火箭的持续飞行发生很大变化。发动机喷流噪声的影响在有些情况下会变得非常突出,一些大型运载火箭的声压级可以达到160dB(参考声压为20μPa);但随着火箭起飞后逐渐加速,喷流噪声的影响会越来越小。当火箭速度超过声速以后,该影响消失。图1.1给出某运载火箭在点火和起飞阶段由发动机引起的喷流噪声分布示意图[4]，可以看出随着运载火箭上不同位置及与发动机噪声源距离的增加，噪声声压级的分贝值衰减很快。

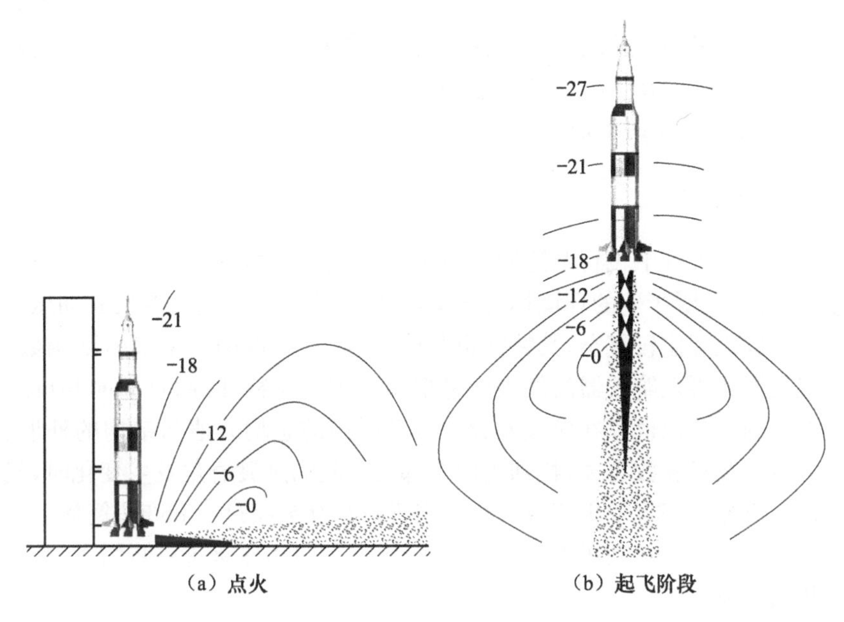

图1.1　运载火箭在点火和起飞阶段由发动机引起的喷流噪声分布示意图（单位：dB）

5. 运载火箭启动关机振动环境

运载火箭发动机启动关机所产生的振动力学环境在卫星与运载火箭力学环境中占有重要地位。虽然发动机的推力主要沿着运载火箭的飞行方向，但由于多台发动机之间的推力并不能保证一致、开关机时刻存在一定的时差，以及发动机推力的横截面并不严格轴对称，在开关机时会产生横向的振动环境。对于液体发动机，燃料耗尽后关机时刻的振动环境最突出，这是由最后时刻发动机存在一定的不稳定燃烧或周期性的推力振荡造成的。相对而言，液体发动机的受控关机所产生的振动环境比较平缓。运载火箭开关机所产生的低频瞬态和随机振动最为突出，它所引起的星箭结构的响应频率通常在50Hz以下。

6. 运载火箭发动机稳定工作时诱发的结构振动环境

除了上述的喷流噪声以外，运载火箭发动机本身工作也会产生一种振动环境，它是由运载火箭发动机燃气产生的。这类振动通过箭体结构传递到运载火箭的各个部位，其特征也有一定的随机性（不含周期性振荡部分）。与喷流噪声引起的振动不同，结构振动环境的影响不会随着运载火箭速度的增加而减少直至消失，只要发动机工作，它就一直存在。不过，通常情况下这类结构振动环境只对发动机附近的结构和部件产生重要影响，随着距离的增加，远处的结构和部件所受影响越来越小。例如，运载火箭的一级发动机工作时，它所产生的结构振动环境对运载火箭头部的卫星影响就很小。这类振动环境通常采用随机功率谱表示，频带范围一般是 20～2000Hz。功率谱的总均方值和谱密度与发动机的特征及发动机与运载火箭的连接方式密切相关。

7. 气动声环境

运载火箭在大气中飞行及返回式卫星返回大气层的过程中，其结构都要与大气发生相互作用，所产生的环境称为气动声环境，也称为紊流边界层脉动压力。气动噪声的形成机理比较复杂，其特征也是随机的，一般也用功率谱密度函数表述。它在运载火箭或再入航天器的外表面呈现明显的相关特性，而且周向和母线方向(飞行方向)的相关性也存在较大差异。气动噪声的总均方值与结构的外形、飞行时的最大动压及马赫数有关，特别当两个部段之间的过渡肩角发生变化时，气动噪声的幅值和谱分布都将发生相应变化。当飞行马赫数超过 0.85 时，箭体上所产生的激波与紊流边界层脉动压力会发生相互作用，使得声压级进一步增大，甚至产生跨声速抖振载荷。

气动噪声的频率范围很宽，一般上限取 10 000Hz。在运载火箭上升段，随着速度不断提高，气动噪声的幅值也相应提高。由于大气密度迅速降低，当气动噪声达到某个最高值以后，会随着大气密度减小逐渐衰减。通常情况下，气动噪声的最大值发生在最大动压处，此时运载火箭的声环境达到最大；但对于火箭的某些局部区域，最大值可能发生在跨声速阶段。

8. 跷振振动环境

跷振(pogo)振动在液体发动机火箭发射过程中比较突出，实质上它是一种不稳定的动力学现象，由火箭结构纵向模态引起的结构振动与发动机的推力振荡相互耦合产生。结构振动使推进剂在进入燃烧室的过程中产生扰动造成推力振荡，当这种振荡与结构振动发生耦合时就诱发了跷振振动。火箭一级发动机工作时，跷振振动多发生在大型运载火箭的第一阶纵向频率附近，如 5～20Hz；当二级发动机工作时，发生的频率可能超过 100Hz。跷振振动的表现形式就像一种缓慢变化的极限环，在数秒至数十秒周期内，振动幅值逐渐增至最大值，然后再逐渐衰减。图 1.2 给出运载火箭跷振振动相关各部分建模及耦合机理示意图，通常情况下，当火箭的一阶和二阶结构纵向频率超过推进剂输送管路的固有频率时，会发生不同程度的跷振振动[5]。

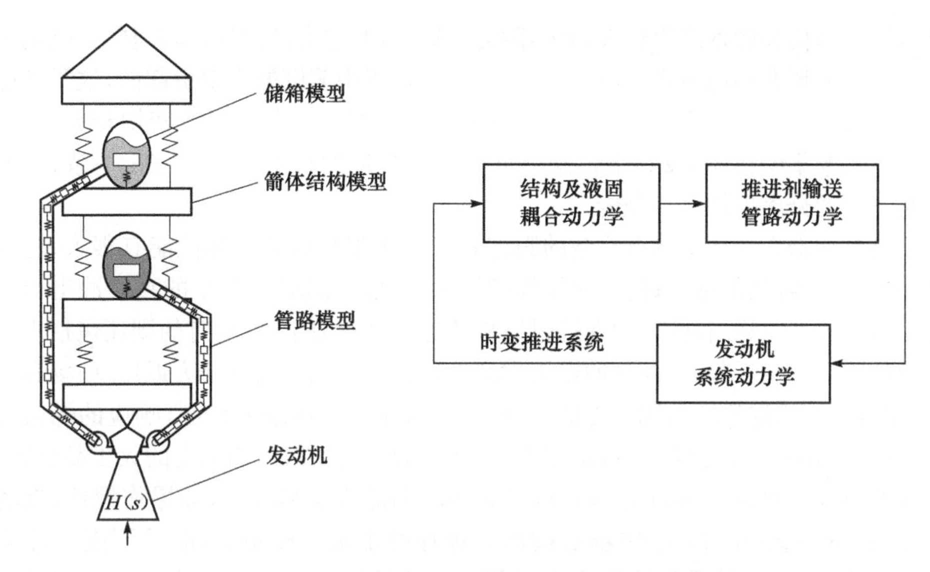

图 1.2　运载火箭跷振振动相关部分建模及耦合机理示意图

跷振振动的影响有时会比较严重，国外曾有跷振振动造成发动机关机的报道。如果设计不当，跷振振动可能会让宇航员产生严重不适。在火箭设计中，应针对跷振振动进行建模、分析和优化设计，尽量降低跷振振动造成的不利影响，必要时需在设计上增加相应措施。例如，在发动机入口、主发动机储箱内、发动机自身内部安装充气蓄压器是在跷振振动发生前消除跷振振动及在设计阶段预防跷振振动的有效方法。

9. *储箱液体晃动力学环境*

采用液体发动机的运载火箭，推进剂的质量通常占整个火箭的 90%以上；在一些大型卫星上推进剂的质量也超过 50%。发动机工作等干扰将会使得储箱内的推进剂发生晃动，而晃动所产生的载荷将会体现在运载火箭或卫星的瞬态和随机振动环境中。液体晃动影响的动态频率范围一般较低，其响应幅值与推进系统的设计及所受的扰动密切相关，反过来也影响储箱本身及箭体支撑结构和连接结构的设计[6]。卫星在轨工作时，储箱内液体晃动的影响也应认真考虑，特别是当卫星变轨机动时，液体的晃动频率与卫星的一些低频附件（如太阳翼、天线等）的频率较接近，可能会发生耦合效应。

10. *火箭级间/抛罩分离环境*

火箭发射过程中级间分离和整流罩抛罩分离一般采用火工品装置，火工品工作时将会产生高频冲击力学环境和低频瞬态环境。高频冲击力学环境对火工品附近区域的结构和设备产生较大影响，随着距离增加，这类高频冲击环境的影响越来越小。低频瞬态环境主要是由级间/抛罩分离过程中速度的突变引起的，这类环境在卫星设计中占据重要的地位。低频瞬态环境的特性与分离过程密切相关，但其能量谱主要集中在50Hz以下。这类低频分离环境的特点也并不完全一致，需要针对不同的分离事件逐一分析。

高频冲击力学环境具有典型的瞬态特征。火工品的类型和性能有很大差异，例如，用于点解锁的爆炸螺栓、用于线解锁的柔性爆炸锁等，产生的高频冲击力学环境也有较大差异：有的集中在通过结构传递的高频力学环境，有的则还包括声腔传递的部分。概括起来，高频冲击力学环境的影响区域一般可分为近场、中场和远场：①近场是指爆炸冲击源附近的区域，其响应主要受压缩波控制，响应的峰值可达5000g，而且频带宽至100kHz以上，频谱成分丰富。对于储能高的火工品装置，近场的范围大致在15cm以内；而对于储能较弱的火工品装置，如爆炸螺栓，近场的范围只有3cm左右。②中场是指离开爆炸冲击源一段距离，既受到爆炸冲击源的压缩波影响，又受到结构响应引起的弯曲波影响的区域。响应的峰值可达1000～1500g，频谱的范围可达10kHz。对于储能高的火工品装置，中场的范围大致为15～60cm；而对于储能较弱的火工品装置，中场的范围大致为3～15cm。③远场是指中场以外的区域，响应的峰值已经小于1000g，频谱成分也小于10kHz。

11. 在轨操作力学环境

卫星入轨以后相继将一些部件（如收拢的太阳翼、天线等）展开，这将给星体带来扰动。此外，卫星在轨进行轨道机动和姿态调整时也会产生相应的扰动。这些扰动的频率一般都比较小，往往小于10Hz，扰动的量级也不大。但正是由于在轨力学环境量级往往比较小，容易被设计者忽略，结果可能造成在轨故障。每个在轨操作的性质和作用并不相同，因此在设计阶段应对每个事件逐一分析，避免漏项。特别应针对在轨环境的特点开展设计和试验，例如，①在轨航天器系统的阻尼系数很小，设计和试验时应予以考虑；②地面验证试验应考虑真空和微重力特点，保证试验的有效性；③卫星在轨多种因素诱发的力学环境可能会产生相互耦合作用。

12. 微振动力学环境

卫星在轨运行期间将会受到各种微振动力学环境的影响，例如，太阳翼或天线的驱动机构工作、动量轮或控制力矩陀螺（control momentum gyro，CMG）高速转动、流体回路泵工作、卫星进出阴影诱发的热致振动等。与火箭发射阶段承受的力学环境相比，上述力学环境的幅值都比较小。但是对于一些特殊任务，如高精度干涉测量、高分辨率对地遥感、星间激光通信等，微振动引起的力学环境不容忽视。由于产生微振动的振源并不相同，微振动力学环境的差异也比较大，从特性上有随机性的、周期性的，也有瞬态的，从频带上可以覆盖3～4个数量级频率范围。微振动因素的影响也应逐一分析，掌握振动源特性、了解其传递路径、分析其影响的大小、制定必要的主被动抑制措施。图1.3(见彩图)给出Cassini深空探测器影响其指向精度的主要频率分布[7]。

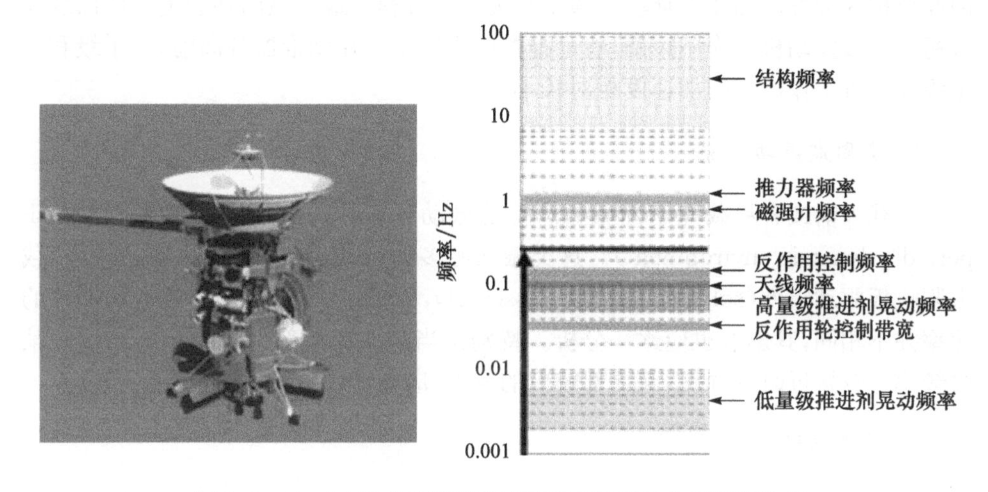

图1.3　Cassini深空探测器影响其指向精度的主要频率分布

13. 返回/进入及着陆力学环境

对于返回式航天器或实施深空探测需要进入行星大气并在表面着陆的探测器，需要考虑返回/进入及着陆力学环境。在返回/进入过程中主要承受气动减速引起的准静态加速度过载和气动噪声引起的随机载荷，这些载荷与火箭主动段的载荷有相似之处。在着陆过程中所受到的力学环境比较特殊，这类力学环境与返回器/着陆器的构型、着陆速度、缓冲机构的设计、着陆地点的地形和土壤特性等因素密切相关，而且在幅值和频域范围上呈现较大的随机性，需要进行包络和统计分析以确保着陆任务的完成。

1.2　卫星与运载火箭力学环境分类

关于卫星与运载火箭力学环境并没有一个严格的分类标准，按照频率范围大致可分为：准静态加速度环境、类周期振动环境、瞬态环境(低频瞬态环境和高频瞬态环境)、随机振动环境、声环境等。

1. 准静态加速度环境

火箭发动机或卫星上发动机稳定工作时，产生的推力将使飞行速度或飞行姿态发生变化，此时所产生的线加速度或角加速度为准静态加速度环境(quasi-static acceleration environment)。线加速度常用过载表示，即重力加速度 g 的倍数。液体运载火箭发射卫星，过载通常不超过 $6g$。由于这类加速度变化缓慢，接近稳态，因此也称为准静态加速度环境。整个火箭飞行过程中最大纵向加速度一般出现在火箭一子级发动机工作结束前，有助推器的火箭出现在助推器分离前，二子级和三子级发动机工作产生的加速度相对较小。

2. 类周期振动环境

运载火箭或者星载周期性振源产生的振动环境称为类周期振动环境(quasi-periodic dynamic environment)。这类振动源多为运动部件，如星载动量轮、星载太阳帆板驱动组件(solar array drive assembly,SADA)等。由于各类运动部件的速率并不相同，其影响也应逐一分析。特别是当某些运动部件的频率与结构的某阶频率比较接近时，可能引起局部响应的放大，应在设计阶段予以避免。

3. 瞬态环境

能使运载火箭或卫星的运动状态产生突然变化的激励称作瞬态环境(transient environment)。除发射过程中各种飞行事件可产生瞬态环境外，着陆、展开锁定、地面运输、装卸也可以产生这种瞬态环境。瞬态环境只有几秒或毫秒级的时间历程，一般比结构系统自然振动的衰减时间短。

瞬态环境可分为低频瞬态环境和高频瞬态环境。

1) 低频瞬态环境

低频瞬态环境的频率范围一般为 0～100Hz，主要由火箭发动机点火、关机、级间分离等事件造成。另外，地面运输、装卸及返回航天器返回制动、开伞、着陆等事件也会产生低频瞬态环境。通常发射过程中航天器经受最严重的几个特征秒状态(如起飞，最大动压，助推级分离前，助推级分离后，一、二级分离前，一、二级分离后)，需要将运载火箭和卫星组合在一起开展动态耦合载荷分析(coupled load analysis,CLA)，也称为星箭耦合分析，对瞬态环境时间历程进行冲击响应谱分析(response spectrum analysis)计算，作为制定航天器正弦振动试验条件的依据。

2) 高频瞬态环境

高频瞬态环境的频带很宽，其频率上限可达 100kHz 以上，主要是指运载火箭或卫星上的火工品装置工作时产生的爆炸冲击环境(pyro-shock)以及微流星体/

空间碎片超高速撞击(hypervelocity impact)引起的动力学环境等。与低速的机械冲击不同,高频瞬态环境主要影响近场区域,并在冲击源附近结构响应的加速度时间历程中呈现高过载值衰减型振荡,且持续时间极短,然后以应力波的形式在结构中传播。结构传播的响应近似于大量复杂衰减正弦波的叠加,响应加速度幅值随着冲击源距离增加而迅速衰减,并在十几毫秒内衰减到最大响应的百分之几。高频瞬态环境的时间历程十分复杂,针对系统级分离、解锁冲击试验,往往采用真实的电爆装置记录加速度时间历程,然后在100～10 000Hz频率范围内采用1/6倍频程或更窄的频率间隔进行响应谱分析,作为制定航天器部件级冲击谱试验条件的依据。

4. 随机振动环境

运载火箭和卫星承受的主要随机振动环境(random vibration environment)来自发射段,特别是火箭发动机燃烧不稳定产生的推力脉动。大型液体火箭发动机的推力脉动值为推力的1%～2%,固体发动机的推力脉动值比液体发动机要大。推力脉动通过箭体结构向上传递,最终通过卫星与运载火箭对接面传给卫星。一级液体火箭发动机通过箭体结构传递时,能量逐渐损失,尤其高频部分由于循环次数多,能量损失也多,传递到安装在整流罩内的卫星时,推力脉动只剩下很少的能量,一般400Hz以上的推力脉动就已经很弱。实际上,箭体结构本身起到了滤波作用。二级和三级发动机工作也会产生推力脉动,此时由于脉动源距卫星越来越近,随机振动的影响也越来越显著。此外,卫星的随机振动环境很大一部分源于从整流罩传递过来的声振环境。这两种随机振动环境综合在一起可作为制定随机振动条件的依据,通常的频率范围为20～2000Hz,以随机加速度谱密度的形式表征。

5. 声环境

卫星发射过程中的遥测数据表明,运载火箭起飞和最大动压飞行阶段出现相当高的振动峰值是由火箭发动机排气噪声和飞行气动噪声引起的。声环境(acoustic environment)有两条途径作用在卫星上:一条是通过整流罩内的声场直接作用在卫星表面;另一条则通过卫星与运载火箭对接面传递。这种通过空气途径和机械途径传递给航天器的振动能量是航天器产生随机振动的主要原因。噪声的频率范围一般集中在20～10 000Hz,通常用1/3倍频程或1倍频程的分贝谱来描述。

根据卫星与运载火箭力学环境的时频特征进行分类,给出与1.1节各种力学环境的对比关系见表1.1。

表 1.1　力学环境的分类

力学环境种类	对应的相关事件
准静态加速度	总装、火箭飞行、卫星轨控、卫星姿控等
类周期振动	运输、跷振、微振动等
瞬态	运输、火箭起飞、助推器分离、整流罩分离、发动机开关机、级间分离、星箭分离、火工品工作、在轨操作、着陆、微流星体/空间碎片撞击等
随机振动	运输过程、发动机工作、储箱液体晃动、微振动
声	火箭起飞、气动噪声、返回/进入

1.3　卫星与运载火箭力学环境影响

美国哥达德空间飞行中心(Goddard Space Flight Center,GSFC)曾对早期发射的57颗卫星作过统计,在卫星发射的第一天星上发生的事故中,有30%～60%是由发射飞行过程中的振动环境所引起的[8]。之后随着对卫星与运载火箭力学环境了解的不断深入,在卫星与运载火箭力学环境分析、设计和验证方面逐步加强,由力学环境引起的问题逐渐减少,但仍不乏失败的教训。我国就曾发生过星箭解体的重大发射事故,究其原因,主要是在设计时未掌握真实的力学环境条件,低估了某些力学环境的恶劣程度,地面试验也没有充分暴露问题。我国研制的某航天器太阳翼在轨发生了折断,其主要原因也是设计师没有充分考虑航天器在轨机动时的力学环境。

卫星与运载火箭力学环境的效应和影响主要表现在结构振动响应引起的各类综合效应。例如,可能导致结构变形、失稳、开裂,甚至功能丧失;导致仪器设备、管路、电缆安装的松动、脱落和断裂;导致仪器设备电子器件性能参数出现漂移、超差等。概括起来,力学环境所产生的效应和影响主要有以下几个方面。

1. 机械损伤和破坏

星箭结构及材料损伤和破坏的根源是卫星与运载火箭力学环境影响效应。发生在星箭主结构上的破坏将引起灾难性的后果,如星箭解体;发生在次结构或部件级连接结构上的破坏将引起严重后果,该局部区域或部件的功能会丧失;发生在元器件级上的破坏将引起元器件功能下降或丧失;发生在材料内部的损伤或破坏除影响力学性能外,还可能导致电、热等性能的下降。

在静态加速度环境下,当应力超出屈服或强度极限时即可导致结构变形或断裂,常见的失效形式有强度破坏和稳定性破坏。静态加速度环境常用于考核星箭主结构的设计。

在瞬态振动环境,特别是低频瞬态环境下,也常引起承力或连接结构发生破坏。主要原因是结构的固有频率与瞬态振动激励发生耦合,动力响应放大引起破坏。

在随机或声环境激励下，材料可能产生微裂纹，并随时间不断扩展，损伤连续累积，最后导致材料强度降低、疲劳断裂或寿命下降，结构局部或整体破坏。疲劳破坏是最普遍的破坏模式，在机械零部件的失效总数中，50%～90%属于疲劳破坏。

随机振动环境和声环境常容易暴露航天产品的工艺缺陷，如紧固件松动，密封失效，涂层裂缝、起皱和剥落，元件脱焊等。这些故障主要是由设计、制造和装配的不合理，以及存在的固有缺陷引起的，在动力学环境的作用下，提早暴露了工艺缺陷，发生早期失效。

2. *产品功能下降或失效*

产品功能失效是指产品在力学环境作用下性能下降、指标超差，甚至出故障失效。按照效应的性质，功能失效大致可划分为三种。

1）力学特性变化

卫星与运载火箭产品在力学环境作用下力学特性可能发生变化。虽然整体结构并未见任何异常，但经历力学环境作用前后的力学特性会发生变化，如固有频率发生漂移。这种典型的非线性特征主要源于力学环境对复合材料内部、复合材料铺层及连接状态改变等环节的影响。

2）电性能变化

卫星与运载火箭力学环境可对卫星与运载火箭系统中设备元器件产生干扰，引起仪器设备的失效和破坏，从而影响遥测、遥控仪器和其他电子设备的工作。由卫星与运载火箭力学环境特别是噪声和随机振动环境诱发的典型故障模式有以下几种：①波导管、调速管、晶体管、磁控管、固体电路及微电子元器件的引线、管脚和导线的磨损折断；②紧固件的松动、结构件及印制电路板的变形、破裂及失效；③光学元器件失效，以及继电器、传感器、活门及开关的瞬间断开；④电子插件的性能下降、火工品引信装置的电器功能下降；⑤黏层与键合点的断开、导线和密布元件振动磨损短路或断路；⑥加速度表输出脉冲数超过预定要求、陀螺漂移增大和精度降低乃至发生故障；⑦电子管产生电噪声、输出虚假信号、继电器误动作；⑧电容和介电常数变化、绝缘电阻降低等。

3）部组件功能影响

精密的光学相机在力学环境下的性能也会受到影响。例如，火箭发射主动段的力学环境会使光学系统失调和精度下降；卫星在轨运行段的微振动环境会使相机的成像质量下降，不能满足任务要求等。

功能性失效可能是可逆的，一旦力学环境激励降低或除去，产品功能就恢复正常，如微振动引起成像质量下降问题；功能性失效也可能是不可逆的，如力学环境试验前后结构发生的频率漂移问题。

3. *对宇航员的影响*

在载人航天工程中,大量级的宽带随机振动和噪声对人体可能产生严重影响。一方面是内耳的损伤,可能造成永久性皮层听阈的改变;另一方面可能对内脏器官造成普遍伤害。动物实验表明,强噪声可以引起因声致振动造成的肺脏严重损伤,使其在短时间内丧失呼吸功能,窒息而死。低量级的噪声对身体的影响是累积性的,可以使有机体能量代谢等组织发生化学变化并逐渐使细胞损伤。

1.4 卫星与运载火箭力学环境预示分析技术

力学环境预示分析技术的发展主要受到以下几方面因素的制约:支撑力学环境预示的理论方法、外力函数模型和力学环境预示数学模型。力学环境预示方法的发展和逐步完善为整个预示技术奠定了基础,已从早期单纯的有限元方法(finite element method)发展到目前的集有限元分析方法、统计能量分析(statistical energy analysis)方法和边界元方法(boundary element method)为一体的全频域预示方法。力学环境预示数学模型的发展也非常迅猛,无论其规模还是经过修正后模型的精确程度都有大幅度提高。外力函数模型作为输入条件是决定卫星与运载火箭设计的主导因素,已经通过众多的发射力学环境遥测获得大量宝贵的实测数据。基于此,下面着重从力学环境预示方法、动力学建模及修正技术、基于飞行和试验数据的力学环境获取技术、力学环境条件设计技术等四个方面进行阐述[9]。本书所提及的力学环境条件是指基于卫星与运载火箭所处的环境所制定的卫星与运载火箭系统级或部组件级设计/试验条件(design/test specification)。通常情况下,运载火箭研制单位负责制定星箭界面处的力学环境条件作为卫星总体设计和验证的依据,而卫星设计总体单位则负责制定星上部组件的力学环境条件用于其设计和验证。

1. *力学环境预示方法*

针对力学环境预示主要采用三种方法:有限元分析方法、边界元方法和统计能量分析方法。有限元分析方法适用于低频段,它在理论和工程实践上已比较成熟,利用相应的大型商业软件(如 NASTRAN、ANSYS)可以完成这一工作。但是,随着频率的升高,有限元网格需要划分得更细,这将导致系统自由度和计算量急剧增加,给力学环境预示带来困难[10]。边界元方法是继有限元方法之后的一种新的数值方法。同有限元方法比较,边界元方法计算量小、精度高,在结构声学计算的数值方法中占据主导地位。统计能量分析方法适用于高频段,它可以克服复杂结构系统的高阶模态参数对结构形式、尺寸、连接方式、生产工艺和载荷等不确定性因素非常敏感及复杂结构系统高频区模态密集等问题。比较著名的分析软件有美国国家航空航天局(National Aeronautics and Space Administration,NASA)研制的

VAPEPS软件、ESI公司推出的VA One软件等。

卫星与运载火箭力学环境的中频段声振问题目前已经成为国外研究的热点和难点，其研究方法主要包括：①提高低频有限元分析的频率上限，使计算的频率范围增大到中频范围；②降低高频统计能量分析的频率下限，使计算的频率范围减小到中频范围；③将有限元方法和统计能量方法的思想相结合，建立混合方法(hybrid FE-SEA method)求解中频问题。

国内在利用有限元方法解决卫星与运载火箭低频动力学响应方面已经取得了长足的进步，星箭结构的设计已经逐渐从固有频率设计向动态响应设计过渡。在统计能量分析领域开展了一些理论跟踪和航天工程的尝试性应用研究。

2. 动力学建模及模型修正技术

卫星与运载火箭力学环境建模技术与前述的几种预示方法密切相关，为了保证模型的准确性和普适性，需要对卫星与运载火箭不同的结构、部件及其组合体建立与之相适应的模型。针对工程设计人员所关心的不同种类问题，建模的方式和方法也存在较大区别。总体来说，要建立一个准确的模型往往需要有准确的结构性能参数、处理复杂工程结构问题的简化技巧和高超的模型修正能力。国外利用成熟的有限元软件已经将计算规模扩展至数亿自由度以上以获得更准确的动力学特性，利用统计能量分析软件也将处理规模和处理能力大幅度提升。边界元方法和统计能量分析方法在航天工程上的应用历史并不长，相应的模型修正手段主要以手工修正为主；有限元方法则有数十年工程应用背景，国内外针对传统的有限元模型修正开展了大量研究工作。

模型修正技术的发展可分成矩阵型修正和参数型修正两个阶段。参数型修正方法是在20世纪80年代末提出的，由于其修正能力强并更适用于工程应用，已逐步成为模型修正的主要方法。参数型修正方法主要有迭代法、优化法、统计算法和遗传算法。

图1.4给出了欧洲阿里安5用于结构动力学分析的运载火箭和卫星的耦合有限元模型[11,12]，图1.5给出了中国长征2F运载火箭的构型、三维有限元模型及一阶弯曲模态，图1.6给出了中国为委内瑞拉研制的商业通信卫星收拢状态构型及三维有限元模型。

3. 基于飞行和试验数据的力学环境获取技术

20世纪80年代初，美国哥达德空间飞行中心和原洛克希德公司(Lockheed Corporation)联合研制了“振动声学有效载荷环境预示系统”(vibroacoustic payload environment prediction system，VAPEPS)，并在喷气推进实验室(jet propulsion laboratory，JPL)成立了VAPEPS管理中心，专门验证、维护和开发该预示软

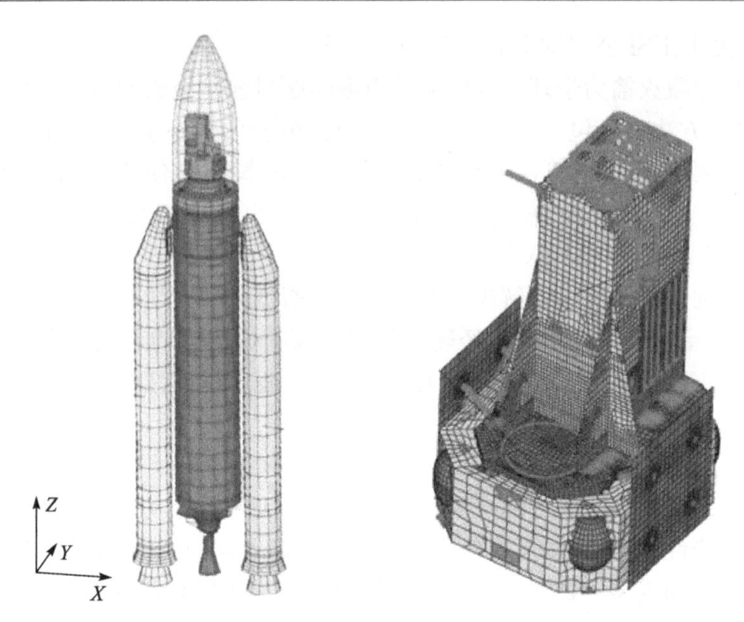

图 1.4　欧洲阿里安 5 用于结构动力学分析的运载火箭和卫星的耦合有限元模型

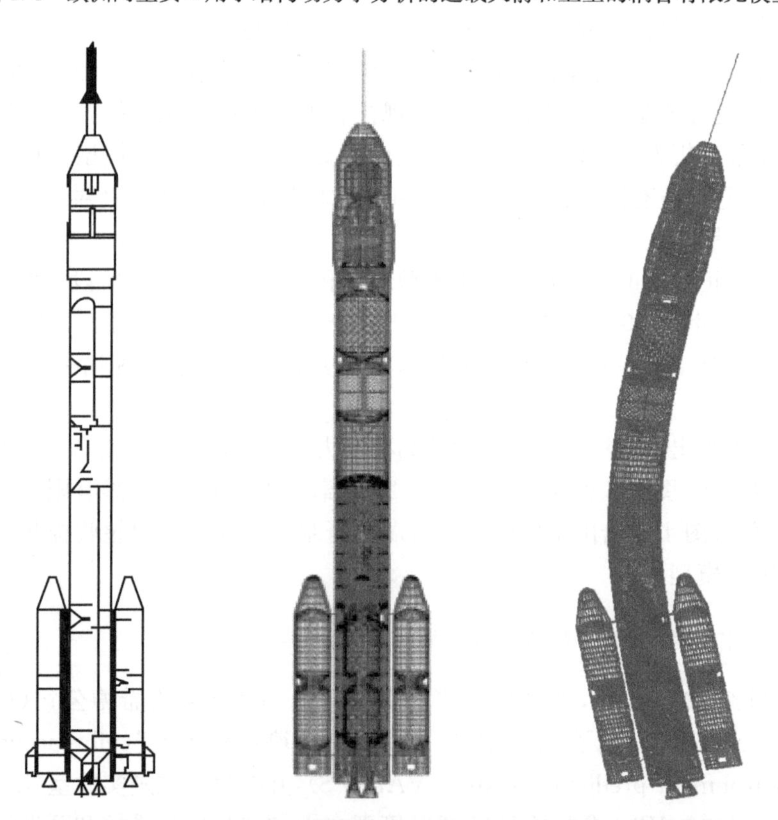

图 1.5　中国长征 2F 运载火箭的构型、三维有限元模型及一阶弯曲模态

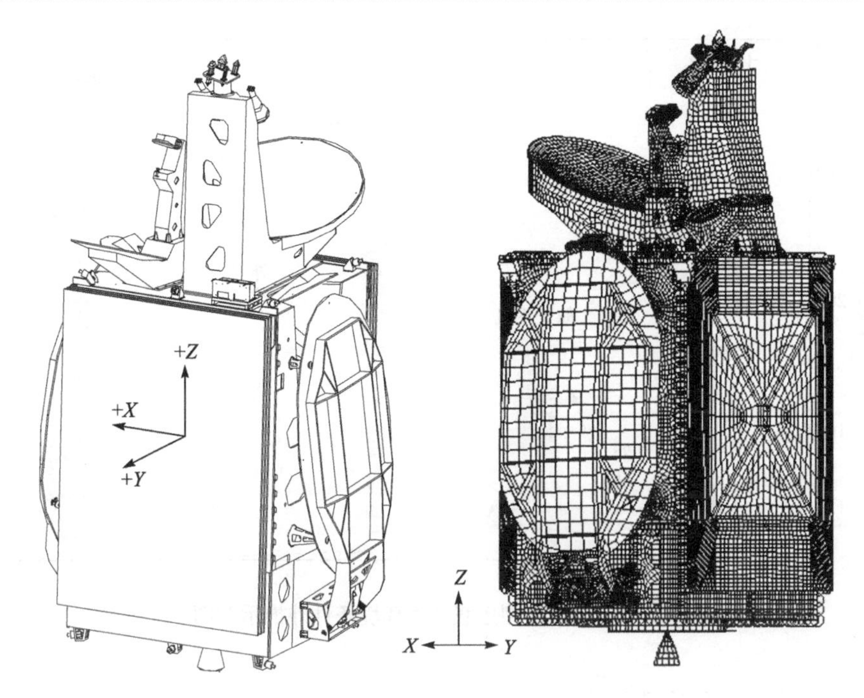

图 1.6　中国为委内瑞拉研制的商业通信卫星收拢状态构型和三维有限元模型

件系统。建立该系统的目的是要充分利用已有型号有效载荷的飞行实测及地面试验数据来预示新型号的声振环境，制定力学环境条件设计和试验要求。该系统具有三个主要功能：①数据输入、存储和加工；②数据查询和检索；③数据外推和预示。存入系统的数据有两部分：一是飞行和试验中测得的噪声和加速度响应数据；二是有关地面试验情况和航天器型号的结构特性、激励类型等信息。该系统的一个主要功能：通过外推法对以往型号的响应数据进行换算，预示新型号的低频响应。VAPEPS 系统已被 NASA 的多家机构采用，其数据库储存的数据和信息可以共享，应用范围也已扩展至冲击环境的预示。除 VAPEPS 系统外，21 世纪初，NASA 又开发了具备快速、方便分析预示发射环境噪声和振动响应能力的智能一体化辅助设计工具——VISPERS 软件。该软件含声振环境预示、可靠性分析和相关规范等内容，具备专家系统的雏形，为可靠性预报、故障诊断和辅助设计提供了合理可信的技术支撑。

图 1.7 给出美国利用噪声外推技术获得新型运载器的环境特征和条件[5]。

我国经过三十几年的发展，长征系列运载火箭已经进行了百余次发射，将百余颗卫星送入预定轨道，积累了大量的飞行遥测数据。“十五”和“十一五”期间，深入开展了飞行力学环境特别是卫星与运载火箭力学环境的整理、分析和统计工作，为建立力学环境数据库奠定了基础。

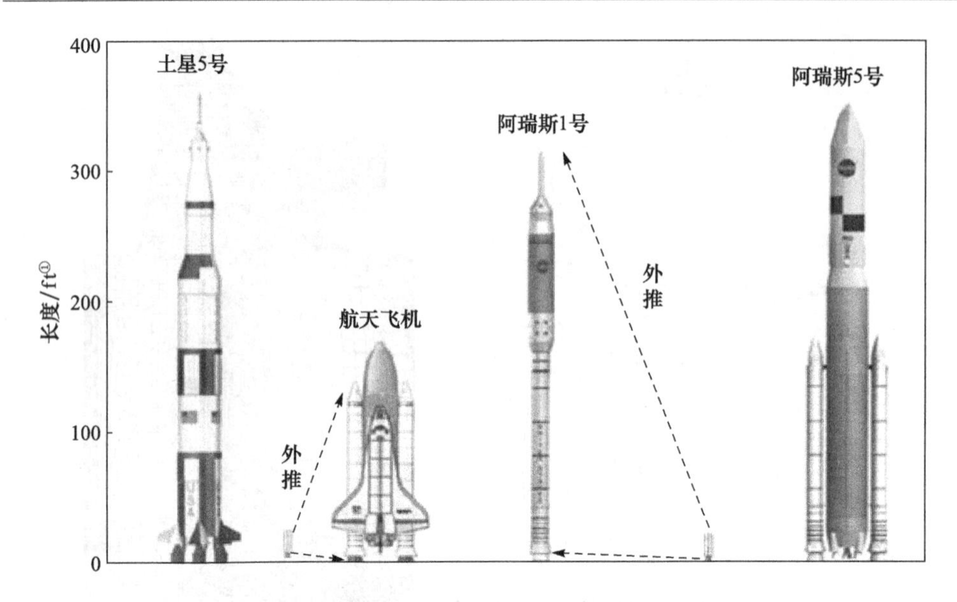

图 1.7　美国新型运载器声环境条件外推示意图

4. 力学环境条件设计技术

卫星的力学环境条件包括星箭对接面的环境条件和星上部件/分系统的环境条件。星箭对接面的环境条件通常由星箭耦合分析获得；而星上细化的环境条件则由卫星研制单位根据星箭对接面的条件进行二次处理分析获得，并参考星箭耦合分析的结果对主要部件制定下凹(notching)条件以指导地面试验。星上低频正弦条件的制定一般通过固支卫星与火箭对接的下端框，只释放加载方向的自由度并施加运载火箭研制单位提供的条件，利用成熟的有限元商业软件分析得到；高频随机振动条件则通常利用以往整星的地面噪声/随机试验的结果，并借鉴一定的工程经验和分析手段获得。

星箭耦合分析涉及多个航天承制单位，如果在各个研制阶段都要根据卫星设计的每次变化重新进行分析，必然代价过高，周期过长。因此早在 20 世纪 80 年代，NASA 就深入开展了旨在简化卫星力学环境条件流程设计的研究，开发了适用于卫星设计各个阶段的分析方法，如质量加速度曲线方法、冲击谱方法和广义冲击谱方法等。同时，多个承制单位参与卫星研制的现实使得部件模态综合方法得到了长足的发展，该方法与商业有限元软件有机融合使得设计人员不必每次都要针对卫星局部的修改重新进行耦合分析。

基于星箭耦合分析得到的力学环境数据实际上是具有一定概率分布的随机变

① 1ft=3.048×10^{-1}m，下同。

量。在处理这些数据时应进行统计分析，并根据一定的概率和置信度来确定预示力学环境条件，而不是简单地对这些数据取包络线作为预示值。例如，美国GSFC把预示的动力学环境平均值加上2倍的标准偏差作为预示的最高值；美国军用标准MIL-STD-1540则将“最高预示环境”定义为概率95%、置信度50%的上限。如果数据样本不足3个，应在预示值上加适当的余量。例如，对噪声和振动环境至少应加3dB，对冲击环境至少应加4.5dB，以充分估计环境数据的分散性。

在力学环境条件规范方面，大家熟知的美国军用标准MIL-STD-1540历经五次更新[13]，历时近30年。每次更新都是针对航天器设计和试验中所暴露的问题加以改进，但其中也存在一些矫枉过正的教训。1996年以后，美国NASA陆续推出了NASA-STD-5001(*Structural Design and Test Factors of Safety for Spaceflight Hardware*)[14]、NASA-STD-5002(*Load Analyses of Spacecraft and Payloads*)[15]、NASA-STD-7001(*Payload Vibroacoustic Test Criteria*)[16]、NASA-STD-7002(*Payload Test Requirements*)[17]和NASA-STD-7003(*Pyroshock Test Criteria*)[18]等行业技术通用标准。2001年，NASA又发布了NASA-HDBK-7005(*Dynamic Environmental Criteria*)等技术手册[3]，对力学环境相关的定义、理论方法、外力函数分析、响应分析、条件制定及试验剪裁等进行了系统总结。

我国的星箭耦合分析工作由运载火箭研制单位与卫星研制单位联合进行，有多年的实践经验，水平也在逐步提高。但目前在航天器研制过程中，仍常发现力学环境载荷条件，特别是部件的条件制定得过于苛刻，往往比整星试验过程中测得的响应高很多，造成很多星上部件/分系统在现有试验方法和试验条件下不能通过试验。实践证明，在某些型号研制过程中，根据经验降低一些力学环境条件后，卫星上天飞行仍能正常工作。因此，无论在力学环境条件设计还是地面力学环境试验技术上都还需开展更加深入的研究。

1.5　卫星与运载火箭力学环境试验技术

为保证运载火箭和卫星高可靠发射和运行，在研制过程中需要针对卫星与运载火箭力学环境完成大量的验证项目，这些验证项目尽可能再现或模拟运载火箭和卫星可能遇到的各类环境。验证的方法包括分析方法和试验方法，其中试验验证在整个验证工作中所占比例可达70%以上。据国外估计，对高可靠性的航天型号计划，试验费用(主要是环境试验费用)可以占到整个研制费用的35%。

1. 力学环境试验阶段划分

按照型号研制流程，验证试验主要包括研制试验、鉴定试验、验收试验、准鉴定试验，以及出厂前、发射前合格认证试验。这些试验项目有明确的研制阶段色彩，主要涵盖方案阶段、初样阶段和正样阶段。方案阶段完成的标志应是确定了总体方案、分系统及有效载荷方案；初样阶段完成的标志是完成总体、分系统的设计与验证；正样阶段完成的标志是产品具备发射的所有条件[1]。

研制试验(development test)。在方案阶段和初样阶段用工程试验模型完成的试验，目的是在研制阶段初期验证产品的设计方案是否满足设计要求，以便在开始鉴定试验之前采取必要的修改措施，不断地提高产品的固有可靠性。研制试验一般在组件级进行。

鉴定试验(qualification test)。证明正样产品的性能满足设计要求并有规定设计余量的试验。鉴定试验应该用能代表正样产品状态的鉴定试验产品进行，如果在初样研制阶段完成鉴定试验，则应保证鉴定试验产品的技术状态和试验文件符合正样产品的鉴定要求。鉴定试验可以在飞行器系统级、分系统级和组件级进行。一般情况下，经过鉴定试验的产品不可用于飞行。

验收试验(acceptance test)。检验交付的正样产品满足飞行要求，并通过环境应力筛选手段检测出产品质量缺陷的试验。验收试验要求对所有交付的飞行产品在飞行器系统级、分系统级和组件级进行。

准鉴定试验(protoqualification test)。在正样研制阶段对飞行产品按照鉴定与验收的组合条件进行的试验，这种组合条件应符合替代鉴定试验的策略。准鉴定试验可以在飞行器系统级、分系统级和组件级进行。有些情况下，少数产品飞行前需要经过准鉴定试验。

出厂前、发射前合格认证试验(prelaunch validation test)。正样飞行器在出厂前和发射前进行的飞行器级的综合试验，发射系统、在轨系统的模拟飞行试验等。

2. 力学环境试验的主要项目

传统的力学环境验证试验主要包括静力试验、正弦振动试验、随机振动试验、声试验和冲击试验等。

静力试验(static load test)。用于验证结构的静强度和刚度特性(包括稳定性)，在规定的载荷条件下测量结构件的载荷、应力分布及位移。强度试验一般利用专门的加载装置按照预定的载荷施加在结构试验件上，用于模拟准静态加速度环境。稳定性试验一般用于考核结构在轴压或者外压作用下的刚度性能，保证结构不会在上述力学环境下发生失稳。但需要说明的是，对有些桁条薄壁结构允许一定的局部弹性失稳，但不能造成整体失稳。

正弦振动试验(sinusoidal vibration test)。用于模拟低频瞬态力学环境，是指某一瞬间在试验件上只施加一个频率，在整个试验周期内，激振频率以线性或对数扫频的方法平滑递增，同时按照试验条件要求控制不同频率处的振动量级。正弦试验中经常遇到重要测点在某些频段的响应可能超出环境预示的最高值，这时，为了避免重要部件/分系统因过试验而失效，就需要对其响应的幅值进行限制，也即对原控制条件进行局部的下凹。目前，正弦振动试验中的难点仍是谐振频率区的稳定控制问题。随着航天器的规模越来越大，对振动台及其控制系统的要求也越来越高。

随机振动试验(random vibration test)。用于模拟随机振动环境，将所有频率成分所包含的能量同时施加在试验件上。随机振动的频带范围通常为20～2000Hz，其激励条件一般用沿双对数坐标分布的梯形加速度功率谱表示。除部件/分系统外，规模较小的整星(≤450kg)需要开展随机振动试验，而规模较大的卫星只需开展整星声试验。国外的随机振动试验多采取下凹控制以避免共振区产生的过试验破坏。实际上，无论单独的随机振动试验还是单独的声试验都难以准确模拟卫星在发射飞行状态所经历的综合环境，在不同的频段会存在“过”或“欠”的问题。

声试验(acoustic test)。用于模拟声环境，通常在混响室内完成，也是将所有频率成分所包含的能量同时施加在试验件上。声试验的频率范围通常为20～10 000Hz，其激励条件通常以1倍频程或1/3倍频程中心带宽内的声压级表示。目前国外的声试验标准基本以1/3倍频程带宽内的声压级作为控制条件，而国内的声试验采用1倍频程控制(中心频率为31.5～8000Hz)，会使得控制条件过于粗糙。

冲击试验(shock test)。用于模拟高频的瞬态力学环境。由于高频冲击响应难以用分析方法来预示，因此需要进行运载火箭和卫星的冲击试验来验证。试验最好采用真实部件，并且尽量模拟真实的连接状态；若采用模拟组件，其质量、质心、惯性矩、连接面刚度等几何物理特性需满足相应要求。对于火工品类冲击力学环境，宜使用真实的火工品爆炸装置产生冲击环境。对于着陆冲击或星上展开部件锁定冲击力学环境，宜选用真实的结构/机构件、土壤特性相似的模拟着陆场和力学特性相近的支撑结构等。

1.6 展　望

在过去的数十年间，国内航天工程部门逐渐形成了一套较系统的力学环境分析手段、试验规范和航天器结构设计方法，并在各自的领域取得了一定成绩。我国未来的航天发展呈现欣欣向荣的可喜态势，这无疑会给卫星与运载火箭力学环境领域的理论基础研究和工程应用提供良好的契机，但同时也对卫星与运载火箭力学性能提出越来越高的要求。特别是随着我国大型复杂卫星长寿命、高可靠性要求的提高，以及卫星有效载荷比(有效载荷质量与整星质量的比值)水平的提升，力学环境分析与试验技术仍是亟需发展的瓶颈技术。根据当前航天发展和工程需要，今后应重点关注以下几个方面的研究：

(1) 推进飞行器地面试验和飞行遥测数据智能管理与分析系统建设。随着我国航天工业部门航天器发射和在轨运行遥测数据品质和数量的不断提高，以及大量地面试验的积累，统一建设力学环境数据与分析系统的条件日渐成熟。通过该系统的建设可为后续飞行器型号研制和发射提供强有力的数据支持和技术支撑。

(2) 加强全频域力学环境分析方法的工程化研究。结合国内外力学环境预示技术的最新进展，开展航天工程实用的全频段力学环境预示理论模型、数值算法研究，开发或引进相应软件。在完善传统有限元方法和统计能量分析方法的基础上，重点突破中频力学环境预示方法，加大在理论方法、工程应用和软件开发方面的研究力度，实现理论方法和工程应用的突破，最终形成集有限元方法、统计能量分析和中频力学环境预示方法为一体的全频域力学环境预示工程应用技术平台。

(3) 提升我国航天工业部门的动力学建模水平。系统开展整星或部件动力学特性试验，获得必要的动力学参数，为验证力学环境预示相关的理论、方法、软件和修正动力学模型提供支撑。突破基于正弦振动响应数据的模型修正方法，结合运载火箭和航天器上典型连接结构处响应数据分析与模型修正，获取典型结构建模的简化方法(或等效模型)，提高行业整体建模水平。此外，结合我国航天工程实际，逐步制定航天器模型试验验证规范和基本技术标准，将模型的验证纳入型号研制流程之中，确保力学环境预示中模型的准确性与合理性。

(4) 规范航天器力学环境条件设计方法。在力学环境预示技术的基础上深入开展星箭耦合分析，同时结合飞行试验和地面试验数据进行细化剪裁，合理制定整星和部件的各类力学环境条件和相应标准规范。突破力限试验条件工程设计方法，形成航天器力限试验条件设计规范；梳理力学环境条件设计诸多环节中存在的不足，逐条制定应对策略和技术方案；通过规范航天器力学环境条件设计方法提高我国航天器力学环境条件的设计水平。

(5) 加强卫星与运载火箭力学环境匹配优化技术研究。在卫星减振方面，从源头上降低运载火箭对卫星的动力学特性要求及供卫星设计的力学环境条件；通过整星动力学特性优化使得卫星与运载火箭的动力学特性更加匹配，不发生严重耦合；根据国内各单位研制的不同种类整星减/隔振系统的成熟度，有针对性地开展工程样机的研制和验证试验研究，同时开展主/被动一体化振动控制系统的关键技术攻关。在部件级减振技术研究方面，除采取有效措施降低振源的幅度外，还应研究先进的高阻尼结构，充分利用国内优势单位的经验，逐步向航天系统内各设计部门应用推广。

(6) 推进卫星动力学环境试验技术研究。在统一认识的基础上，有关设计部门和试验部门密切合作，尽快突破力限控制试验技术、多维振动控制试验技术和动力学环境虚拟试验技术等，制定相应的试验规范。

参考文献

[1] 朱凤梧，张小达，金恂书，等. GJB 1027A—2005　运载器、上面级和航天器试验要求[S]. 北

京:国防科学技术工业委员会军用标准发行部,2005.
[2] 于凤亭,陈寿根,吴开林,等. QJ3133—2001 航天产品项目阶段划分和策划[S]. 北京:中国航天标准化研究所,2002.
[3] Harry H D L,Kern J E. NASA-HDBK-7005 Dynamic Environmental Criteria[S]. Washington DC:National Aeronautics and Space Administration,2001.
[4] National Aeronautics and Space Administration. NASA SP-8072 Acoustic Loads Generated by the Propulsion System[S]. Washington DC:National Aeronautics and Space Administration,1971.
[5] Steve R. Vibration challenges in the design of NASA's ares launch vehicles[R]. Marshall Space Flight Center,2009.
[6] Ibrahim R,Pilipchuk V,Ikeda T. Recent advances in liquid sloshing dynamics[J]. Applied Mechanics Reviews,2001,54(2):133~199.
[7] Emily L,Allan Y. Pointing stability performance of the Cassini spacecraft[R]. American Institute of Aeronautics and Astronautics,2008.
[8] Timmins A,Heuser R. A study of first-day space malfunctions[R]. National Aeronautics and Space Administration,1971.
[9] 马兴瑞,韩增尧,邹元杰,等. 航天器力学环境分析与条件设计研究进展[J]. 宇航学报,2012,33(1):1~12.
[10] 韩增尧. 复杂航天器声振力学环境预示技术研究[D]. 北京:中国空间技术研究院,2000.
[11] Capiez-Lernout E,Pellissetti M H,et al. Data and model uncertainties in complex aerospace engineering systems[J]. Journal of Sound and Vibration,2006,295(3):923~938.
[12] Pradlwartera H,Pellissettia M. Realistic and efficient reliability estimation for aerospace structures[J]. Computer Methods in Applied Mechanics and Engineering,2005,194(12-16):1597~1617.
[13] Space and Missile Systems Center. MIL-STD-1540C Test Requirements for Launch,Upper-stage,and Space Vehicles[S]. Los Angeles:Space and Missile Systems Center,1994.
[14] National Aeronautics and Space Administration. NASA-STD-5001 Structural Design and Test Factors of Safety for Spaceflight Hardware[S]. Washington DC:National Aeronautics and Space Administration,1996.
[15] National Aeronautics and Space Administration. NASA-STD -5002 Load Analyses of Spacecraft and Payloads[S]. Washington DC:National Aeronautics and Space Administration,1996.
[16] National Aeronautics and Space Administration. NASA-STD-7001 Payload Vibroacoustic test Criteria[S]. Washington DC:National Aeronautics and Space Administration,1996.
[17] National Aeronautics and Space Administration. NASA-STD-7002 Payload Test Requirements[S]. Washington DC:National Aeronautics and Space Administration,1996.
[18] National Aeronautics and Space Administration. NASA-STD-7003 Pyroshock Test Criteria[S]. Washington DC:National Aeronautics and Space Administration,1999.

第 2 章　卫星与运载火箭力学环境响应分析方法

卫星与运载火箭在整个飞行期间经受振动、冲击、噪声等各种复杂动力学载荷，这些载荷可能引起星箭结构和设备的失效或破坏，从而影响卫星与运载火箭的任务完成[1]。卫星与运载火箭系统在动力学载荷作用下的力学环境问题，可以通过飞行遥测、地面试验和分析等手段进行研究。其中，力学环境分析不仅可以指导总体设计、结构与机构及控制分系统设计，而且可以用于地面试验方案和试验条件的制定，在运载火箭与卫星，特别是首发星、首发箭研制过程中发挥着重要作用。

卫星与运载火箭力学环境分析的基本任务是研究星箭结构在各类动载荷作用下的响应特性。按照运载火箭和卫星工程上的分类方式，主要分析方法包括：

(1) 瞬态响应分析方法。

(2) 正弦振动响应分析方法。

(3) 随机振动响应分析方法。

(4) 声振响应分析方法。

本章首先介绍瞬态响应分析方法，而后依次介绍正弦振动响应分析方法和随机振动响应分析方法，最后介绍声振响应分析方法，主要是全频域声振环境预示方法[2]。从理论上讲，通常的声振响应分析也是频域内的响应分析，因此，简谐激励作用下的结构低频声振响应问题与正弦振动响应的物理含义相近，而某些低频随机声振响应问题则与随机振动响应的概念一致。上述分析方法的划分主要依据工程中常用的试验或分析类型，并不追求力学概念上的严格。其中，前三种方法是比较传统的方法，最后一种方法是我国卫星与运载火箭研制部门在“十一五”、“十二五”期间重点开展的研究工作，将予以重点介绍。

2.1　瞬态响应分析方法

瞬态响应分析方法是用于确定结构动力学响应随时间变化的一种方法。该方法能够得到结构在瞬态载荷作用下的响应时间历程，例如，在运载火箭发射过程中点火、分离、关机等重要时段的卫星与运载火箭结构加速度、应力、应变及卫星与运载火箭界面力(矩)等响应时间历程。

瞬态响应分析方法主要包括直接积分法和模态叠加法。针对不同具体工程问题载荷和结构的特点、分析目的及精度要求，求解时可选择相应的解法。若载荷作用时间很短，如冲击、爆炸载荷等，结构响应中的高频成分比重较大，响应区间也很短,可选用直接积分法;当载荷具有时间周期性时,激起的模态较少,需要了解相对较长时间的响应情况,宜选用模态叠加法。

2.1.1　直接积分法

直接积分法始于 20 世纪 50 年代,是时间域法中最活跃的部分[3~6]。Houbolt、Wilson 和 Newmark 等陆续提出了各种算法。直接积分法的特点是将运动方程运用有限元方法进行空间离散化,变偏微分方程为常微分方程组。

$$M\ddot{x}(t)+C\dot{x}(t)+Kx(t)=F(t) \tag{2.1}$$

这些以时间为连续变量的常微分方程组,求解起来仍然很困难,为此对时间变量也实施离散化。在直接积分法中,对时间变量可以采用不同的差分格式完成离散化,从而形成不同的直接积分法,主要包括中心差分法、Houbolt 法、Wilson-θ 法和 Newmark 法等。

将连续时间域[0,T]按照分析要求与精度指标分成有限个等距离时间子域,得到有限个时刻:$0,\Delta t,2\Delta t,\cdots,t,t+\Delta t,t+2\Delta t,\cdots,T$。针对这些特定时刻来讨论式(2.1)的解。显然,这就要求 $x(t)$的各阶导数必须用一定的差分公式近似代替,从而得到对应的代数方程。将各特定时刻的位移以 x 来表示,则 x_0、$\dot{x}_0$、$\ddot{x}_0$ 分别代表 $t=0$ 瞬时的初始位移、速度、加速度,它们一般是已知向量。

1. 中心差分法

对加速度、速度的导数采用中心差分代替,即

$$\dot{x}_t=\frac{1}{2\Delta t}(-x_{t-\Delta t}+x_{t+\Delta t}) \tag{2.2}$$

$$\ddot{x}_t=\frac{1}{\Delta t^2}(x_{t-\Delta t}-2x_t+x_{t+\Delta t}) \tag{2.3}$$

此差分代替的误差为(Δt^2)阶。

此时,瞬时 t 的动力学方程为

$$M\ddot{x}_t+C\dot{x}_t+Kx_t=F_t \tag{2.4}$$

式中,F_t 为载荷向量;M、C、K 分别为质量矩阵、阻尼矩阵、刚度矩阵。

将式(2.2)、式(2.3)代入式(2.4),整理后得

$$\left(\frac{1}{\Delta t^2}M+\frac{1}{2\Delta t}C\right)x_{t+\Delta t}=F_t-\left(K-\frac{2}{\Delta t^2}M\right)x_t-\left(\frac{1}{\Delta t^2}M-\frac{1}{2\Delta t}C\right)x_{t-\Delta t} \tag{2.5}$$

$$\frac{2}{\Delta t^2}M+\frac{1}{2\Delta t}C=\hat{M} \tag{2.6}$$

$$F_t-\left(K-\frac{2}{\Delta t^2}M\right)x_t-\left(\frac{1}{\Delta t^2}M-\frac{1}{2\Delta t}C\right)x_{t-\Delta t}=\hat{F}_t \tag{2.7}$$

则得

$$\hat{M}x_{t+\Delta t}=\hat{F}_t \tag{2.8}$$

式中，$\hat{M}$、$\hat{F}_t$ 分别为有效质量矩阵与有效载荷向量。

由式(2.6)～式(2.8)可知，此法求 $t+\Delta t$ 瞬时的状态变量，只要依据 $t+\Delta t$ 瞬时以前的状态变量计算出 $\hat{F}_t$，即可直接算出 $x_{t+\Delta t}$。这种求解方式称为“显式”，所以中心差分法也称为显式直接积分法。

式(2.8)在形式上与静力学有限元方程 $Kx=F$ 相似，故解静力学有限元方程的各种方法在这里均适用。再将时域分割以后，从已知的初始条件出发，逐步递推计算，就可以得到每个瞬时、每个离散点处的响应值。

从式(2.7)和式(2.8)可以看出，式(2.8)在 Δt 时刻(即 $t=0$)，需要提供 $x_{t-\Delta t}$ 的值。其确定方法如下：

将 $t=0$ 代入式(2.3)、式(2.2)，联立求解下式：

$$\dot{x}_0=\frac{1}{2\Delta t}(-x_{-\Delta t}+x_{\Delta t})$$

$$\ddot{x}_0=\frac{1}{\Delta t^2}(x_{-\Delta t}-2x_0+x_{\Delta t})$$

解得

$$x_{-\Delta t}=x_0-\Delta t\dot{x}_0+\frac{(\Delta t)^2}{2}\ddot{x}_0$$

需要说明一点，对于中心差分法，时间步长 Δt 是受系统的最高频率限制的，即

$$\Delta t\leqslant\frac{2}{\omega_{\max}}=\frac{T_{\min}}{\pi} \tag{2.9}$$

式中，$\omega_{\max}$为系统的最高振动圆频率；$T_{\min}$为系统的最小振动周期。当 Δt 不满足式(2.9)时，数值解将出现发散，表明这时数值解是不稳定的。

2. Houbolt 法

Houbolt 法与中心差分法的区别只在于所取差分形式不同，它采用向后差分形式。即

$$\ddot{x}_{t+\Delta t}=\frac{1}{\Delta t^2}(2x_{t+\Delta t}-5x_t+4x_{t-\Delta t}-x_{t-2\Delta t}) \tag{2.10}$$

$$\dot{x}_{t+\Delta t}=\frac{1}{6\Delta t}(11x_{t+\Delta t}-18x_t+9x_{t-\Delta t}-2x_{t-2\Delta t}) \tag{2.11}$$

其误差也为(Δt^2)阶。

列出 $t+\Delta t$ 瞬时的动平衡方程

$$M\ddot{x}_{t+\Delta t}+C\dot{x}_{t+\Delta t}+Kx_{t+\Delta t}=F_{t+\Delta t} \tag{2.12}$$

将式(2.10)、式(2.11)代入式(2.12)得

$$\begin{aligned}\left(\frac{2}{\Delta t^2}M+\frac{11}{6\Delta t}C+K\right)x_{t+\Delta t}=&F_{t+\Delta t}+\left(\frac{5}{\Delta t^2}M+\frac{3}{\Delta t}C\right)x_t-\left(\frac{4}{\Delta t^2}M+\frac{3}{2\Delta t}C\right)x_{t-\Delta t}\\&+\left(\frac{1}{\Delta t^2}M+\frac{1}{3\Delta t}C\right)x_{t-2\Delta t}\end{aligned} \tag{2.13}$$

令等式左边 $x_{t+\Delta t}$的系数矩阵为 $\hat{K}$，等式右边为 $\hat{F}_{t+\Delta t}$，故有

$$\hat{K}x_{t+\Delta t}=\hat{F}_{t+\Delta t} \tag{2.14}$$

由于 $\hat{K}$ 也为对称正定矩阵，故也可实施三角分解，于是有

$$LDL^{\mathrm{T}}x_{t+\Delta t}=\hat{F}_{t+\Delta t} \tag{2.15}$$

在 $x_{t+\Delta t}$计算出后，进而可由下式计算速度、加速度：

$$\begin{aligned}\ddot{x}_{t+\Delta t}&=a_0x_{t+\Delta t}-a_2x_t-a_4x_{t-\Delta t}-a_6x_{t-2\Delta t}\\\dot{x}_{t+\Delta t}&=a_1x_{t+\Delta t}-a_3x_t-a_5x_{t-\Delta t}-a_7x_{t-2\Delta t}\end{aligned} \tag{2.16}$$

式中

$$a_0=\frac{2}{\Delta t^2},\quad a_1=\frac{11}{6\Delta t},\quad a_2=\frac{5}{\Delta t^2}$$

$$a_3=\frac{3}{\Delta t},\quad a_4=-2a_0,\quad a_5=-\frac{a_3}{2}$$

$$a_6=\frac{a_0}{2},\quad a_7=\frac{a_3}{9}$$

由式(2.14)、式(2.12)可知，Houbolt 法求解 $t+\Delta t$ 瞬时的状态量，必须利用 $t+\Delta t$ 瞬时的动平衡条件，而不像中心差分法那样只需利用前一瞬时的动平衡条件。这种积分形式称为“隐式”，它在解法上要比显式复杂。Wilson-θ 法和 Newmark 法也属于隐式法。

3. Wilson-θ 法

Wilson-θ 法为线性加速度法的一种引申。所谓线性加速度法，就是在较小的时间区间 Δt 内假定其加速度变化规律为线性。Wilson-θ 法是将此假定引申到时间 $t\sim t+\theta\Delta t$ 时间区间内加速度呈线性变化，而 θ 为待定常量，$\theta\geqslant 1$。

θ 的选择取决于数值稳定性要求。经分析，当 $\theta \geqslant 1.37$ 时，本算法才能保证数值稳定，即不论时间步距 Δt 取多大，都不会发生误差项随时间发散的现象。一般 θ 可取 1.4。

用 τ 表示区间内时间变量，即 $0 \leqslant \tau \leqslant \theta\Delta t$，则加速度可表示为

$$\ddot{x}_{t+\tau} = \ddot{x}_t + \frac{\tau}{\theta\Delta t}(\ddot{x}_{t+\theta\Delta t} - \ddot{x}_t) \tag{2.17}$$

将式(2.17)对 τ 积分得

$$\dot{x}_{t+\tau} = \dot{x}_t + \ddot{x}_t\tau + \frac{\tau^2}{2\theta\Delta t}(\ddot{x}_{t+\theta\Delta t} - \ddot{x}_t) \tag{2.18}$$

再积分一次得

$$x_{t+\tau} = x_t + \dot{x}_t\tau + \frac{1}{2}\ddot{x}_t\tau^2 + \frac{1}{6\theta\Delta t}\tau^3(\ddot{x}_{t+\theta\Delta t} - \ddot{x}_t) \tag{2.19}$$

将 $\tau = \theta\Delta t$ 代入式(2.18)和式(2.19)得

$$\dot{x}_{t+\theta\Delta t} = \dot{x}_t + \frac{\theta\Delta t}{2}(\ddot{x}_{t+\theta\Delta t} + \ddot{x}_t) \tag{2.20}$$

$$x_{t+\theta\Delta t} = x_t + \theta\Delta t\dot{x}_t + \frac{\theta^2\Delta t^2}{6}(\ddot{x}_{t+\theta\Delta t} + 2\ddot{x}_t) \tag{2.21}$$

由式(2.20)、式(2.21)解出 $\ddot{x}_{t+\theta\Delta t}$ 及 $\dot{x}_{t+\theta\Delta t}$ 得

$$\ddot{x}_{t+\theta\Delta t} = \frac{6}{\theta^2\Delta t}(x_{t+\theta\Delta t} - x_t) - \frac{6}{\theta\Delta t}\dot{x}_t - 2\ddot{x}_t \tag{2.22}$$

$$\dot{x}_{t+\theta\Delta t} = \frac{3}{\theta\Delta t}(x_{t+\theta\Delta t} - x_t) - 2\dot{x}_t - \frac{\theta\Delta t}{2}\ddot{x}_t \tag{2.23}$$

则 $t+\theta\Delta t$ 瞬时的动平衡方程为

$$M\ddot{x}_{t+\theta\Delta t} + C\dot{x}_{t+\theta\Delta t} + Kx_{t+\theta\Delta t} = \overline{F}_{t+\theta\Delta t} \tag{2.24}$$

式中

$$\overline{F}_{t+\theta\Delta t} = F_t + \theta(F_{t+\Delta t} - F_t)$$

将式(2.22)、式(2.23)代入式(2.24)，求得解 $x_{t+\theta\Delta t}$ 的方程：

$$\begin{aligned}(K + a_0M + a_1C)x_{t+\theta\Delta t} =& F_t + \theta(F_{t+\Delta t} - F_t) + M(a_0x_t + a_2\dot{x}_t + 2\ddot{x}_t) \\ &+ C(a_1x_t + 2\dot{x}_t + a_3\ddot{x}_t)\end{aligned} \tag{2.25}$$

式中

$$a_0 = \frac{6}{(\theta\Delta t)^2},\quad a_1 = \frac{3}{\theta\Delta t},\quad a_2 = 2a_1,\quad a_3 = \frac{\theta\Delta t}{2}$$

式(2.25)可简写为

$$\hat{K}x_{t+\theta\Delta t} = \hat{F}_{t+\theta\Delta t} \tag{2.26}$$

将 $\hat{F}$ 三角分解为 LDL^{T} 则有

$$LDL^{\mathrm{T}}x_{t+\theta\Delta t} = \hat{F}_{t+\theta\Delta t} \tag{2.27}$$

由式(2.27)用高斯消去法解得 $x_{t+\theta\Delta t}$后，将其代入式(2.22)解得 $\ddot{x}_{t+\theta\Delta t}$，再应用式(2.17)～式(2.19)，令 $\tau=\Delta t$ 可得

$$\ddot{x}_{t+\Delta t} = a_4(x_{t+\theta\Delta t} - x_t) + a_5\dot{x}_t + a_6\ddot{x}_t \tag{2.28}$$

$$\dot{x}_{t+\Delta t} = \dot{x}_t + a_7(\ddot{x}_{t+\Delta t} + \ddot{x}_t) \tag{2.29}$$

$$x_{t+\Delta t} = x_t + \Delta t\dot{x}_t + a_8(\ddot{x}_{t+\Delta t} + 2\ddot{x}_t) \tag{2.30}$$

式中

$$a_4 = \frac{a_0}{\theta},\quad a_5 = -\frac{a_2}{\theta},\quad a_6 = 1-\frac{3}{\theta},\quad a_7 = \frac{\Delta t}{2},\quad a_8 = \frac{\Delta t^2}{6}$$

可见，此法的特点是先求得 $t+\theta\Delta t$ 瞬时的 x，结合该瞬时以前的速度与加速度再求得 $t+\Delta t$ 瞬时的状态变量。

从上面的讨论中可以看到本方法也是自动起步的。可以证明当 $\theta\geqslant1.37$ 时，本方法是无条件稳定的；其计算精度与步长 Δt 有关。

4. Newmark 法

Newmark 法也是线加速度法的一种引申，采用如下形式的近似表达式：

$$\dot{x}_{t+\Delta t} = \dot{x}_t + [(1-\delta)\ddot{x}_t + \delta\ddot{x}_{t+\Delta t}]\Delta t \tag{2.31}$$

$$x_{t+\Delta t} = x_t + \dot{x}_t\Delta t + \left[\left(\frac{1}{2}-\alpha\right)\ddot{x}_t + \alpha\ddot{x}_{t+\Delta t}\right]\Delta t^2 \tag{2.32}$$

式中，α、δ 为参量，根据计算的精度与稳定度要求决定。一般选用 $\alpha=\frac{1}{4}$，$\delta=\frac{1}{2}$ 可使计算达到无条件稳定。当 $\alpha=\frac{1}{6}$，$\delta=\frac{1}{2}$时，此近似式退化为普通线加速度法，同时也由无条件稳定变为有条件稳定。

为计算 $t+\Delta t$ 瞬时的位移、速度、加速度，必须研究 $t+\Delta t$ 瞬时的动平衡方程

$$M\ddot{x}_{t+\Delta t} + C\dot{x}_{t+\Delta t} + Kx_{t+\Delta t} = F_{t+\Delta t} \tag{2.33}$$

联立式(2.31)和式(2.32)求得用未知位移 $x_{t+\Delta t}$表示的 $\ddot{x}_{t+\Delta t}$和 $\dot{x}_{t+\Delta t}$，将它们代入式(2.33)，得到求解 $x_{t+\Delta t}$的方程式，即

$$\begin{aligned}(a_0M + a_1C + K)x_{t+\Delta t} =& F_{t+\Delta t} + M(a_0x_t + a_2\dot{x}_t + a_3\ddot{x}_t)\\ &+ C(a_1x_t + a_4\dot{x}_t + a_5\ddot{x}_t)\end{aligned} \tag{2.34}$$

简写为

$$\hat{K}x_{t+\Delta t} = \hat{F}_{t+\Delta t}$$

式中

$$a_0 = \frac{1}{\alpha\Delta t^2},\quad a_1 = \frac{\delta}{\alpha\Delta t},\quad a_2 = \frac{1}{\alpha\Delta t}$$

$$a_3 = \frac{1}{2\alpha} - 1,\quad a_4 = \frac{\delta}{\alpha} - 1$$

$$a_5 = \frac{\Delta t}{2}\left(\frac{\delta}{\alpha} - 2\right)$$

解得 $x_{t+\Delta t}$后，不难由式(2.31)、式(2.32)求得速度、加速度。

2.1.2 模态叠加法

直接积分法需要的运算次数直接正比于分析中的时间步数与矩阵 M、C、K 的带宽，因此，一般说来，求解响应的时间较长。如果积分的时间步数很多，则先把运动方程(2.1)进行适当的坐标变换，使之能以较少的费用进行更有效的求解。模态叠加法就是在进行时间积分求解之前，首先进行正则坐标变换，使方程从有限元的物理坐标变换到模态坐标，从而把原来互相耦合的联立运动方程解耦，变成互相独立的运动方程，运用单自由度系统理论求解。

设正则模态矩阵 Φ 为坐标变换矩阵，本方法的分析步骤如下：

首先，求解无阻尼条件下系统的特征值问题，给出特征值 $\Lambda=\mathrm{diag}[\omega_1^2,\omega_2^2,\cdots,\omega_n^2]$和特征向量(即正则模态)$\Phi=[\phi_1,\phi_2,\cdots,\phi_n]$，其中 ω_i^2 和 ϕ_i 分别为第 i 阶模态的特征值和振型。

以正则模态矩阵 Φ 作为变换矩阵，进行坐标变换，实现运动方程解耦。令

$$x(t) = \Phi q(t) \tag{2.35}$$

式中，$q(t)=[q_1(t),q_2(t),\cdots,q_n(t)]^{\mathrm{T}}$ 为 n 个模态的模态坐标。

代入运动方程(2.1)，利用模态的正交特性(取质量矩阵归一)，并假定模态阻尼矩阵为对角化的经典黏性阻尼系统，可得如下的解耦方程组：

$$\widetilde{M}\ddot{q}(t) + \widetilde{C}\dot{q}(t) + \widetilde{K}q(t) = \widetilde{F}(t) \tag{2.36}$$

式中

$$\widetilde{M} = \Phi^{\mathrm{T}}M\Phi = I,\quad \widetilde{C} = \Phi^{\mathrm{T}}C\Phi = \mathrm{diag}[2\omega_1\xi_1,2\omega_2\xi_2,\cdots,2\omega_n\xi_n]$$

$$\widetilde{K} = \Phi^{\mathrm{T}}K\Phi = \mathrm{diag}[\omega_1^2,\omega_2^2,\cdots,\omega_n^2],\quad \widetilde{F}(t) = \Phi^{\mathrm{T}}F(t) = [\tilde{f}_1(t),\tilde{f}_2(t),\cdots,\tilde{f}_n(t)]^{\mathrm{T}}$$

ω_i、$\xi_i(i=1,2,\cdots,n)$分别为第 i 阶模态的圆频率和模态阻尼比。

方程组(2.36)可解耦为

$$\ddot{q}_i(t)+2\xi_i\omega_i\dot{q}_i(t)+\omega_i^2 q_i(t)=\tilde{f}_i(t),\quad i=1,2,\cdots,n \tag{2.37}$$

求解各解耦后的运动方程可得每个振型的响应解。由式(2.37)可见，这些运动方程为典型的单自由度强迫振动方程。在求解中，应将初始条件转换到模态坐标下，根据式(2.35)，模态坐标下的初始条件表达式为

$$x_0=\Phi q_0,\quad \dot{x}_0=\Phi\dot{q}_0 \tag{2.38}$$

然后左乘 $\Phi^{\mathrm{T}}M$，并考虑到质量矩阵归一，有

$$q_0=\Phi^{\mathrm{T}}Mx_0,\quad \dot{q}_0=\Phi^{\mathrm{T}}M\dot{x}_0 \tag{2.39}$$

则运动方程式(2.37)的通解可写成

$$\begin{aligned}q_i(t)=&\frac{1}{\omega_{\mathrm{d}i}}\int_0^t\tilde{f}_i(\tau)\mathrm{e}^{-\xi_i\omega_i(t-\tau)}\sin\omega_{\mathrm{d}i}(t-\tau)\mathrm{d}\tau\\&+\mathrm{e}^{-\xi_i\omega_i t}\left(\frac{\dot{q}_{0i}+\xi_i\omega_i q_{0i}}{\omega_{\mathrm{d}i}}\sin\omega_{\mathrm{d}i}t+q_{0i}\cos\omega_{\mathrm{d}i}t\right)\end{aligned} \tag{2.40}$$

式中，$\omega_{\mathrm{d}i}$ 为有阻尼系统固有频率，且 $\omega_{\mathrm{d}i}=\omega_i\sqrt{1-\xi_i^2}$，$\omega_i$ 为无阻尼系统固有频率。

在零值初始条件($q_{0i}=\dot{q}_{0i}=0$)下，干扰力 $\tilde{f}_i(t)$ 所产生的振动，称为 Duhamel 积分，即

$$q_i(t)=\frac{1}{\omega_{\mathrm{d}i}}\int_0^t\tilde{f}_i(\tau)\mathrm{e}^{-\xi_i\omega_i(t-\tau)}\sin\omega_{\mathrm{d}i}(t-\tau)\mathrm{d}\tau \tag{2.41}$$

假设系统在 $t=0$ 时受到突加力 $\tilde{f}_0$ 的作用，这样 Duhamel 积分式(2.41)可改写成

$$q_i(t)=\frac{\tilde{f}_0}{\omega_{\mathrm{d}i}}\int_0^t\mathrm{e}^{-\xi_i\omega_i(t-\tau)}\sin\omega_{\mathrm{d}i}(t-\tau)\mathrm{d}\tau \tag{2.42}$$

令 $t'=t-\tau$，$\mathrm{d}\tau=-\mathrm{d}t'$，运用分部积分，式(2.42)中的积分等于

$$\int_0^t\mathrm{e}^{-\xi_i\omega_i t'}\sin\omega_{\mathrm{d}i}t'\mathrm{d}t'=\frac{1}{\xi_i^2\omega_i^2+\omega_{\mathrm{d}i}^2}(\omega_{\mathrm{d}i}-\omega_{\mathrm{d}i}\mathrm{e}^{-\xi_i\omega_i t}\sin\omega_{\mathrm{d}i}t-\xi_i\omega_i\mathrm{e}^{-\xi_i\omega_i t}\sin\omega_{\mathrm{d}i}t) \tag{2.43}$$

将式(2.43)代入式(2.42)中，并注意 $\xi_i^2\omega_i^2+\omega_{\mathrm{d}i}^2=\xi_i^2\omega_i^2+\omega^2(1-\xi_i^2)=\omega_i^2$，得

$$q_i(t)=\frac{\tilde{f}_0}{\omega_i^2}\left[1-\mathrm{e}^{-\xi_i\omega_i t}\left(\cos\omega_{\mathrm{d}i}t+\frac{\xi_i\omega_i}{\omega_{\mathrm{d}i}}\sin\omega_{\mathrm{d}i}t\right)\right] \tag{2.44}$$

在任意时间间隔 $t_{j-1}\leqslant t\leqslant t_j$ 中，系统是从 $t=t_{j-1}$ 开始作用一常值脉冲载荷 $\tilde{f}_t^{(j)}$ 的，这时式(2.44)可改为

$$q_i(t)=\frac{\widetilde{f}_i^{(j)}}{\omega_i^2}\left\{1-\mathrm{e}^{-\xi_i\omega_i(t-\tau_{j-1})}\left[\cos\omega_{\mathrm{d}i}(t-t_{j-1})+\frac{\xi_i\omega_i}{\omega_{\mathrm{d}i}}\sin\omega_{\mathrm{d}i}(t-t_{j-1})\right]\right\} \tag{2.45}$$

将 $t=t_{j-1}$ 时系统的初始位移 $q_{0i}(t_{j-1})=q_{0i}^{(j-1)}$，初始速度 $\dot{q}_{0i}(t_{j-1})=\dot{q}_{0i}^{(j-1)}$ 代入式(2.40)中，组合式(2.45)得到系统所处的状态为

$$\begin{aligned}q_i(t)=&\mathrm{e}^{-\xi_i\omega_i(t-\tau_{j-1})}\left[q_{0i}^{(j-1)}\cos\omega_{\mathrm{d}i}(t-t_{j-1})+\frac{\dot{q}_{0i}^{(j-1)}+\xi_i\omega_i q_{0i}^{(j-1)}}{\omega_{\mathrm{d}i}}\sin\omega_{\mathrm{d}i}(t-t_{j-1})\right]\\&+\frac{\widetilde{f}_i^{(j)}}{\omega_i^2}\left\{1-\mathrm{e}^{-\xi_i\omega_i(t-\tau_{j-1})}\left[\cos\omega_{\mathrm{d}i}(t-t_{j-1})+\frac{\xi_i\omega_i}{\omega_{\mathrm{d}i}}\sin\omega_{\mathrm{d}i}(t-t_{j-1})\right]\right\}\end{aligned} \tag{2.46}$$

在时间段的末端，方程(2.46)变成

$$\begin{aligned}q_i^{(j)}=q_i(t=t_j)=&\mathrm{e}^{-\xi_i\omega_i\Delta t_j}\left[q_{0i}^{(j-1)}\cos\omega_{\mathrm{d}i}\Delta t_j+\frac{\dot{q}_{0i}^{(j-1)}+\xi_i\omega_i q_{0i}^{(j-1)}}{\omega_{\mathrm{d}i}}\sin\omega_{\mathrm{d}i}\Delta t_j\right]\\&+\frac{\widetilde{f}_i^{(j)}}{\omega_i^2}\left[1-\mathrm{e}^{-\xi_i\omega_i\Delta t_j}\left(\cos\omega_{\mathrm{d}i}\Delta t_j+\frac{\xi_i\omega_i}{\omega_{\mathrm{d}i}}\sin\omega_{\mathrm{d}i}\Delta t_j\right)\right]\end{aligned} \tag{2.47}$$

式中，$\Delta t_j=t_j-t_{j-1}$ 为第 j 时间段；$\widetilde{f}_i^{(j)}$ 为 Δt_j 中点所对应的动载荷值。

将方程(2.46)对时间求导并代入 $t=t_2$，得

$$\begin{aligned}\dot{q}_i^{(j)}=&\dot{q}_i(t=t_j)\\=&\omega_{\mathrm{d}i}\mathrm{e}^{-\xi_i\omega_i\Delta t_j}\left[-q_{0i}^{(j-1)}\sin\omega_{\mathrm{d}i}\Delta t_j+\frac{\dot{q}_{0i}^{(j-1)}+\xi_i\omega_i q_{0i}^{(j-1)}}{\omega_{\mathrm{d}i}}\cos\omega_{\mathrm{d}i}\Delta t_j\right.\\&\left.-\frac{\xi_i\omega_i}{\omega_{\mathrm{d}i}}\left(q_{0i}^{(j-1)}\cos\omega_{\mathrm{d}i}\Delta t_j+\frac{\dot{q}_{0i}^{(j-1)}+\xi_i\omega_i q_{0i}^{(j-1)}}{\omega_{\mathrm{d}i}}\sin\omega_{\mathrm{d}i}\Delta t_j\right)\right]\\&+\frac{\widetilde{f}_i^{(j)}\omega_{\mathrm{d}i}}{\omega_i^2}\mathrm{e}^{-\xi_i\omega_i\Delta t_j}\left(1+\frac{\xi_i^2\omega_i^2}{\omega_{\mathrm{d}i}^2}\right)\sin\omega_{\mathrm{d}i}\Delta t_j\end{aligned} \tag{2.48}$$

方程(2.47)和方程(2.48)表示第 j 时间段计算解的递推公式，它们给出了第 $j+1$ 时间段开始时，位移 q_i 和速度 $\dot{q}_i$ 的初始条件。这些公式可反复使用，以得到模态坐标的时间位移响应。在求稳态响应时，将终值作为初值反复迭代，直到首尾两值满足计算精度时，迭代结束。

将向量 q 代入坐标变换式(2.35)，实施反变换即可得到所求的原物理坐标下的响应，即

$$x(t)=\Phi q(t)=\phi_1 q_1(t)+\phi_2 q_2(t)+\cdots+\phi_n q_n(t)$$

2.1.3　应用实例

运载火箭飞行过程的低频结构动力学问题是一个典型的结构瞬态响应问题。

通常的星箭耦合分析是将火箭在几个典型工况下的外载荷时域激励作用于卫星与运载火箭组合结构，计算所关心的节点的响应时间历程。下面介绍一个典型的星箭耦合分析算例和结果。

计算输入：输入运载火箭飞行时典型秒状态的卫星与运载火箭组合有限元模型(图 2.1)、各时段火箭受到的外载荷时间历程(实测得到或者由以往飞行遥测的结构响应数据经载荷辨识得到)及由全箭动特性试验得到的模态阻尼参数等。

星箭耦合分析过程：首先采用 Craig Bampton 模态综合法组合运载火箭缩聚模型和卫星缩聚模型，然后针对组合后的运载火箭和卫星整体的缩聚模型，用直接积分法(Wilson-θ 法)计算运载火箭及卫星的动响应。通常计算飞行最大动压，火箭助推器分离前、火箭助推器分离后、火箭一、二级分离前和火箭一、二级分离后等多种状态下的动态响应。

结果输出：通常星箭耦合分析可以得到卫星及运载火箭各位置的线/角加速度、速度、位移及两组单元间的界面力或界面力矩等。

图 2.1　星箭组合结构有限元模型

图 2.2 和图 2.3 给出了某运载火箭在飞行最大动压状态(持续作用 3s)下，星箭界面三个方向的线加速度响应和界面力的时域曲线。通过响应谱变换可将加速度和界面力的时域结果变换成频谱分布，用于运载火箭舱段、箭上设备、整星或星上部组件的力学环境条件设计。

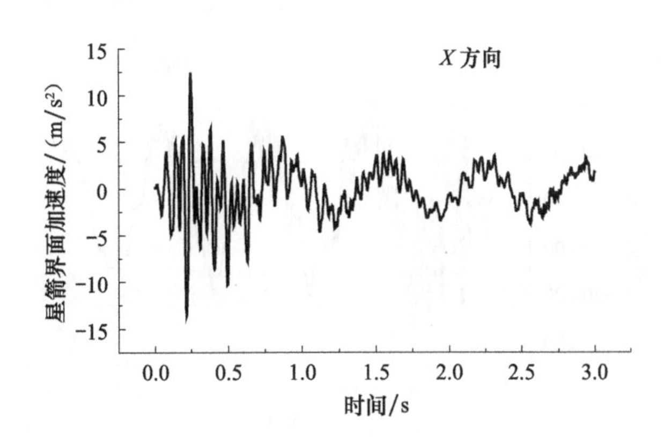

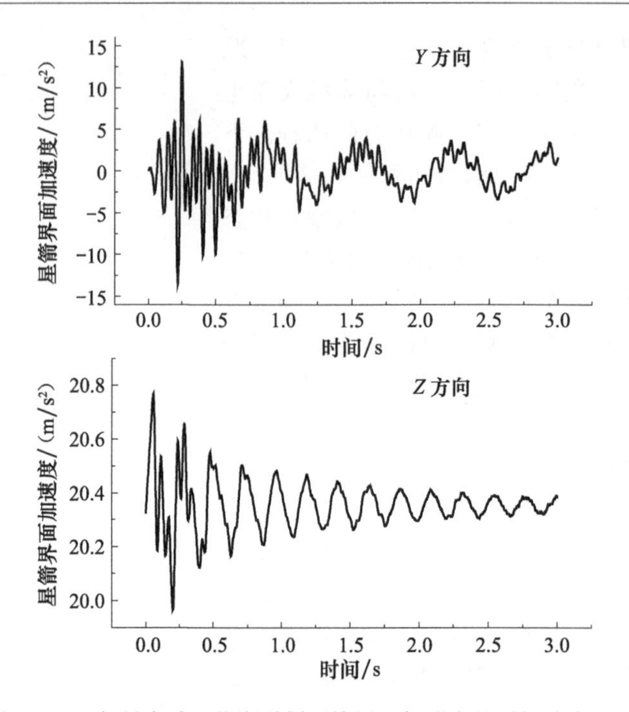

图 2.2　飞行最大动压状态时刻星箭界面加速度的时间响应历程

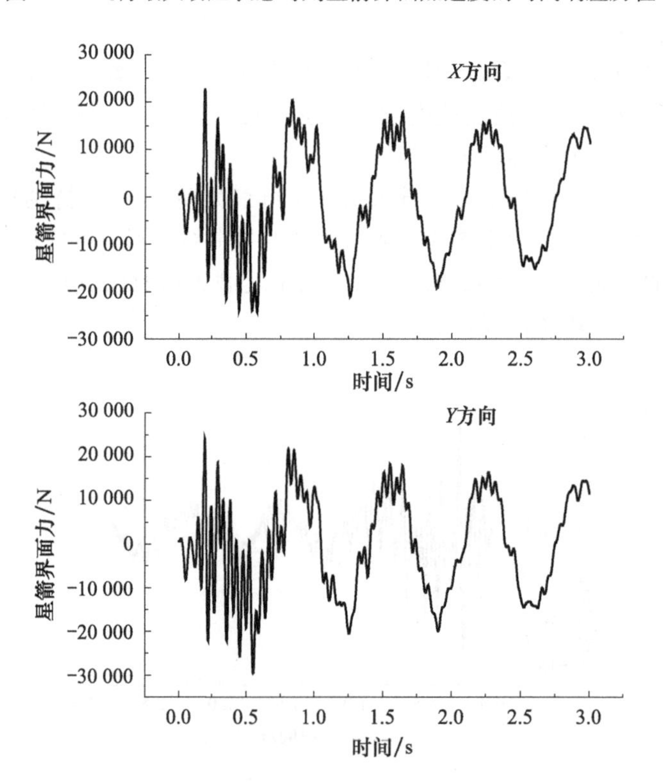

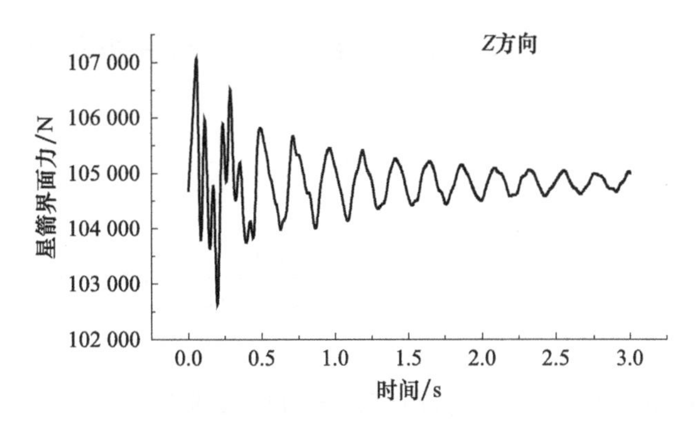

图 2.3　飞行最大动压状态时刻星箭界面力的时间响应历程

2.2　正弦振动响应分析方法

正弦振动响应分析指的是结构在简谐(正弦或余弦形式)激励下的响应分析，是星箭结构设计中经常涉及的分析工作，属于频率域的响应分析。工程中星箭结构频率响应分析主要是指星箭结构在正弦基础激励条件下的响应分析，把不同正弦频率激励下所得到的响应分析结果绘成曲线，即可得到频率响应曲线。

星箭结构的频率响应分析主要借助有限元软件来实现。一般商业软件提供了两种方法：直接频率响应分析和模态频率响应分析。前者直接对振动方程进行求解，耗时较长；后者则采用正则模态方法。正则模态方法的原理是：首先将振动方程在模态坐标下根据不同的阻尼形式进行解耦；然后把每个解耦的模态当成单自由度振动系统求解；最后将所有的模态响应合成得到系统总的响应。对于规模较大的动力学系统，模态频率响应分析的求解规模远小于直接频率响应分析，其计算时间大大缩短，因此在航天工程上得到广泛应用。

2.2.1　基本理论

大多数情况下，只有少数几个低阶的模态对动力学系统总的响应贡献最大，因此，采用模态频率响应分析方法，其原理与瞬态响应分析中的模态叠加法类似。

对于经典黏性阻尼系统，将其在简谐激振力 $F(t)=F_0\mathrm{e}^{\mathrm{i}\omega t}$ 作用时，原广义坐标下的稳态响应表示为

$$x = X_0\mathrm{e}^{\mathrm{i}\omega t} \tag{2.49}$$

则由方程(2.1)得到频域内离散化的结构系统运动方程为

$$-\omega^2 MX_0(\omega) + \mathrm{i}\omega CX_0(\omega) + KX_0(\omega) = F_0(\omega) \tag{2.50}$$

为了借助模态叠加法以简化求解过程，根据式(2.37)，有模态力 $\tilde{f}_i=\phi_i^{\mathrm{T}}F_0\mathrm{e}^{\mathrm{i}\omega t}=$

$\bar{f}_i e^{i\omega t}$及稳态响应解为$q_i(t)=\bar{q}_i e^{i\omega t}$。由方程(2.37)可得系统受迫振动的模态坐标方程为

$$(\omega_i^2-\omega^2+i2\xi_i\omega_i\omega)\bar{q}_i=\bar{f}_i=\phi_i^{\mathrm{T}}F_0,\quad i=1,2,\cdots,n \tag{2.51}$$

求得方程(2.51)的解为

$$\bar{q}_i=\frac{\phi_i^{\mathrm{T}}F_0}{\omega_i^2-\omega^2+i2\xi_i\omega_i\omega},\quad q_i(t)=\frac{\phi_i^{\mathrm{T}}F_0}{\omega_i^2-\omega^2+i2\xi_i\omega_i\omega}e^{i\omega t},\quad i=1,2,\cdots,n \tag{2.52}$$

式中,$q_i(t)$表示模态坐标下的单自由度系统对广义激振力的响应,称其为纯模态响应。

于是,可得简谐激振的响应x

$$\begin{aligned}x=X_0e^{i\omega t}=\Phi q=\sum_{i=1}^{n}\phi_i q_i=\sum_{i=1}^{n}\frac{\phi_i\phi_i^{\mathrm{T}}}{\omega_i^2-\omega^2+i2\xi_i\omega_i\omega}F_0e^{i\omega t}\\=\sum_{i=1}^{n}\frac{\phi_i\phi_i^{\mathrm{T}}}{k_i(1-\bar{\omega}_i^2+i2\xi_i\bar{\omega}_i)}F_0e^{i\omega t}=H(i\omega)F_0e^{i\omega t}\end{aligned} \tag{2.53}$$

式中,$k_i=\omega_i^2$;$\bar{\omega}_i=\dfrac{\omega}{\omega_i}$。

由式(2.53)得到方程(2.50)的解(向量形式)为

$$X_0=\sum_{i=1}^{n}\frac{\phi_i\phi_i^{\mathrm{T}}}{k_i(1-\bar{\omega}_i^2+i2\xi_i\bar{\omega}_i)}F_0 \tag{2.54}$$

由式(2.52)可知,系统的响应是各阶模态$\phi_1,\phi_2,\cdots,\phi_n$按一定比例的线性叠加,各阶主模态贡献大小由各阶模态坐标$q_i(t)$的大小决定。

根据频响函数的定义,由式(2.53)给出简谐激振的(复)频响函数矩阵$H(i\omega)$为

$$H(i\omega)=\sum_{i=1}^{n}\frac{\phi_i\phi_i^{\mathrm{T}}}{k_i(1-\bar{\omega}_i^2+i2\xi_i\bar{\omega}_i)}=\sum_{i=1}^{n}H_i(i\omega) \tag{2.55}$$

$H_i(i\omega)$矩阵为各个模态的频响函数$H_i(i\omega)$的叠加,其中$H_i(i\omega)$为

$$\begin{aligned}H_i(i\omega)&=\frac{\phi_i\phi_i^{\mathrm{T}}}{k_i(1-\bar{\omega}_i^2+i2\xi_i\bar{\omega}_i)}\\&=\frac{\phi_i\phi_i^{\mathrm{T}}}{k_i[(1-\bar{\omega}_i^2)^2+(2\xi_i\bar{\omega}_i)^2]}[(1-\bar{\omega}_i^2)-i2\xi_i\bar{\omega}_i]\end{aligned} \tag{2.56}$$

$H_i(i\omega)$的第r行、第l列元素$H_{irl}(i\omega)$为

$$H_{irl}(i\omega)=\frac{\phi_{ir}\phi_{il}}{k_i[(1-\bar{\omega}_i^2)^2+(2\xi_i\bar{\omega}_i)^2]}[(1-\bar{\omega}_i^2)-i2\xi_i\bar{\omega}_i] \tag{2.57}$$

$|H_{irl}(\mathrm{i}\omega)|$与 φ_{irl}分别为模态复频响函数的模与相位角，即

$$|H_{irl}(\mathrm{i}\omega)| = \frac{\phi_{ir}\phi_{il}}{k_i\sqrt{(1-\bar{\omega}_i^2)^2+(2\xi_i\bar{\omega}_i)^2}} \tag{2.58}$$

$$\varphi_{irl} = \arctan\left(-\frac{2\xi_i\bar{\omega}_i}{1-\bar{\omega}_i^2}\right) \tag{2.59}$$

由式(2.59)可知，对于第 i 个模态，其频响函数的相位角 φ_{irl} 与物理坐标无关，仅由该模态参数 ξ_i 与 ω_i 所确定，即各个物理坐标点上相应该模态的相位角 φ_{irl} 相同。也就是说各个物理坐标上的响应模态将同时经过平衡点，同时达到峰值。当 $\bar{\omega}_i^2=1$ 时，由式(2.58)可知，各个物理坐标点上模态频响函数模态 $|H_{irl}(\mathrm{i}\omega)|$ 将同时达到峰值，其峰值为

$$|H_{irl}(\mathrm{i}\omega)|_{\max} = \frac{|\phi_{ir}\phi_{il}|}{2k_i\xi_i} \tag{2.60}$$

相应峰值的相位角为 $\varphi_{irl}=\arctan(-\infty)=-\dfrac{\pi}{2}$。

方程(2.50)是对应任意激励下频响分析的一般表达式。对于星箭结构来说，更常见的分析是基础激励下的响应分析(通常已知基础加速度激励)。该类分析主要对应于试验件在振动台上的边界状态，通常认为基础的刚度远大于试验件，因此，将基础的边界条件视为理想的刚性约束。现从方程(2.1)出发，进行推导。

将节点自由度分成两组：内部自由度 $x_\mathrm{i}(t)$(不与基础直接相连)和边界自由度 $x_\mathrm{b}(t)$(与基础相连)，即 $x(t)=\begin{Bmatrix} x_\mathrm{i}(t) \\ x_\mathrm{b}(t) \end{Bmatrix}$。同时，将结构所受激励 $F(t)$ 也分为结构内部力 $F_\mathrm{i}(t)$ 和边界力 $F_\mathrm{b}(t)$ 两类，而基础激励下结构内部力 $F_\mathrm{i}(t)=0$，则有

$$F(t) = \begin{Bmatrix} F_\mathrm{i}(t) \\ F_\mathrm{b}(t) \end{Bmatrix} = \begin{Bmatrix} 0 \\ F_\mathrm{b}(t) \end{Bmatrix}$$

方程(2.1)可改写为

$$\begin{bmatrix} M_{\mathrm{ii}} & M_{\mathrm{ib}} \\ M_{\mathrm{bi}} & M_{\mathrm{bb}} \end{bmatrix}\begin{Bmatrix} \ddot{x}_\mathrm{i} \\ \ddot{x}_\mathrm{b} \end{Bmatrix} + \begin{bmatrix} C_{\mathrm{ii}} & C_{\mathrm{ib}} \\ C_{\mathrm{bi}} & C_{\mathrm{bb}} \end{bmatrix}\begin{Bmatrix} \dot{x}_\mathrm{i} \\ \dot{x}_\mathrm{b} \end{Bmatrix} + \begin{bmatrix} K_{\mathrm{ii}} & K_{\mathrm{ib}} \\ K_{\mathrm{bi}} & K_{\mathrm{bb}} \end{bmatrix}\begin{Bmatrix} x_\mathrm{i} \\ x_\mathrm{b} \end{Bmatrix} = \begin{Bmatrix} 0 \\ F_\mathrm{b} \end{Bmatrix} \tag{2.61}$$

提取对应内部自由度的方程，可得

$$M_{\mathrm{ii}}\ddot{x}_\mathrm{i} + C_{\mathrm{ii}}\dot{x}_\mathrm{i} + K_{\mathrm{ii}}x_\mathrm{i} = -(M_{\mathrm{ib}}\ddot{x}_\mathrm{b} + C_{\mathrm{ib}}\dot{x}_\mathrm{b} + K_{\mathrm{ib}}x_\mathrm{b}) \tag{2.62}$$

在已知加速度激励情况下，将上述方程转化到频域下，有

$$-\omega^2 M_{\mathrm{ii}}x_\mathrm{i} + \mathrm{i}\omega C_{\mathrm{ii}}x_\mathrm{i} + K_{\mathrm{ii}}x_\mathrm{i} = -\left(M_{\mathrm{ib}} + \frac{C_{\mathrm{ib}}}{\mathrm{i}\omega} - \frac{K_{\mathrm{ib}}}{\omega^2}\right)\ddot{x}_\mathrm{b} \tag{2.63}$$

显然，由方程(2.62)，若已知基础加速度激励 $\ddot{x}_\mathrm{b}$，则可以直接求解出内部自由

度的响应 x_{i}。

进一步借助模态叠加法，将物理坐标 x_{i} 转换到模态坐标 q：

$$x_{\mathrm{i}} = \Phi q \tag{2.64}$$

式中，$\Phi=[\phi_1,\phi_2,\cdots,\phi_n]$为模态矩阵（采用质量矩阵归一）。模态频率和振型由$(K_{\mathrm{ii}}-\omega_k^2 M_{\mathrm{ii}})\phi_k=0(k=1,2,\cdots,n)$解得。

将式(2.64)代入式(2.62)，左乘 Φ^{T}，得

$$\Phi^{\mathrm{T}} M_{\mathrm{ii}} \Phi \ddot{q} + \Phi^{\mathrm{T}} C_{\mathrm{ii}} \Phi \dot{q} + \Phi^{\mathrm{T}} K_{\mathrm{ii}} \Phi q = -\Phi^{\mathrm{T}}(M_{\mathrm{ib}} \ddot{x}_{\mathrm{b}} + C_{\mathrm{ib}} \dot{x}_{\mathrm{b}} + K_{\mathrm{ib}} x_{\mathrm{b}}) \tag{2.65}$$

假定结构与振动台相连节点自由度的阻尼力为 0，即 $C_{\mathrm{ib}}\dot{x}_{\mathrm{ib}}=0$，则有

$$\Phi^{\mathrm{T}} M_{\mathrm{ii}} \Phi \ddot{q} + \Phi^{\mathrm{T}} C_{\mathrm{ii}} \Phi \dot{q} + \Phi^{\mathrm{T}} K_{\mathrm{ii}} \Phi q = -\Phi^{\mathrm{T}}(M_{\mathrm{ib}} \ddot{x}_{\mathrm{b}} + K_{\mathrm{ib}} x_{\mathrm{b}}) \tag{2.66}$$

即

$$\ddot{q}(t) + \langle 2\xi_k \omega_k \rangle \dot{q}(t) + \langle \omega_k^2 \rangle q(t) = -\Phi^{\mathrm{T}}(M_{\mathrm{ib}} \ddot{x}_{\mathrm{b}} + K_{\mathrm{ib}} x_{\mathrm{b}}) \tag{2.67}$$

变换到频域内，利用 $q=Q(\omega)\mathrm{e}^{\mathrm{i}\omega t}$，$x_{\mathrm{b}}=X_{\mathrm{b}}(\omega)\mathrm{e}^{\mathrm{i}\omega t}$ 代入式(2.67)，求解得到

$$Q_k(\omega) = \frac{-\phi_k^{\mathrm{T}}\left(M_{\mathrm{ib}} \ddot{X}_{\mathrm{b}}(\omega) - \dfrac{1}{\omega^2} K_{\mathrm{ib}} \ddot{X}_{\mathrm{b}}(\omega)\right)}{\omega_k^2 - \omega^2 + 2\mathrm{i}\xi_k \omega_k \omega} \tag{2.68}$$

式中，$k=1,2,\cdots,n$ 为模态阶数。结构各物理坐标下的加速度响应为

$$\ddot{X}(\omega) = \begin{bmatrix} \ddot{X}_{\mathrm{i}}(\omega) \\ \ddot{X}_{\mathrm{b}}(\omega) \end{bmatrix} = \begin{bmatrix} \Phi \\ I \end{bmatrix} \begin{bmatrix} \ddot{Q}(\omega) \\ \ddot{X}_{\mathrm{b}}(\omega) \end{bmatrix} \tag{2.69}$$

式中，$\ddot{X}_{\mathrm{b}}(\omega)$即为加速度基础激励，亦即结构与基础相连节点自由度的加速度响应，由式(2.69)可计算出加速度基础激励下所有结构内部自由度的响应。

2.2.2 应用实例

下面给出某卫星在基础加速度激励作用下的正弦振动响应分析算例。

计算输入。正弦振动载荷输入条件，具体见表 2.1；卫星结构的图纸、材料参数、设备配套表（含质心位置、质量、惯量等参数）。

表 2.1 某卫星正弦振动条件

频率范围/Hz	输入谱	
5～10	2.0mm	1.5mm
10～100	$0.7g_{\mathrm{n}}$	$0.6g_{\mathrm{n}}$
加载方向	纵向	横向

正弦振动响应分析过程。首先进行整星的有限元建模，对卫星本体的服务舱

底板、载荷舱底板、$+Z$ 长隔板、$-Z$ 长隔板、$+Z$ 短隔板、$-Z$ 短隔板、中隔板、$+Z$ 侧壁板、$-Z$ 侧壁板、$+Y$ 侧壁板、$-Y$ 侧壁板、载荷舱顶板、太阳翼板等“铝合金蒙皮＋铝蜂窝芯子”或“复合材料面板＋铝蜂窝芯子”结构板采用夹层板壳单元建模；对推进舱桁条、内撑杆、外撑杆、肼瓶支架、推进舱上法兰、下法兰、太阳翼收拢状态压紧杆、太阳翼铰链等采用空间梁单元或偏置空间梁单元建模；对各板上安装的仪器设备用集中质量建模。然后，分别按三个方向（1 个纵向即 X 方向，2 个横向即 Y、Z 方向）加载正弦振动载荷输入条件。整星正弦响应分析的频率范围取 5～100Hz，各阶模态阻尼比均取 0.05。

结果输出。通常正弦振动响应分析可以得到结构各处的线/角加速度、位移、应力、应变、单元内力、约束反力等结果。图 2.4 给出了在 X 方向加载时，载荷舱顶板两个节点的 X 方向线加速度响应幅值随频率的变化曲线。

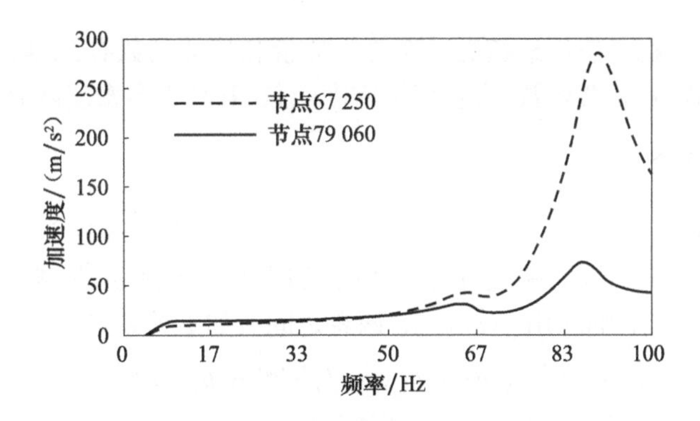

图 2.4　卫星载荷舱顶板的加速度响应（X 方向加载）

正弦振动响应分析的注意事项。利用有限元方法求解航天器结构在正弦振动激励下的频率响应时，为了保证分析精度，一般可将模态分析的频率选择范围拓宽为响应输出频率上限的两倍。航天器正弦振动试验的频率范围一般为 5～100Hz，因此，分析频率的频带最好为 5～200Hz。模态阻尼一般根据以往的试验数据或经验数据来确定，在不同量级的正弦振动激励下，卫星结构的模态阻尼呈现典型的非线性特征，一般随激励量级的提高而增大。金属结构阻尼较小，一般取阻尼比为 2%～3%。复合材料结构阻尼较大，一般取阻尼比为 5%～8%。

2.3　随机振动响应分析方法

总的来说，振动可以划分为确定性振动和随机振动两大类。确定性振动是指其振动状态可以用明确的数学表达式来描述的振动，其最大的特点就是具有重复再现性；而随机振动恰恰相反，其振动状态无法用确定的函数来描述，当然也不存在重复再现性，它的每一次振动与以前、以后的振动都不相同。

虽然随机振动在某一具体时刻的状态是不确定的，但并非毫无规律，它具有统计意义上的规律性。随机振动可分为平稳随机振动和非平稳随机振动两大类。平稳随机振动又进一步分为各态历经随机振动和非各态历经随机振动。平稳随机振动是指其总集的各种统计特性与时间历程无关，即任一时刻各样本的统计值都相同。各态历经随机振动是指总集的统计特性和任何一个样本记录的时间平均值相等的平稳随机振动。本节所介绍的是平稳各态历经随机振动。

在理论上随机振动响应分析有两条途径：一条途径是从时域方面求得系统的单位脉冲响应函数，再将此函数与激励函数的卷积对时间积分就可得到常系数线性系统对任意激励的响应；另一条途径是从频域方面求得系统的频率响应函数，然后通过激励功率谱和结构系统频率响应函数之间的矩阵运算得到系统响应的功率谱。

用于表征平稳各态历经随机过程的特征量和特征函数有：平均值、均方值、方差、自相关函数、互相关函数、自功率谱密度函数、互功率谱密度函数等。

2.3.1 基本理论

对于线性时不变系统，控制方程可以写成线性常系数微分方程。对于这样的系统，如果激励是正弦的，响应也是正弦的；如果激励是随机的，响应也是随机的。若激励用 $x(t)$ 表示，响应用 $y(t)$ 表示，两者之间有如下关系式：

$$a_n y^{(n)} + a_{n-1} y^{(n-1)} + \cdots + a_0 y = b_m x^{(m)} + b_{m-1} x^{(m-1)} + \cdots + b_0 x \tag{2.70}$$

1. 线性系统对单个随机激励的响应

对于单激励，线性平稳各态历经系统激励和响应的关系为

$$y(t) = \int_{-\infty}^{\infty} x(t-\tau) h(\tau) \mathrm{d}\tau \tag{2.71}$$

式中，$h(\tau)$ 为单位脉冲响应函数。

响应的自相关函数为

$$R_y(\tau) = E[y(t)y(t+\tau)] = \int_{-\infty}^{\infty}\int_{-\infty}^{\infty} R_x(\tau+\tau_1-\tau_2) h(\tau_1) h(\tau_2) \mathrm{d}\tau_1 \mathrm{d}\tau_2 \tag{2.72}$$

功率谱密度函数为

$$S_y(\omega) = \frac{1}{2\pi}\int_{-\infty}^{\infty} R_y(\tau) \mathrm{e}^{-\mathrm{i}\omega\tau} \mathrm{d}\tau = |H(\omega)|^2 S_x(\omega) \tag{2.73}$$

式中，$H(\omega)$ 为频率响应函数，$H(\omega)=\int_{-\infty}^{\infty} h(\tau) \mathrm{e}^{-\mathrm{i}\omega\tau} \mathrm{d}\tau$。

这样就可以直接得到响应的均方值

$$\overline{y^2}(t)=E[y^2(t)]=\int_{-\infty}^{\infty}S_y(\omega)\mathrm{d}\omega=\int_{-\infty}^{\infty}|H(\omega)|^2S_x(\omega)\mathrm{d}\omega \tag{2.74}$$

2. 线性系统对两个随机激励的响应

当系统受两个激励时，需要考虑两个激励之间的相关性，不但要输入激励的自功率谱，而且要输入激励之间的互功率谱。

详细的推导过程与单激励情况类似，最后结果的矩阵形式为

$$\begin{aligned}S_y(\omega)&=[H^*_{yx_1}(\omega)\quad H^*_{yx_2}(\omega)]\begin{bmatrix}S_{x_1x_1}(\omega) & S_{x_1x_2}(\omega)\\ S_{x_2x_1}(\omega) & S_{x_2x_2}(\omega)\end{bmatrix}\begin{bmatrix}H_{yx_1}(\omega)\\ H_{yx_2}(\omega)\end{bmatrix}\\ &=H^{*\mathrm{T}}_{yx}(\omega)S_{xx}(\omega)H_{yx}(\omega)\end{aligned} \tag{2.75}$$

由式(2.75)可见，当存在两个激励时，除知道激励的自功率谱以外，还必须知道激励之间的互功率才能得出响应的功率谱密度，下面分别讨论一些特例。

1）两个随机激励 $x_1(t)$、$x_2(t)$完全无关

当两个激励完全无关时，互相关函数 $R_{x_1x_2}(\tau)$、$R_{x_2x_1}(\tau)$及互功率谱密度函数 $S_{x_1x_2}(\omega)$、$S_{x_2x_1}(\omega)$都等于零，这样

$$S_y(\omega)=|H_{yx_1}(\omega)|^2S_{x_1x_1}(\omega)+|H_{yx_2}(\omega)|^2S_{x_2x_2}(\omega) \tag{2.76}$$

即响应的功率谱密度等于两个激励单独作用时所得到的两个响应功率谱密度之和。

2）两个随机激励 $x_1(t)$、$x_2(t)$完全相关

如两个激励完全相关，且存在一定的比例关系 $x_1(t)=kx_2(t)$，k 为常数，有以下关系式：

$$\begin{cases}S_{x_1x_2}(\omega)=kS_{x_1x_1}(\omega)\\ S_{x_2x_1}(\omega)=kS_{x_1x_1}(\omega)\\ S_{x_2x_2}(\omega)=k^2S_{x_1x_1}(\omega)\end{cases} \tag{2.77}$$

响应的功率谱密度函数为

$$S_y(\omega)=|H_{yx_1}(\omega)+kH_{yx_2}(\omega)|^2S_{x_1x_1}(\omega) \tag{2.78}$$

当 $k=1$，则

$$S_y(\omega)=4|H_{yx_1}(\omega)|^2S_{x_1x_1}(\omega) \tag{2.79}$$

由此可见，两个激励完全相关时，响应的功率谱密度是完全无关情况的 2 倍。

3）两个随机激励 $x_1(t)$、$x_2(t)$之间仅具有时滞 τ_0 时

两个随机激励 $x_1(t)$、$x_2(t)$之间仅具有时滞 τ_0 时，即 $x_2(t)=x_1(t+\tau_0)$，可以

导出以下关系式：

$$
\begin{cases}
S_{x_1x_2}(\omega) = \mathrm{e}^{\mathrm{i}\omega\tau_0} S_{x_1x_1}(\omega) \\
S_{x_2x_1}(\omega) = \mathrm{e}^{-\mathrm{i}\omega\tau_0} S_{x_1x_1}(\omega) \\
S_{x_2x_2}(\omega) = S_{x_1x_1}(\omega)
\end{cases}
\tag{2.80}
$$

响应的功率谱密度函数为

$$
S_y(\omega) = |H_{yx_1}(\omega) + H_{yx_2}(\omega)\mathrm{e}^{\mathrm{i}\omega\tau_0}|^2 S_{x_1x_1}(\omega)
\tag{2.81}
$$

3. 线性系统对多个随机激励的响应

若系统受 n 个相互独立的随机载荷激励，响应的功率谱密度函数为

$$
S_y(\omega) = \sum_{i=1}^{n} |H_{yx_i}(\omega)|^2 S_{x_i}(\omega)
\tag{2.82}
$$

若系统受 n 个互相有关的随机载荷激励，对应的 m 个输出和 n 个输入的功率谱密度函数之间的关系用矩阵表示为

$$
S_y(\omega) = H_{yx}^*(\omega)^{\mathrm{T}} S_x(\omega) H_{yx}(\omega)
\tag{2.83}
$$

式中

$$
S_y(\omega) = \begin{bmatrix}
S_{y_1y_1}(\omega) & S_{y_1y_2}(\omega) & \cdots & S_{y_1y_m}(\omega) \\
S_{y_2y_1}(\omega) & S_{y_2y_2}(\omega) & \cdots & S_{y_2y_m}(\omega) \\
\vdots & \vdots & & \vdots \\
S_{y_my_1}(\omega) & S_{y_my_2}(\omega) & \cdots & S_{y_my_m}(\omega)
\end{bmatrix}
$$

$$
S_x(\omega) = \begin{bmatrix}
S_{x_1x_1}(\omega) & S_{x_1x_2}(\omega) & \cdots & S_{x_1x_n}(\omega) \\
S_{x_2x_1}(\omega) & S_{x_2x_2}(\omega) & \cdots & S_{x_2x_n}(\omega) \\
\vdots & \vdots & & \vdots \\
S_{x_nx_1}(\omega) & S_{x_nx_2}(\omega) & \cdots & S_{x_nx_n}(\omega)
\end{bmatrix}
$$

$$
H_{yx}(\omega) = \begin{bmatrix}
H_{y_1x_1}(\omega) & H_{y_2x_1}(\omega) & \cdots & H_{y_mx_1}(\omega) \\
H_{y_1x_2}(\omega) & H_{y_2x_2}(\omega) & \cdots & H_{y_mx_2}(\omega) \\
\vdots & \vdots & & \vdots \\
H_{y_1x_n}(\omega) & H_{y_2x_n}(\omega) & \cdots & H_{y_mx_n}(\omega)
\end{bmatrix}
$$

$H_{yx}^{*\mathrm{T}}$ 为 H_{yx} 的共轭转置矩阵。上面的推导适用于随机振动响应分析的一般情况。对于星箭结构来说，通常整星或部组件的随机振动指的是结构件在随机基础激励下的振动问题。如果特指基础激励下的随机振动，其计算方法只需用基础激励惯性力(参见 2.2.1 节结尾部分)的功率谱替代一般的载荷激励谱 S_x 就可以了。

2.3.2　应用实例

下面给出某卫星电源分系统控制单机在基础激励作用下随机振动响应分析实例。

计算输入。随机振动试验条件，即随机基础加速度激励的功率谱密度，具体见表 2.2；设备结构的图纸，材料参数、器件质量、质心位置、惯量等参数。

表 2.2　某卫星电源分系统控制单机的随机振动试验条件

频率/Hz	功率谱	
	与安装面垂直方向（Y 方向）	与安装面水平方向（X、Z 方向）
10～200	+6dB/oct	+6dB/oct
200～1500	$0.16g^2$/Hz	$0.1g^2$/Hz
1500～2000	−12dB/oct	−12dB/oct
总均方根加速度	$16.3g$	$12.9g$

随机振动响应分析过程。首先建立其有限元模型，使用 MSC. PATRAN 软件建模，共生成节点 27 940 个，单元 28 381 个，如图 2.5 所示（见彩图）；然后，分别按三个方向（1 个与安装面垂直方向即 Y 方向，2 个与安装面水平方向即 X、Z 方向）加载随机振动载荷输入条件。利用模态频率响应法求解各结构板节点的加速度响应功率谱，各阶模态阻尼比取 0.03。

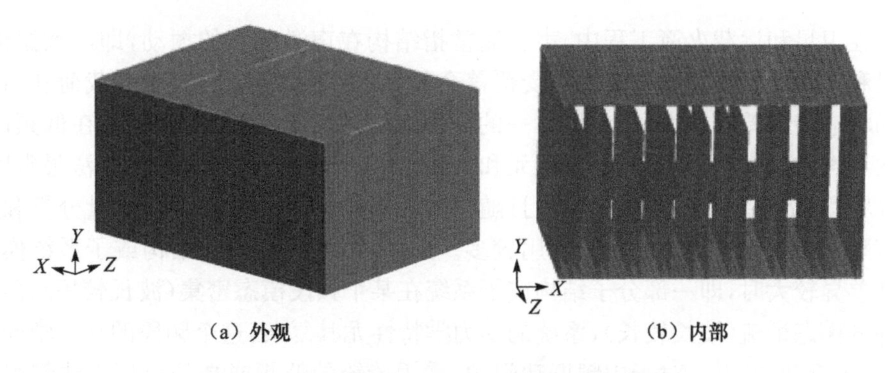

（a）外观　（b）内部

图 2.5　某卫星电源分系统控制单机有限元模型

结果输出。通常随机振动响应分析可以得到结构各处的线/角加速度、位移、应力、应变、单元内力、约束反力等的响应功率谱密度随频率的变化曲线。该卫星电源分系统控制单机上典型的节点加速度响应谱曲线如图 2.6 所示（见彩图）。

随机振动响应分析的注意事项。利用有限元方法开展航天器及其部组件随机振动分析时，因其分析频率上限较高，有限元网格的划分需引起特别关注，建议每个振动波长应包括 4 个单元。由于不同类型波的波长相差很大，所以应选取波长

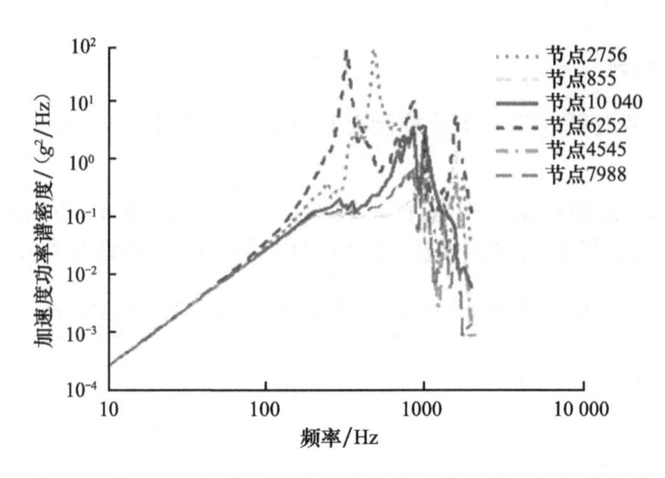

图 2.6 某卫星电源分系统控制单机典型节点的加速度响应谱

最小的波型进行网格划分。模态阻尼一般根据以往试验数据或经验数据来确定。对航天器结构进行基础激励随机振动响应分析时,一般只出现一个或几个明显的共振峰,因此,只要准确输入该频率处的模态阻尼就可得到满足精度要求的结果,其他频段模态阻尼的精度可以适当放宽。

2.4 声振响应分析方法

在卫星和运载火箭工程中,声振通常指结构在声激励下的振动,即声致振动。卫星和运载火箭在发射段需要承受覆盖全频域的声载荷,不同频段的载荷和结构振动响应特性差异很大,很难用单一的分析方法进行准确预示。例如,在低频段,结构和声腔的模态较为稀疏,有限元和边界元等基于单元离散技术的方法最常用;在高频段,结构和声腔的模态密集且随机特性影响突出,因此,统计能量分析和能量有限元分析等方法在工程上应用较多。此外,当系统内的子结构或子系统模态密度差异较大时,即一部分子结构或子系统在某个频段模态密集(波长较短),而另一部分模态稀疏(波长较长),系统的动力学特性尤其复杂,这个频段的动力学问题称为“中频”问题[7]。对于中频振动问题,采用传统的低频或高频分析方法都很难解决。

这里分别针对发射力学环境的低频、高频、中频三个频段,介绍了全频域力学环境预示的主要方法。

2.4.1 低频有限元/边界元分析方法

由于航天器系统在低频段的模态相对较为稀疏,其力学环境分析方法主要采用单元离散方法,其中应用最多的是有限元方法和边界元方法。如果考虑结构与声场的耦合效应,对声场的不同建模处理又衍生出不同的声固耦合分析方法,如结构有限元/声学有限元耦合方法、结构有限元/声学边界元耦合方法等。其中,结构有限元/声学边界元耦合方法是工程中较常用的方法,下面重点介绍。

1. *声场问题的边界元方法*

本节首先介绍声场问题的基本理论,在此基础上建立声场分析的边界元方法。

1) 声学边界积分方程

对于具有封闭结构表面 S 的振动结构 B 产生的结构声,其有意义的区域通常是在振动结构内部(内场问题)或外部(外场问题)的流体介质 B' 中,齐次声学波动方程可用来分析这类由结构声源产生的声波。线性化的齐次声学波动方程为

$$\nabla^2\tilde{p}(x,y,z,t)-\frac{1}{c^2}\frac{\partial^2\tilde{p}(x,y,z,t)}{\partial t^2}=0 \tag{2.84}$$

式中,$\tilde{p}(x,y,z,t)$为声压;c 为流体介质中的声速。设 $\tilde{p}(x,y,z,t)=p(x,y,z)\mathrm{e}^{\mathrm{i}\omega t}$,代入式(2.84)后,得到 Helmholtz 微分方程

$$\nabla^2 p+k^2 p=0 \tag{2.85}$$

式中,$k=\omega/c$ 为波数;ω 为圆频率。声压可以分解为两部分

$$p=p_{\mathrm{I}}+p_{\mathrm{S}} \tag{2.86}$$

其中,p_{I} 为入射声压,p_{S} 为散射声压。

S 上可为 Dirichlet 边界条件(给定 p)、Neumann 边界条件(给定 $\partial p/\partial n$)或混合的 Robin 边界条件

$$\alpha p+\chi\frac{\partial p}{\partial n}=\gamma \tag{2.87}$$

式中,n 为 S 的外法向单位矢量;α、χ、γ 为给定的参数。对振动结构外场声辐射问题(图 2.7),边界条件为 Neumann 边界条件,即在弹性结构与流体的交界面 S 上满足

$$\frac{\partial p}{\partial n}=-\mathrm{i}\omega\rho v_n \tag{2.88}$$

式中,ρ 为流体介质的密度;v_n 为结构的法向速度。

此外,对于辐射问题总声压 p,还必须满足 Sommerfeld 辐射条件

$$\lim_{r\to\infty}\left[r\left(\frac{\partial p}{\partial r}-\mathrm{i}kp\right)\right]=0 \tag{2.89}$$

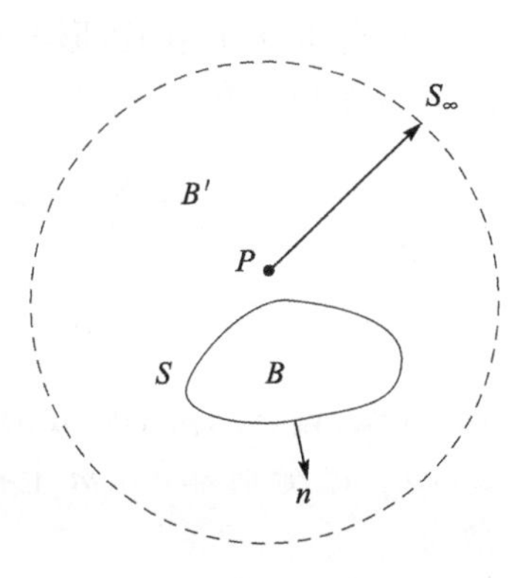

图 2.7　无界域声场问题示意图

对于散射问题,仅散射声压需要满足 Sommerfeld 辐射条件。

考虑边界条件,对式(2.85)使用加权残值法并采用式(2.85)的基本解自由场格林函数

$$G(Q,P)=\mathrm{e}^{-ikr}/r \tag{2.90}$$

则可得 Helmholtz 积分方程

$$C(P)p(P)=\int_s\left(p(Q)\frac{\partial G}{\partial n}(P,Q)-G(P,Q)\frac{\partial p}{\partial n}(Q)\right)\mathrm{d}S(Q)+4\pi p_{\mathrm{I}}(P) \tag{2.91}$$

式中

$$C(P)=\begin{cases}4\pi, & P\in B'\\ 4\pi+\int_s\frac{\partial}{\partial n}\left(\frac{1}{r}\right)\mathrm{d}S(Q), & P\in S\\ 0, & P\in B\end{cases} \tag{2.92}$$

式中,n 为物面 S 上指向流体域的单位法矢量,$r=|Q-P|$。当 $P\in S$ 时,式(2.91)的 $C(P)$适用于任意非光滑的结构表面[8]。

对于以 Helmholtz 方程在一定边值条件下所描述的外部声辐射问题,其解存在且唯一,但是若采用 Helmholtz 边界积分方程对声辐射问题进行求解,其解在某些波数(以结构封闭表面为界的内部 Dirichlet 问题的特征频率)处会出现不唯一。解决特征频率处解不唯一问题的方法主要有[9]:CHIEF 方法(combined Helmholtz integral equation formulation)、Burton-Miller 方法(Burton-Miller method)、非边界配置方法(off-boundary collocation method)和波叠加方法(wave superposition method),其中 CHIEF 方法使用较广泛。

2) 边界积分方程的离散

将空间曲面用四边形等参元描述。若 S 曲面划分为 M 个单元、L 个节点,则对第 m 个单元有

$$x_m=\sum_{i=1}^{4}N_i x_{mi},\quad y_m=\sum_{i=1}^{4}N_i y_{mi},\quad z_m=\sum_{i=1}^{4}N_i z_{mi}$$

$$p_m=\sum_{i=1}^{4}N_i p_{mi},\quad v_m^n=\sum_{i=1}^{4}N_i v_{mi}^n$$

式中,x_m、y_m、z_m、p_m、v_m^n 分别为单元 m 上的空间坐标、压力和法向振速;x_{mi}、y_{mi}、z_{mi}、p_{mi}、v_{mi}^n分别为单元 m 上各节点的坐标、压力和法向振速。这样,式(2.91)可离散为

$$\sum_{m=1}^{M}\sum_{i=1}^{4}a_{mj}^i p_{mi}-\left(4\pi+\sum_{m=1}^{M}C_{mj}\right)p_j=\sum_{m=1}^{M}\sum_{i=1}^{4}b_{mj}^i v_{mi}^n-4\pi p_{\mathrm{I}} \tag{2.93}$$

式中，$p_j=p(P)$是第 j 节点上的压力

$$a_{mj}^i=\int_{S_m}N_i\frac{\partial G}{\partial n}\mid J_m\mid \mathrm{d}\xi\mathrm{d}\eta,\quad b_{mj}^i=-\mathrm{i}\rho\omega\int_{S_m}N_iG\mid J_m\mid \mathrm{d}\xi\mathrm{d}\eta$$

$$C_{mj}=\int_{S_m}\frac{\partial}{\partial n}\left(\frac{1}{r}\right)\mid J_m\mid \mathrm{d}\xi\mathrm{d}\eta \tag{2.94}$$

$|J_m|$是将四边形变换为 $\xi\eta$ 平面的正方形的变换行列式。

当参考点依次取为 S 上的各个节点($j=1,2,3,\cdots,L$)时，式(2.93)便形成了一组未知数是 L 个节点上的压力值的线性方程，用矩阵表示为

$$Ap=Bv^n+p_{\mathrm{I}} \tag{2.95}$$

式中，A 为 $L\times L$ 阶方阵；p 为 L 维向量；p_{I} 是与入射声压相关的 L 维向量；B 为 $L\times N$ 阶矩阵，v^n 为 N 维向量($N\geqslant L$，角点法向速度可能不唯一)。

3) 快速边界元算法 ACA

常规声场边界元法形成的方程组 $AX=B$ 中系数矩阵 A 是满阵，存储量级是 $O(N^2)$，其中 N 是方程未知量个数。使用直接算法，如高斯消去法求解该方程组所需计算量级为 $O(N^3)$；使用迭代算法如 GMRES 求解计算量为 $O(N^2)$，因此常规边界元法不适合处理大规模问题[10]。

为提高边界元法的求解效率，从 20 世纪 90 年代末至今，将快速算法和边界元法结合的快速边界元法的研究有了很大进展，因此能够求解大规模问题。快速算法中的典型代表是由 Greengard 和 Rokhlin 在 1987 年提出的快速多极算法(fast multipole method，FMM)和由 Bebendorf 和 Rjasanow 在 2003 年提出的 ACA (adaptive cross approximation arithmetic)算法。快速多极算法是 $O(N)$量级的算法，但该算法所需的多极展开格式与求解问题类型有关；ACA 算法是 $O(N\log N)$量级的算法，用于对秩很小的矩阵进行快速向量内积分解和存储，因此与物理背景无关，具有发展成为黑箱快速求解器的潜力。ACA 算法在加速边界元法求解的同时可以降低存储量，而且能够有效控制计算精度。

(1) ACA 算法基本原理。

ACA 算法的基本原理是：通过树结构将系数矩阵 A 递归分解为一系列子矩阵 $A_{m_i\times n_i}^i$ 的集合，每个子矩阵对应一组源点集合(共 m_i 个)和一组场点集合(共 n_i 个)；当源点集合与场点集合的距离足够远时，$A_{m_i\times n_i}^i$ 的秩很低，可以用一组向量内积的和进行低秩近似(low-rank approximation)。

$$A_{m_i\times n_i}^i\approx\sum_{l=1}^{k}U_lV_l^{\mathrm{T}} \tag{2.96}$$

式中，U_l 和 V_l 为向量，长度分别是 m_i 和 n_i；k 为向量个数，与低秩近似控制误差有关，通常 $k\ll m_i$，$k\ll n_i$。可以看出，通过低秩近似，$A_{m_i\times n_i}^i$ 的存储量由 $O(m_i\times n_i)$降

低至向量组的存储量 $O(k\times(m_i+n_i))$，而且子矩阵——向量相乘中涉及的运算量也进一步降低为 $O(k\times(m_i+n_i))$，见下面的量级分析：

$$
\begin{aligned}
&A^i_{m_i\times n_i}X^i_{n_i}\approx\Big(\sum_{l=1}^{k}U_lV_l^{\mathrm{T}}\Big)X^i_{n_i}=\sum_{l=1}^{k}U_l(V_l^{\mathrm{T}}X^i_{n_i})\\
&A^i_{m_i\times n_i}X^i_{n_i}\rightarrow O(m_i\times n_i)\\
&\sum_{l=1}^{k}U_l(V_l^{\mathrm{T}}X^i_{n_i})\rightarrow O(k\times(m_i+n_i))
\end{aligned}
\tag{2.97}
$$

(2) ACA 算法步骤简介。

步骤 1:边界单元离散和树结构的生成。

把三维边界按照常规的边界元法离散成 N 个边界单元。将所有边界包含在一个大立方体中,这个大立方体代表树结构的根节点(root node),也就是树结构的第 0 层。将大立方体分解成 8 个子立方体,形成树结构的第 1 层,对这 8 个子立方体又进一步分解成更小的立方体。对立方体的分解操作重复递归地进行下去,直到立方体所包含的边界单元的数量小于一个预先规定的值 m 才停止分解。立方体对应着树节点(tree node),而不包含任何子立方体的立方体称为树的叶子(leaf)。这样就自动生成了一个自适应的树结构,用来描述不同层次的、大小不同的立方体,图 2.8 是一个离散后形成的多层树结构的例子。

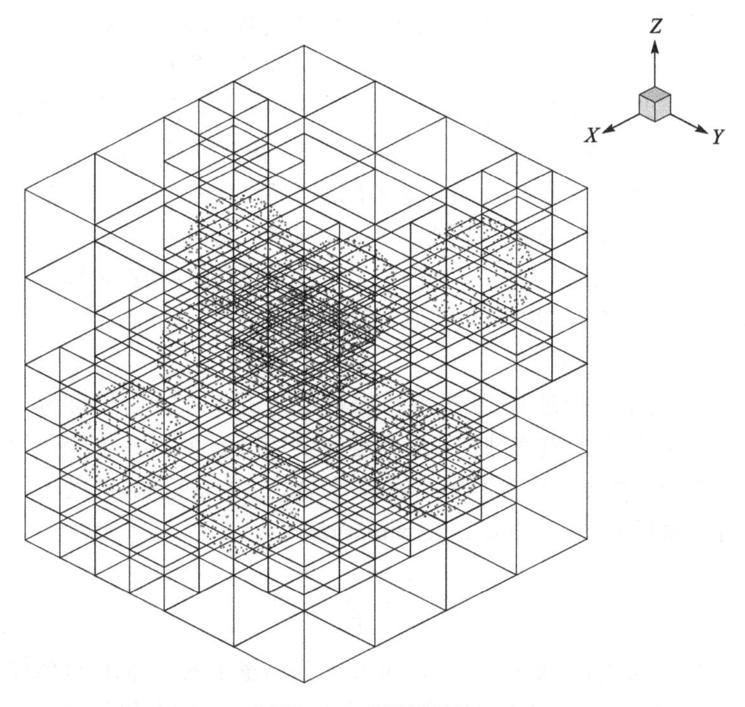

图 2.8　多层树结构

步骤 2:定义树节点的相互作用节点列表。

首先定义树节点的邻居:两个节点 S_1 和 S_2 互为“邻居”,是指 S_1 和 S_2 对应的立方体大小相同,且至少共享一个角点,如图 2.9 所示(以二维为例)。

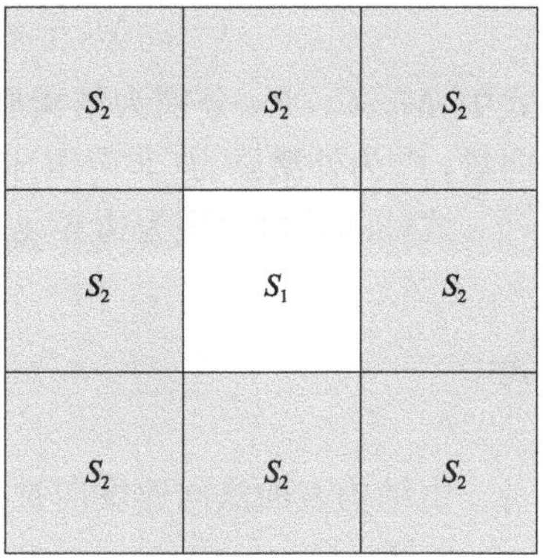

节点 S_1 的相互作用节点列表是一组节点的集合,这组节点不是 S_1 的邻居,但它们的父节点们是 S_1 的父节点的邻居,如图 2.10 所示。

对三维问题,一个节点的相互作用节点列表中最多有 189 个节点。

图 2.9　二维树节点邻居示意图

步骤 3:利用树结构递归压缩系数矩阵。

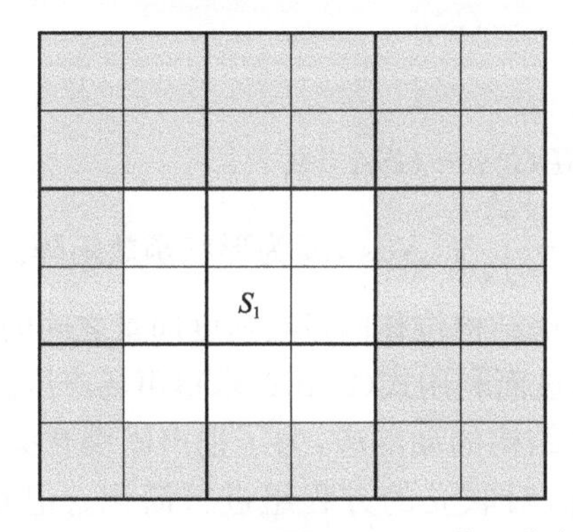

图 2.10　二维父节点邻居示意图

从树结构的第 2 层开始向下递归:

① 对每一层的某个节点 S_1 和其邻居节点 S_2,以 S_1 对应立方体包含的边界节点(共 m_i 个)为源点,以 S_2 对应立方体包含的边界节点(共 n_i 个)为场点,直接计算并存储二者形成的系数子矩阵 $A^i_{m_i \times n_i}$。

② 对每一层的某个节点 S_1 和其相互作用节点列表中的节点 S_2,以 S_1 对应立方体包含的边界节点(共 m_i 个)为源点,以 S_2 对应立方体包含的边界节点(共 n_i 个)为场点,利用 ACA 算法对二者形成的系数子矩阵 $A^i_{m_i \times n_i}$ 进行压缩和压缩后近似向量组的存储。

步骤 4:GMRES 迭代。

在 GMRES 迭代算法的每个迭代步中,分别利用直接计算和 ACA 压缩后的系数子矩阵替代完成整体系数矩阵 A 与迭代向量的相乘运算。

2. 有限元-边界元耦合分析

在简谐振动条件下,考虑声场加载效应的结构有限元运动方程为

$$(-\omega^2 M_S + \mathrm{i}\omega C_S + K_S)u(\omega) = f_e(\omega) + f_p(\omega) \tag{2.98}$$

式中，M_S、C_S、K_S 分别为结构质量矩阵、结构阻尼矩阵和刚度矩阵；u 为结构位移向量；f_e 为外激励力(非声压)向量；f_p 为声压对结构的作用力向量。

式(2.95)可整理为边界元节点压力矢量：

$$p = Dv^n + A^{-1}p_I \tag{2.99}$$

式中

$$D = A^{-1}B$$

由结构表面法向速度向量和结构速度向量的转换关系

$$v^n = G^T v \tag{2.100}$$

以及流体压力的等效节点力和节点流体压力的关系式

$$f_p = -GSp \tag{2.101}$$

可得

$$f_p = -GSDG^T v - GSA^{-1}p_I \tag{2.102}$$

式中，G 为法矢量方向余弦转换阵；$S = \int_S N^T N \mathrm{d}s$，$N$ 为形状函数矩阵。

将式(2.98)和式(2.102)联立，考虑结构位移向量与速度向量之间的解析关系 $v = \mathrm{i}\omega u$，则可以求解结构位移和速度，进而利用式(2.102)求得声场声压。

通常航天工程部门最终关心星箭结构的动响应，为了把声固耦合关系表述得更清楚，引入附加质量和阻尼的概念，对联立的方程组进行简化。记 $GSDG^T = C_A(\omega) + \mathrm{i}\omega M_A(\omega)$(即将左端矩阵的实部和虚部分离，$M_A(\omega)$、$C_A(\omega)$均为实矩阵)，则其物理意义更为明显：$M_A(\omega)$、$C_A(\omega)$分别为流体附加质量矩阵和流体阻尼矩阵，代入式(2.98)则得频域内的声固耦合振动方程

$$-\omega^2(M_S + M_A(\omega))u(\omega) + \mathrm{i}\omega(C_S + C_A(\omega))u(\omega) + K_S u(\omega) = f_e(\omega) + f_I(\omega) \tag{2.103}$$

式中

$$f_I(\omega) = -GSA(\omega)^{-1}p_I(\omega)$$

3. *应用实例*

以某箱体结构的声固耦合问题作为仿真算例，利用有限元/边界元法计算声激励下的响应。激励为外部点源产生的球面入射波，通过耦合振动响应计算可以得到结构的振动响应，并进而计算结构表面的声压及外声场的声压分布。

输入条件。4 个点声源位于箱体的外部，每个声源对应一个侧面，各声源位于相应侧面过其中心点的法线上，与对应侧面中心的距离为 3.83m，入射波频率范围

为 0.25～120Hz，空气中的声速为 344m/s，空气密度为 1.297kg/m³；箱体壁厚为 0.004m，底面尺寸为 2.34m×2.34m，高度为 3.7m，箱体的底面固支约束；材料的弹性模量 E=200GPa，泊松比 ν=0.31，密度 ρ=7800kg/m³。

声固耦合分析的过程及结果如下：分别建立箱体结构的有限元模型、外声场的边界元模型，利用声固耦合分析方法，计算在外部点声源声压作用下，结构产生的振动和声场声压分布情况。图 2.11（见彩图）为声源频率 20Hz 时结构表面的声压幅值分布，图 2.12 结构表面某点的声压随频率变化曲线图。

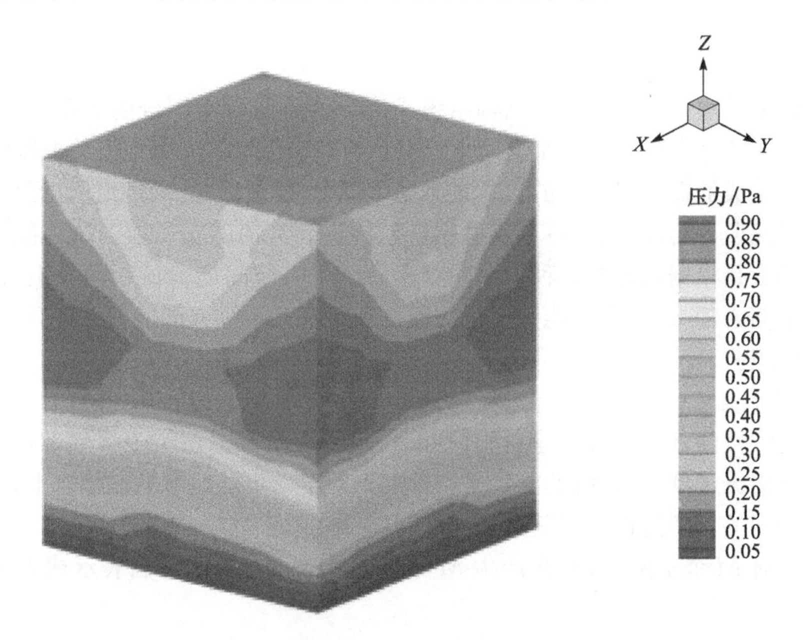

图 2.11　声源频率 20Hz 时结构表面的声压分布

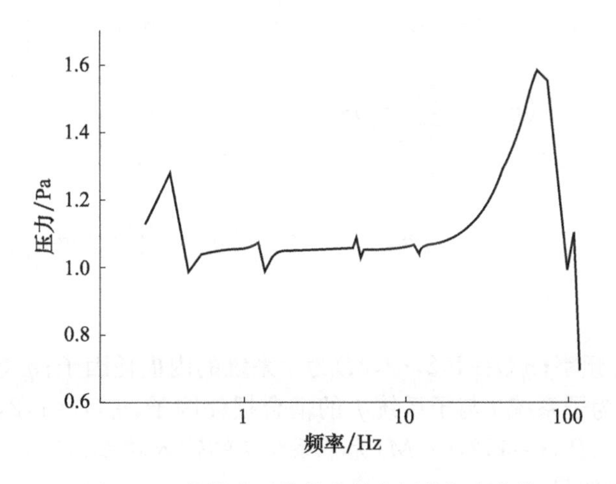

图 2.12　结构表面某节点的声压的频率曲线

2.4.2 高频统计能量分析方法

随着计算频率的升高，有限元方法和边界元方法的单元网格需要划分得更细，这将导致系统自由度和计算量急剧增加，而且高频模态分析和响应计算结果对各种不确定性因素非常敏感，难以给出满足工程需要的结果。针对高频的动力学问题，学术界提出了各种新的方法，如能量有限元法(energy finite element analysis, EFEA)和统计能量法，其中在工程上应用较多的是统计能量法。

1. 基本理论

统计能量法是将一个复杂结构系统或声场划分成若干耦合的子系统，每个子系统在相应的某个频率范围都有若干个共振频率，也可以认为这些共振频率是由多个振子组成的振子群产生的。在每个振子群中，能量通过弹性和惯性元储存，通过阻尼元耗散，而且能量还可以通过耦合元传递到其他的振子群。统计能量法最后的目的就是根据系统的各种参数建立起各个子系统间能量流动的关系，最后导出能量平衡方程，通过求解能量平衡方程得到每个子系统上的能量，从而得到最后的振动响应。

在统计能量平衡方程推导过程中，用到了一些基本假设[11~13]，包括：子系统间的耦合是线性的、保守的；在建立能量流动关系时，只考虑在相关频率带宽内具有共振模态的振子群；子系统的能量平均分配到频率带宽的所有共振模态上；任何两个子系统间的功率流正比于其间平均模态能量之差。

如果有 M 个子系统，就会产生 M 个能量平衡方程，将它们表示成如下矩阵形式：

$$\omega_c\begin{bmatrix}(\eta_1+\sum_{j=2}^{M}\eta_{1j})n_1 & -\eta_{12}n_1 & \cdots & -\eta_{1M}n_1\\ -\eta_{21}n_2 & (\eta_2+\sum_{j=1,j\neq 2}^{M}\eta_{2j})n_2 & \cdots & -\eta_{2M}n_2\\ \vdots & \vdots & & \vdots\\ -\eta_{M1}n_M & -\eta_{M2}n_M & \cdots & (\eta_M+\sum_{j=1}^{M-1}\eta_{Mj})n_M\end{bmatrix}\begin{bmatrix}\frac{\langle E_1\rangle}{n_1}\\ \frac{\langle E_2\rangle}{n_2}\\ \vdots\\ \frac{\langle E_M\rangle}{n_M}\end{bmatrix}=\begin{bmatrix}P_1\\ P_2\\ \vdots\\ P_M\end{bmatrix} \tag{2.104}$$

式中，ω_c 为中心频率；$\eta_i(i=1,2,\cdots,M)$ 为子系统的内损耗因子；$\eta_{ij}(i=1,2,\cdots,M;j=1,2,\cdots,M)$ 为子系统 i 与子系统 j 的耦合损耗因子；$n_i(i=1,2,\cdots,M)$ 为子系统 i 的模态密度；$P_i(i=1,2,\cdots,M)$ 为子系统 i 的输入功率；$E_i(i=1,2,\cdots,M)$ 为子系统 i 的平均能量。

方程(2.104)代表了利用统计能量法对复杂系统进行分析的最基本表达式。方程中所包含的统计能量分析参数包括模态密度、内损耗因子、耦合损耗因子及输入功率。如果具备这些参数，求解联立方程，即可得到每个子系统上总的能量。把这些能量换算成相应的速度、位移、加速度和应变等就完成了响应预示工作。

一般声场对板壳的输入功率为

$$P_{\text{in}} = \frac{2\pi^2 c_0^2 n_{\text{s}}(\omega)}{\omega^2 \rho_{\text{s}}} \sigma_{\text{rad}} \langle \overline{p_{\text{a}}^2} \rangle \langle D(\Omega) \rangle_{\text{inc}} \tag{2.105}$$

式中，$\langle \overline{p_{\text{a}}^2} \rangle$为均方压力；$\sigma_{\text{rad}}$为板壳的辐射效率；$\langle D(\Omega) \rangle_{\text{inc}}$为方向系数，对混响场，$\langle D(\Omega) \rangle_{\text{inc}}=1$。

结构子系统 i 的加速度响应可以由振动能量推导得到

$$\langle \overline{a^2} \rangle_i = \frac{E_i \omega_{\text{c}}^2}{M_i} \tag{2.106}$$

式中，M_i 为子系统 i 的质量。

声场子系统 i 的均方压力为

$$\langle \overline{p^2} \rangle_i = \frac{E_i \rho_{\text{a}} C_{\text{a}}^2}{V_{\text{a}}} \tag{2.107}$$

式中，V_{a}、ρ_{a}、C_{a} 分别为声场的容积、质量密度和声速。

2. 应用实例

应用统计能量方法，计算了某仪器舱在混响声场中的中高频声振响应，并与试验结果作了比较[14]。

该仪器舱如图 2.13 所示，内装 2 个大气瓶，分别位于仪器舱壳体 180°对称位置，4 个小气瓶，其中两个横置，两个垂直放置。

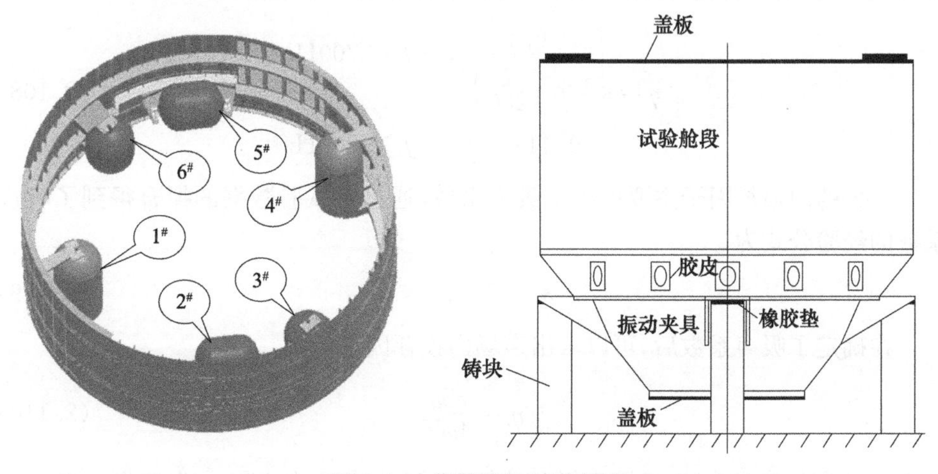

图 2.13　仪器舱状态示意图

1）建立统计能量分析模型

划分子系统时尝试两种不同划分方法：模型Ⅰ包括59个子系统，分别为30个蒙皮加筋壳子系统，12个气瓶壳子系统，上下2个盖板子系统，4个夹具子系统，1个内声腔子系统，6个半无限场子系统，4个梁子系统，如图2.14(a)所示（见彩图）；整个模型Ⅱ包括33个子系统，分别为6个蒙皮加筋壳子系统，12个气瓶壳子系统，上下2个盖板子系统，4个夹具子系统，1个内声腔子系统，4个半无限场子系统，4个梁子系统，如图2.14(b)所示（见彩图）。

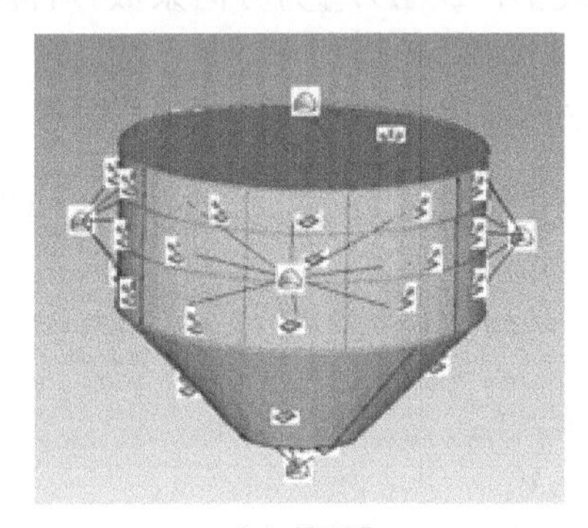

(a) 模型Ⅰ

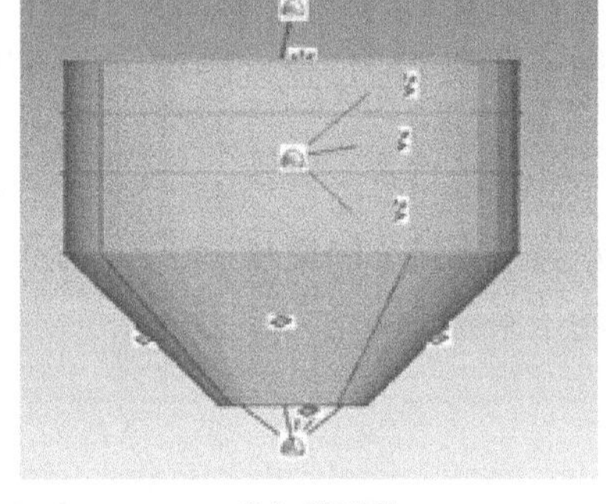

(b) 模型Ⅱ

图2.14　仪器舱的统计能量模型

2）内损耗因子确定

采用两种方法确定结构子系统的内损耗因子：第一种方法采用VA One软件自带的内损耗因子；第二种方法采用基于试验数据的拟合方法。根据北京强度环境研究所的试验数据拟合得到蒙皮和筋条的内损耗因子近似公式为

$$\eta=\begin{cases}\dfrac{0.1}{1+\left(\dfrac{f}{200}\right)^{3}}, & f<700\text{Hz}\\ 0.41f^{-0.8}, & f\geqslant 700\text{Hz}\end{cases} \tag{2.108}$$

声场的内损耗因子主要取决于吸声系数，通过对试验数据的拟合得到了吸声系数的经验公式为

$$\alpha=7.8f^{-0.88} \tag{2.109}$$

在确定了吸声系数后，可以求出声场内损耗因子

$$\eta=\frac{cS\alpha}{4\omega V} \tag{2.110}$$

式中，c为空气中的声速；S为声场的表面积；V为声场的体积；α为声场围壁的吸

声系数。

3）舱内声压级预示结果

舱内声压级预示结果与试验结果对比如图2.15所示。图中模型Ⅰ-1是指基于模型Ⅰ，内损耗因子（主要指蒙皮加筋子系统的内损耗因子）按照第一种方法，即VA One自带内损耗因子；模型Ⅰ-2是指基于模型Ⅰ，内损耗因子由试验拟合得到。从图中可以看到，所有模型的预示总声压与试验值误差均在2.0dB内，模型Ⅰ-1的预示结果与试验更接近，从声压谱上看，模型Ⅰ-1也明显好于模型Ⅰ-2和模型Ⅱ的预示结果，峰值频率和趋势与试验基本相同，但在31.5Hz、1000Hz、8000Hz三个频率点的误差大于3.0dB。

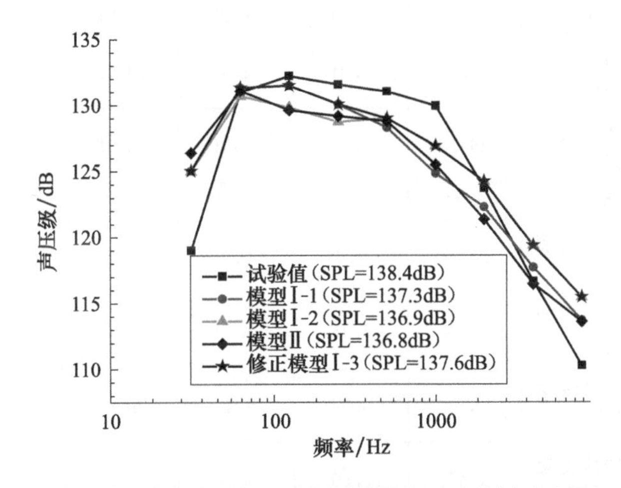

图2.15　舱内声压级理论预示结果与试验结果对比图

SPL为声压级

模型Ⅰ-1和模型Ⅰ-2在预示结果上的差异主要是由所用的蒙皮加筋子系统内损耗因子不同引起的。在对两个模型整个频段进行响应包络时，可得到一条与响应包络曲线对应的蒙皮加筋子系统内损耗因子曲线（即两条内损耗因子曲线的最小值包络）。基于模型Ⅰ，使用该内损耗因子曲线，记为模型Ⅰ-3，模型Ⅰ-3预示值与模型Ⅰ-1和模型Ⅰ-2的包络值相同。

4）结构响应预示结果

考虑13个有代表性的关键测点，计算2000Hz以内的各点的均方根值。表2.3中给出了13个点的试验总均方根及其预示结果，除模型Ⅱ预示结果与试验值差别明显外，其他模型的预示结果比较接近，在大部分点预示较好，在某些点预示差别较大。模型Ⅰ-3误差除3号测点在81.82%，其余点均在26%以内，误差控制在±2.6dB内（除3号测点为5.2dB）。

表 2.3 各测点的加速度总均方根

序号	测点位置	试验值/g	模型Ⅰ-1/g	模型Ⅰ-2/g	模型Ⅱ/g	模型Ⅰ-3/g	模型Ⅰ-3的误差/%
1	气瓶 4# 下支架与箭体连接处振动	26.47	16.53	20.29	30.84	19.72	25.51
2	气瓶 4# 本体上	5.27	5.39	4.73	4.66	5.53	4.90
3	气瓶 4# 上支架与箭体连接处振动	23.54	37.16	40.05	36.44	42.80	81.82
4	气瓶 5# 下支架与箭体连接处振动	11.75	9.01	11.40	24.12	11.61	1.20
5	气瓶 5# 本体上	6.14	7.14	6.29	4.10	7.49	21.95
6	气瓶 5# 上支架与箭体连接处振动	12.59	9.01	11.40	24.12	11.61	7.79
7	气瓶 6# 支架 1 与箭体连接处振动	39.18	40.48	43.19	24.12	45.87	17.06
8	气瓶 6# 本体上	5.74	4.15	4.04	4.47	4.50	21.64
9	气瓶 6# 支架 2 与箭体连接处振动	34.34	37.64	40.48	30.84	42.93	25.01
10	仪器舱与转接支架连接面Ⅰ象限	5.42	5.45	5.39	5.01	5.99	10.58
11	仪器舱与转接支架连接面Ⅱ象限	6.51	5.02	5.30	5.02	5.59	14.11
12	仪器舱与转接支架连接面Ⅲ象限	6.71	5.59	5.44	5.01	6.13	8.59
13	仪器舱与转接支架连接面Ⅳ象限	5.76	5.47	5.40	4.80	6.01	4.38

统计能量法不能给出局部点的响应，它给出的是子系统统计平均下的响应，用子系统平均响应代表该子系统下所有点的响应，如果划分的子系统内各点实际响应接近，那么统计能量法给出的结果会比较接近局部点的真实响应，否则会有一定差别，这也是统计能量法预示结果与试验值有差别的主要原因。若想提高统计能量法的预示精度，划分子系统时应尽量保证各点响应接近，如果不接近，保证某些关键点处响应处在子系统的适中位置，主要通过刚度进行大致衡量。

2.4.3 中频 FE-SEA 混合方法

1. FE-SEA 混合方法基本理论

由于航天器结构形式、材料属性非常复杂，整个预示模型可能出现子系统模态密度差异较大的情况，这就是通常所说的“中频”问题。例如，航天器本体的主承力结构往往刚度较大、模态稀疏，而星体壁板、大型天线、太阳翼等结构的面积质量比（通常称面质比）较大，模态密集，对高频激励十分敏感。此时，对整个系统采用单一的有限元方法和统计能量分析都不能很好地解决问题。上述原因使得中频问题的处理比低频或高频问题更复杂。

近十年来，中频段力学环境预示问题一直是国内外研究的热点和难点。目前，研究方法主要包括区域分解技术（domain decomposition）、波基方法（wave-based method，WBM）、FE-SEA 混合方法、FEA-EFEA 混合方法等[15~17]。考虑到工程实用性，这里重点介绍 FE-SEA 混合方法。

基于波数的 FE-SEA 混合方法主要借鉴了模糊结构理论、波动理论、传统有限元分析及统计能量分析等多种理论及方法提出的中频力学环境预示技术。

不同频段的力学环境预示方法的本质区别在于结构中不确定性因素对响应产生的影响不同。低频段不确定性对结构的响应基本没有影响，即结构响应与结构中的不确定性无关，有限元分析方法可以给出这类稳定的解；高频段结构的响应主要由结构中的不确定性决定，因此结构的响应具有很大的随机性，求解后只能给出统计平均的结果，统计能量分析恰恰满足了这种需要；而中频问题集合了上述两个频段内结构所有的特征，中频段的响应是结构确定性与不确定性共同作用的结果。因此，对中频问题可依据系统的特征尺寸与波长的关系，将整体系统划分为各个子系统。子系统的特征尺寸与其系统中的波长相当，该子系统可用有限元建模，并可称其为“确定性的子系统”（类比模糊结构，相当于主结构）；子系统的特征尺寸远大于其系统中的波长的，可用统计能量法建模并称其为“随机子系统”（类比模糊结构，相当于模糊子结构）。而后，通过确定性子系统与随机子系统间的连接边界上的直接场和混响场之间的互易原理将子系统重新连接，得到整体系统的响应。

1）直接场与混响场的定义

考虑整体系统中的一个子系统，如图 2.16 所示，其区域为 Ω，边界为 Γ。

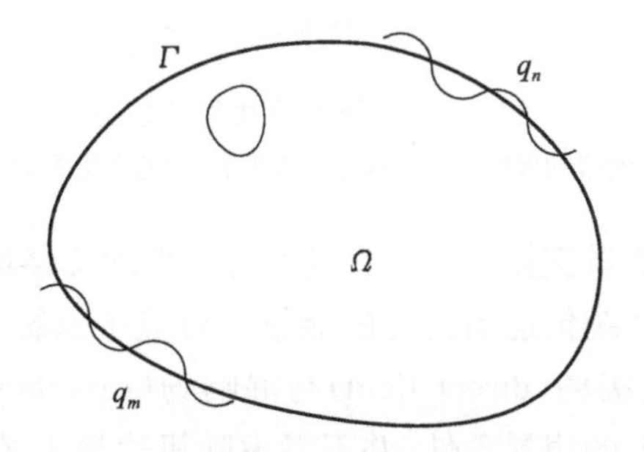

图 2.16　区域为 Ω 边界为 Γ 的子系统（其边界广义坐标为 q）

若稳态谐波激励加载在该子系统边界区域上，则其边界上的时域位移响应可

表示为 $u_b(t)=\mathrm{Re}\{u_b\exp(\mathrm{i}\omega t)\}$，其中 u_b 为与广义边界自由度对应的幅值，通常为复数向量。按照边界元法的思想，一般地，子系统边界区域的响应可由格林函数积分求得。为简化计算，可将边界离散为一系列广义坐标 q_b，此时边界位移可由式(2.111)求得，即

$$u_b(x\in\Gamma)=\sum_k\phi_{bk}(x)q_{bk} \tag{2.111}$$

式中，$u_b(x\in\Gamma)$为边界 x 处的位移；ϕ_{bk}为边界上的基函数；q_{bk}为第 k 个边界广义坐标。只考虑子系统间的相互作用关系，忽略外载荷对边界的作用，子系统边界的动力学方程可表示为

$$Hq_b=Gf_b \tag{2.112}$$

式中，q_b 为子系统的边界广义坐标；f_b 为边界广义力(只表示其他子结构给予的反作用力)，矩阵 H 与 G 可由多种方法求得，本章应用了直接边界元方法。若子系统中，一部分边界上所有的物理性质已知，而另一部分边界物理性质只是部分已知或完全无法确定，如图 2.17 所示，则可将子系统的边界划分为确定性边界 Γ_d 和随机边界 Γ_r。子系统均可通过确定性边界 Γ_d 和随机边界 Γ_r 与其他子系统相连并通过这两类边界进行能量交换，确定性边界 Γ_d 和随机边界 Γ_r 也均可承受外部载荷。此外，确定性边界 Γ_d 无须满足边界连续的条件，任意子系统间的连接均可应用在这两类边界上。

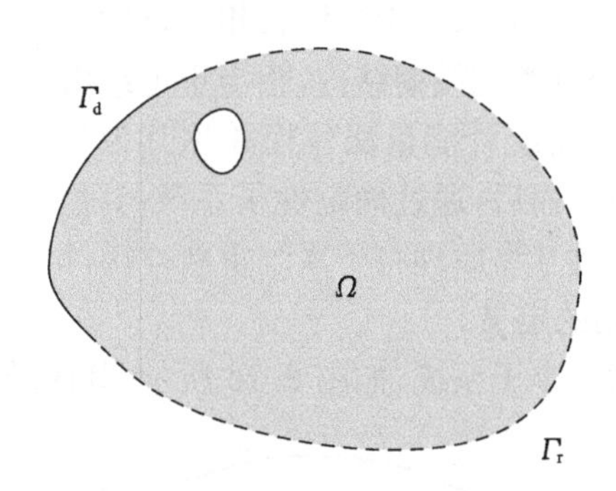

图 2.17 区域为 Ω 边界的划分

实线和虚线分别为确定性边界 Γ_d 和随机边界 Γ_r

子系统边界进行能量交换的实质就是通过边界的位移场将能量传递到其他子系统上或接受其他子系统传递给自身的能量。对应子系统边界的分类，可将边界的位移场分为两类：直接场(direct field)与混响场(reverberant field)[18,19]。直接场仅满足确定性边界上的边界条件，并不考虑随机边界上的边界条件。通过直接场可精确表示出确定性边界上的输出位移场，即通过直接场子系统可向外辐射能量；但通过直接场表示的随机边界上的位移场一般很复杂，暂且记为 ϕ，如图 2.18

所示。为满足随机边界上的边界条件,定义第二个位移场,即混响场。混响场的作用就是将混响场中的边界条件与直接场中的边界条件线性叠加后使确定性边界条件和随机边界条件同时得到满足。因此,混响场必须满足两个条件:①混响场中确定性边界上的位移为0;②与直接场线性叠加后随机边界条件得到满足。例如,若随机边界为固支,则混响场中确定性边界上的位移为0,随机边界上的位移为$-\phi$,如图2.19所示。

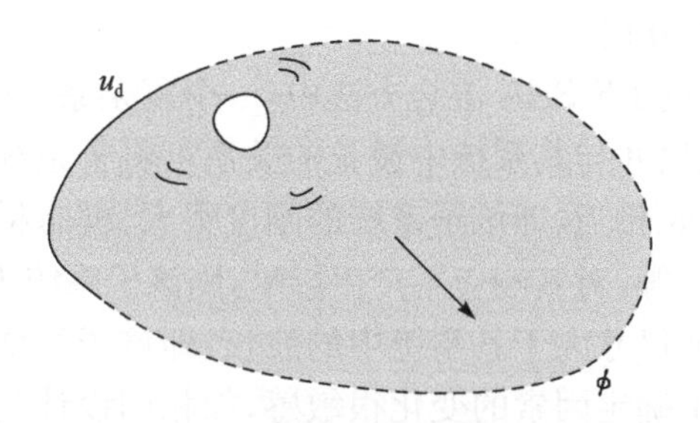

图2.18　满足确定性边界条件的直接场

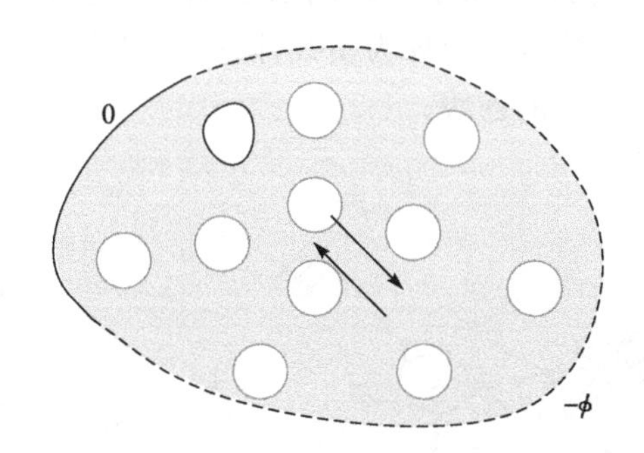

图2.19　随机边界为固支时混响场中的边界条件

对应于边界分类及直接场和混响场的定义,可将边界广义坐标q_b分离为q_d^b和q_r^b,相应地将边界广义力f_b分离为f_d^b和f_{rev}^b,则子系统边界的动力学方程可分离成[20,21]

$$\begin{bmatrix} H_{dd} & H_{dr} \\ H_{rd} & H_{rr} \end{bmatrix} \begin{bmatrix} q_d^b \\ q_r^b \end{bmatrix} = \begin{bmatrix} G_{dd} & G_{dr} \\ G_{rd} & G_{rr} \end{bmatrix} \begin{bmatrix} f_d^b \\ f_{rev}^b \end{bmatrix} \tag{2.113}$$

由于随机边界上部分信息未知,因此有必要对方程(2.113)进行化简。由方程(2.113)的第一行可得[19]

$$D_{dir}^b q_d^b = f_d^b + f_{rev}^b \tag{2.114}$$

式中,D_{dir}^b为直接场的动刚度矩阵,用于求解确定性边界上的位移,其公式为

$$D_{\mathrm{dir}}^{\mathrm{b}} = G_{\mathrm{dd}}^{-1} H_{\mathrm{dd}} \tag{2.115}$$

对于每一项均为实数的基函数，矩阵 $D_{\mathrm{dir}}^{\mathrm{b}}$ 为复数对称矩阵。直接场的动刚度矩阵 $D_{\mathrm{dir}}^{\mathrm{b}}$ 可由多种方法求得，通常可选择边界元，但对于某些规则的连接方式，如点、线和面连接，与此类典型的连接方式相关的直接场动刚度矩阵 $D_{\mathrm{dir}}^{\mathrm{b}}$ 可由理论公式直接推导出解析解，即利用边界连接处的位移协调关系及波在结构中传播的性质推导出解析解[22~24]。

2）系统的动力学方程

在基于波动理论的 FE-SEA 混合方法中，一个复杂系统通常可分为若干子系统。据子系统的特征尺寸与其系统中波长的关系可将子系统分为两类：若其特征尺寸与其系统中的波长相当，即该子系统的刚度很大、模态稀疏，系统中的一些不确定因素，如制造公差等，对其响应不产生影响，则该子系统为确定性子系统，可用有限元建模；若其特征尺寸大于其系统中的波长，即该子系统的柔性很大、模态密集，其响应对系统中不确定因素的变化很敏感，如相同设计同一批次的两个结构，由于制造公差等因素使两个结构的响应变化很大，则此类子系统为随机子系统，可用统计能量法建模，如图 2.20 所示。在图 2.20 中，确定性子系统用网格图表示，随机子系统为无网格图，确定性边界为实线，随机边界为虚线，混合连接为含阴影的连线，随机连接为无阴影的连线。

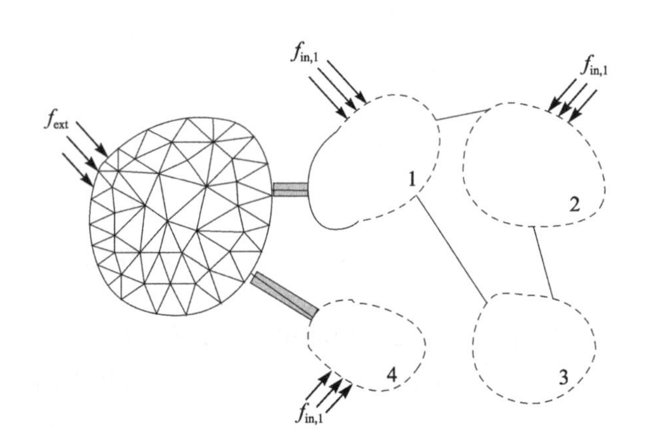

图 2.20　复杂系统示意图

由于确定性子系统的响应不受制造公差等不确定性因素影响，通过已知信息可获得确定性子系统的结构响应，包括节点位移、子系统能量等响应物理量，因此可认为确定性子系统的信息全部已知；而随机子系统对制造工艺等不确定性因素非常敏感，并且这些不确定性因素是随机变化的，无法事先确定，因此只能应用随机理论得出响应的统计平均值，如子系统能量的统计平均值，则可认为随机子系统中的某些重要信息未知。如图 2.20 所示,可将随机子系统大致分为两类:与确定性子系统相连的随机子系统为第一类随机子系统,未与确定性子系统相连的随机子系统为第二类随机子系统。

每个子系统都占有一定的区域和边界,信息全部已知的边界定义为确定性边界,其余存在未知信息的边界定义为随机边界。如图 2.20 所示,对确定性子系统,其边界均为确定性边界;而对于与确定性子系统相连的随机子系统,与确定性子系统相连的边界部分为确定性边界,其余边界均为随机边界,因此一个随机子系统内可既包含确定性边界又包含随机边界;任意两个随机子系统相连的边界均为随机边界。

子系统相互连接的部分为连接区域。据边界的分类,子系统的连接区域可分为两类:确定性子系统与随机子系统间的连接称为混合连接,而随机子系统间的连接称为随机连接,如图 2.20 所示。通过以上连接关系可给出连接方式对子系统响应的影响。

借用有限元的思想,在数值上可将整体系统做离散化处理,系统响应可由一系列位移广义坐标 q 表示。综合子系统及边界的划分,可将 q 分为确定性广义坐标 q_{d} 和随机广义坐标 q_{r}。确定性广义坐标 q_{d} 包括确定性子系统及其边界上的广义坐标;随机广义坐标 q_{r} 包括随机子系统及其随机边界上的广义坐标。值得注意的是,由于混合连接的存在,实际上随机子系统确定性边界与确定性子系统的一部分边界重合,即随机子系统确定性边界上的响应可由相应的 q_{d} 内的元素表示。相应的将系统所受外力划分为作用在确定性子系统和随机子系统上的外力广义 f_{ext} 和 $f_{\mathrm{in},1}$。如图 2.20 所示,尽管 f_{ext} 和 $f_{\mathrm{in},1}$ 均为系统所受外力,但因其分别作用在不同类型的子系统上,在动力学方程中对这两类外力所采取的处理方法也有所不同,下面将详细阐述。

如图 2.21 所示,确定性子系统除承受外载荷 f_{ext},还承受第一类随机子系统对其的反作用力,如随机子系统 1 和 4 作用在确定性子系统上的受挡力 $f_{\mathrm{rev}}^{(1)}$ 和 $f_{\mathrm{rev}}^{(4)}$。首先只考虑第一类随机子系统对确定性子系统产生的影响,对式(2.114)进

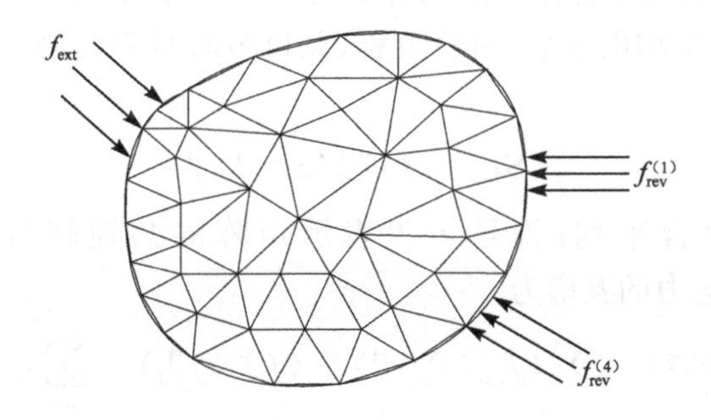

图 2.21　确定性子系统示意图

行坐标变换，得

$$\sum_m D_{\text{dir}}^{(m)} q_{\text{d}} = f_{\text{d1}} + \sum_m f_{\text{rev}}^{(m)} \tag{2.116}$$

式中，f_{d1}为f_{ext}的一部分，随机子系统m为第一类随机子系统，如图 2.21 中的随机子系统 1 和 4。连接处的动刚度矩阵$D_{\text{dir}}^{(m)}$表示确定性子系统通过直接场向第一类随机子系统传递能量及第一类随机子系统之间通过确定性子系统进行的间接能量传输，$\sum_m f_{\text{rev}}^{(m)}$表示第一类随机子系统通过混响场向确定性子系统传递能量。此外值得注意的是，若随机子系统m中存在多个连接边界，若边界间存在一定距离且该距离大于该子系统中的结构波长，则可假设这几段边界间线性无关，$D_{\text{dir}}^{(m)}$即为这几段连接处动刚度矩阵的线性叠加。仅考虑余下的确定性子系统的外力f_{d2}（$f_{\text{ext}}=f_{\text{d1}}+f_{\text{d2}}$）对确定性子系统的作用，此时确定性子系统的动力学方程为

$$D_{\text{d}} q_{\text{d}} = f_{\text{d2}} \tag{2.117}$$

式中，确定性子系统的动刚度矩阵D_{d}可直接由有限元方法得到。由于确定性子系统为非保守系统，动刚度矩阵D_{d}为复数对称矩阵。对式(2.116)和式(2.117)进行线性叠加，得

$$D_{\text{tot}} q_{\text{d}} = f_{\text{ext}} + \sum_m f_{\text{rev}}^{(m)} \tag{2.118}$$

式中，D_{tot}为系统的总动刚度矩阵，是确定性子系统的动刚度矩阵D_{d}与混合连接处动刚度阵$D_{\text{dir}}^{(m)}$的线性叠加，即

$$D_{\text{tot}} = D_{\text{d}} + \sum_m D_{\text{dir}}^{(m)} \tag{2.119}$$

确定性广义坐标q_{d}既可取节点坐标也可取模态坐标作为广义坐标。

由于随机子系统中不确定性的存在，导致与直接场和混响场相关的某些参数无法确定，无法得出如位移等形式的系统响应。假设 FE-SEA 混合方法中的集合平均量是含有不确定性信息最多的集合平均，即系统具有的随机性最大。类比统计能量法中求集合平均的概念，可将方程(2.118)改写为互谱的形式并求集合平均，得

$$\langle S_{\text{d},qq} \rangle = D_{\text{tot}}^{-1} \langle S_{ff} \rangle D_{\text{tot}}^{-\text{H}} \tag{2.120}$$

式中，$\langle \cdot \rangle$表示集合平均；符号$\cdot^{-\text{H}}$表示矩阵的共轭转置并求逆的运算，式(2.118)等号右边力的互谱为

$$\langle S_{ff} \rangle = \langle S_{ff}^{\text{ext}} \rangle + \sum_m \left(f_{\text{ext}} \langle f_{\text{rev}}^{(m),\text{H}} \rangle + \langle f_{\text{rev}}^{(m)} \rangle f_{\text{ext}}^{\text{H}} \right) + \sum_{m,n} \langle f_{\text{rev}}^{(m)} f_{\text{rev}}^{(n),\text{H}} \rangle \tag{2.121}$$

与混响场中的受挡力 $f_{\mathrm{rev}}^{(m)}$ 相关的集合平均可由直接场与混响场的互易关系求得。由式(2.120)和式(2.121)可求得 q_{d} 的互谱矩阵。

上述求解过程仅得到了确定性子系统的响应,其中并未涉及作用于随机子系统的外力 $f_{\mathrm{in},1}$,未得出随机子系统相关的未知量,如随机子系统的能量、随机子系统间的耦合损耗因子等。与统计能量法类似,随机子系统的各个参量须通过子系统间的功率平衡关系求得。

3) 直接场与混响场的互易关系

假设系统具有最大熵(maximum entropy),即系统的平均值为所有可能出现样本的平均,简言之系统具有最大平均信息量,则混响场演变为漫混响场(diffuse reverberant field)。漫混响场包含所有可能的混响场,它表示所有样本的集合平均,单个混响场只是漫混响场其中的一个样本。在漫混响场中,由于随机子系统在混响场中的受挡力 $f_{\mathrm{rev}}^{(m)}$ 与系统不确定性因素的变化无关,因此与 $f_{\mathrm{rev}}^{(m)}$ 相关的集合平均趋近于下面的极限值:

$$\langle f_{\mathrm{rev}}^{(m)} \rangle = 0, \quad \langle f_{\mathrm{rev}}^{(m)} f_{\mathrm{rev}}^{(m),\mathrm{H}} \rangle = \alpha_m \mathrm{Im}\{D_{\mathrm{dir}}^{(m)}\} \tag{2.122}$$

式中,α_m 为与混响场振幅相关的比例常数,其求解公式为

$$\alpha_m = \frac{4E_m}{\pi\omega n_m} \tag{2.123}$$

式中,E_m 和 n_m 分别为第 m 个随机子系统在混响场中所具有的能量和第 m 个随机子系统的模态密度。通过子系统间的功率平衡关系可求解各随机子系统的能量 E_m。

4) 随机子系统的功率平衡关系

在 FE-SEA 混合方法中,与随机子系统相关的变量,如随机子系统的能量、随机子系统间的耦合损耗因子等,需应用随机子系统的功率平衡关系得到。假设随机子系统 m 同时与确定性子系统和一部分随机子系统相连,则第一类随机子系统 m 的功率平衡关系如图 2.22 所示:在随机子系统 m 的确定性边界上,$P_{\mathrm{in,dir}}^{(m)}$ 表示部分子系统,包括确定性子系统和随机子系统 m 外的第一类随机子系统,通过直接场加载在随机子系统 m 上的输入功率,$P_{\mathrm{out,rev}}^{(m)}$ 表示随机子系统 m 通过混响场向确定性子系统和其他第一类随机子系统输出的能量;在随机边界上,$P_{\mathrm{in},1}^{(m)}$ 表示外界直接对随机子系统 m 的输入功率即对图 2.20 中的外载荷 $f_{\mathrm{in},1}$ 进行相应的变换,P_{mn} 表示随机子系统 m 传递到第二类随机子系统 n 上的功率;而 $P_{\mathrm{diss}}^{(m)}$ 表示随机子系统 m 由于自身的内损耗而损失的功率。如图 2.22 所示,建立随机子系统 m 的功率平衡关系,得

$$P_{\mathrm{in,dir}}^{(m)} + P_{\mathrm{in},1}^{(m)} = P_{\mathrm{out,rev}}^{(m)} + P_{\mathrm{diss}}^{(m)} + P_{mn} \tag{2.124}$$

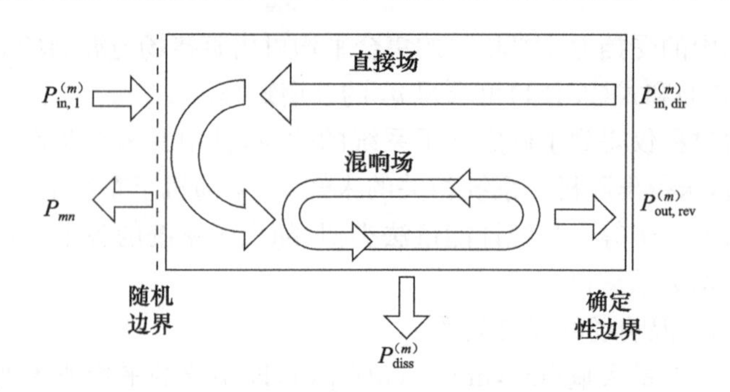

图 2.22　随机子系统中的功率平衡示意图

即随机子系统 m 的输入功率与输出功率相等，随机子系统 m 达到功率平衡。国外文献在建立上述功率平衡方程时忽略了 $P_{\text{in},1}^{(m)}$，而该项功率在很多情况下是必须要考虑的，因此，本章的推导更严格。$P_{\text{in,dir}}^{(m)}$ 的表达式为

$$P_{\text{in,dir}}^{(m)} = \frac{\omega}{2}\sum_{jk}\text{Im}\{D_{\text{dir},jk}^{(m)}\}\langle S_{qq,jk}\rangle \tag{2.125}$$

可将其继续分解为两项，即

$$P_{\text{in,dir}}^{(m)} = P_{\text{in},0}^{(m)} + \sum_{l}\omega h_{lm}E_l \tag{2.126}$$

式中

$$P_{\text{in},0}^{(m)} = \frac{\omega}{2}\sum_{jk}\text{Im}\{D_{\text{dir},jk}^{(m)}\}(D_{\text{tot}}^{-1}S_{ff}^{\text{ext}}D_{\text{tot}}^{-\text{H}})_{jk} \tag{2.127}$$

$$h_{lm} = \frac{2}{\pi\omega n_l}\sum_{jk}\text{Im}\{D_{\text{dir},jk}^{(m)}\}(D_{\text{tot}}^{-1}\text{Im}\{D_{\text{dir}}^{(l)}\}D_{\text{tot}}^{-\text{H}})_{jk} \tag{2.128}$$

$P_{\text{in},0}^{(m)}$ 表示确定性子系统通过直接场传输到随机子系统 m 上的功率；式(2.126)等号右侧的第二项表示由于第一类随机子系统间的耦合损耗，从第一类随机子系统 l 传输到第一类随机子系统 m 上的功率；h_{lm} 为随机子系统 l 与 m 间的耦合损耗因子，表示第一类随机子系统间的耦合关系。与传统的统计能量法对比，耦合损耗因子 h_{lm} 更具普遍性，无论第一类随机子系统间是强耦合还是弱耦合关系其间的互易关系始终成立。$P_{\text{out,rev}}^{(m)}$ 的具体表达式为

$$P_{\text{out,rev}}^{(m)} = \frac{\omega}{2}\sum_{jk}\text{Im}\{D_{\text{tot},jk}\}\langle S_{qq,jk}^{(m),\text{rev}}\rangle = \omega h_{\text{tot},m}E_m \tag{2.129}$$

式中，$h_{\text{tot},m}$ 表示第一类随机子系统 m 在混响场中的能量损耗系数，即

$$h_{\text{tot},m} = \frac{2}{\pi\omega n_m}\sum_{jk}\text{Im}\{D_{\text{tot},jk}\}(D_{\text{tot}}^{-1}\text{Im}\{D_{\text{dir}}^{(n)}\}D_{\text{tot}}^{-\text{H}})_{jk} \tag{2.130}$$

$P_{\text{diss}}^{(m)}$ 的具体表达式为

$$P_{\mathrm{diss}}^{(m)} = \omega \eta_m E_m \tag{2.131}$$

式中，η_m 为随机子系统的 m 内损耗因子。P_{mn} 则为

$$P_{mn} = \omega \eta_{mn} E_m - \omega \eta_{nm} E_n \tag{2.132}$$

式中，η_{mn} 为能量从随机子系统 m 传递到随机子系统 n 时的耦合损耗因子，同理 η_{nm} 为能量从随机子系统 n 传递到随机子系统 m 时的耦合损耗因子，E_m 和 E_n 分别为随机子系统 m 和随机子系统 n 的能量。若随机子系统 m 为第二类随机子系统，则式(2.124)蜕化为传统统计能量法，即

$$P_{\mathrm{in},1}^{(m)} = P_{\mathrm{diss}}^{(m)} + P_{mn} \tag{2.133}$$

综合考虑各随机系统的能量平衡方程，可以得到关于能量的方程组，其中第 m 个随机子系统的能量平衡方程为

$$n_m\left(\eta_m + h_{\mathrm{tot},m} - h_{mn} + \sum_{n\neq m}\eta_{mn}\right)\frac{E_m}{n_m} - \sum_{n\neq m} n_m h_{mn}\frac{E_n}{n_n} = P_{\mathrm{in},0}^{(m)} + P_{\mathrm{in},1}^{(m)} \tag{2.134}$$

式中，$h_{\mathrm{tot},m}$ 和 h_{mn} 分别是经过确定性子系统传递路径的能量耗散或传递系数，不与确定性子系统相连的随机子系统没有该项；而 η_m 和 η_{mn} 分别是随机子系统之间或本身能量耗散与传递系数，不与其他随机子系统相连的没有 η_m 项。求解由 N 个如式(2.134)的方程构成的方程组，即可得到每个随机子系统的能量。与国外经典的 FE-SEA 理论相比，方程(2.134)更完整地表达了系统在复杂连接状态下的功率平衡关系，使得方法的应用范围更广[25]。

5) FE-SEA 方法的分析步骤

综上所述，对一个计算频段基于波动理论的 FE-SEA 混合方法的分析过程可大体分为以下七步(图 2.23)：

(1) 系统的划分。首先，将系统划分为确定性子系统和随机子系统；而后，划分子系统的确定性边界和随机边界并确定边界上的连接处及连接方式；最后，选取确定性广义坐标 q_{d}。

(2) 边界连接处的动刚度矩阵的获取。规则点、线和面连接处的直接场的动刚度矩阵 $D_{\mathrm{dir}}^{\mathrm{b}}$ 可直接得到解析解。据确定性广义坐标 q_{d} 的选取，动刚度矩阵 $D_{\mathrm{dir}}^{\mathrm{b}}$ 需进行相关的坐标变换。

(3) 与确定性子系统相关的参数分析。应用有限元计算与确定性子系统相关的动刚度矩阵 D_{d}，据选取的确定性广义坐标 q_{d} 相应地对动刚度矩阵 D_{d} 进行坐标变换；然后，将动刚度矩阵 D_{d} 与 $D_{\mathrm{dir}}^{(m)}$ 线性叠加求得系统的总动刚度矩阵 D_{tot}。同时，将确定性子系统的外载荷 f_{ext} 变换为互功率谱 S_{ff}^{ext} 并进行相应的坐标变换。

(4) 与随机子系统相关的参数分析。与随机子系统相关的参数分析包括：计算确定性子系统对第一类随机子系统的输入功率，计算各类随机子系统间的耦合损耗因子，计算随机子系统在混响场中的能量损耗系数，计算所有随机子系统由于

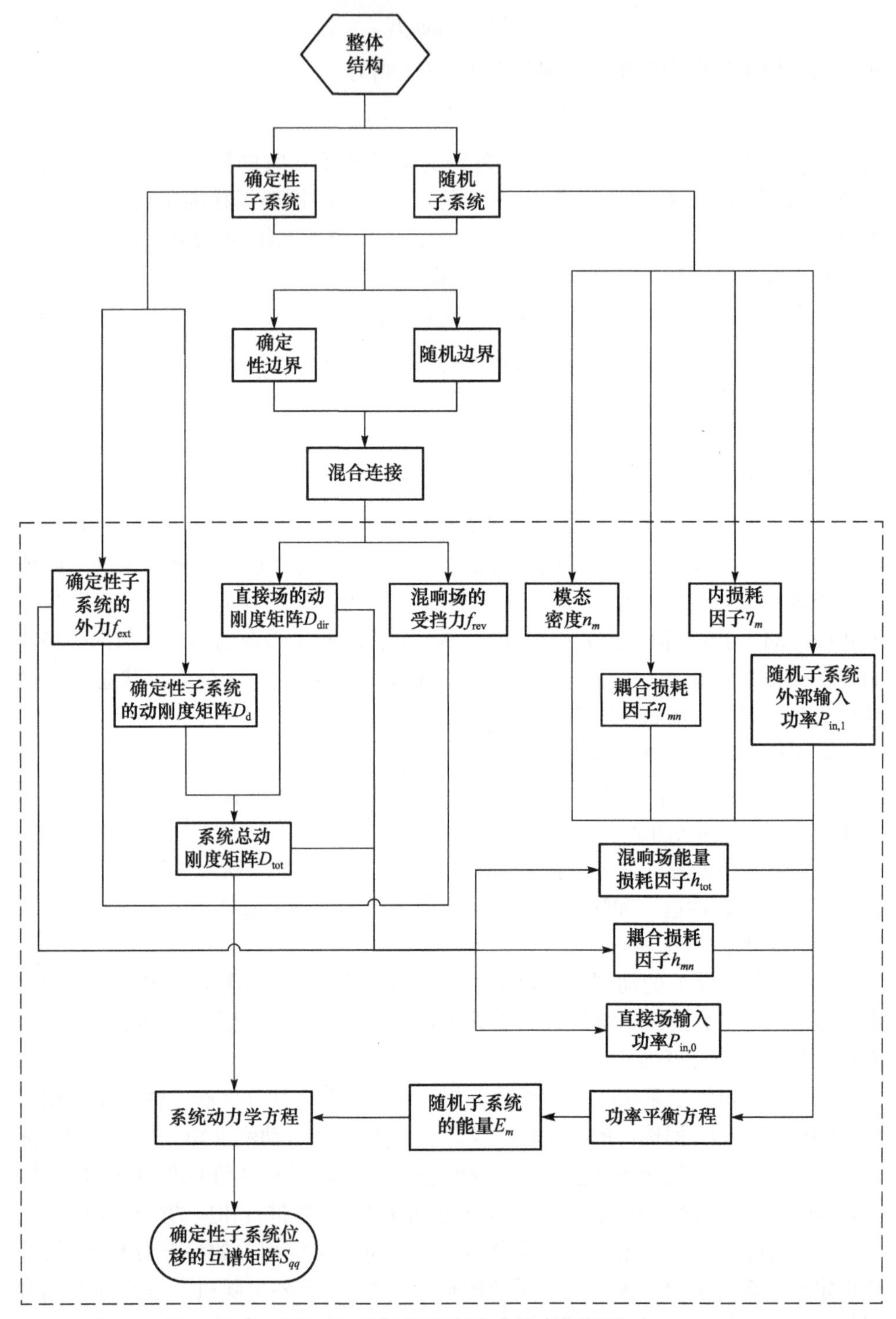

图 2.23　FE-SEA 混合方法求解流程

自身的内损耗而损失的功率，将直接作用在随机子系统上的外力向量变换为相应输入功率 $P_{\text{in},1}^{(m)}$。

(5) 随机子系统响应的求解。根据步骤(4)中的所得参数建立随机子系统的功率平衡方程，求得各随机子系统能量的集合平均。

(6) 确定性子系统响应的求解。根据步骤(5)中所得的随机子系统能量求得随机子系统通过混响场作用在确定性子系统上的力谱；然后根据步骤(3)建立的动力学求解确定性广义坐标 q_{d} 的集合平均值 $\langle S_{\text{d},qq}\rangle$。

(7) 重复步骤(2)～步骤(6)，计算下一个频段响应的集合平均。

2. FE-SEA 的数值仿真验证

本节选用一个梁板组合结构作为数值仿真算例。梁的端部为固支状态，具体位置为靠近板 1 的一端，如图 2.24 所示(见彩图)，在板 1 垂直方向加载与空间位置不相关的分布式激励。然后分别应用 FE-SEA 混合方法和蒙特卡罗分析计算出板 1 受激励时随机子系统的能量影响系数(energy influence coefficient，EIC)，即 E_1/P_1 和 E_2/P_1，并进行比较[26]。其中，计算频段取值为 1Hz 的等带宽，中心频率范围为 1～1500Hz。两类方法的计算过程中均选用模态坐标，模态截断位置为 3500Hz，即选用 3500Hz 之前结构的所有模态进行计算。

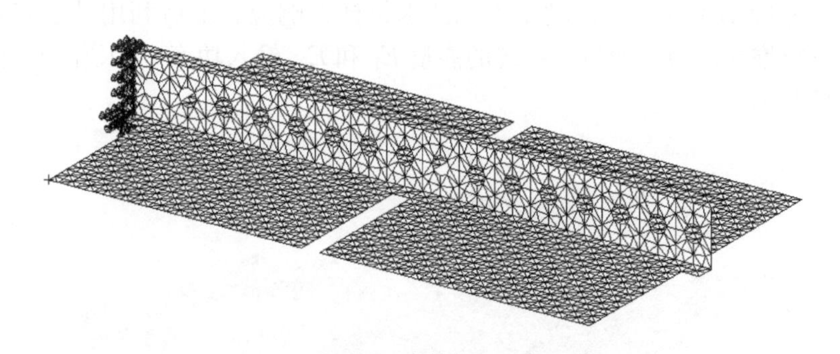

图 2.24　梁板组合结构的有限元模型

FE-SEA 混合方法的结果是集合平均的结果，因此应用蒙特卡罗仿真分别对 300 个离散的样本进行分析，然后对这 300 次的结果进行平均得到结构的集合平均值，并与 FE-SEA 的结果比较来验证 FE-SEA 方法。对于任意单次样本，作用在板 1 上的输入功率 P_1 和两个随机子系统的能量均是通过基于有限元的能量流方法求得。

在蒙特卡罗仿真过程中，随着结构中随机样本数的不断增加，样本平均结果的稳定性越来越强，即当样本具有最大包络(熵最大)时，仿真中的集合平均结果与结构的不确定性无关，集合平均结果唯一确定。由于结构中不确定性的影响主要是由随机子系统的不确定性引起的,因此在扩大样本包络方面主要是模拟随机子系统不确定性的变化。为模拟结构样本的最大包络,选择在随机子系统的随机位置上添加集中质量。集中质量主要作用是增大随机子系统低阶模态对外界扰动的敏感性从而增大整个随机子系统对外界扰动的敏感性(中高频时,随机子系统本身对外界扰动已经很敏感,质量的细微变化对不确定性的改变不大)。

建立蒙特卡罗仿真中使用的有限元模型(未添加集中质量),如图 2.24 所示,整个组合结构上应用 5148 个三角形壳单元,总的节点自由度数为 16 866 个。对组合结构进行模态分析并提取出 3500Hz 以内结构的前 342 阶模态,图 2.25(见彩图)为有限元模型(未添加集中质量)的第 100 阶模态。考虑计算成本,仿真过程中选择有限元中的模态法并对模型进行 300 次蒙特卡罗仿真。仿真的每个样本分别在两平板上添加 10 个集中质量,所有集中质量的总和为整个组合结构质量的 25%,所在位置为有限元模型中两板的节点位置。令每块平板上集中质量所在节点的节点号的概率分布为均匀分布,应用 Matlab 分别生成每块板上的 300 组节点号随机数。据随机数每次生成集中质量的节点位置并据该节点位置相应地将集中质量添加到组合结构的有限元模型中,然后对样本进行模态分析并提取出 3500Hz 以内样本的所有模态。在此基础上,对样本的有限元模型,在板 1 每个节点上(除点连接所在节点)施加垂直于板面方向的外力单边自功率谱,其中外力自功率谱在 300 次仿真中保持不变,而后利用模态法求得样本响应。最后利用基于有限元的能量流分析推导出两个随机子系统的能量 E_1 和 E_2、输入功率 P_1 及相应的能量影响系数(EIC)。

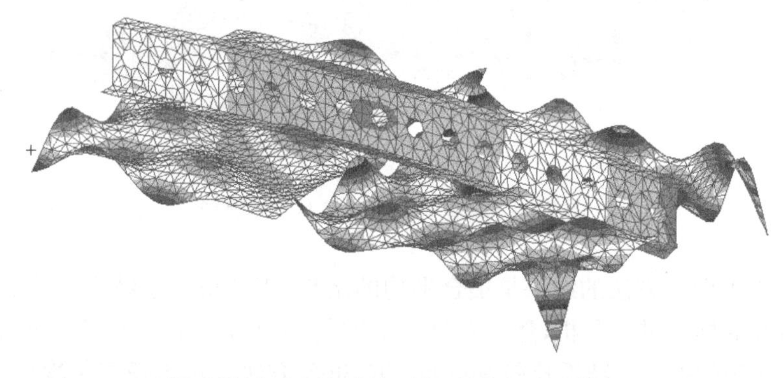

图 2.25 有限元模型(未添加集中质量)的第 100 阶模态(903.86Hz)

图 2.26 为仿真过程中板 2 上的随机子系统 EIC 的两个单次样本。图 2.27 和图 2.28 分别显示了 300 次蒙特卡罗仿真的结果,从图中可以看出单次仿真结果间的差异明显;由 300 次仿真的平均结果可以看出在 900Hz 附近,即第 100 阶模态

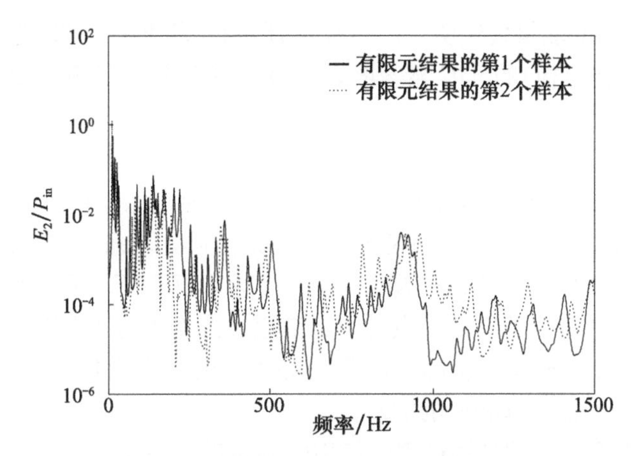

图 2.26　蒙特卡罗仿真中的两个单次样本

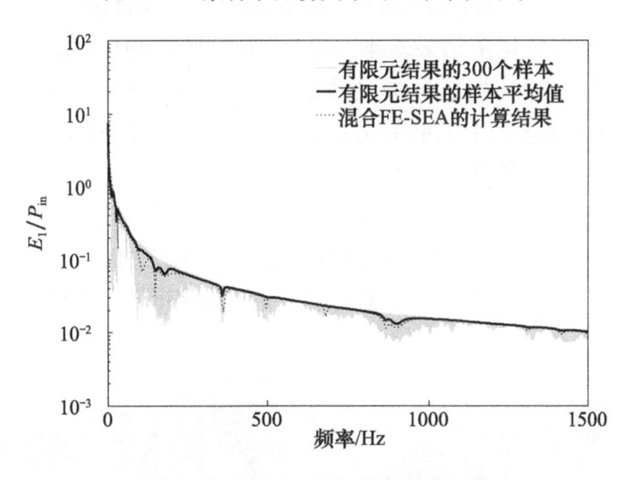

图 2.27　板 1 上随机子系统的 EIC

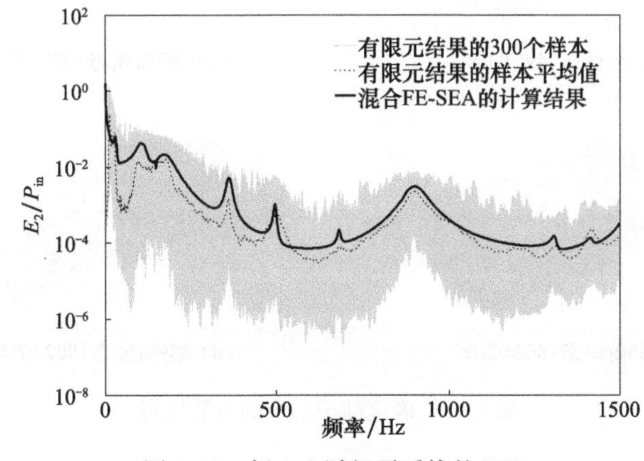

图 2.28　板 2 上随机子系统的 EIC

附近，两子系统间的能量传输明显。当板 1(激励板)的 EIC 下降，即板 1 的能量向外传输时，板 2(接收板)的 EIC 显著增大，即表明板 2 接受了板 1 传入该子系统上的能量。

对 FE-SEA 混合方法，为得到确定性子系统的有限元模型，将有限元模型上两块板的壳单元换为膜单元，梁上的壳单元不变。为了保证板上面内位移的质量阵，只考虑板的面内质量需单独建立膜单元的质量阵。求解之前通过 NASTRAN 输出确定性子系统的刚度矩阵和质量矩阵，并导入 FE-SEA 程序作为输入；同时还需将蒙特卡罗仿真中所有的节点外力自谱通过点连接的动刚度矩阵将其转化为 FE-SEA 混合法中随机子系统的外部输入功率。在此基础上，应用 FE-SEA 程序求得随机子系统的能量和相应的 EIC。

FE-SEA 混合方法的计算过程中使用的确定性子系统的模态为 3500Hz 内的共 28 阶模态。如图 2.27 和图 2.28 所示，由 FE-SEA 混合法所得的集合平均值与蒙特卡罗仿真的样本平均值结果基本一致，尤其是中高频段，如 900Hz 附近，两类结果吻合得很好。但同时，低频段两类结果间存在误差，可能的原因包括：FE-SEA 求解过程中多次求逆引入的数值误差，蒙特卡罗仿真过程中可能未完全达到结构样本具有最大样本包络的要求。

此外，通过 FE-SEA 混合法中随机子系统 1 与 2 间的耦合损耗因子 η_{12} 可以说明 η_{12} 峰值的大小主要是由该频率附近的确定性子系统的模态决定，如图 2.29 所示(见彩图)的第 6～9 阶的模态，模态对响应的贡献如图 2.30 所示。

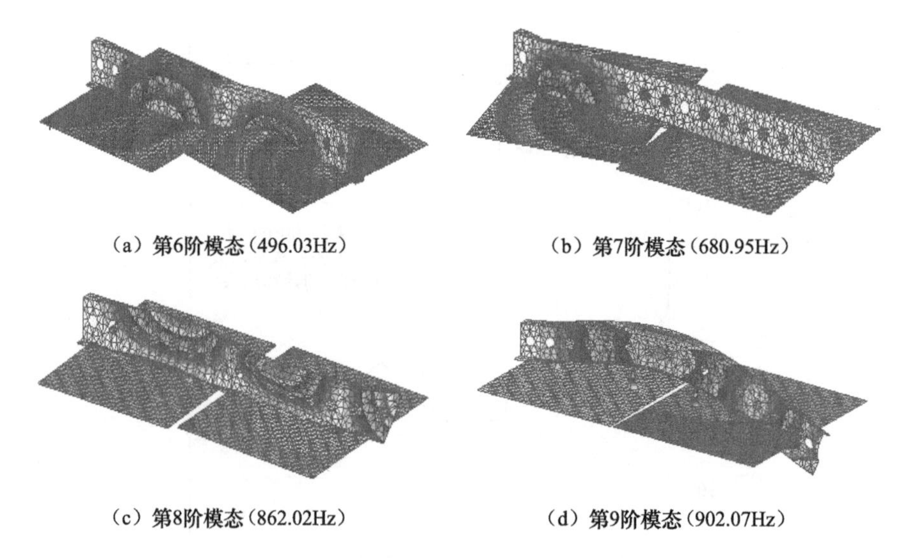

(a) 第6阶模态(496.03Hz)　(b) 第7阶模态(680.95Hz)

(c) 第8阶模态(862.02Hz)　(d) 第9阶模态(902.07Hz)

图 2.29　确定性子系统的各阶模态

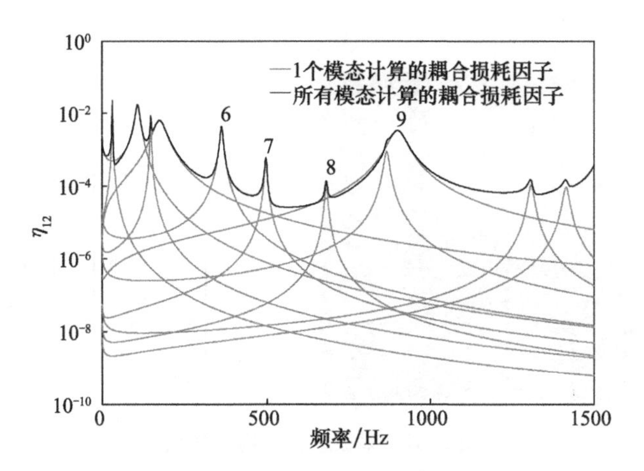

图 2.30　确定性子系统中各阶模态对耦合损耗因子的贡献

综合对响应数据的分析可知在中频段 FE-SEA 混合方法综合考虑了确定性子系统及随机子系统中对整个结构响应的影响。确定性子系统的模态相当于整体结构的主模态，FE-SEA 的响应峰值反映了确定性子系统对结构响应的贡献；而由于随机子系统的不确定性，借鉴统计能量法中统计的概念，通过引入集合平均得到随机子系统对结构总体响应变化趋势的影响，即 FE-SEA 混合方法的结果相当于蒙特卡罗仿真中多个样本平均的结果。

通过上述验证可得在实际问题中应用 FE-SEA 混合法是适用的。方法中不具体考虑结构不确定性因素的多少，因此 FE-SEA 可完全适用于复杂结构。此外，与蒙特卡罗仿真相比，FE-SEA 混合方法计算成本低、效率高，即使在计算成本非常低的情况下仍能求得精确的响应结果，表明该方法能够有效解决中频力学环境预示的问题，具有很大的工程应用潜力。

3. FE-SEA 的试验验证

在数值验证的基础上，对 FE-SEA 混合方法开展试验研究，通过试验可以对该方法的适用性进行更充分的验证。试验结构如图 2.31 所示(见彩图)。

将梁板组合结构按波数分别划分为确定性子系统和随机子系统后，将模态密度和内损耗因子相关参数代入 FE-SEA 模型及蒙特卡罗仿真，分别求得梁和两薄板上的响应并进行比较，如图 2.32 所示，FE-SEA 的结果与蒙特卡罗仿真的 100 个样本的集合平均值吻合。

FE-SEA 分析预示的结果与 20 个试验样本的集合平均值进行比较，如图 2.33所示。虽然个别频率处，如 500Hz 附近，FE-SEA 的结果与试验所得的集合平均值存在明显差异，但 0～1000Hz 整个频段内，FE-SEA 的结果与试验结果基本吻合。某些频率处两种结果的差异主要是由内损耗因子的测量误差产生的。

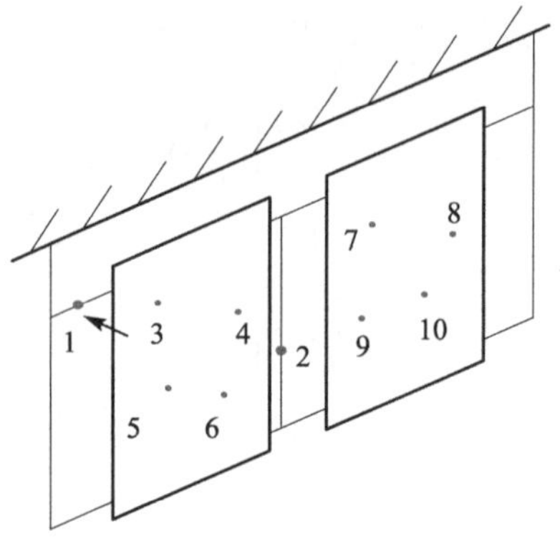

图 2.31　梁板组合结构及测点

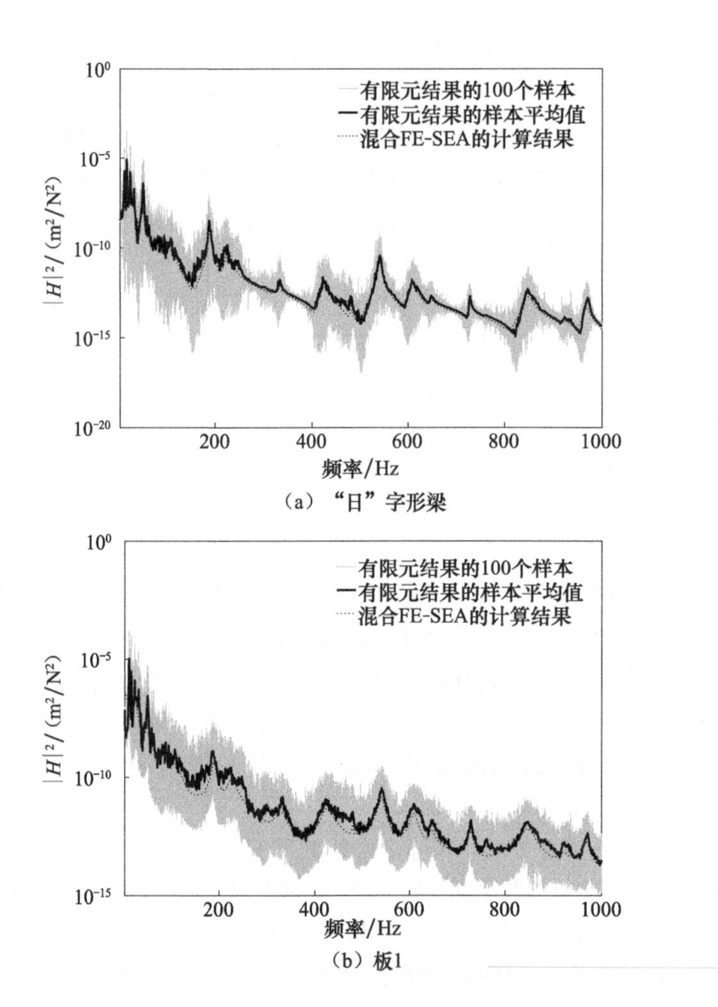

（a）“日”字形梁

（b）板1

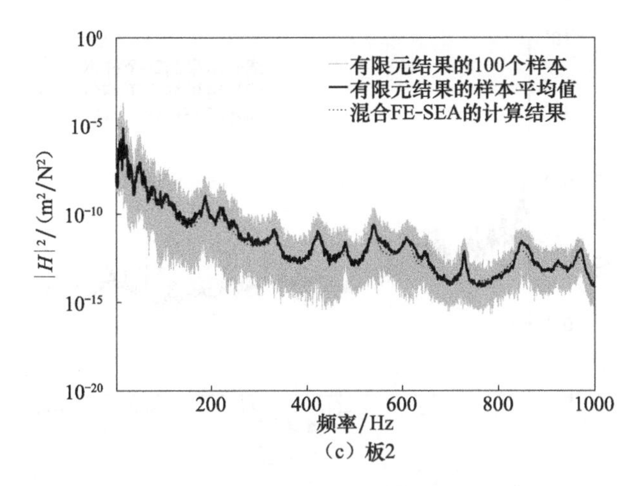

（c）板2

图 2.32　试验结构 FE-SEA 与蒙特卡罗仿真位移幅频响应的比较

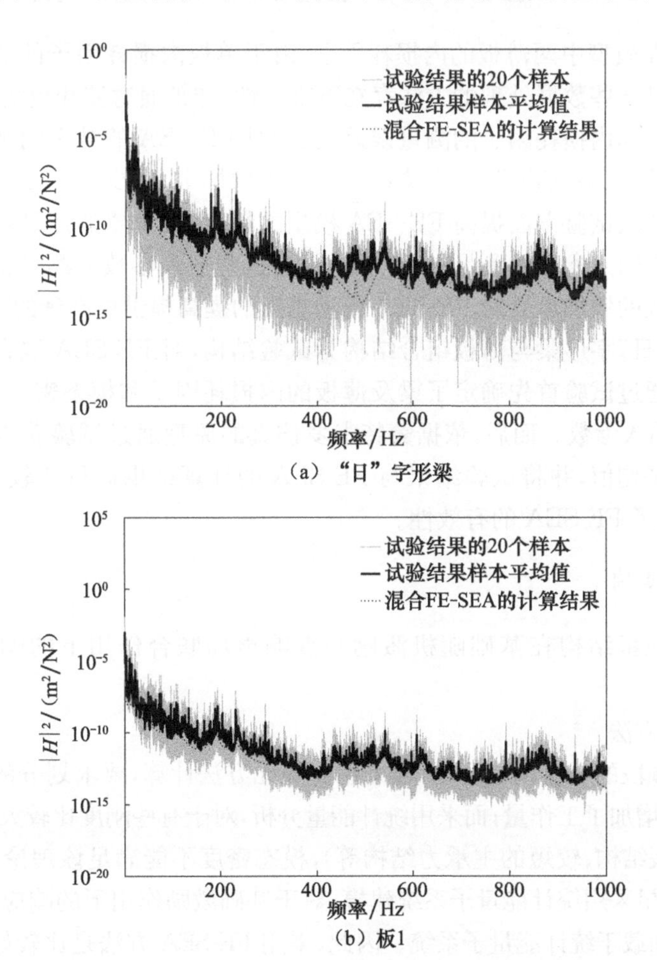

（a）“日”字形梁

（b）板1

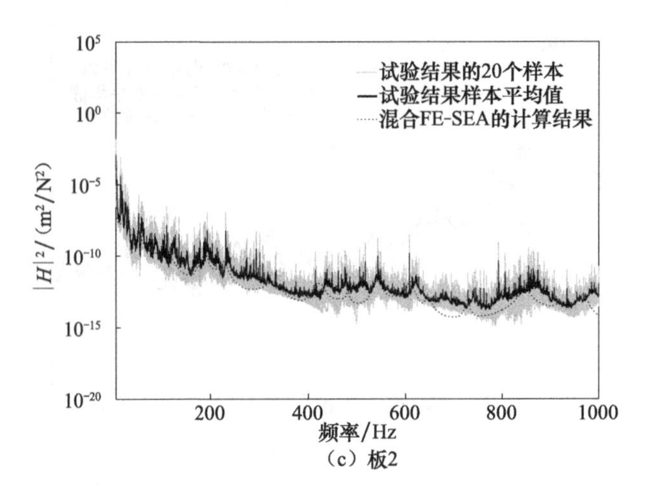

(c) 板2

图 2.33 试验结构 FE-SEA 与试验测量的位移幅频响应的比较

对于 FE-SEA 模型中两薄板的内损耗因子，由于单板内损耗因子的数据处理过程中步骤较多且某些数据处理的方法存在不唯一性，如带通滤波和包络线的斜率等，这些都可能引起内损耗因子的测量误差，也会对 FE-SEA 的结果的精度产生一定的影响。此外，试验仅获得 20 个蒙特卡罗仿真的样本，较少的样本数量也带来一部分误差。若从试验方面提高 FE-SEA 模型的精度，最主要的还是对结构的内损耗因子等基本输入参数的测量进行改进，提高这些输入参数的测量精度。蒙特卡罗仿真样本数的增加也会对 FE-SEA 模型精度的提高提供更准确的参考。

本节以“日”字形梁与薄板组合结构为试验结构，对 FE-SEA 混合方法开展了试验研究。通过试验首先确定了梁及薄板的内损耗因子和模态密度，并将其作为 FE-SEA 的输入参数。而后，依据蒙特卡罗仿真的原理通过试验获得了组合结构响应的集合平均值，并将试验结果与 FE-SEA 的计算结果进行比较，两个结果基本一致，验证了 FE-SEA 的有效性。

4. 应用实例

针对某卫星结构在基础随机激励和混响声场联合作用下的响应进行仿真分析[27]。

1) 建模方法

对于中频段的响应预示问题，若采用有限元方法计算，要求划分的网格非常密集，这样大大增加了工作量；而采用统计能量分析，对于有些刚度比较大的结构(如舱内较小的隔板结构、较短的主承力结构等)，模态密度不能满足该理论的基本要求。另外，如果整星采用统计能量子系统建模，对于基础激励作用下的响应分析，很难将基础加速度加载于统计能量子系统。因此，采用 FE-SEA 方法是比较好的选择。其中，对结构紧凑、模态稀疏、内部有隔板支撑的卫星本体主结构采用有限单元建模，而对大型的太阳翼结构，因其面质比大、模态稀疏、倍频程内(100Hz 以上)模态数通常大于 5，则采用统计能量子系统建模，混合 FE-SEA 模型如图 2.34 所示(见彩图)。

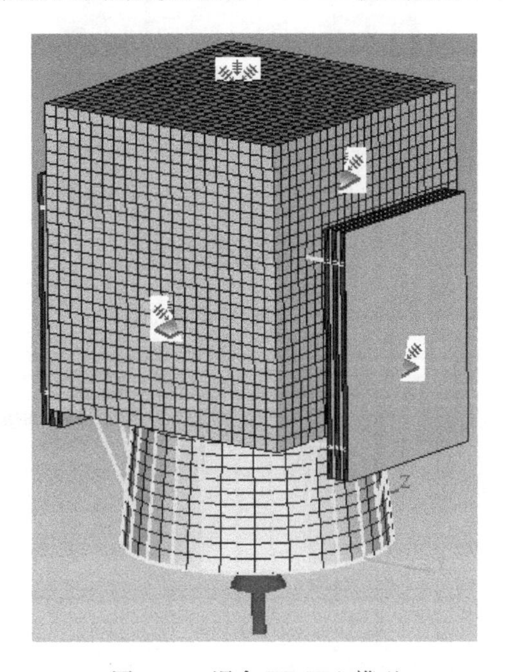

图 2.34　混合 FE-SEA 模型

对两种载荷采用不同的加载方式。对于基础激励，采用大质量法以集中力形式加载。对于声载荷，则定义垂直于结构表面的压力谱，并作了以下两点处理：①由于混响声场硬边界(假定声场边界不变形且入射声波能够完全被反射)声压比声场内部声压高 3dB，因此将卫星噪声试验中测得的声场内部声压加 3dB 后加载于卫星表面；②由于不同位置声压谱的空间相关性在某些频段对响应影响较大，因此计算中考虑了声压的空间相关性。空间相关性函数为

$$R=\frac{\sin(kr)}{kr}$$

式中，k 为声场波数；r 为两点距离。因缺乏声压与基础激励的相关性函数，计算中未考虑二者的相关性，即认为声激励与基础激励完全不相关。

2）分析结果

利用上述建模方法，对卫星在纵向基础激励和外部混响声场同时作用下的响应进行预示。计算输出点如图 2.35 所示(见彩图)。图 2.36(见彩图)为 P_1 在组合载荷作用下的响应曲线，图 2.37(见彩图)为 P_2 在组合载荷作用下的响应曲线，图 2.38(见彩图)为 P_3 在组合载荷作用下的响应曲线。

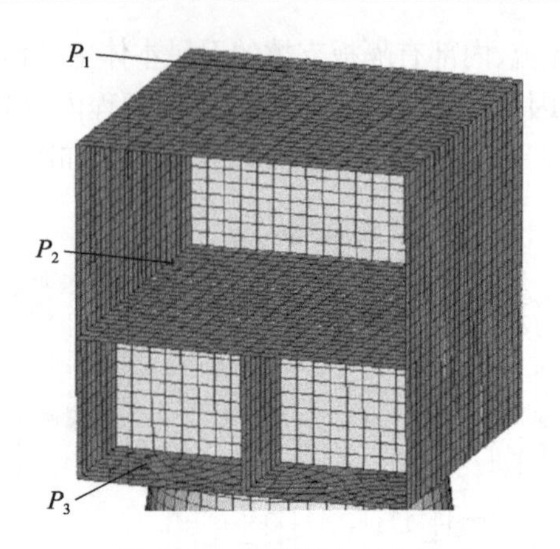

图 2.35　计算输出点位置

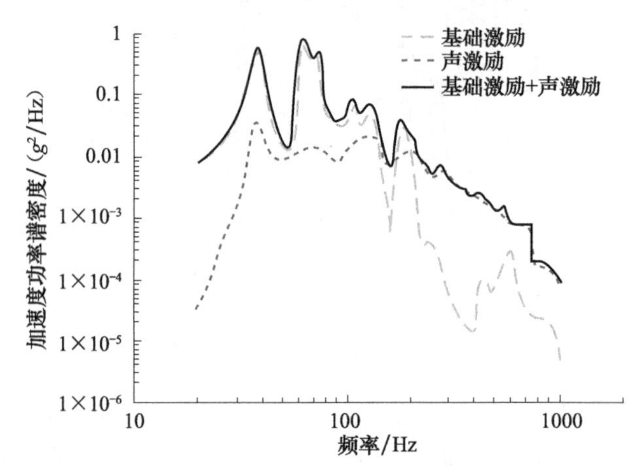

图 2.36　P_1 在组合载荷作用下的响应曲线

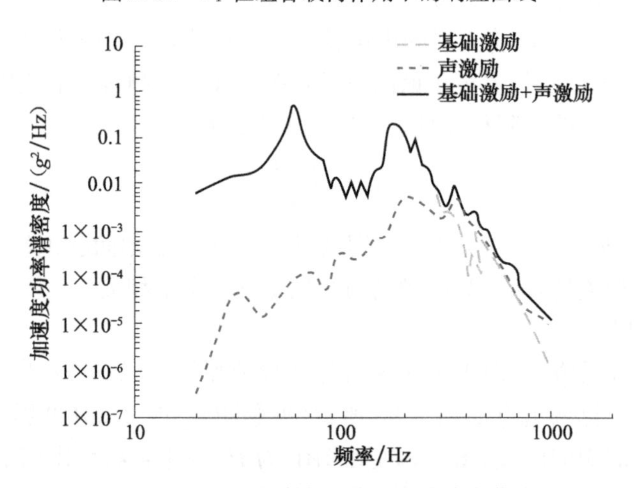

图 2.37　P_2 在组合载荷作用下的响应曲线

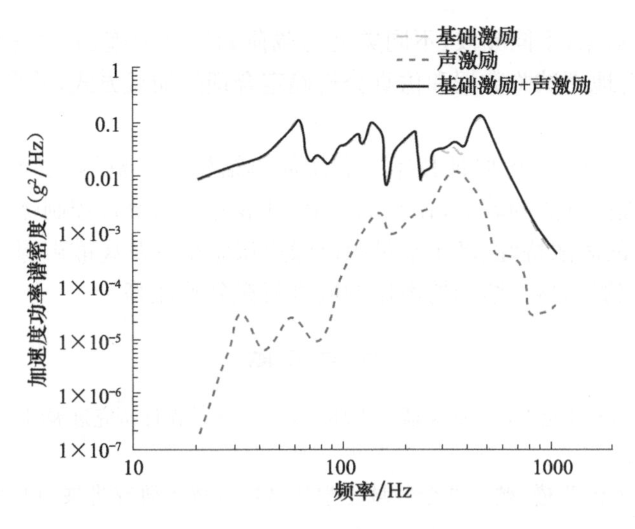

图 2.38　P_3 在组合载荷作用下的响应曲线

从计算响应曲线上可以看出:①各输出点在基础激励作用下的响应在低频段明显高于声激励下的响应,而声激励下的响应主要集中在高频段;②对于卫星外表面的输出点,声激励下的响应比基础激励响应大(高频段),可见外表面结构受声场影响比内部结构要大得多;③基础激励由下向上传递,其响应由星箭对接面向上呈放大趋势;④由于计算中未考虑基础激励和声激励的相关性,组合载荷的作用效果从加速度谱看,是两个加速度谱线性叠加的结果。

2.5　小　　结

本章介绍了瞬态响应分析方法、正弦振动分析方法、随机振动分析方法及声振响应分析方法,针对每一种分析方法介绍了理论、算法,并给出了典型的应用实例。前三种方法相对来说理论和算法比较成熟,而对全频域力学环境分析技术的应用研究尚不够系统和深入。概括起来,在卫星与运载火箭动力学响应分析方法方面有以下研究内容应予重视:

(1) 力学环境预示理论研究。我国的航天工程实践经验表明,掌握基础理论对于实现工程应用是非常必要的,应结合国内外力学环境预示技术的最新进展,开展工程实用的全频段力学环境预示理论模型、数值算法研究,自主开发或引进相应软件,建立完整的全频域力学环境预示手段。

(2) 力学参数和加载方式研究。全频域动力学参数(含复合材料等效参数、结构阻尼参数、材料吸声系数等)的准确获取存在较大难度,因此要开展各类典型结构的动力学参数试验,形成有效的参数定义模型和参数库,为修正和改进分析预示模型提供基础数据；不同频段、不同类型的载荷如何合理施加，也是亟须解决的技术难点，应结合地面试验数据和仿真分析确定合理的加载方式，并形成相应的标准和规范。

（3）力学环境预示的验证技术。利用简单结构的解析解、多种数值方法的结果对比，进行理论方法的验证；在此基础上，开展专项的窄带控制噪声试验，研究混响室声压分布的离散特性、基于窄带控制噪声试验结果及离散声源的反演技术，对大型天线、太阳翼或整星结构的声振响应进行充分验证等。

参考文献

[1] 马兴瑞，韩增尧，邹元杰，等. 航天器力学环境分析与条件设计研究进展[J]. 宇航学报，2012，33(1)：1～12.

[2] 邹元杰，韩增尧，张瑾. 航天器全频域力学环境预示技术研究进展[J]. 力学进展，2012，42(4)：445～454.

[3] Jaap W. Mechanical Vibrations in Spacecraft Design[M]. Berlin：Springer，2004.

[4] 张阿舟，诸德超，姚起杭，等. 实用振动工程(1)：振动理论与分析[M]. 北京：航空工业出版社，1996.

[5] 邹经湘，于开平. 结构动力学[M]. 第 2 版. 哈尔滨：哈尔滨工业大学出版社，2009.

[6] 邱吉宝，向树红，张正平. 计算结构动力学[M]. 合肥：中国科学技术大学出版社，2009.

[7] Shorter P J，Gardner B K，Bremner P G. A hybrid method for full spectrum noise and vibration prediction[J]. Journal of Computational Acoustics，2003，11(2)：323～338.

[8] Ciskowski R D，Brebbia C A. Boundary Element Methods in Acoustics[M]. Southampton：Computational Mechanics Publications，1991.

[9] 邹元杰. 水中阻尼复合壳体结构声振特性的数值分析[D]. 大连：大连理工大学，2004.

[10] 郑小平，姚振汉，王海涛，等. 航天器低频声固耦合分析方法研究总结报告[R]. 清华大学，2011.

[11] Lyon R H，Dejong R G. Theory and Application of Statistical Energy Analysis[M]. 2nd ed. Boston：Butterworth-Heinemann，1995.

[12] 姚德源，王其政. 统计能量分析原理及其应用[M]. 北京：北京理工大学出版社，1995.

[13] 韩增尧. 复杂航天器声振力学环境预示技术研究[D]. 北京：中国空间技术研究院，2000.

[14] 曾耀祥，潘忠文，王旭. 基于统计能量分析法的火箭仪器舱声振环境预示研究报告[R]. 北京：中国运载火箭技术研究院，2012.

[15] 邹元杰，韩增尧. 复杂结构中频振动分析方法研究综述[C]. 中国航天结构强度与环境工程专业信息网 2006 年度技术信息交流会，西宁，2006：340～348.

[16] 张瑾，韩增尧，邹元杰. 中频力学环境下航天器结构动力学分析技术研究[J]. 航天器工程，2009，18(5)：87～94.

[17] 张瑾. FE-SEA 方法在航天器力学环境预示中的应用研究[D]. 北京：中国空间技术研究院，2011.

[18] Shorter P J, Langley R S. On the reciprocity relationship between direct field radiation and diffuse reverberant loading[J]. Journal of the Acoustical Society of America, 2005, 117(1): 85～95.

[19] Shorter P J, Langley R S. Vibro-acoustic analysis of complex systems[J]. Journal of Sound and Vibration, 2005, 288(3): 669～699.

[20] 邹元杰，韩增尧. 宽频声激励作用下的卫星结构响应分析[C]. 2007 全国结构动力学学术研讨会，北京，2007: 254～261.

[21] 邹元杰，韩增尧，张瑾. 应用 VA One 软件分析卫星结构的中低频响应[C]. 第七届 ESI 中国用户年会暨 ChinaPAM2008，北京，2008: 247～254.

[22] Langley R S, Shorter P J. The wave transmission coefficients and coupling loss factors of point connected structures[J]. Journal of the Acoustical Society of America, 2003, 113(4): 1947～1964.

[23] Langley R S, Heron K H. Elastic wave transmission through plate/beam junctions[J]. Journal of Sound and Vibration, 1990, 143(2): 241～253.

[24] Langley R S. Numerical evaluation of the acoustic radiation from planar structures with general baffle conditions using wavelets[J]. Journal of the Acoustical Society of America, 2007, 121(2): 766～777.

[25] 张瑾，邹元杰，韩增尧. 声振力学环境预示的 FE-SEA 混合方法研究[J]. 强度与环境，2010, 37(3): 14～20.

[26] 张瑾，马兴瑞，韩增尧，等. 中频力学环境预示的 FE-SEA 混合方法研究[J]. 振动工程学报，2012, 25(2): 206～214.

[27] 邹元杰，张瑾，韩增尧. 基于 FE-SEA 方法的卫星部组件随机振动条件研究[J]. 航天器环境工程，2010, 27(4): 456～461.

第3章　卫星与运载火箭结构动力学建模技术

在航天工程实践中，卫星与运载火箭力学环境预示工作包括瞬态响应分析、正弦振动响应分析和随机振动响应分析等，它们都是基于有限元模型实现的，卫星和运载火箭有限元模型的准确性与合理性直接决定力学环境预示结果的正确性，进而影响卫星及其部组件设计条件和地面试验条件制定的合理性。随着航天事业的快速发展，未来大型、高精度有效载荷对力学环境提出了更高要求，需要工程设计人员在航天器总体设计过程中建立更精细、更准确的卫星和运载火箭有限元模型，以开展力学环境分析与设计工作[1,2]。因此，复杂航天结构的精细化建模方法及基于试验数据的有限元模型修正技术成为目前航天结构动力学领域研究的重点之一。

本章首先介绍了有限元建模的基本理论，系统阐述了航天结构中常用的梁板壳结构建模方法，分别针对卫星和运载火箭结构特点，介绍了有限元建模的工程应用方法和复杂结构模型修正技术，最后阐述了卫星与运载火箭联合建模技术。

3.1　有限元建模方法

3.1.1　有限元方法的基本原理

1. 弹性力学的基本方程

在外部载荷作用下，弹性体内任意一点的应力状态（图3.1）可以用一组向量

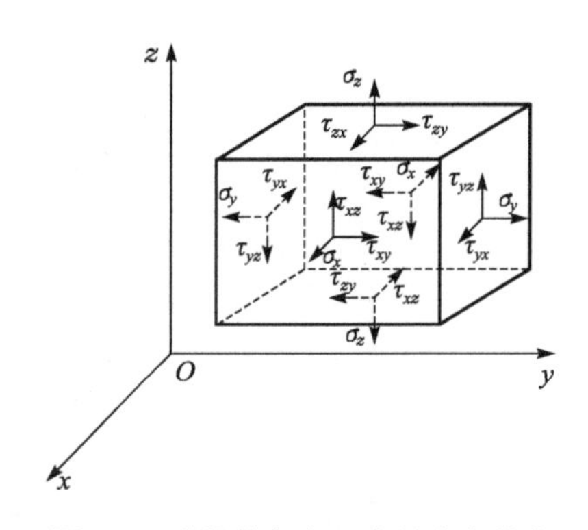

图3.1　弹性体任意一点的应力状态

$\sigma=[\sigma_x,\sigma_y,\sigma_z,\tau_{xy},\tau_{yz},\tau_{zx}]^T$ 表示，其中 σ_x、σ_y、σ_z 为正应力，τ_{xy}、τ_{yz}、τ_{zx} 为剪（切）应力。

如果某一个截面的外法线沿着坐标轴正向，则该截面被称为正面，正面上的应力分量以沿坐标轴正向为正，沿坐标轴反向为负；如果某一截面的外法线与坐标轴负向一致，则该截面称为负面，负面上的应力分量以沿坐标轴负向为正，沿坐标轴正向为负。可以证明，在物体上的任意一点，如果已知 σ 的 6 个分量，就可以求得经过该点的任意截面上的正应力和切应力，也就是说 σ 可以完全确定该点的应力状态。

弹性体内任意一点的应变可以由一组分量 $\varepsilon=[\varepsilon_x,\varepsilon_y,\varepsilon_z,\gamma_{xy},\gamma_{yz},\gamma_{zx}]^T$ 表示，其中，ε_x、ε_y、ε_z 为线应变，γ_{xy}、γ_{yz}、γ_{zx} 为切应变。应变的符号与应力的符号相对应，线应变以伸长为正，缩短为负，切应变以两个沿坐标轴正方向的线段组成的直角变小为正，变大为负。可以证明，弹性体内任意一点的应变状态可以由该点的 6 个应变分量完全确定。弹性体内任一点的位移可以用直角坐标轴 3 个方向的分量 $x=[u,v,w]$表示，各分量方向沿坐标轴正向为正，沿坐标轴负向为负。

对于理想弹性体，考虑静力学、几何学和物理学及边界条件，可以建立弹性体的基本方程。

1）平衡方程

弹性体内任意一点沿坐标轴 x、y、z 方向的平衡方程为

$$\begin{cases}\dfrac{\partial\sigma_x}{\partial x}+\dfrac{\partial\tau_{yx}}{\partial y}+\dfrac{\partial\tau_{zx}}{\partial z}+f_x=0\\[2mm]\dfrac{\partial\tau_{xy}}{\partial x}+\dfrac{\partial\sigma_y}{\partial y}+\dfrac{\partial\tau_{zy}}{\partial z}+f_y=0\\[2mm]\dfrac{\partial\tau_{xz}}{\partial x}+\dfrac{\partial\tau_{yz}}{\partial y}+\dfrac{\partial\sigma_z}{\partial z}+f_z=0\end{cases}\tag{3.1}$$

式中，f_x、f_y、f_z 为单位体积的体积力在 x、y、z 方向的分量。

2）几何方程

在小变形假设条件下，弹性体内任一点应变和位移的关系为

$$\begin{cases}\varepsilon_x=\dfrac{\partial u}{\partial x},\quad \gamma_{xy}=\dfrac{\partial u}{\partial y}+\dfrac{\partial v}{\partial x}\\[2mm]\varepsilon_y=\dfrac{\partial v}{\partial y},\quad \gamma_{yz}=\dfrac{\partial v}{\partial z}+\dfrac{\partial w}{\partial y}\\[2mm]\varepsilon_z=\dfrac{\partial w}{\partial z},\quad \gamma_{zx}=\dfrac{\partial w}{\partial x}+\dfrac{\partial u}{\partial z}\end{cases}\tag{3.2}$$

3）物理方程

弹性体中应力-应变的本构关系如下：

$$\begin{cases}\varepsilon_x = \dfrac{1}{E}[\sigma_x - \nu(\sigma_y + \sigma_z)], & \gamma_{xy} = \dfrac{2(1+\nu)}{E}\tau_{xy} \\ \varepsilon_y = \dfrac{1}{E}[\sigma_y - \nu(\sigma_z + \sigma_x)], & \gamma_{yz} = \dfrac{2(1+\nu)}{E}\tau_{yz} \\ \varepsilon_z = \dfrac{1}{E}[\sigma_z - \nu(\sigma_x + \sigma_y)], & \gamma_{zx} = \dfrac{2(1+\nu)}{E}\tau_{zx}\end{cases} \tag{3.3}$$

式中，E 为材料的弹性模量；ν 为泊松比。

4)边界条件

弹性体在边界上单位面积的内力 p，在直角坐标轴三个方向上的分量为 p_x、p_y、p_z。设边界外法线为 N，其方向余弦为 n_x、n_y、n_z，则根据平衡条件，可以确定边界上弹性体的内力，也就是力边界条件：

$$\begin{cases}p_x = \sigma_x n_x + \tau_{xy} n_y + \tau_{xz} n_z \\ p_y = \tau_{yx} n_x + \sigma_y n_y + \tau_{yz} n_z \\ p_z = \tau_{zx} n_x + \tau_{zy} n_y + \sigma_z n_z\end{cases} \tag{3.4}$$

假设弹性体边界上的位移已知，则可以得到几何边界条件：

$$u = \bar{u}, \quad v = \bar{v}, \quad w = \bar{w} \tag{3.5}$$

综上所述，弹性体基本方程的矩阵表示为

$$\begin{cases}A\sigma + F = 0 \\ \varepsilon = A^{\mathrm{T}} u \\ \sigma = D\varepsilon \\ p - L\sigma = 0 \\ u = \bar{u}\end{cases} \tag{3.6}$$

式中，A 为微分算子矩阵

$$A = \begin{bmatrix}\dfrac{\partial}{\partial x} & 0 & 0 & \dfrac{\partial}{\partial y} & 0 & \dfrac{\partial}{\partial z} \\ 0 & \dfrac{\partial}{\partial y} & 0 & \dfrac{\partial}{\partial x} & \dfrac{\partial}{\partial z} & 0 \\ 0 & 0 & \dfrac{\partial}{\partial z} & 0 & \dfrac{\partial}{\partial y} & \dfrac{\partial}{\partial x}\end{bmatrix}$$

D 为弹性矩阵

$$D^{-1}=\frac{1}{E}\begin{bmatrix}1 & & & & & \\ -\nu & 1 & & \text{对} & & \\ -\nu & -\nu & 1 & & \text{称} & \\ 0 & 0 & 0 & 2(1+\nu) & & \\ 0 & 0 & 0 & 0 & 2(1+\nu) & \\ 0 & 0 & 0 & 0 & 0 & 2(1+\nu)\end{bmatrix}$$

L 为表面外法线方向余弦矩阵

$$L=\begin{bmatrix}n_x & 0 & 0 & n_y & 0 & n_z \\ 0 & n_y & 0 & n_x & n_z & 0 \\ 0 & 0 & n_z & 0 & n_y & n_x\end{bmatrix}$$

$\bar{u}$ 为边界的约束位移。

2. *虚功原理*

虚功原理[3]的物理意义是:如果力系平衡,那么它们在虚位移和虚应变上所做之功的总和为零,反之,如果力系在虚位移上做功之和等于零,则力系一定是平衡的。可以看出,虚位移原理的推导未涉及物理方程,因此虚功原理不仅适用于线弹性体,而且适用于非线性问题。

外力的虚功为

$$\delta W=\int_V(f_x\delta u+f_y\delta v+f_z\delta w)\mathrm{d}\Omega+\int_s(p_x\delta u+p_y\delta v+p_z\delta w)\mathrm{d}S \tag{3.7}$$

内力在相应虚变形上的总虚功为

$$\delta U=\int_V(\sigma_x\delta\varepsilon_x+\sigma_y\delta\varepsilon_y+\sigma_z\delta\varepsilon_z+\tau_{yz}\delta\gamma_{yz}+\tau_{zx}\delta\gamma_{zx}+\tau_{xy}\delta\gamma_{xy})\mathrm{d}\Omega \tag{3.8}$$

3.1.2　典型结构有限单元法

1. *杆单元*

如图 3.2 所示截面积为 A 的等截面直杆单元,仅承受轴向载荷,在小变形假设条件下,可以得到轴向载荷作用下等截面直杆的基本方程:

$$\begin{cases}\varepsilon_x=\dfrac{\mathrm{d}u(x)}{\mathrm{d}x} \\ \sigma_x=E\varepsilon_x=E\dfrac{\mathrm{d}u(x)}{\mathrm{d}x} \\ u=\bar{u}\end{cases} \tag{3.9}$$

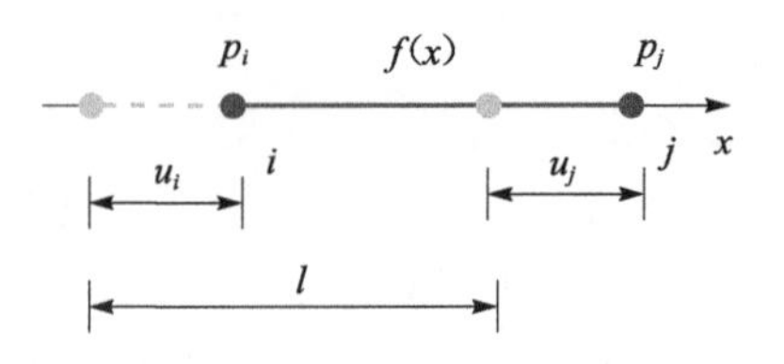

图 3.2 两节点杆单元

假设在轴力作用下其位移模式为 $u(x)=a_0+a_1x$，将节点位移代入得

$$\begin{cases}\bar{u}_i = a_0 \\ \bar{u}_j = a_0 + la_1\end{cases} \tag{3.10}$$

求得 $a_0-\bar{u}_i, a_1=(\bar{u}_j-\bar{u}_i)/l$，将其代入位移模式，节点位移表示杆单元内任一点在轴力下的位移：

$$u(x) = \bar{u}_i + \frac{\bar{u}_j - \bar{u}_i}{l}x = \left[1-\frac{x}{l}, \frac{x}{l}\right]\begin{bmatrix}\bar{u}_i \\ \bar{u}_j\end{bmatrix} = N\begin{bmatrix}\bar{u}_i \\ \bar{u}_j\end{bmatrix} \tag{3.11}$$

式中，矩阵 N 为插值函数矩阵或形函数矩阵。

将式(3.11)代入式(3.9)，得到平面杆单元的拉压应变为

$$\varepsilon = \frac{\mathrm{d}u(x)}{\mathrm{d}x} = \left[-\frac{1}{l}, \frac{1}{l}\right]\begin{bmatrix}\bar{u}_i \\ \bar{u}_j\end{bmatrix} = B\{\delta\}^{\mathrm{e}} \tag{3.12}$$

记 $\{\delta\}^{\mathrm{e}}$ 为单元的节点位移，矩阵 $B=\frac{\mathrm{d}N}{\mathrm{d}x}$。

同理，可以求得平面杆单元的拉压应力

$$\varepsilon = \frac{\mathrm{d}u(x)}{\mathrm{d}x} = \left[-\frac{1}{l}, \frac{1}{l}\right]\begin{bmatrix}\bar{u}_i \\ \bar{u}_j\end{bmatrix} = B\{\delta\}^{\mathrm{e}} \tag{3.13}$$

根据虚功原理，假设平面杆单元节点的虚位移为 $\{\delta^*\}^{\mathrm{e}}$，单元内任意一点的虚位移为 $u^*(x)=N\{\delta^*\}^{\mathrm{e}}$，单元内的虚应变为 $\varepsilon^*=\frac{\mathrm{d}u^*(x)}{\mathrm{d}x}=B\{\delta^*\}^{\mathrm{e}}$，可以计算单元内力在相应虚变形上所做的虚功为

$$\delta U^{\mathrm{e}} = \int_0^l \varepsilon^* \sigma A \,\mathrm{d}x = EAl\{\delta^*\}^{\mathrm{e}} B^{\mathrm{T}} B\{\delta\}^{\mathrm{e}} \tag{3.14}$$

单元的外力包括节点力 p_i、p_j 和单元上的分布载荷 $f(x)$，因此杆单元上外力的虚功为

$$\begin{aligned}\delta W^{\mathrm{e}} &= \int_0^l f(x)u^*(x)\,\mathrm{d}x + (\{\delta^*\}^{\mathrm{e}})^{\mathrm{T}}\begin{bmatrix}p_i \\ p_j\end{bmatrix} \\ &= (\{\delta^*\}^{\mathrm{e}})^{\mathrm{T}}\left[\int_0^l N^{\mathrm{T}} f(x)\,\mathrm{d}x + \begin{bmatrix}p_i \\ p_j\end{bmatrix}\right] = (\{\delta^*\}^{\mathrm{e}})^{\mathrm{T}} P^{\mathrm{e}}\end{aligned} \tag{3.15}$$

式中，P^e 是将单元上的外载荷集中在节点上构成的矩阵。

平面杆单元处于平衡状态，根据虚功原理 $\delta W^e = \delta U^e$ 得

$$K^e\{\delta\}^e = P^e \tag{3.16}$$

式中，K^e 为单元刚度矩阵

$$K^e = EAlB^{\mathrm{T}}B = \frac{EA}{l}\begin{bmatrix} 1 & -1 \\ -1 & 1 \end{bmatrix}$$

扭矩作用下的杆单元与轴力作用下的直杆相似，同样可以推导出扭转作用下杆单元的单元刚度矩阵为

$$K^e = \frac{GJ}{l}\begin{bmatrix} 1 & -1 \\ -1 & 1 \end{bmatrix} \tag{3.17}$$

式中，G 为材料的剪切模量；J 为单元的扭转惯性矩。

2. 梁单元

假设某等截面平面梁单元仅承受横向载荷和弯矩作用如图 3.3 所示，其中 $q(x)$为横向分布载荷，Q_i、Q_j、M_i、M_j 分别为单元节点上的横向集中载荷和弯矩。假设垂直梁中心线的截面变形前后保持为平面且垂直于中心线，那么在横向载荷和弯矩作用下平面梁的位移可以用梁中面的挠度函数 $w(x)$表示。

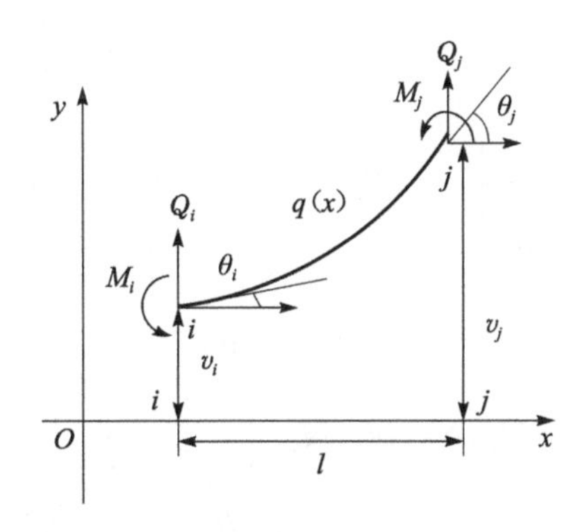

图 3.3　平面梁单元

平面梁在横向和弯曲载荷作用下的基本方程：

几何关系

$$\kappa = -\frac{\mathrm{d}^2 w(x)}{\mathrm{d}x^2} \tag{3.18}$$

应力应变关系

$$M = EI\kappa = -EI\frac{\mathrm{d}^2 w(x)}{\mathrm{d}x^2} \tag{3.19}$$

边界条件

$$w=\overline{w},\quad \frac{\mathrm{d}w}{\mathrm{d}x}=\bar{\theta} \tag{3.20}$$

式中，κ 为梁中面变形后的曲率；I 为截面的弯曲惯性矩。假设单元内平面梁挠曲线方程为 $w(x)=b_0+b_1x+b_2x^2+b_3x^3$，将式(3.20)弯曲作用下的边界条件代入该式得

$$\begin{cases}\overline{w}_i=b_0\\ \bar{\theta}_i=b_1\\ \overline{w}_j=b_0+b_1l+b_2l^2+b_3l^3\\ \bar{\theta}_j=b_1+2b_2l+3b_3l^2\end{cases} \tag{3.21}$$

求解方程(3.21)得到

$$\begin{bmatrix}b_0\\b_1\\b_2\\b_3\end{bmatrix}=\begin{bmatrix}1&0&0&0\\0&1&0&0\\-\frac{3}{l^2}&-\frac{2}{l}&\frac{3}{l^2}&-\frac{1}{l}\\\frac{2}{l^3}&\frac{1}{l^2}&-\frac{2}{l^3}&\frac{1}{l^2}\end{bmatrix}\begin{bmatrix}\overline{w}_i\\\bar{\theta}_i\\\overline{w}_j\\\bar{\theta}_j\end{bmatrix} \tag{3.22}$$

将式(3.22)代入弯曲梁的挠曲线方程得

$$\begin{aligned}w(x)&=\begin{bmatrix}1\\x\\x^2\\x^3\end{bmatrix}^{\mathrm{T}}\begin{bmatrix}1&0&0&0\\0&1&0&0\\-\frac{3}{l^2}&-\frac{2}{l}&\frac{3}{l^2}&-\frac{1}{l}\\\frac{2}{l^3}&\frac{1}{l^2}&-\frac{2}{l^3}&\frac{1}{l^2}\end{bmatrix}\begin{bmatrix}\overline{w}_i\\\bar{\theta}_i\\\overline{w}_j\\\bar{\theta}_j\end{bmatrix}\\&=[N_1,N_2,N_3,N_4]\begin{bmatrix}\overline{w}_i\\\bar{\theta}_i\\\overline{w}_j\\\bar{\theta}_j\end{bmatrix}=N\begin{bmatrix}\overline{w}_i\\\bar{\theta}_i\\\overline{w}_j\\\bar{\theta}_j\end{bmatrix}\end{aligned} \tag{3.23}$$

矩阵 N 称为插值函数矩阵或形函数矩阵

$$\begin{cases}N_1=1-\frac{3}{l^2}x^2+\frac{2}{l^3}x^3\\ N_2=x-\frac{2}{l}x^2+\frac{1}{l^2}x^3\\ N_3=\frac{3}{l^2}x^2-\frac{2}{l^3}x^3\\ N_4=-\frac{1}{l}x^2+\frac{1}{l^2}x^3\end{cases} \tag{3.24}$$

假设平面梁单元在该平衡状态下有一个虚位移，记$\{\delta^*\}^e$ 为节点虚位移，则梁单元上任意一点的虚位移为

$$w^*(x) = N\{\delta^*\}^e \tag{3.25}$$

单元内力在相应虚变形上所做的虚功为

$$\delta U^e = \int_l M\mathrm{d}\theta^* = \int_l M\mathrm{d}\,\frac{w^*(x)}{x} = \int_0^l EI\,\frac{\mathrm{d}^2 w(x)}{\mathrm{d}x^2}\,\frac{\mathrm{d}^2 w^*(x)}{\mathrm{d}x^2}\mathrm{d}x \tag{3.26}$$

将式(3.23)和式(3.25)代入式(3.26)可得

$$\delta U^e = (\{\delta^*\}^e)^{\mathrm{T}} EI\int_0^l \left(\frac{\mathrm{d}^2 N}{\mathrm{d}x^2}\right)^{\mathrm{T}} \frac{\mathrm{d}^2 N}{\mathrm{d}x^2}\mathrm{d}x\{\delta\}^e \tag{3.27}$$

外力在虚位移上的虚功为

$$\begin{aligned}\delta W^e &= \int_0^l q(x)w^*(x)\mathrm{d}x + (\{\delta^*\}^e)^{\mathrm{T}}\begin{bmatrix}Q_i\\M_i\\Q_i\\M_j\end{bmatrix}\\ &= (\{\delta^*\}^e)^{\mathrm{T}}\left(\int_0^l N^{\mathrm{T}} q(x)\mathrm{d}x + \begin{bmatrix}Q_i\\M_i\\Q_i\\M_j\end{bmatrix}\right) = (\{\delta^*\}^e)^{\mathrm{T}} P^e\end{aligned} \tag{3.28}$$

对处于平衡状态的平面梁单元，由虚功原理 $\delta W^e = \delta U^e$ 得

$$K^e\{\delta\}^e = P^e \tag{3.29}$$

式中，K^e 为单元刚度矩阵

$$K^e = EI\int_0^l \left(\frac{\mathrm{d}^2 N}{\mathrm{d}x^2}\right)^{\mathrm{T}} \frac{\mathrm{d}^2 N}{\mathrm{d}x^2}\mathrm{d}x = EI\begin{bmatrix}\frac{12EI}{l^3} & \frac{6EI}{l^2} & -\frac{12EI}{l^2} & \frac{6EI}{l^2}\\ \frac{6EI}{l^2} & \frac{4EI}{l} & -\frac{6EI}{l^2} & \frac{2EI}{l}\\ -\frac{12EI}{l^2} & -\frac{6EI}{l^2} & \frac{12EI}{l^3} & -\frac{6EI}{l^2}\\ \frac{6EI}{l^2} & \frac{2EI}{l} & -\frac{6EI}{l^2} & \frac{4EI}{l}\end{bmatrix} \tag{3.30}$$

实际上，平面梁单元既可以承受轴力，也可以承受弯矩，因此各单元的刚度矩阵应由轴力单元和弯曲单元组合而成。在轴力和弯矩的共同作用下，两节点平面梁单元的单元刚度矩阵可以表示为

$$
K^{\mathrm{e}}=\begin{bmatrix}
\frac{EA}{l} & 0 & 0 & -\frac{EA}{l} & 0 & 0 \\
 & \frac{12EI}{l^3} & \frac{6EI}{l^2} & 0 & -\frac{12EI}{l^3} & \frac{6EI}{l^2} \\
 & & \frac{4EI}{l} & 0 & -\frac{6EI}{l^2} & \frac{2EI}{l} \\
 & \text{对} & & \frac{EA}{l} & 0 & 0 \\
 & & \text{称} & & \frac{12EI}{l^3} & -\frac{6EI}{l^2} \\
 & & & & & \frac{4EI}{l}
\end{bmatrix} \tag{3.31}
$$

单元的节点位移可以表示为

$$\{\delta^{\mathrm{e}}\}=[u_i, w_i, \theta_i, u_j, w_j, \theta_j]^{\mathrm{T}}$$

对于平面刚架结构，各梁单元的局部坐标系互不相同，在进行结构分析时必须建立统一的总体坐标系，如图 3.4 所示，假设总体坐标系为 $Ox^{\mathrm{G}}y^{\mathrm{G}}$，梁单元的局部坐标系为 Oxy，局部坐标系 x 轴和总体坐标系 x^{G} 轴的夹角为 α。

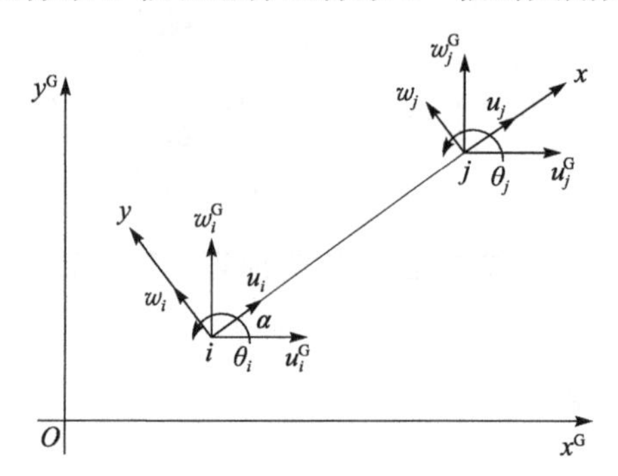

图 3.4　平面梁单元坐标变换

总体坐标系下节点位移可以表示为

$$\{\delta^{\mathrm{G}}\}=[u_i^{\mathrm{G}}, w_i^{\mathrm{G}}, \theta_i^{\mathrm{G}}]^{\mathrm{T}},\quad i=1,2,\cdots,n$$

总体坐标系和局部坐标系下节点位移的变换关系为

$$
\begin{cases}
u_i^{\mathrm{G}}=u_i\cos\alpha-w_i\sin\alpha \\
w_i^{\mathrm{G}}=u_i\sin\alpha+w_i\cos\alpha \\
\theta_i^{\mathrm{G}}=\theta_i
\end{cases} \tag{3.32}
$$

即

$$
\{\delta_i^{\mathrm{G}}\}=\begin{bmatrix}
\cos\alpha & -\sin\alpha & 0 \\
\sin\alpha & \cos\alpha & 0 \\
0 & 0 & 1
\end{bmatrix}\{\delta_i\}=\lambda_0\{\delta_i\}
$$

式中，λ_0 为节点变换矩阵。

承受轴力和弯矩共同作用的平面梁单元在总体坐标和局部坐标下的节点位移变换关系为

$$\{\delta^{\mathrm{G}}\}^{\mathrm{e}}=\begin{bmatrix}\lambda_0 & 0\\ 0 & \lambda_0\end{bmatrix}\{\delta\}^{\mathrm{e}}=\lambda\{\delta\}^{\mathrm{e}} \tag{3.33}$$

式中，λ_0 为坐标变换矩阵。

将式(3.33)代入平面梁单元平衡方程，并在方程两端前乘 λ^{T}，得到总体坐标系内单元刚度矩阵和节点载荷为

$$\begin{cases}[K^{\mathrm{G}}]^{\mathrm{e}}=\lambda^{\mathrm{T}}K^{\mathrm{e}}\lambda\\ \{P^{\mathrm{G}}\}^{\mathrm{e}}=\lambda^{\mathrm{T}}P^{\mathrm{e}}\end{cases} \tag{3.34}$$

空间梁单元可以承受轴力、弯矩和扭矩的作用，而且弯矩可以同时在两个坐标面内存在，这样空间梁单元每个节点就具有 6 个自由度，两节点空间梁的单元刚度矩阵为

$$K^{\mathrm{e}}=\begin{bmatrix}
\frac{EA}{l} & 0 & 0 & 0 & 0 & 0 & -\frac{EA}{l} & 0 & 0 & 0 & 0 & 0\\
 & \frac{12EA}{l} & 0 & 0 & 0 & \frac{6EA}{l} & 0 & -\frac{12EA}{l} & 0 & 0 & 0 & \frac{6EA}{l}\\
 & & \frac{12EA}{l} & 0 & -\frac{6EA}{l} & 0 & 0 & 0 & -\frac{12EA}{l} & 0 & -\frac{6EA}{l} & 0\\
 & & & \frac{GJ}{l} & 0 & 0 & 0 & 0 & 0 & -\frac{GJ}{l} & 0 & 0\\
 & & & & \frac{4EA}{l} & 0 & 0 & 0 & \frac{6EA}{l} & 0 & \frac{2EA}{l} & 0\\
 & & & \text{对} & & \frac{4EA}{l} & 0 & -\frac{6EA}{l} & 0 & 0 & 0 & \frac{2EA}{l}\\
 & & & & & & \frac{EA}{l} & 0 & 0 & 0 & 0 & 0\\
 & & & & & & & \frac{12EA}{l} & 0 & 0 & 0 & -\frac{6EA}{l}\\
 & & & & & & \text{称} & & \frac{12EA}{l} & 0 & \frac{6EA}{l} & 0\\
 & & & & & & & & & \frac{GJ}{l} & 0 & 0\\
 & & & & & & & & & & \frac{4EA}{l} & 0\\
 & & & & & & & & & & & \frac{4EA}{l}
\end{bmatrix} \tag{3.35}$$

与平面梁单元的坐标变换相似，空间梁在局部坐标系内建立的单元特性矩阵（刚度矩阵、节点位移、节点载荷等）需要变换到总体坐标系内。

如图 3.5 所示，局部坐标系和总体坐标系内节点坐标转换关系矩阵为

$$\lambda_0 = \begin{bmatrix} \lambda_{01} & 0 \\ 0 & \lambda_{01} \end{bmatrix} \tag{3.36}$$

式中

$$\lambda_{01} = \begin{bmatrix} l_{xx^G} & l_{xy^G} & l_{xz^G} \\ l_{yx^G} & l_{yy^G} & l_{yz^G} \\ l_{zx^G} & l_{zy^G} & l_{zz^G} \end{bmatrix}$$

式中，l_{xx^G} 为局部坐标轴 x 对总体坐标轴 x^G 的方向余弦，表达式为 $l_{xx^G}=\cos(x, x^G)$，其余各量类推。

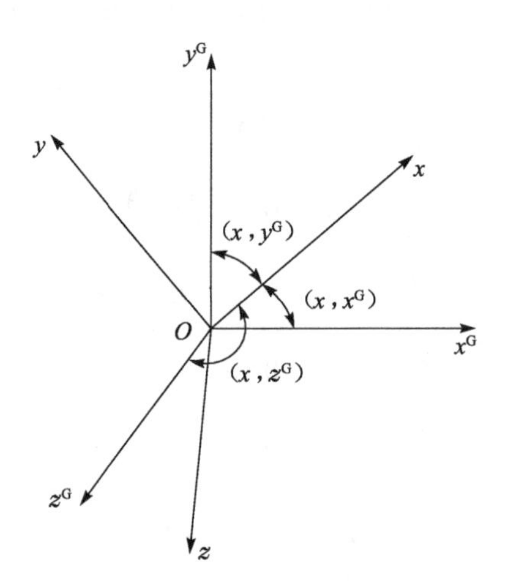

图 3.5　空间梁单元坐标变换

3. 平板壳单元

平板壳单元可以看成是平面应力单元和平板弯曲单元的组合，因此其单元刚度矩阵可以由这两种单元的刚度矩阵组合而成，下面以 3 节点三角形平板单元为例，推导平板壳单元的刚度矩阵。

1）平面应力单元刚度矩阵

如图 3.6 所示的平面 3 节点三角形单元，其节点位移可以表示为

$$\{\delta\}^e = [u_i, v_i, u_j, v_j, u_k, v_k]^T \tag{3.37}$$

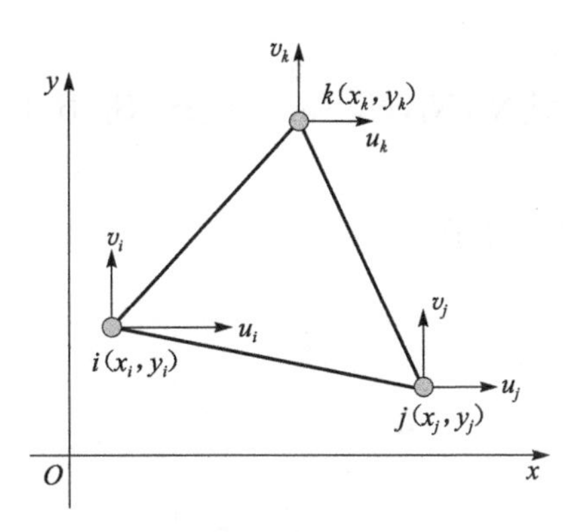

图 3.6　平面 3 节点三角形单元

3 节点三角形单元位移模式选为一次多项式

$$\begin{cases} u = \beta_1 + \beta_2 x + \beta_3 y \\ v = \beta_4 + \beta_5 x + \beta_6 y \end{cases} \tag{3.38}$$

单元内各点位移是坐标 x、y 的线性函数，$\beta_1 \sim \beta_6$ 为待定系数。将图 3.6 中单元节点坐标值和节点位移代入式(3.38)可以求得 $\beta_1 \sim \beta_6$ 的值，再代入式(3.38)，可将位移函数表示成节点位移的函数：

$$\begin{cases} u = N_i u_i + N_j u_j + N_k u_k \\ v = N_i v_i + N_j v_j + N_k v_k \end{cases} \tag{3.39}$$

式中

$$N_i = \frac{1}{2A}(a_i + b_i x + c_i y), \quad i,j,k \tag{3.40}$$

N_i、N_j、N_k 为单元的形函数，它是坐标的一次函数；A 为三角形的面积。a_i、b_i、c_i、…、c_k 为常数，取决于单元的节点坐标，a_i、b_i、c_i 为常数，

$$\begin{cases} a_i = x_j y_k - x_k y_j \\ b_i = y_j - y_k \qquad i,j,k \\ c_i = - x_j + x_k \end{cases} \tag{3.41}$$

式(3.39)的矩阵形式为

$$u = \begin{bmatrix} u \\ v \end{bmatrix} = [N_i I, N_j I, N_k I]\{\delta\}^e = [N_i, N_j, N_k]\{\delta\}^e = N\{\delta\}^e \tag{3.42}$$

矩阵 N 为形函数矩阵。

单元位移确定以后，首先根据几何方程得到单元应变：

$$\varepsilon=\begin{bmatrix}\varepsilon_x\\ \varepsilon_y\\ \gamma_{xy}\end{bmatrix}=L[N_i,N_j,N_k]\{\delta\}^e=[B_i,B_j,B_k]\{\delta\}^e=B\{\delta\}^e \tag{3.43}$$

式中，L 为平面问题的微分算子

$$L=\begin{bmatrix}\frac{\partial}{\partial x} & 0\\ 0 & \frac{\partial}{\partial y}\\ \frac{\partial}{\partial y} & \frac{\partial}{\partial x}\end{bmatrix} \tag{3.44}$$

而矩阵 B 为应变矩阵。

然后，可以根据物理方程求得单元应力

$$\sigma=\begin{bmatrix}\sigma_x\\ \sigma_y\\ \tau_{xy}\end{bmatrix}=D\varepsilon=DB\{\delta\}^e=S\{\delta\}^e \tag{3.45}$$

式中，S 为应力矩阵；D 为弹性矩阵，假设为平面应力问题，则

$$D=\frac{E}{1-\nu^2}\begin{bmatrix}1 & \nu & 0\\ \nu & 1 & 0\\ 0 & 0 & \frac{1-\nu}{2}\end{bmatrix} \tag{3.46}$$

式中，E 和 ν 分别为材料弹性模量和泊松比。

假设平面 3 节点三角形单元在该平衡状态下有一个虚位移，记 $\{\delta^*\}^e$ 为节点虚位移，则单元上任意一点的虚位移为

$$u^*=N\{\delta^*\}^e \tag{3.47}$$

单元内的虚应变为

$$\varepsilon^*=B\{\delta^*\}^e \tag{3.48}$$

单元内力在相应虚变形上所做的虚功为

$$\delta U=\iint(\varepsilon^*)^T\sigma\mathrm{d}x\mathrm{d}y=(\{\delta^*\}^e)^T\left(\iint B^TDBt\,\mathrm{d}x\mathrm{d}y\right)\{\delta\}^e \tag{3.49}$$

式中，t 为单元的厚度。

外力的虚功为

$$\delta W=(\{\delta^*\}^e)^T\{p\}^e \tag{3.50}$$

式中，$\{p\}^e$ 为单元等效节点力。

由虚功原理 $\delta U=\delta W$ 可以得到

$$(\{\delta^*\}^e)^T\left(\iint B^T DBt\,dxdy\right)\{\delta\}^e=(\{\delta^*\}^e)^T\{p\}^e \tag{3.51}$$

由于虚位移是任意的，可以得到

$$\left(\iint B^T DBt\,dxdy\right)\{\delta\}^e=\{p\}^e \tag{5.52}$$

平面 3 节点三角形单元的刚度矩阵为

$$K^e=\iint B^T DBt\,dxdy \tag{3.53}$$

2) 平板弯曲单元刚度矩阵

构造平面弯曲问题三角形单元的位移函数需要采用面积坐标。如图 3.7 所示的三角形中任意一点 P 的位置可以表示为 $P(L_i,L_j,L_k)$，其中

$$\begin{cases}L_i=A_i/A\\L_j=A_j/A\\L_k=A_k/A\end{cases} \tag{3.54}$$

式中，A 为三角形的面积；A_i、A_j、A_k 分别为$\triangle Pjk$、$\triangle Pki$、$\triangle Pij$ 的面积。由式(3.54)可知，任意一点的三个面积坐标并不互相独立，存在如下关系：

$$L_i+L_j+L_k=1 \tag{3.55}$$

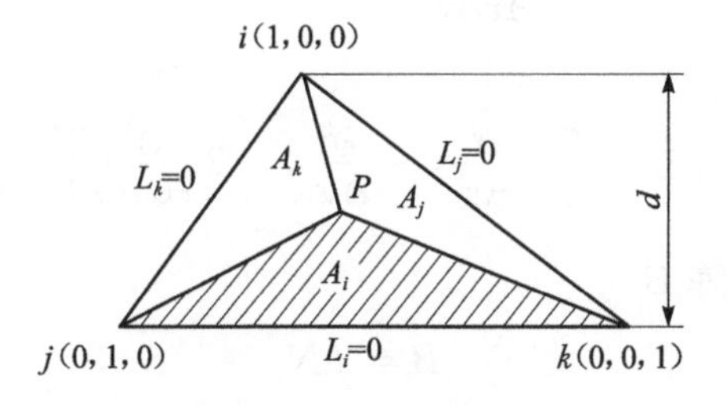

图 3.7　面积坐标

采用面积坐标构造三角形单元的位移函数为

$$\omega=\alpha_1L_1+\alpha_2L_2+\alpha_3L_3+\alpha_4(L_2^2L_1+CL_1L_2L_3)+\cdots+\alpha_9(L_1^2L_3+CL_1L_2L_3) \tag{3.56}$$

式中，$\alpha_1,\alpha_2,\cdots,\alpha_9$ 为待定系数。可以证明当常数 $C=1/2$ 时，式(3.56)满足常应变的要求，将节点坐标代入其中可以得到各节点的参数值：

$$\omega_i,\quad \theta_{xi}=\left(\frac{\partial\omega}{\partial y}\right)_i,\quad \theta_{yi}=\left(-\frac{\partial\omega}{\partial x}\right),\quad i,j,k \tag{3.57}$$

将三个节点参数值代入式(3.56)可以确定 $\alpha_1,\alpha_2,\cdots,\alpha_9$ 的值，将这 9 个待定参数再代入式(3.56)，可以得到位移函数的插值表示

$$\omega=Na^{e}=[N_i,N_j,N_k]\begin{bmatrix}a_i\\a_j\\a_k\end{bmatrix} \tag{3.58}$$

式中

$$N_i^{T}=\begin{bmatrix}N_i\\N_{xi}\\N_{yi}\end{bmatrix}=\begin{bmatrix}L_i+L_i^2L_j+L_i^2L_k-L_iL_j^2-L_iL_k^2\\ b_j\left(L_kL_i^2+\frac{1}{2}L_iL_jL_k\right)-b_k\left(L_i^2L_j+\frac{1}{2}L_iL_jL_k\right)\\ c_j\left(L_kL_i^2+\frac{1}{2}L_iL_jL_k\right)-c_k\left(L_i^2L_j+\frac{1}{2}L_iL_jL_k\right)\end{bmatrix} \tag{3.59}$$

N_j 和 N_k 可以通过轮换 i、j、k 得到。

根据式(3.58)的位移函数可以求得平板弯曲的广义应变

$$\kappa=\begin{bmatrix}-\frac{\partial^2\omega}{\partial x^2}\\-\frac{\partial^2\omega}{\partial y^2}\\-2\frac{\partial^2\omega}{\partial x\partial y}\end{bmatrix}=L\omega=LNa^{e}=Ba^{e} \tag{3.60}$$

式中

$$L=\left[-\frac{\partial^2}{\partial x^2},-\frac{\partial^2}{\partial y^2},-2\frac{\partial^2}{\partial x\partial y}\right]^{T} \tag{3.61}$$

由此可以确定矩阵 B

$$B=LN \tag{3.62}$$

根据广义应力-应变关系，有

$$M=D\kappa=DBa^{e} \tag{3.63}$$

M 和 D 分别为薄板的广义内力和弹性关系矩阵：

$$M=[M_x,M_y,M_{xy}]$$

$$D=\frac{Et^3}{12(1-\nu^2)}\begin{bmatrix}1&\nu&0\\\nu&1&0\\0&0&\frac{1-\nu}{2}\end{bmatrix} \tag{3.64}$$

与平面板单元相似可以通过虚功原理得到单元刚度矩阵

$$K^{e} = \iint B^{T} D B t \, dx dy \tag{3.65}$$

3) 平板壳单元的刚度矩阵

如前所述平板壳单元可以看成是平面应力单元和平板弯曲单元的组合，以三角形平板薄壳单元为例，对于平面应力状态，由本节平面应力内容可知

$$\begin{bmatrix} u \\ v \end{bmatrix} = \sum_{i=1}^{3} N_i^{(m)} a_i^{(m)}, \quad a_i^{(m)} = \begin{bmatrix} u_i \\ v_i \end{bmatrix} \tag{3.66}$$

$$\varepsilon = \sum_{i=1}^{3} B_i^{(m)} a_i^{(m)}, \quad \varepsilon = [\varepsilon_x, \varepsilon_y, \gamma_{xy}]^{T} \tag{3.67}$$

$$K_{ij}^{(m)} = \iint (B_i^{(m)})^{T} D^{(m)} B_j^{(m)} t \, dx dy \tag{3.68}$$

式中，$N_i^{(m)}$、$B_i^{(m)}$ 和 $D^{(m)}$ 请参见“平板壳单元”第1)部分，上标(m)表示属于薄膜应力状态。

对于平板弯曲状态，由“平板壳单元”第2)部分得到单元刚度矩阵为

$$K_{ij}^{(b)} = \iint (B_i^{(b)})^{T} D^{(b)} B_j^{(b)} t \, dx dy \tag{3.69}$$

同样 $B_i^{(b)}$ 和 $D^{(b)}$ 参见式(3.62)和式(3.64)，上标(b)表示平板弯曲状态。

将式(3.68)和式(3.69)表示的单元刚度矩阵组合可以得到平板壳单元的刚度矩阵

$$K_{ij} = \begin{bmatrix} K_{ij}^{(m)} & 0 & 0 \\ 0 & K_{ij}^{(b)} & 0 \\ 0 & 0 & 0 \end{bmatrix} \tag{3.70}$$

节点位移可以表示为

$$\delta_i = [u_i, v_i, w_i, \theta_{xi}, \theta_{yi}, \theta_{zi}]^{T} \tag{3.71}$$

其中，在局部坐标下节点位移参数不包含 θ_{zi}，但为了转化到总体坐标系下，一般将 θ_z 也包括在节点位移参数中。

3.2　模型修正方法

随着有限元建模方法在航天器设计与分析领域的广泛应用，有限元建模与分析技术也取得了长足的进步，但在分析过程中存在众多不确定因素及引入的多种假设(如边界条件的误差、物理参数的误差、结构连接条件的失真、局部或整体的非线性等)使得有限元分析模型预示结果与实际结构的动力学特性之间必然存在误差。为了尽量消除因建模参数不准确造成的动力学特性预示的偏差，以提高建模

精度和模型预示精度，开展基于试验数据的有限元模型修正方法研究以获得高精度有限元模型就成为工程中亟待解决的问题[4,5]。

模型修正在其30多年的发展过程中，产生了众多优秀的修正方法，根据修正对象的不同，传统的模型修正方法可分为矩阵法和参数法两大类。矩阵法[6~8]又称为直接法，该类方法通过直接修正(装配)质量矩阵和刚度矩阵的元素，使模型的计算结果和实测结果一致，从而实现模型修正。矩阵法因无需迭代，不涉及算法的收敛性问题，计算效率较高。因此在模型修正研究之初得到了快速发展，其中最具代表性的方法是参考基准法。然而，矩阵法直接修正模型质量矩阵和刚度矩阵的元素，可能破坏原有结构的连通性；修正后模型的质量矩阵、刚度矩阵成为一个稠密矩阵，同样会破坏原模型中矩阵的稀疏性、带状性和(半)正定性等。原模型中节点的连接关系得不到保证，修正后模型的质量矩阵和刚度矩阵丧失了原有明确的物理意义，因此，在工程实践中，矩阵法逐渐被具有明确物理意义的参数法所取代。

参数法[9]基本思想与结构优化类似，首先构造理论模型与实际模型在相同状态下某些动力特性的误差(目标函数)，然后通过选择一定的修正量使该误差最小来提高理论模型与实际模型的相关度，从而达到修正理论模型的目的。该方法中修正参数的选择比较灵活，可以是结构的材料参数、几何参数、边界条件甚至是子结构的修正系数，因此对模型的修正可以解释为消除初始模型中材料特性、几何尺寸及边界条件等建模误差，模型修正的结果易于与工程实际对照，Friswell等[9]认为该类方法是今后研究和应用的重点。参数法的关键在于目标函数的构造，常用的动力学量有模态频率、振型及频响函数等，根据用于构造目标函数的特征量的不同，将参数法分为基于模态参数的修正方法和基于频响函数的修正方法。

3.2.1 基于模态参数的模型修正方法

逆特征灵敏度方法是工程中得到成功应用的基于模态参数的模型修正方法之一，它通过最小化分析预示和试验实测模态参数(频率、振型和阻尼等)的偏差，达到修正初始模型的目的[10]。将初始模型分析预示的模态参数写成向量形式为

$$Z_{\mathrm{A}}^{\mathrm{T}} = [\lambda_{\mathrm{A}1}, \phi_{\mathrm{A}1}^{\mathrm{T}}, \cdots, \lambda_{\mathrm{A}r}, \phi_{\mathrm{A}r}^{\mathrm{T}}]^{\mathrm{T}} \tag{3.72}$$

式中，下标r表示参与修正的模态数；下标A表示分析模型预示结果。那么修正后模型预测对应的模态参数Z_{u}可以用泰勒展开表示为修正参数的函数，取一阶近似得

$$Z_{\mathrm{u}} = Z_{\mathrm{A}} + S\delta\theta \tag{3.73}$$

式中，$\delta\theta=\theta-\theta_{\mathrm{A}}$表示修正参数的改变量；$S$为特征灵敏度矩阵；下标u表示修正模型预示结果。

定义试验实测模态参数和有限元模型预测结果的差为残差向量

$$\begin{aligned}\varepsilon &= Z_{\mathrm{E}} - Z_{\mathrm{u}}(\theta) \\ &= Z_{\mathrm{E}} - Z_{\mathrm{A}} - S\delta\theta \\ &= \delta Z - S\delta\theta\end{aligned} \tag{3.74}$$

式中，$\delta Z = Z_{\mathrm{E}} - Z_{\mathrm{A}}$，下标 E 表示试验数据。

将式(3.74)表示的残差向量的二范数最小化，可以得到模型修正的目标函数

$$\min J(\theta) = \varepsilon^{\mathrm{T}}\varepsilon = \{\delta Z - S\delta\theta\}^{\mathrm{T}}\{\delta Z - S\delta\theta\} \tag{3.75}$$

根据极值定理得

$$S\delta\theta = \delta Z \tag{3.76}$$

至此，模型修正问题转化为迭代求解以上线性方程组的问题。

当修正参数个数少于参与修正的模态参数个数时，即式(3.76)中的方程数大于未知数的个数时，其为超定方程，Friswell 建议采用最小二乘法得到修正公式

$$\delta\theta = [S^{\mathrm{T}}S]^{-1}S^{\mathrm{T}}\delta Z \tag{3.77}$$

当修正参数个数大于参与修正的模态参数个数时，方程组(3.76)欠定，Friswell[9] 建议采用正则化方法加入修正参数变化最小的约束，从而得到如下修正公式：

$$\delta\theta = S^{\mathrm{T}}[SS^{\mathrm{T}}]^{-1}\delta Z \tag{3.78}$$

式(3.78)保证在满足方程(3.76)的条件下，每次迭代过程中修正参数的改变量最小。由于修正参数、构造残差的特征量选择等原因会造成方程病态或亏秩等问题，统称为不适定问题。对于式(3.76)类的不适定问题必须通过正则化处理才能得到原问题合理的近似解。

为了体现各特征量相对精度的不同，在构造目标函数时可以对残差向量进行加权，则式(3.75)变为

$$\min J(\theta) = \varepsilon^{\mathrm{T}}W_{\varepsilon\varepsilon}\varepsilon \tag{3.79}$$

残差向量的加权矩阵 $W_{\varepsilon\varepsilon}$ 为对角阵，一般取特征量测量方差的倒数。某特征量的加权系数越大，表示它的测量精度越高，要求修正后模型对该特征量的预示精度也较高。

在结构特征灵敏度的计算方面，Fox 等[10] 利用正交性条件，首次推导了线性结构特征值和特征向量关于设计参数的一阶灵敏度计算公式

$$\frac{\partial\lambda_i}{\partial\theta_j} = \phi_i^{\mathrm{T}}\left(\frac{\partial K}{\partial\theta_j} - \lambda_i\frac{\partial M}{\partial\theta_j}\right)\phi_i \tag{3.80}$$

$$\frac{\partial\phi_i}{\partial\theta_j} = \sum_{l=1}^{n}\alpha_{ijl}\phi_l \tag{3.81}$$

式中

$$\alpha_{ijl}=\begin{cases}\dfrac{1}{\lambda_i-\lambda_l}\phi_l^{\mathrm{T}}\Big(\dfrac{\partial K}{\partial\theta_j}-\lambda_i\dfrac{\partial M}{\partial\theta_j}\Big)\phi_l, & i\neq l\\ -\dfrac{1}{2}\phi_l^{\mathrm{T}}\dfrac{\partial M}{\partial\theta_j}\phi_i, & i=1\end{cases}$$

基于模态参数的模型修正方法中，Bayesian 方法是基于统计理论发展的一类算法[11]，其基本思想是假设试验实测数据和初始模型的参数都是具有误差的，将修正参数和试验数据的不确定性作为附加信息加入模型修正过程中，对逆特征灵敏度方法进行了改进。文献[12]、[13]采用模态频率和试验与分析模态振型的互正交性矩阵构造目标函数，然后采用序列二次规划进行优化迭代，实现了 Cassini 土星探测器有限元模型的修正，修正后模型能够精确复现试验实测数据，为耦合载荷分析提供精确的整星有限元模型。

3.2.2 基于频响函数的模型修正方法

对于 n 自由度线性时不变系统，根据动刚度矩阵和频响函数矩阵的互逆关系：

$$Z(\omega)H(\omega)=I \tag{3.82}$$

式(3.82)两边对设计参数 θ 求偏导，可以得到频响函数的灵敏度：

$$\frac{\partial H(\omega)}{\partial\theta}=-H(\omega)\frac{\partial H^{-1}(\omega)}{\partial\theta}H(\omega) \tag{3.83}$$

假设对某一激励频率 ω_k，第 j 自由度激励在第 i 自由度上的响应，试验实测和分析预示频率响应之差用线性近似可表示为

$$H_{\mathrm{E}ij}(\omega_k)-H_{\mathrm{A}ij}(\omega_k)=-H_{\mathrm{A}i}^{\mathrm{T}}(\omega_k)\frac{\partial H_{\mathrm{A}}^{-1}(\omega_k)}{\partial\theta}H_{\mathrm{A}j}(\omega_k)\delta\theta \tag{3.84}$$

式中，$H_{\mathrm{A}i}(\omega_k)$和 $H_{\mathrm{A}j}(\omega_k)$分别表示分析预示的频响函数矩阵的第 i 列和第 j 列向量。将式(3.84)扩展到所有试验测点和不同的激励频率可以得到如下线性方程组：

$$S\delta\theta=\varepsilon \tag{3.85}$$

式中，ε 为试验实测频响函数与对应的分析值之差，称为残差向量；$\delta\theta$ 为修正参数的改变量；矩阵 S 为频响函数的灵敏度矩阵，该矩阵的行数 m 由试验测点的个数和激励频率点的个数决定，S 矩阵的列数即为修正参数的个数 n。由于采用了一阶泰勒展开对频响函数做了线性处理，因此对模型参数的修正是一个迭代收敛的过程。

实际试验中频响函数的数据量较大，可选择用于修正的频率点个数一般都远大于修正参数个数，即 $m\gg n$，方程(3.85)超定；另一方面，虽然频响函数的数据量较大，但是不同激励频率处响应的相关性较强[14]，灵敏度矩阵 S 的条件数较大，方程病态，因此在求解式(3.85)所示的线性方程组时需要进行正则化处理，模型修正

中一般都是通过增加修正参数变化的约束信息，得到以下估计准则：

$$\min\{ \| S\delta\theta - \varepsilon \|_2^2 + \lambda^2 \| \delta\theta \|_2^2 \} \tag{3.86}$$

式中，λ^2 为正则化参数，其值可以由 L 曲线法确定[15]，它可以在模型的预示精度和参数的变化量之间做一个折中。

由式(3.86)可以得到修正参数变化量的估计为

$$\delta\theta = [S^{\mathrm{T}}S + \lambda^2 I]^{-1} S^{\mathrm{T}} \varepsilon \tag{3.87}$$

因此，修正参数的迭代公式为

$$\theta_{j+1} = \theta_j + [S_j^{\mathrm{T}} S_j + \lambda^2 I]^{-1} S_j^{\mathrm{T}} \varepsilon_j \tag{3.88}$$

式中，下标 j 和 $j+1$ 分别表示第 j 步和第 $j+1$ 步迭代中分析模型对应的值。

3.3　卫星有限元建模与模型验证方法

在新型卫星平台的研制过程中，应尽早开展结构系统的有限元建模与模型验证工作，以获得结构系统精确的分析模型，为后续分系统设计和验证奠定基础。大型卫星有限元模型验证是一项综合了有限元建模、模态试验、相关分析和模型修正的复杂任务，需要构造一套系统的模型验证策略，并针对卫星开展精细的建模、试验和修正工作，以获得高精度的有限元分析模型。

3.3.1　大型复杂卫星结构有限元模型验证流程

复杂卫星结构有限元模型试验验证的流程如图 3.8 所示，由图可知，在卫星研制初期就要分别开展有限元建模和结构星的研制工作。有限元建模主要采用大型商业软件 NASTRAN 完成，目前在航天领域已积累丰富的经验，并初步形成行业标准；而结构星的研制则需要相当长的周期，要求能够准确反映航天器结构的质量、刚度及阻尼特性，因此，结构星的主结构一般与上天飞行的卫星相同，而星上设备可根据其研制进度决定采用原件、备用件或者模拟件。

在完成结构星研制和初始有限元建模之后，根据结构星的实际状态对初始有限元模型进行手工调整，得到试验分析模型(test analytical model，TAM)。试验分析模型要求能够准确反映结构星的质量分布特性，它将是模态试验中用于设计试验方案和优化测量方案的重要依据，同时它亦作为模型修正的初始模型。

结构模态试验通常通过人为激励使结构产生振动，通过提取结构输入和响应输出，辨识系统固有动态特性的方法。随着测量手段和试验技术的发展，模态试验已经能够比较精确地获取复杂结构的动力学特性。

精确的试验实测数据和合理的预分析模型(试验分析模型)是相关分析和模型修正的必要条件。相关分析能够为分析预示与试验实测结果的一致性提供评价

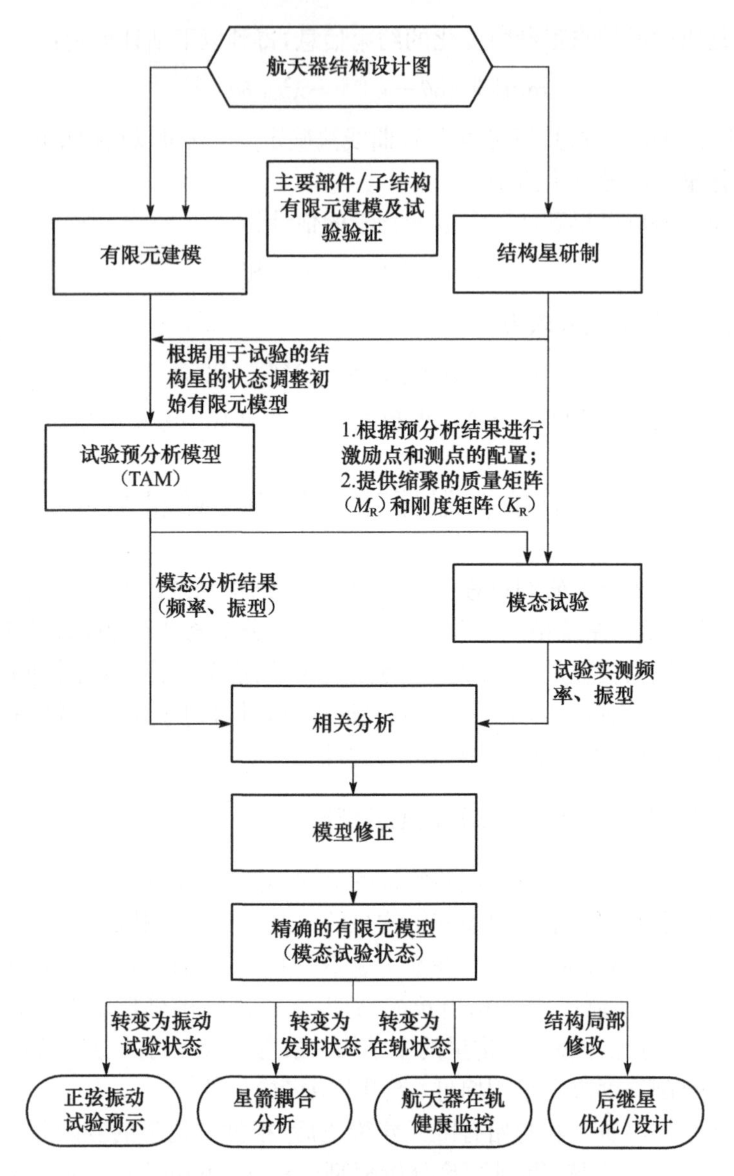

图 3.8 卫星有限元模型试验验证框图

准则,而模型修正是通过调整分析模型的参数,消除分析预示与试验结果的偏差,提高分析与试验的相关度,从而获得高精度的有限元模型。由于卫星结构变得越来越复杂,相关结构参数的种类和数量也越来越庞杂,通过手工调整结构参数实现模型修正的方法已经不再适用,而基于灵敏度分析的参数修正方法能够同时修正大量参数,而且修正结果具有一定的物理意义,因此在航天工程实际中得到了广泛的应用。

最后,经过试验数据修正的模型可作为基准模型,用于后续的星箭耦合分析、整星力学环境预示分析等。即使在航天器后续研制过程中发生少量的设计更改,仍可根据卫星的实际状态进行相应的调整,无需重新开展模型修正工作[16]。

3.3.2 有限元模型验证的关键技术

1. 模态试验

模态试验是精确测量复杂结构动力学特性最有效的手段之一,已经成为新型卫星研制过程中不可缺少的重要环节。关于卫星动力学环境模拟试验技术内容详见第 6 章,本节仅针对模型验证所需的卫星模态试验内容进行简述[17~19]。

图 3.9 给出了卫星结构模态试验的硬件配置框图,可以看出模态试验系统由数据采集与处理系统、激励系统、测量系统、试验件(结构星)及支承系统组成。随着计算机技术的发展,在激励信号产生和数据采集处理上,发展出众多先进的模拟数字混合系统平台,为模态试验的组织实施提供了极为便利的条件。目前卫星模态试验实施中的关键问题为试验件的支承方式、激励点和测量点的优化配置及不同激励方式的选择。

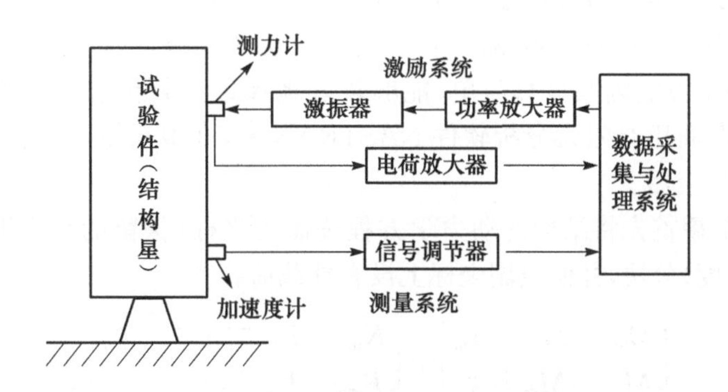

图 3.9 模态试验系统硬件配置框图

卫星模态试验中试验件一般都是采用能够反映卫星主要动态特性的结构星,而试验件的支承主要采用固定支承方式,固定支承方式要求基础的固有频率至少应高于试验频率范围上限的 5 倍。为了模拟处于自由状态卫星的特性,可以采用柔性悬挂方式,要求悬挂系统的固有频率小于卫星基频的 1/5,柔性悬挂方法曾多次应用于国际空间站舱段的模态试验中。

模态试验中激励和测量点的优化配置以能够激发和准确测量卫星结构的主要模态为基本原则。虽然理论上发展了众多激励/测量点优化配置的方法,但是对于复杂卫星目前依然主要根据工程经验和预试验的结果进行激励点与测量点的配置,并且将数学优化方法作为补充。

根据激励信号的不同可以对模态试验方法进行分类。工程上常用的方法有单点随机激励方法、多点随机激励方法、多点稳态正弦方法和多点步进正弦激励方法等。随机信号激励方法因其速度快且能够辨识的模态多，已经成为卫星模态试验的主要方法。正弦信号激励方法能够保证在有限的激励能量下产生相对较大的结构响应，模态识别的精度也较高，但由于试验周期较长（大型复杂卫星往往需要一到数周时间），一般作为辅助方法。目前，在卫星上开展的模态试验基本都是先采用随机信号激励快速获得结构的模态特性，然后再应用正弦信号激励方法对测量获得的主模态进行校核。

2. 相关分析

相关分析是分析、判别有限元分析预示结果与试验实测结果之间差异的技术。相关分析的指标既可以用于试验结果的初步判断，又是模型修正和修正结果评价的重要依据。

1）模型缩聚

在实际模态试验中，测试自由度的数目一般远小于有限元分析模型的自由度。为了将试验结果与分析结果进行比较，工程上常用的方法是将分析模型的质量矩阵和刚度矩阵缩聚到测试自由度上，称为模型缩聚。在众多的缩聚算法中，Guyan 缩聚方法因其计算简单，能够较好地保证低频模态的预测精度，并且已经被集成在商用有限元分析软件 NASTRAN 中，在卫星模态试验与相关分析中得到了广泛应用。

Guyan 缩聚首先将结构的动力学方程按照主坐标（保留的自由度）和副坐标（删除的自由度）分块，并假设副坐标上没有外载荷。

$$\begin{bmatrix} M_{\mathrm{mm}} & M_{\mathrm{ms}} \\ M_{\mathrm{sm}} & M_{\mathrm{ss}} \end{bmatrix}\begin{bmatrix} \ddot{x}_{\mathrm{m}} \\ \ddot{x}_{\mathrm{s}} \end{bmatrix}+\begin{bmatrix} K_{\mathrm{mm}} & K_{\mathrm{ms}} \\ K_{\mathrm{sm}} & K_{\mathrm{ss}} \end{bmatrix}\begin{bmatrix} x_{\mathrm{m}} \\ x_{\mathrm{s}} \end{bmatrix}=\begin{bmatrix} f_{\mathrm{m}} \\ 0 \end{bmatrix} \tag{3.89}$$

式中，下标 m 表示主坐标，下标 s 表示副坐标。忽略式(3.89)中的惯性力项，结构的变形可以由主坐标上的位移表示。

$$\begin{bmatrix} x_{\mathrm{m}} \\ x_{\mathrm{s}} \end{bmatrix}=\begin{bmatrix} I \\ -K_{\mathrm{ss}}^{-1}K_{\mathrm{sm}} \end{bmatrix}\{x_{\mathrm{m}}\} = T_{\mathrm{s}}x_{\mathrm{m}} \tag{3.90}$$

式中，矩阵 T_{s} 称为静力缩聚变换矩阵，由此可以得到缩聚的质量矩阵和刚度矩阵。

$$\begin{cases} K_{\mathrm{R}} = T_{\mathrm{s}}^{\mathrm{T}}KT_{\mathrm{s}} \\ M_{\mathrm{R}} = T_{\mathrm{s}}^{\mathrm{T}}MT_{\mathrm{s}} \end{cases} \tag{3.91}$$

Guyan 缩聚的精度与主坐标的选择有关。由于在副坐标上位移的计算中忽略了惯性力的影响，因此一般选择惯性大、刚度低的自由度作为主坐标予以保留，将惯性小、刚度高的自由度作为副坐标，这也是模态试验中测点配置的基本原则之一。

2) 正交性

应用缩聚的质量矩阵可以对试验实测的模态进行正则化处理。

$$\phi_e = \frac{\tilde{\phi}_e}{(\tilde{\phi}_e^{\mathrm{T}} M_{\mathrm{R}} \tilde{\phi}_e)^{1/2}} \tag{3.92}$$

记 $\Psi_e = [\phi_{e1}, \phi_{e2}, \cdots, \phi_{em}]$ 为 m 阶正则化的试验模态组成的模态矩阵。假设初始有限元模型能够准确模拟结构的质量分布，则试验模态的自正交性矩阵为

$$C_s = \Psi_e^{\mathrm{T}} M_{\mathrm{R}} \Psi_e \tag{3.93}$$

根据正交性条件，矩阵 C_s 应该等于单位矩阵 I，因此根据自正交性矩阵可以初步判断试验模态的精度，并剔除试验实测的重复模态(即非对角元素接近 1 的模态)。

3) 模态有效质量

与频率和振型一样，模态有效质量也是结构固有的动力学特性，它是结构受迫振动时不同模态贡献大小(重要性)的度量。当结构受到基础激励时，有效质量较大的模态将产生较大的反作用力，反之亦然。模态有效质量能够较好地描述结构的整体模态，在卫星动力学试验和分析中主要用于结构主模态的选择和模态截断的评估。结构第 k 阶模态有效质量矩阵为

$$M_{\mathrm{eff},k} = \frac{L_k^{\mathrm{T}} L_k}{m_k} \tag{3.94}$$

式中，$L_k = \phi_k^{\mathrm{T}} M \Phi_{\mathrm{RB}}$ 表示弹性模态与刚体模态的耦合，Φ_{RB} 为结构的刚体模态矩阵，ϕ_k 为第 k 阶模态振型向量；$m_k = \phi_k^{\mathrm{T}} M \phi_k$ 为第 k 阶模态质量。

从式(3.94)可以看出模态有效质量矩阵为一个 6×6 的矩阵，它表示了基础加速度和支承反力的转换关系。工程上取 $M_{\mathrm{eff},k}$ 的对角线元素作为第 k 阶模态在 6 个方向(3 个平动，3 个扭转)上的有效质量，所有模态有效质量的总和等于结构的刚体质量。在卫星模态试验和分析中，一般有效质量大于 5%的模态称为主模态，这些主模态将用于有限元模型的修正。

4) 模态置信准则

模态置信准则(modal assurance criteria，MAC)是比较试验与分析模态振型形状一致性的重要指标，它将两个模态的相关度用文献[1]的一个数值表示，即

$$\mathrm{MAC}_{ij} = \frac{(\phi_{e,i}^{\mathrm{T}} \phi_{a,j})^2}{(\phi_{e,i}^{\mathrm{T}} \phi_{e,i})(\phi_{a,j}^{\mathrm{T}} \phi_{a,j})} \tag{3.95}$$

MAC 值越接近 1 表示两个模态向量的相关度越高，当 MAC 等于 1 时表示两

者线性相关,等于 0 则表示两者线性无关。作为模态相关性最重要的评价判据,MAC 值被广泛应用于试验与分析模态的匹配及模型修正工作中。

3. 模型修正

针对 3.2 节介绍的基于模态参数的逆特征灵敏度方法和基于频响函数的模型修正方法,采用 Matlab 程序开发了模型修正程序。为了保证修正程序与商用有限元软件的兼容性,修正过程中模态分析和灵敏度分析调用 NASTRAN 软件的相应模块完成,模型修正程序框图如图 3.10 所示。

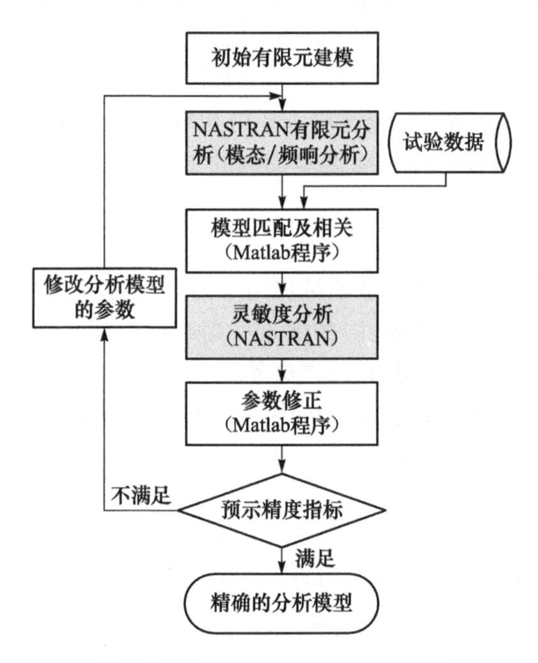

图 3.10 有限元模型修正程序框图

由图 3.10 可见,模型修正程序首先调用有限元软件 NASTRAN 进行有限元分析,根据不同的实测数据采用模态分析或频响分析,然后由 Matlab 程序读取分析结果和试验实测数据,计算试验与分析模型的匹配度,并完成模型相关分析,最后再次调用 NASTRAN 的灵敏度分析模块进行基于 Matlab 程序的参数修正量估计。修正后的模型如果满足预示精度的要求则迭代结束,否则,将新的一组参数输入 NASTRAN 有限元模型重新进行有限元分析开始下一轮迭代。为了模型修正程序的方便易用,采用 VC++开发了模型修正软件界面,如图 3.11 所示(见彩图),主要包含有限元模型、试验模型、模型相关和模型修正四个模块,在模型修正工程中,首先需要从修正软件界面读入试验和分析模型,然后开展模型的匹配和相关分析，最后进行参数选择和模型修正，修正算法可以选择逆特征灵敏度方法和基于频响函数的模型修正方法，修正结果可以在软件界面上直接显示。

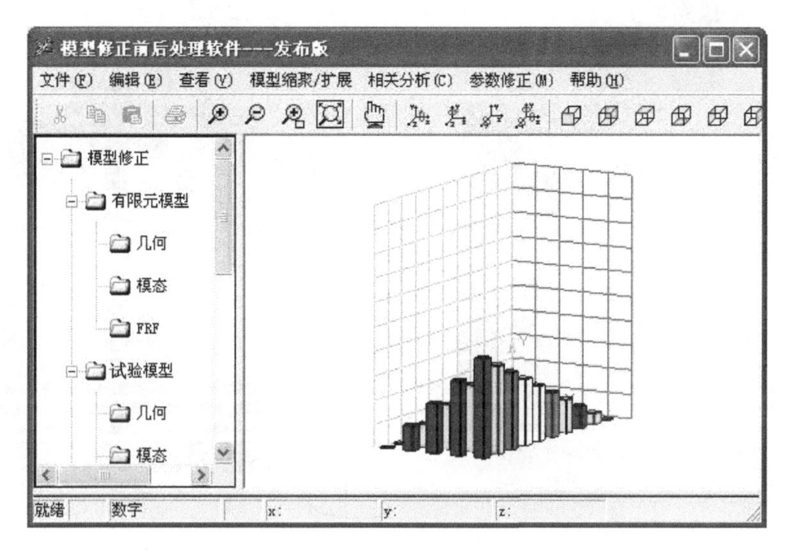

图 3.11　有限元模型修正软件界面

3.3.3　整星有限元模型修正

1. 整星有限元建模

中国为巴基斯坦研制的商业通信卫星由通信舱、服务舱和推进舱等多个子结构组成，卫星上安装了多副通信天线，结构系统十分复杂。采用 NASTRAN 软件进行初始建模，主结构由中心承力筒及通信舱和服务舱的外板组成，有限元建模中采用复合材料板、壳单元模拟，不考虑预埋热管的影响；储箱中的模拟工质简化为中心集中质量，通过多点约束连接到储箱单元上，不考虑液固耦合的影响；星上其他部件(太阳翼和天线)的模型则由各分系统研制单位提供，并根据结构星的实际状态和模型修正的需要进行了简化。整星有限元模型共包含 19 038 节点，21 364 个单元，总质量约为 4500kg。图 3.12(见彩图)给出构型及有限元模型示意图。

结构星建造完成后，根据结构星实际状态调整有限元模型，得到试验分析模型，它将为试验模态正交性检验及试验模态有效质量的计算提供缩聚的质量矩阵，同时也可作为模型修正的初始分析模型。

2. 模态试验

结构星模态试验的目的是获得整星的低阶模态参数，包括模态频率、振型和模态阻尼比，为整星有限元模型修正提供数据。考虑到实际卫星发射中扭转方向的

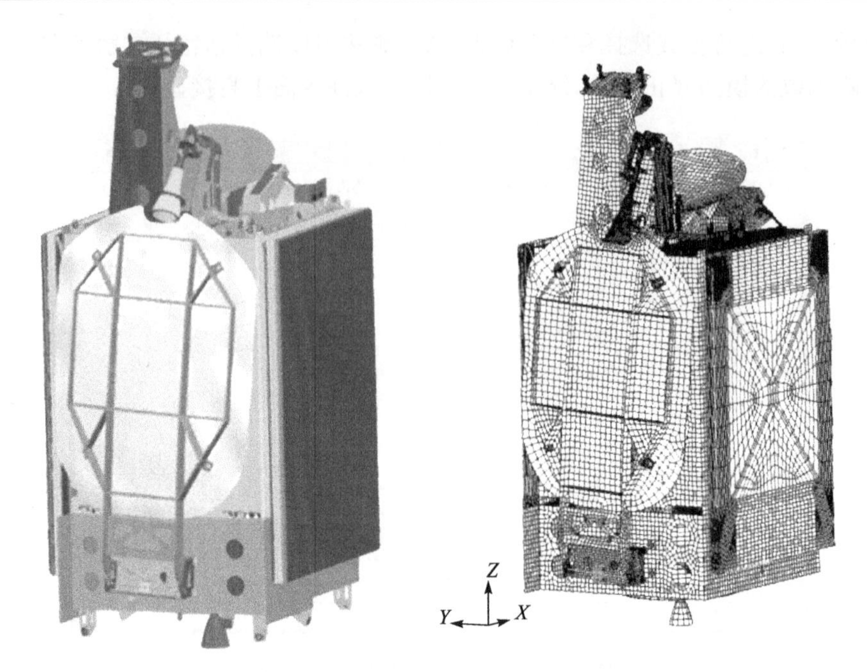

图 3.12 中国为巴基斯坦研制的商业通信卫星构型及有限元图

激励和响应都较小，因此本次模态试验仅要求测量 X、Y、Z 三个方向的模态，对扭转模态不作要求。

结构星模态试验采用固定支承边界，使用成熟的夹具将结构星固定在试验区地轨上。模态试验过程控制由 I* star 系统完成，模态参数的辨识由 CDS 模态分析软件进行。

模态试验的激励信号由 I* star 系统数字合成产生，试验过程中可视实际情况调整激振力的大小；激振器采用 HEA-500N 激振器；激励点的位置和激振方向根据现场预试验的结果最终采用了 4 种激振方位组合，以保证能够激励出尽量多的模态。

在整星模态试验中，不同激励方向上，分别采用单点随机激励、多点（两点）随机激励和正弦扫描的方法，测得 5 阶主模态，结果见表 3.1。

表 3.1 整星模态试验结果

阶次	频率/Hz	阻尼比/%	振型描述
1	13.51	0.47	Y 方向一阶弯曲
2	14.13	0.49	X 方向一阶弯曲
3	33.32	1.45	Y 方向二阶弯曲
4	34.55	1.11	X 方向二阶弯曲
5	45.50	0.66	纵向（Z）一阶

3. 模型相关

由于有限元分析模型自由度远大于试验模型测量自由度，因此相关分析时，首先应进行试验测点与分析模型节点的匹配。根据卫星模态试验现场实测的44个模态测点的位置，在有限元分析模型中建立对应的节点模拟试验测点，并用RBE2刚性单元将每一测点与其最近的有限元分析模型的节点连接，从而实现分析模型与试验模型的几何匹配，然后通过Guyan缩聚将有限元分析模型缩聚到试验测点对应的自由度上，得到缩聚的质量矩阵与刚度矩阵。

应用缩聚的质量矩阵对试验模态进行正则化处理，并计算试验模态的自正交性矩阵见表3.2。由表可知，X、Y两个方向一阶弯曲模态的正交性较好(非对角线元素较小)，而试验实测的第三阶模态(即Y方向二阶弯曲模态)与一阶弯曲模态存在严重的耦合，非对角元素达到－0.4。考虑到试验过程中，激励点位置的选取受到一定限制，因此该阶模态测量的准确性也会受到一定影响；其他类似，纵向激励点选择在星体角点上，纵向模态的测量精度也受到影响。

表3.2　试验模态自正交性矩阵

阶次	1	2	3	4	5
一	1.00	－0.01	－0.40	－0.19	－0.30
二	－0.01	1.00	0.19	0.05	－0.28
三	－0.40	0.19	1.00	－0.01	0.15
四	－0.19	0.05	－0.01	1.00	－0.02
五	－0.30	－0.28	0.15	－0.02	1.00

如前所述，有限元分析中模态有效质量大于总质量5%的模态称为主模态。通过初始有限元分析，卫星在0～60Hz内共有10阶主模态，计算试验与分析主模态的MAC矩阵(表3.3)并进行试验与分析模态的匹配。由表3.3可知，试验结果与分析结果的一阶弯曲模态振型一致性较好，MAC值都超过了0.9，X方向二阶弯曲模态和一阶纵向模态的试验与分析值虽然能够匹配(MAC>0.4)，但需要通过模型修正改善分析与试验模态形状的一致性，而Y方向二阶弯曲模态却没有分析主模态与之匹配，结合正交性分析及振型形状虚拟显示的结果判定试验实测的Y方向二阶弯曲模态振型不准确，该阶模态参数将不能用于模型修正。

表3.3　试验与分析MAC值矩阵

分析＼试验		1	2	3	4	5
		13.51	14.13	33.32	34.55	45.50
1	13.19	0.94	0.04	0.02	0.03	0.02
2	13.70	0.04	0.96	0.05	0.05	0.13

续表

分析 \ 试验		1	2	3	4	5
		13.51	14.13	33.32	34.55	45.50
3	20.31	0.00	0.01	0.25	0.00	0.02
4	21.51	0.00	0.03	0.24	0.01	0.00
11	28.69	0.00	0.00	0.35	0.01	0.00
14	29.71	0.00	0.00	0.33	0.01	0.01
22	32.20	0.25	0.03	0.00	0.13	0.00
23	32.34	0.00	0.01	0.30	0.05	0.00
24	32.61	0.03	0.26	0.20	0.43	0.08
46	47.52	0.19	0.00	0.01	0.00	0.42

4. 整星有限元模型修正及结果分析

在模型参数自动修正之前，首先根据试验实测的前两阶模态频率（X、Y 方向的一阶弯曲模态）及模态试验现场结构星的状态，对整星有限元模型进行手工调整，发现卫星承力筒与储箱连接处的建模对整星模态影响最显著。通过手工调整连接耳片的等效厚度将卫星前两阶频率预示误差缩小到 5%以下，并将经过手工修正后的有限元模型将作为参数修正的初始模型，采用逆特征灵敏度方法对整星有限元模型进行参数修正。

根据试验/有限元模型相关分析的结果，选择试验实测的 X、Y 方向一阶弯曲模态，X 方向二阶弯曲模态，纵向一阶模态四阶模态的频率及 MAC 值共 8 个特征量构造残差向量，最小化如下目标函数：

$$\min J(\theta)=\sum_{\text{paris } i,j} W_f^{ij}(1-f_a^i/f_e^j)^2+\sum_{\text{paris } i,j} W_{\text{MAC}}^{ij}(1-\text{MAC}_{ij})^2 \tag{3.96}$$

式中，W_f^{ij} 和 W_{MAC}^{ij} 分别为频率和 MAC 值的加权系数，根据模态参数测量精度的不同选取合适的加权系数。采用泰勒展开对特征量作一阶近似，并结合 Tihkonov 正则化方法求解修正方程，最小化试验和分析模型的误差，MAC 值的灵敏度可以由式(3.97)计算，其他特征频率和振型的灵敏度调用有限元分析软件 NASTRAN 的灵敏度分析模块求解。

$$\frac{\partial \text{MAC}_{ij}}{\partial \theta}=\frac{2(\phi_{e,i}^{\text{T}}\phi_{a,j})\phi_{e,i}^{\text{T}}\dfrac{\partial \phi_{a,j}}{\partial \theta}}{(\phi_{e,i}^{\text{T}}\phi_{e,i})(\phi_{a,j}^{\text{T}}\phi_{a,j})}-\frac{2(\phi_{e,i}^{\text{T}}\phi_{a,j})^2\phi_{a,j}^{\text{T}}\dfrac{\partial \phi_{a,j}}{\partial \theta}}{(\phi_{e,i}^{\text{T}}\phi_{e,i})(\phi_{a,j}^{\text{T}}\phi_{a,j})^2} \tag{3.97}$$

根据初始有限元建模的经验，结合灵敏度分析，选择了 80 个参数作为修正参数，其中包括复合材料铺层的厚度、复合材料的弹性模量、主要连接部件的几何尺寸等。修正参数的上下限根据工程经验确定。经过 24 步迭代，模型修正问题收敛,模型修正迭代过程如图3.13所示。修正前后分析预示与试验实测模态参数的比较见表3.4。由表3.4可知,参与修正的4阶模态中,修正后的模型对 X、Y、Z 三个方向一阶模态频率预测的最大误差为−2.5%,与初始模型最大误差−4.4%相比,频率预测精度有所提高;对于模态振型,除了初始模型预示精度较高的 X、Y 方向一阶弯曲模态(MAC大于0.9)外,修正后模型的纵向一阶模态的MAC也达到了0.74,振型的预示精度达到了工程上要求MAC值大于0.7的指标。初始模型对 X 方向二阶弯曲模态频率和振型的预示精度都较差,而修正后的模型能够准确预示该阶模态频率(误差为3.8%),同时振型的预示精度也大幅提高,MAC值从0.43提高到0.62。综上所述,经过参数修正,有限元模型能够准确预示参与修正的试验实测模态的频率,振型的预示精度也得到了相应提高。

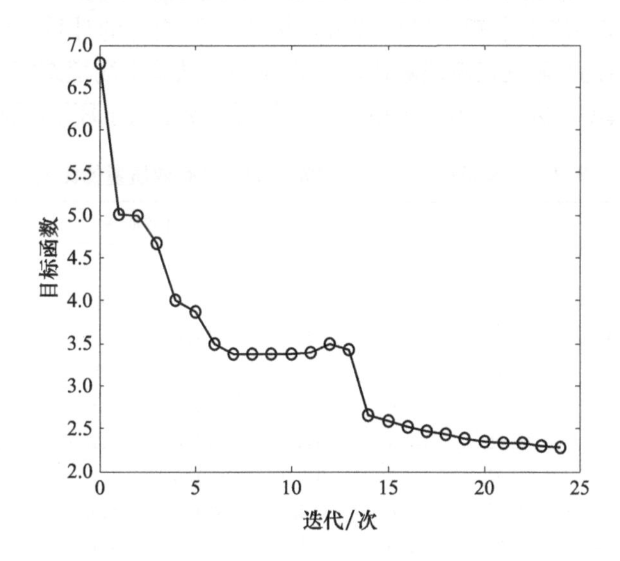

图3.13　模型修正迭代收敛过程

表3.4　模型修正前后试验/分析结果的比较

模态试验		初始有限元模型				修正后模型				振型描述
阶次	实测频率/Hz	阶次	频率/Hz	频率预测误差/%	MAC	阶次	频率/Hz	频率预测误差/%	MAC	
1	13.51	1	13.19	2.4	0.94	1	13.24	2.0	0.94	Y 方向一阶弯曲
2	14.13	2	13.70	3.0	0.96	2	14.03	0.7	0.96	X 方向一阶弯曲
3	33.32	22	32.20	3.4	—	25	32.91	1.2	—	Y 方向二阶弯曲
4	34.55	24	32.61	5.6	0.43	26	33.25	3.8	0.62	X 方向二阶弯曲
5	45.50	46	47.52	−4.4	0.42	50	46.62	−2.5	0.74	纵向(Z)一阶

为了进一步验证修正后的有限元模型，表 3.5 给出了试验实测模态与修正模型预示主模态有效质量的比较，其中试验模态的有效质量采用分析模型 Guyan 缩聚的质量矩阵和实测振型计算，而分析模态的有效质量由修正模型完整的质量矩阵和分析振型数据计算。由表 3.5 可知，在 X、Y 以及 RX、RY 方向上，试验模态与分析主模态的有效质量比较吻合，并且修正后模型在 0～60Hz 内计算模态的累积有效质量已超过刚体质量的 80%，因此在结构受到激励时，分析模型能够比较准确地预示这四个方向上的响应及对基础的反作用力；试验实测第五阶模态 Z 方向的有效质量超过刚体质量的 50%，验证了该模态为卫星的纵向（Z 方向）模态。试验中获得的各阶模态在 RZ 方向上模态有效质量都没有达到 5%，说明模态试验没有测得扭转方向的整星模态，卫星发射过程中扭转方向的激励和响应都较小，因此模态试验和模型修正中暂不考虑该方向的模态及响应的计算。综上所述，根据试验数据修正后的有限元模型能够比较准确地预示试验实测模态的模态有效质量，因此修正后的模型可以更好地用于星箭耦合分析及星上力学环境的预示分析等。

表 3.5　修正后的模型和试验实测模态有效质量的比较

阶次	数据类型	频率/Hz	模态有效质量/%					
			X	Y	Z	RX	RY	RZ
一	试验	13.51	<5.0	76.7	<1.0	96.3	<5.0	<1.0
	分析	13.24	<1.0	68.3	<1.0	94.3	<1.0	<1.0
二	试验	14.13	76.6	<5.0	<1.0	<5.0	95.9	<1.0
	分析	14.03	72.6	<1.0	<1.0	<1.0	98.5	<1.0
三	试验	33.32	<1.0	12.0	<1.0	<1.0	<1.0	<1.0
	分析	32.91	<1.0	12.0	<1.0	<1.0	<1.0	<1.0
四	试验	34.55	12.4	<1.0	<1.0	<5.0	<1.0	<1.0
	分析	33.25	12.9	<1.0	<1.0	<1.0	<1.0	<1.0
五	试验	45.50	7.8	<5.0	54.1	6.2	11.8	<1.0
	分析	46.62	<1.0	<1.0	65.6	<1.0	<1.0	<1.0

注：第三阶试验模态振型由分析结果代替。

3.4　运载火箭结构动力学建模技术

3.4.1　运载火箭结构动特性建模准则

全箭结构动特性分析采用有限元方法，既可采用能够反映火箭低阶整体模态的梁模型，也可采用反映火箭结构局部特征、刚度特性和质量分布的三维有限元模型（梁、板壳等组合模型）。根据火箭姿态系统设计、跷振稳定性分析的需要，将火箭简化为梁模型为主的有限元模型[20～23]。对于梁模型，其建模准则如下：

(1) 火箭及其有效载荷(卫星、载人航天器、深空探测器等)有限元模型均采用国际标准单位制,长度单位为米,质量单位为千克。

(2) 梁单元的刚度由反映结构横截面特性的直径、等效厚度及材料特性确定。

(3) 梁单元的质量以集中质量形式分配在单元节点上。

(4) 梁单元的转动惯量按照结构及设备质量均匀分布到圆柱壳体上计算,并分配在单元节点上。

(5) 推进剂只考虑质量效应,暂忽略推进剂对储箱刚度影响。

(6) 储箱液体推进剂需反映其在火箭纵向、横向、扭转特性中的不同作用效果,考虑到液体推进剂黏度小,抗剪能力可忽略,应不计转动惯量,且纵向振动时推进剂作用在箱底。

对三维有限元模型,其建模准则如下:

(1) 对级间杆系、发动机机架杆系采用反映结构空间分布的梁单元或杆单元。

(2) 对于大锥度壳结构、大开口壳结构,桁条采用梁单元、蒙皮采用三角形或四边形板单元。

(3) 对捆绑连接结构,采用反映其传力特性的杆单元、梁单元。

(4) 对与捆绑连接结构连接的芯级和助推器局部结构,采用反映局部特征、刚度特性和质量分布的三维有限元模型反映其传力特性的杆单元、梁单元。

(5) 结构质量采用材料密度方式处理,仪器设备采用非结构质量处理,并与总体要求保持一致。

(6) 液体推进剂采用虚拟质量方式处理。

(7) 三维有限元模型的动特性分析需要缩减为等效的梁模型,以反映火箭的整体模态,供火箭姿态系统设计、跷振稳定性分析使用。

火箭结构动特性分析一般基于右手坐标系,坐标系的原点为火箭的理论尖点,箭体的纵轴为 X 轴,从火箭头部理论尖点指向尾段为正,Y 轴指向火箭的Ⅲ象限为正,Z 轴按右手坐标系确定,如图 3.14 所示。

火箭结构动特性分析是不断完善的过程,贯穿于型号方案论证、初样设计和试样设计各研制阶段,火箭结构动特性设计流程如图 3.15 所示[24,25]。

3.4.2 蒙皮加筋圆柱壳结构弯曲等效厚度

运载火箭结构是复杂的薄壁加筋组合结构,其长径比一般为 10 以上,满足梁模型的要求。对火箭结构进行的载荷计算、姿态稳定分析、跷振稳定性分析,主要关心的是火箭低阶横向、扭转、纵向模态,此时把火箭结构视为梁结构是可行的。近年来,随着软件和计算机求解能力的提高,全箭结构的三维动力学建模研究工作逐步展开,但由于模型中没有准确模拟充液储箱推进剂和增压对结构

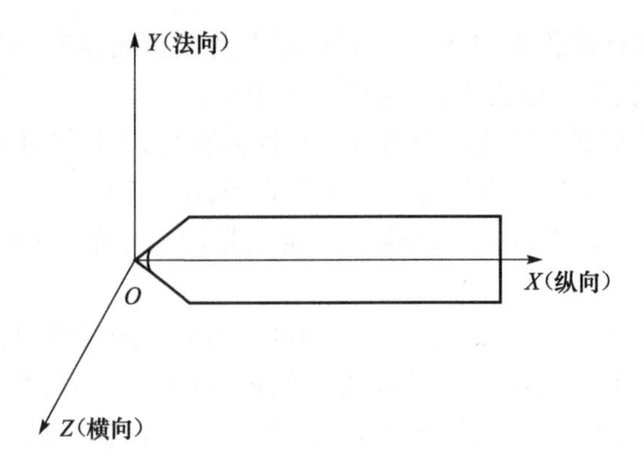

图 3.14　动特性箭体坐标

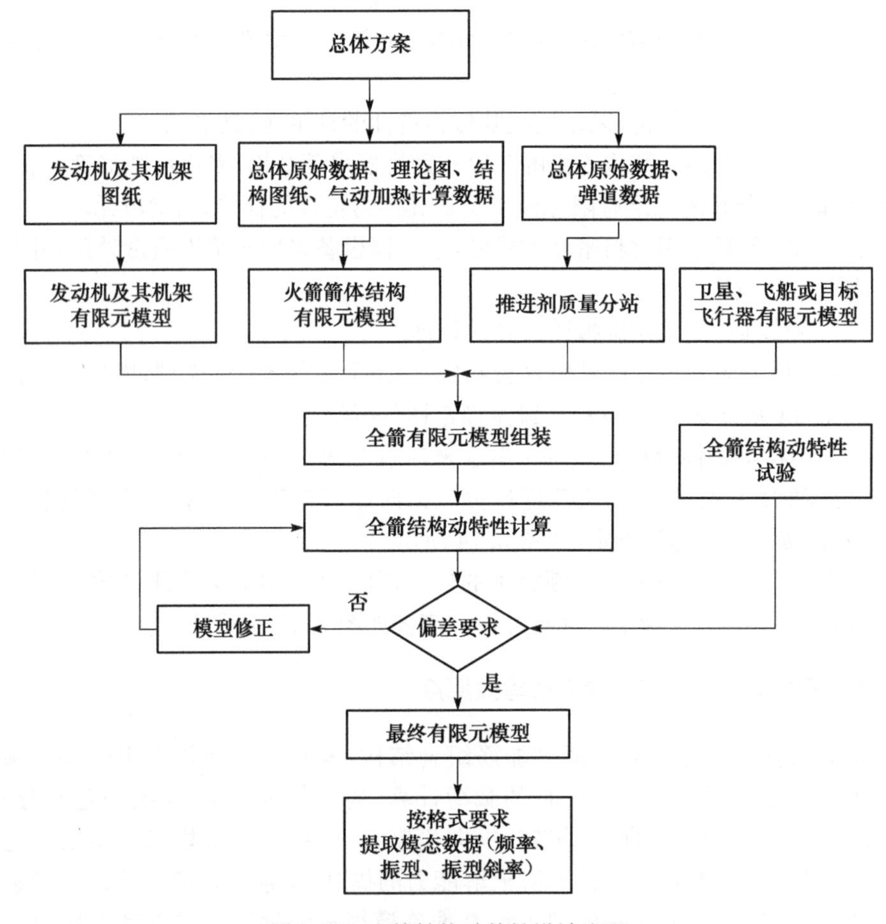

图 3.15　火箭结构动特性设计流程

特性的影响，少量重要的纵、横和扭转模态湮没在大量的非主要模态之中。

蒙皮加筋结构、网格加筋结构因其特有的高强度、高刚度、轻质化的特性，在火箭结构中得到了广泛应用，火箭典型蒙皮加筋结构如图 3.16 所示(见彩图)。虽然结构力学中有桁条面积等效和刚度等效方法，但并没有明确给出这种等效方法的适用性问题。桁条的截面主惯性矩可以移轴，但据此直接推理桁条的极惯性矩，虽也满足移轴定理，却是错误的。本节重点研究蒙皮加筋结构及梁模型中拉压、弯曲和扭转刚度的等效方法。

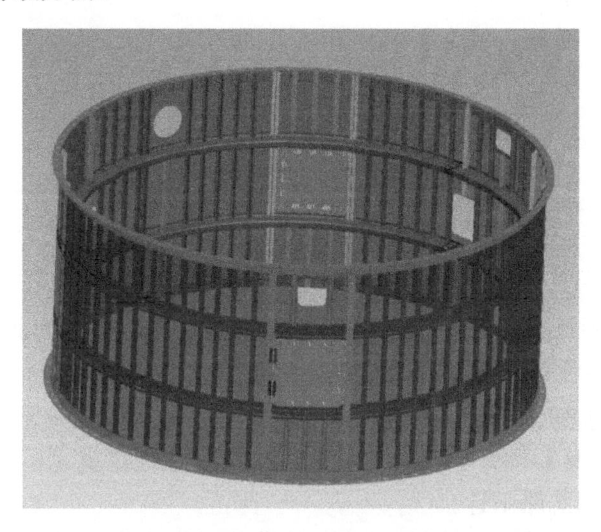

图 3.16　蒙皮加筋圆柱壳结构

在火箭蒙皮加筋段中，桁条的数量 N 通常为 40～120 根，并且可以认为是均匀分布的。对于弯曲模型而言，桁条对弯曲刚度的贡献主要体现在截面惯性矩上。不论采用哪种等效方法，都要尽量保证惯性矩等效。

1. 桁条面积等效

为了说明等效的机理，先不考虑蒙皮的厚度。下面分析面积(或质量)等效时截面惯性矩的模拟精度。

把所有桁条的横截面积均分在壳体截面上，N 个桁条的等效厚度 t_b 为

$$t_b = \frac{NA_0}{2\pi R_0} \tag{3.98}$$

式中，$A_0=\pi r_0^2$ 为圆形截面桁条的横截面积，r_0 为桁条的半径。所有桁条对 z 轴的截面惯性矩为

$$I_z = NI_0 + A_0 \sum_{j=1}^{N} R_j^2 \tag{3.99}$$

式中，$I_0=\pi r_0^4/4$ 为圆形截面桁条的截面惯性矩；R_j 为第 j 根桁条到 z 轴的距离。

厚度为 t_b 的等效壳对 z 轴的截面惯性矩为

$$I_{sz}=\frac{\pi}{8}D_0t_b(D_0^2+t_b^2) \tag{3.100}$$

下面分析等效壳的惯性矩 I_{sz} 与桁条截面惯性矩 I_z 之间的关系，前者为根据面积等效得到的惯性矩，后者为真实惯性矩。根据式(3.99)和式(3.100)及简单的三角函数推导可得

$$\frac{I_z}{I_{sz}}=\frac{1+k_2}{1+k_1}=\frac{1+k_2}{1+(Nk_2/2)^2} \tag{3.101}$$

式中

$$\begin{cases} k_1=\left(\dfrac{t_b}{D_0}\right)^2 \\ k_2=\dfrac{r_0^2}{2R_0^2} \end{cases} \tag{3.102}$$

为了使 $I_{sz}=I_z$，需令 $N=\sqrt{8}(R_0/r_0)$。因此，在面积相等的前提下，理论上通过设计桁条的几何形状和数量，可以保证截面惯性矩完全等效。

对火箭结构，通常 $N<\sqrt{8}(R_0/r_0)$，则由式(3.102)可知，只要桁条关于薄壁壳轴心对称布置并且数量大于等于 3，等效壳的截面惯性矩就比桁条真实惯性矩略小，但其差别可以忽略不计。

对图 3.16 所示蒙皮加筋圆柱结构，其横截面可简化为图 3.17(a)形式，为了建模和求解方便可以进一步简化为图 3.17(b)所示薄壁光壳结构。由于对称性，本节只研究对 z 轴的弯曲情况。

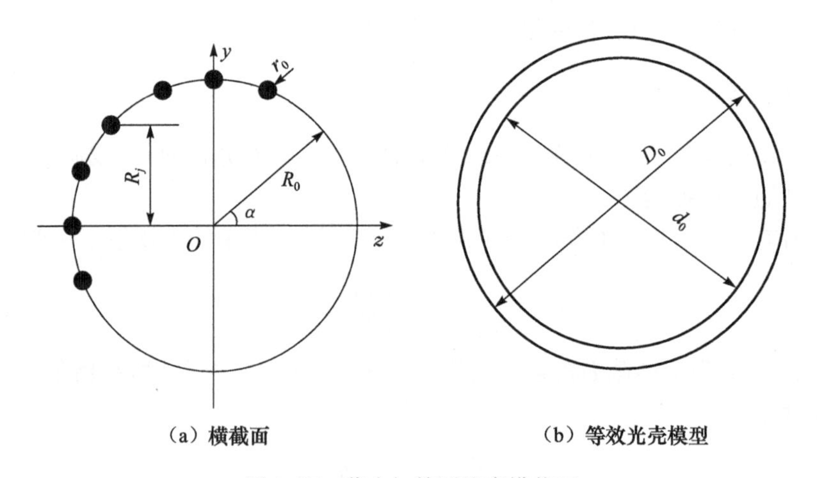

图 3.17 蒙皮加筋圆柱壳横截面

2. 桁条惯性矩等效

圆柱蒙皮薄壁结构纵向桁条的一个主惯性矩的方向指向柱壳形心，与柱壳弯曲横坐标轴可以形成任意角度，因此需要将这些桁条的主惯性矩进行坐标旋转。设原坐标轴为(y,z)，新坐标轴为(η,ζ)，y轴与η轴之间的夹角为α，如图3.18所示。惯性矩坐标变换公式为

$$\begin{cases} I_\eta = \dfrac{I_y + I_z}{2} + \dfrac{I_y + I_z}{2}\cos\alpha - I_{xy}\sin 2\alpha \\ I_\zeta = \dfrac{I_y + I_z}{2} - \dfrac{I_y - I_z}{2}\cos\alpha + I_{xy}\sin 2\alpha \end{cases}$$

式中，I_{yz}为惯性积。

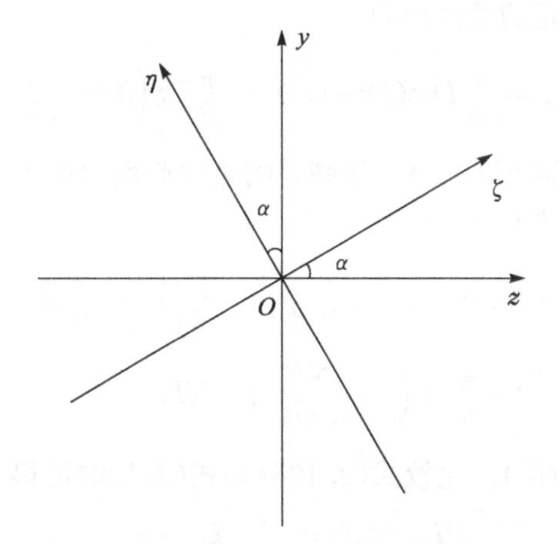

图3.18　惯性矩的坐标旋转

下面分析惯性矩等效面积的精度，N个桁条的等效厚度为

$$t_\mathrm{b} = \frac{1}{\pi R_0^3}\left(NI_0 + A_0\sum_{j=1}^{N}R_j^2\right) \tag{3.103}$$

厚度为t_b的等效壳的横截面积为

$$A_\mathrm{s} = 2\pi R_0 t_\mathrm{b} = \frac{2}{R_0^2}\left(NI_0 + A_0\sum_{j=1}^{N}R_j^2\right) \tag{3.104}$$

所有桁条的横截面积之和为

$$A = NA_0 = N\pi r_0^2 \tag{3.105}$$

下面来分析A_s和A的关系。根据式(3.104)和式(3.105)及简单的三角函数推导可得

$$\frac{A_s}{A}=1+k_2 \tag{3.106}$$

由此可见,近似面积 A_s 略大于真实面积 A,其差别与桁条根数($N\geqslant 3$)有关。

3. 考虑蒙皮厚度时的桁条面积等效

在不考虑蒙皮厚度的前提下,前面讨论了多根桁条的面积等效方法和惯性矩等效方法及等效的精度。下面讨论考虑蒙皮厚度时的面积等效方法的精度,此时等效壳的总厚度为

$$t=\delta+t_b=\delta+\frac{NA_0}{2\pi R_0} \tag{3.107}$$

式中,t 为考虑蒙皮后的总等效厚度;δ 为蒙皮厚度。

厚度为 t 的等效壳的惯性矩为

$$I_{sz}=\frac{\pi}{8}D_0 t(D_0^2+t^2)\approx\frac{\pi}{8}D_0^3\left(\delta+\frac{NA_0}{2\pi R_0}\right) \tag{3.108}$$

式中右端项略去了高阶项 $O(t^2)$。加筋壳的真实截面惯性矩 I_z 为壳的原有惯性矩加上所有桁条的截面惯性矩,即

$$\begin{aligned}I_z&=\frac{\pi}{8}D_0\delta(D_0^2+\delta^2)+N\left(I_0+\frac{A_0}{2}R_0^2\right)\\&\approx\frac{\pi}{8}D_0^3\left(\delta+\frac{NA_0}{2\pi R_0}\right)+NI_0\end{aligned} \tag{3.109}$$

式中略去了高阶项 $O(\delta^2)$。比较式(3.108)和式(3.109)可得

$$\frac{I_z}{I_{sz}}=1+\frac{k_2}{1+2R_0\delta/Nr_0^2} \tag{3.110}$$

与式(3.108)和式(3.109)相比,式(3.110)更加明确地表明 $I_z/I_{sz}>1$,即近似惯性矩略小于真实惯性矩,其差别主要取决于 k_2 且可忽略不计。

4. 薄壳的临界厚度

只要壳的厚度不同,弯曲频率就应该不同。但薄壳弯曲频率的数值结果对厚度却不敏感,对于长细比满足梁要求的厚度为 t 的薄壳(包括蒙皮厚度和桁条等效厚度),其弯曲频率由截面惯性矩和横截面积之比确定,即

$$\frac{I_{sz}}{A}=\frac{R_0^2}{2}(1+k_1) \tag{3.111}$$

根据式(3.111)可以求出一个称为“临界厚度”的厚度,该厚度取决于频率值变化的要求,这是因为频率值精度有效位数的变化是和 $\sqrt{I_{sz}/A}$ 直接相关的。由

式(3.111)可得

$$\sqrt{\frac{I_{zz}}{A}} \approx \frac{R_0}{\sqrt{2}}\left(1+\frac{1}{2}k_1\right) \tag{3.112}$$

若要求频率值前 6 位有效数值不变，根据式(3.112)可以定义出壳的临界厚度，即

$$\frac{1}{2}k_1 = \frac{1}{2}\frac{t_c^2}{D_0^2} = 10^{-5} \tag{3.113}$$

由此可得

$$t_c = 2\sqrt{20}R_0 \times 10^{-3} \tag{3.114}$$

当 $R_0=1.5\mathrm{m}$ 时，根据式(3.114)计算出的临界厚度为

$$t_c = 13.4\mathrm{mm} \tag{3.115}$$

式(3.115)说明，若壳的半径为 1.5m，只要壳的厚度小于 0.0134m，根据梁模型或壳模型得到的弯曲固有频率的前 6 位有效数字基本是相同的。

3.4.3　蒙皮加筋圆柱壳结构扭转等效厚度

1. 扭转等效厚度

光筒圆柱壳结构极惯性矩是主惯性矩的两倍，即

$$J_{sp} = 2I_{zz} = \frac{\pi}{4}D_0 t(D_0^2+t^2) \approx \frac{\pi}{4}D_0^3(\delta+t_b) \tag{3.116}$$

但实际蒙皮加筋圆柱壳结构的极惯性矩不再是主惯性矩 I_z 的 2 倍。火箭中广泛采用的 T 型、L 型桁条，其扭转特性都类似于开口薄壁杆件，在加筋圆柱壳产生扭转变形时，桁条横截面内的微剪应力形成微力偶，力偶臂的长度为桁条的几何特征厚度，因此其扭转刚度远小于其弯曲刚度。与薄壁壳本身的扭转刚度相比，桁条对扭转刚度的贡献可以忽略不计。若考虑桁条对扭转刚度的贡献，加筋圆柱壳的极惯性矩 J_p 为

$$J_p = \frac{\pi}{4}D_0\delta(D_0^2+\delta^2) + 2NI_0 \approx \frac{\pi}{4}D_0^3\delta + 2NI_0 \tag{3.117}$$

真实极惯性矩和等效极惯性矩的比值为

$$\frac{J_p}{J_{sp}} = \frac{\delta + t_b r_0^2/2R_0^2}{\delta + t_b} \approx \frac{\delta}{\delta + t_b} \tag{3.118}$$

火箭蒙皮加筋圆柱壳结构的 δ 和 t_b 通常在一个量级内，因此用等效厚度直接计算的扭转刚度将大于真实扭转刚度，二者的差别不再是小量，不能忽略。化铣壁

板中纵横交叉的桁条的剪流也是自平衡的，对扭转刚度的贡献同样可以不计。

2. 扭转频率的修正方法

在等效厚度模型(模型 1)中，桁条对扭转刚度和转动惯量的作用是一致的。在三维壳-梁模型(模型 2)中，桁条对转动惯量的贡献远大于对扭转刚度的贡献，结论是桁条使扭转频率降低。

两种模型在火箭动特性的梁模型和三维模型中都得到了应用，试验已经证明利用模型 1 和模型 2 给出的扭转频率偏高，证实了模型 2 具有更高的扭转频率计算精度。面积等效方法在计算弯曲频率和纵向频率时是适用的，但夸大了扭转频率。下面给出用等效厚度计算扭转频率的两种方法：刚度折减法和频率修正法。蒙皮极惯性矩和等效厚度极惯性矩之比为

$$\frac{J_\delta}{J_{sp}}=\frac{2\pi R_0^3\delta}{2\pi R_0^3 t}=\frac{1}{1+t_b/\delta} \tag{3.119}$$

则扭转刚度修正系数定义为

$$c_k=\frac{1}{1+t_b/\delta} \tag{3.120}$$

若等效厚度壳的扭转刚度为 GJ_{sp}，则计算扭转频率时要用修正扭转刚度 $c_k GJ_{sp}$，这种方法称为刚度折减法。还可以得到扭转频率修正系数 c_f

$$c_f=\sqrt{\frac{1}{1+t_b/\delta}} \tag{3.121}$$

若用等效厚度模型计算的扭转频率为 f，则真实扭转频率为 $c_f f$，这种方法称为频率修正法。

为了验证上述两种修正方法的正确性，下面给出算例。如图 3.19 所示的蒙皮加筋圆柱壳等效梁模型边界条件为简支，蒙皮和桁条的材料参数为 $E=71\text{GPa}$，$\rho=2800\text{kg/m}^3$，$\nu=0.33$。壳体长度 $l=51\text{m}$，半径 $R_0=1.5\text{m}$，蒙皮厚度 $\delta=0.0012\text{m}$，圆周均匀分布 60 根桁条，桁条截面形状为圆形，$r_0=0.0136\text{m}$。利用 NASTRAN 中四边形板单元(CQUAD4)和梁单元(CBAR)进行了模拟，轴向划分 200 个单元，周向划分 60 个单元。模型 1 按刚度折减和频率修正结果见表 3.6。

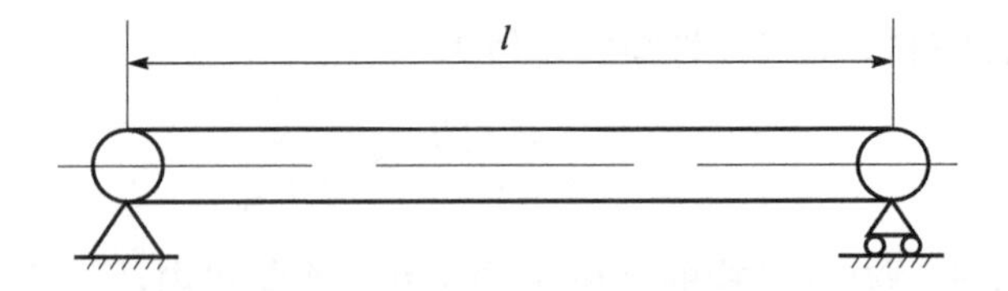

图 3.19　蒙皮加筋圆柱壳的等效梁模型

表 3.6　扭转频率　（单位：Hz）

阶次	模型 2	模型 1	频率修正方法	刚度折减方法
1	7.5245	15.1350	7.5251	7.5250
2	22.5740	45.4040	22.5750	22.5750
3	37.6250	75.6740	37.6250	37.6250
4	52.6790	105.9400	52.6730	52.6750
5	67.7370	136.2100	67.7240	67.7250
6	82.7990	166.4800	82.7740	82.7750
7	97.8680	196.7500	97.8240	97.8250
8	112.9400	227.0200	112.8700	112.8800
9	128.0300	257.2900	127.9200	127.9300
10	143.1200	287.5600	142.9700	142.9800

通过以上分析，可以得到如下结论：

(1) 三维壳-梁模型可以直接用于计算弯曲、扭转和纵向固有振动频率。

(2) 等效厚度模型可以直接用于计算弯曲和纵向固有振动频率，但计算出的扭转频率偏高，需要进行修正。

(3) 在计算扭转频率时，无论是对化铣壁板还是蒙皮加筋结构，若希望单独建立一个扭转模型，则可以只考虑壁板最薄处的厚度（化铣）或蒙皮厚度[26]。

3.4.4　薄壁圆柱壳结构纵向振动频率

蒙皮加筋及蜂窝夹层均匀圆柱结构的纵向振动频率可以用一维杆来模拟。一维杆的自由振动方程为[27,28]

$$\frac{\partial}{\partial x}\left(EA\frac{\partial u}{\partial x}\right)=\rho A\frac{\partial^2 u}{\partial t^2} \tag{3.122}$$

若直杆的横剖面是均匀的，则 EA（E 为弹性模量、A 为横截面积）为常数。蒙皮加筋结构中用于计算弯曲频率的等效厚度，同样适用于计算纵向特性分析。

式(3.122)可写为

$$c^2\frac{\partial^2 u}{\partial x^2}=\frac{\partial^2 u}{\partial t^2} \tag{3.123}$$

式中，c 为弹性波在均匀杆内的纵向传播速度，也称为相速，其定义为

$$c=\sqrt{\frac{E}{\rho}} \tag{3.124}$$

式(3.123)即为均匀杆的自由振动微分方程，也称为杆的波动方程。利用分离变量方法可以求得杆模态函数的一般形式，即

$$\phi(x) = C_1 \cos \frac{\omega}{c} x + C_2 \sin \frac{\omega}{c} x \tag{3.125}$$

式中，两个积分常数 C_1 和 C_2 中的一个和固有角频率是由边界条件确定的。

可以令一个积分常数等于 1，或通过模态质量归一化方法来确定这个积分常数。边界条件是指杆件在振动的任意时刻，其位形所必须满足的边界支持条件。由式(3.125)可以看出，对于简单边界条件，均匀杆结构的纵向振动频率与横截面形状和截面积大小无关。但对于边界具有弹簧和(或)附加质量的复杂边界条件，固有频率和边界的截面积有关。

由式(3.125)可以得到其频率方程为

$$\cos \frac{\omega}{c} l = 0 \tag{3.126}$$

或

$$\omega_i = \frac{c\pi}{l} \frac{2i-1}{2}, \quad i = 1,2,3 \tag{3.127}$$

从式(3.127)可以进一步看出，若不考虑其他附加质量影响，均匀杆结构的纵向振动频率与横截面的形状和横截面积大小无关，而实际的火箭结构，除了整流罩、储箱、箱间段、级间段等承载结构外，还有增压输送系统、控制系统、遥测系统设备、推进剂等，虽然它们没有明显的刚度贡献，但有显著的质量效应，此时必须考虑蒙皮和桁条对横截面积的影响[26]。

3.4.5　液体推进剂动力学模拟理论和方法

1. 流固耦合基本理论

流固耦合问题的重要特征是两相介质的交互作用，也就是说，固体在流体载荷作用下会产生变形或运动，而变形或运动反过来又影响流场的运动，从而改变流体载荷的分布和大小。

根据耦合的机理，流固耦合问题可以分为两类：第 1 类是两相域部分或全部重叠在一起，很难明显分开，如渗流等问题；第 2 类的特征是耦合作用仅发生在两相交界面上。液体对火箭储箱影响问题属于第 2 类。

流固耦合系统模型如图 3.20 所示。图中，V_s 和 V_f 分别代表固体域和流体域，S_0 代表流固交界面，S_b 代表流体刚性固定界面，S_f 代表流体自由表面边界，ξ 为流体自由表面波高，S_u 代表固体位移边界，S_σ 代表固体的力边界，n_f 为流体边界单位外法线向量，n_s 为固体边界单位外法线向量。在流固交界面上任一点处，n_f 和 n_s 的方向相反。

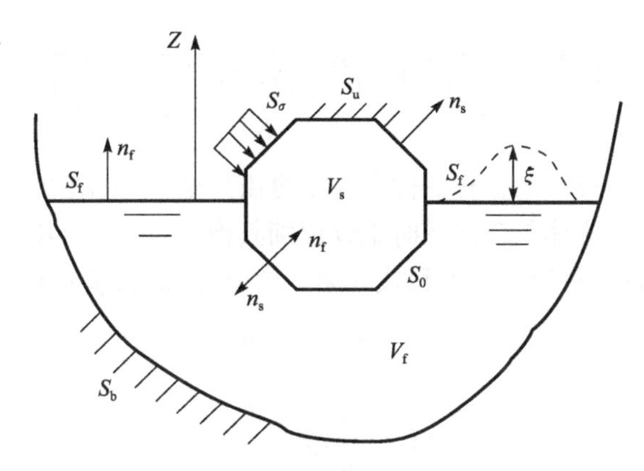

图 3.20　流固耦合系统模型

流固耦合系统的有限元方程如式(3.128)所示：

$$\begin{bmatrix} M_s & 0 \\ -Q^T & M_f \end{bmatrix}\begin{bmatrix} \ddot{u} \\ \ddot{p} \end{bmatrix}+\begin{bmatrix} K_s & \frac{1}{\rho_f}Q \\ 0 & K_f \end{bmatrix}\begin{bmatrix} u \\ p \end{bmatrix}=\begin{bmatrix} F_s \\ 0 \end{bmatrix} \tag{3.128}$$

式中，M_s 和 K_s 分别为固体质量矩阵和固体刚度矩阵；M_f 和 K_f 分别为流体质量矩阵和流体刚度矩阵；u 为固体节点位移向量；p 为流体各节点压力向量；Q 为流固耦合矩阵；F_s 为固体外载荷向量。各矩阵相应的单元矩阵表达式为

$$M_f^e=\int_{V_f^e}\frac{1}{c_0^2}N^TN\mathrm{d}V+\int_{S_f^e}\frac{1}{g}N^TN\mathrm{d}S=M_{fV}^e+M_{fs}^e \tag{3.129}$$

$$K_f^e=\int_{V_f^e}\frac{\partial N^T}{\partial x_i}\frac{\partial N}{\partial x_i}\mathrm{d}V \tag{3.130}$$

$$M_s^e=\int_{V_s^e}\rho_s\overline{N}^T\overline{N}\mathrm{d}V \tag{3.131}$$

$$K_s^e=\int_{V_s^e}B^TDB\mathrm{d}V \tag{3.132}$$

$$F_s=\int_{V_s^e}\overline{N}^Tf\mathrm{d}V+\int_{S_\sigma^e}\overline{N}^T\overline{T}\mathrm{d}S \tag{3.133}$$

$$Q^e=\int_{S_0^e}\rho_f\overline{N}^Tn_sN\mathrm{d}S \tag{3.134}$$

由式(3.129)可以看出，流体质量矩阵可以由两部分构成：流体可压缩性引起的质量矩阵 M_{fV}^e 和由流体自由液面波动引起的质量矩阵 M_{fs}^e。如果不考虑液体的可压性和液面波动的影响，则这两项都为 0，进一步得到 M_f 为 0。这时可以将有限元方程简化为如下形式：

$$\begin{bmatrix} M_s & 0 \\ -Q^T & 0 \end{bmatrix}\begin{bmatrix} \ddot{u} \\ \ddot{p} \end{bmatrix}+\begin{bmatrix} K_s & \dfrac{1}{\rho_f}Q \\ 0 & K_f \end{bmatrix}\begin{bmatrix} u \\ p \end{bmatrix}=\begin{bmatrix} F_s \\ 0 \end{bmatrix} \tag{3.135}$$

上述位移-压力形式的方程的优点在于自由度数少;其缺点是质量和刚度均为不对称矩阵,在求解流体晃动问题时难以识别其模态,不便考虑流体的黏性阻尼。

在式(3.135)中,将第二个方程代入第一个方程,消去 p 可以得到

$$(M_s + M_s')\ddot{u} + K_s u = F_s \tag{3.136}$$

式中

$$M_s' = \frac{1}{\rho_f} Q K_f^{-1} Q^T \tag{3.137}$$

M_s'代表流体对固体的作用,以附加质量的形式出现,可以称为附加质量矩阵。这时流固耦合问题退化为考虑附加质量的固体动力学问题,从而大大简化了流固耦合系统的分析。

在结构动特性分析时,由式(3.136)可以得到如下自由振动方程:

$$(M_s + M_s')\ddot{u} + K_s u = 0 \tag{3.138}$$

式(3.138)与固体结构的动特性方程差别在于流体引起附加质量效应,因此,运载火箭液体推进剂模拟问题的关键在于附加质量矩阵的处理问题。

对图 3.14 所示火箭坐标系进行横向和扭转特性及载荷分析时,假设液体推进剂跟随相应节点一起做横向运动而不绕自身轴转动,即只考虑质量效应不考虑转动惯量效应,则其液体单元质量矩阵为

$$M_f^e = \begin{bmatrix} m_f^e & & & & & \\ & m_f^e & & & 0 & \\ & & m_f^e & & & \\ & & & 0 & & \\ & 0 & & & 0 & \\ & & & & & 0 \end{bmatrix} \tag{3.139}$$

式中,$m_f^e = \int_{V_f^e} \rho_f \mathrm{d}V$,$\rho_f$ 为推进剂密度。

2. 适用于纵横扭动特性分析的耦合质量矩阵

在竖立状态地球引力、飞行状态发动机推力作用下,火箭纵向过载远大于由气动力、地面风和高空风等干扰引起的横向过载,根据液体推进剂无黏性的特点,在火箭纵向过载作用下,储箱内液体推进剂始终沉于箱底部,如图 3.21 所示。

储箱横向弯曲变形时,除自由液面附近的推进剂外,其余推进剂跟随箭体结构一起平动;储箱扭转变形时,若储箱无纵向隔板(沿储箱母线方向的防晃装置),因

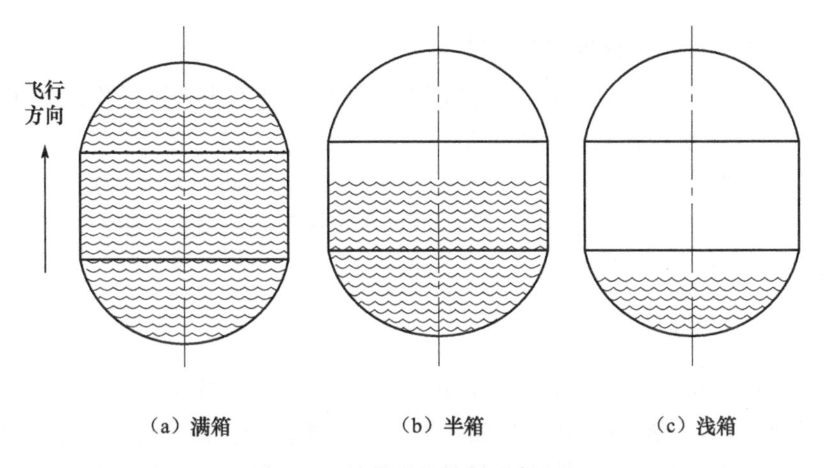

(a) 满箱　　　　(b) 半箱　　　　(c) 浅箱

图 3.21　储箱内推进剂剩余状态

液体推进剂无黏性，推进剂不会跟随储箱壁面一起转动；在储箱纵向变形时，因液体推进剂无黏性，推进剂不会跟随储箱壁面一起纵向运动，只跟随箱底结构一起运动。

对火箭纵向、横向、扭转的各阶弹性模态，其特征向量 Φ 中对应储箱柱段各节点的元素不能全部为零，式(3.139)需要进一步完善。为了反映纵向变形推进剂只跟随箱底运动、横向变形推进剂跟随箱体一起平动、扭转变形推进剂不动的特点，只能是反映液体推进剂附加质量矩阵中的对应元素为零，则由式(3.138)和式(3.139)，可以得到分别由式(3.140)和式(3.141)表示的储箱柱段、储箱后底推进剂单元质量矩阵式。

$$M_{\mathrm{f}}^{\mathrm{e}}=\begin{bmatrix} 0 & & & & & \\ & m_{\mathrm{f}}^{\mathrm{e}} & & 0 & & \\ & & m_{\mathrm{f}}^{\mathrm{e}} & & & \\ & & & 0 & & \\ & 0 & & & 0 & \\ & & & & & 0 \end{bmatrix} \tag{3.140}$$

式中，$m_{\mathrm{f}}^{\mathrm{e}}$ 为储箱柱段节点周围的推进剂质量。

$$M_{\mathrm{f}}^{\mathrm{e}}=\begin{bmatrix} \sum m_{\mathrm{f}}^{\mathrm{e}} & & & & & \\ & m_{\mathrm{f}}^{\mathrm{e}} & & & 0 & \\ & & m_{\mathrm{f}}^{\mathrm{e}} & & & \\ & & & 0 & & \\ & 0 & & & 0 & \\ & & & & & 0 \end{bmatrix} \tag{3.141}$$

式中，$\sum m_{\mathrm{f}}^{\mathrm{e}}$ 为储箱内推进剂总质量。

式(3.140)和式(3.141)表示推进剂在纵横扭转特性中的不同作用效果，适用于储箱梁模型的纵横扭转动特性分析。为区分适用于横向和扭转动特性分析的耦合质量矩阵，通常称式(3.139)为推进剂集中矩阵，其推进剂模拟方法称为集中质量方法；将式(3.140)和式(3.141)简称为耦合质量矩阵，其推进剂模拟方法称为耦合质量方法。

3. 耦合质量矩阵软件实现

式(3.140)和式(3.141)耦合质量矩阵在NASTRAN软件中的实现，对液体推进剂火箭结构动力学分析，特别是捆绑火箭纵横扭耦合模态研究具有非常重要的作用。NASTRAN软件提供了两种质量单元CONM2、CONM1，其卡片格式如图3.22、图3.23所示。从CONM2的卡片格式可以看出，CONM2只有一个质量元素(第一行、第五列)，表示各个平动方向的质量效应相同，适于描述集中质量矩阵式(3.139)。CONM1质量矩阵的一般性形式，是6×6对称方阵，含21个互相独立元素，可以根据质量对各坐标轴的平动和转动确定各元素的数值，适于描述耦合质量矩阵式(3.140)和式(3.141)，可以用来描述液体推进剂在各平动方向的不同质量效应。

1	2	3	4	5	6	7	8	9	10
CONM2	EID	G	CID	M	X1	X2	X3		
	I11	I21	I22	I31	I32	I33			

图3.22　CONM2命令卡片

1	2	3	4	5	6	7	8	9	10
CONM1	EID	G	CID	M11	M21	M22	M31	M32	
	M33	M41	M42	M43	M44	M51	M52	M53	
	M54	M55	M61	M62	M63	M64	M65	M66	

图3.23　CONM1命令卡片

火箭中使用的带椭球底的圆柱储箱的柱段等分为 10 个梁单元，共 11 个节点和推进剂集中质量单元(不含结构质量)，如图 3.24 所示。在图 3.13 所示火箭总体坐标系下，表 3.7 所示的储箱内推进剂质量单元号、质量及其对应节点，所对应的 CONM1 自由格式表示的推进剂耦合质量如图 3.25 所示，火箭有限元模型及三维显示如图 3.26 所示。

表 3.7　推进剂单元、质量和对应节点

单元号	11	12	13	14	15	16	17	18	19	20	21
推进剂质量/kg	500	1000	1000	1000	1000	1000	1000	1000	1000	1000	2500
对应节点号	1	2	3	4	5	6	7	8	9	10	11

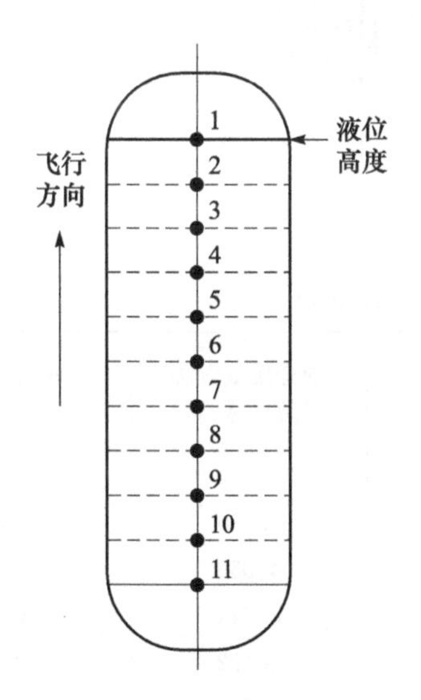

图 3.24　充液储箱及梁单元

```
CONM1, 11, 1, 0, , , 500.,
, 500.
CONM1, 12, 2, 0, , , 1000.,
, 1000.
CONM1, 13, 3, 0, , , 1000.,
, 1000.
CONM1, 14, 4, 0, , , 1000.,
, 1000.
CONM1, 15, 5, 0, , , 1000.,
, 1000.
CONM1, 16, 6, 0, , , 1000.,
, 1000.
CONM1, 17, 7, 0, , , 1000.,
, 1000.
CONM1, 18, 8, 0, , , 1000.,
, 1000.
CONM1, 19, 9, 0, , , 1000.,
, 1000.
CONM1, 20, 10, 0, , , 1000.,
, 1000.
CONM1, 21, 11.0.12000., , 2500.,
, 2500.
```

图 3.25　CONM1 自由格式表示的推进剂质量

采用集中质量方法和耦合质量方法模拟推进剂质量特性，计算某捆绑火箭起飞、跨声速、助推器发动机关机三种状态频率模态，其频率比较见表 3.8。前两阶纵向、横向、扭转模态比较如图 3.27～图 3.32 所示。

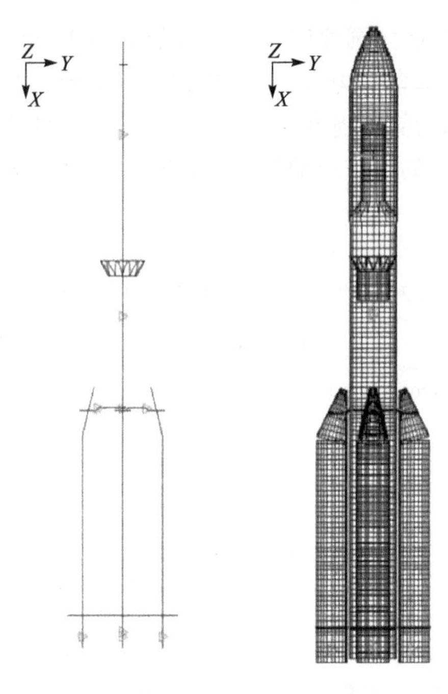

(a) 梁模型　　(b) 梁单元三维显示

图 3.26　火箭结构有限元模型及其三维显示

表 3.8　不同方法模态频率比较

状态	模态特征	集中质量方法计算结果/Hz	耦合质量方法计算结果/Hz	相对变化/%
起飞	横向一阶	1.314	1.314	0.00
	横向二阶	2.898	2.880	0.63
	横向三阶	4.347	4.338	0.21
	扭转一阶	3.726	3.744	−0.48
	扭转二阶	6.039	6.192	−2.47
	纵向一阶	2.196	2.205	−0.41
	纵向二阶	7.020	6.939	1.17
跨声速	横向一阶	1.422	1.422	0.00
	横向二阶	3.402	3.384	0.53
	横向三阶	4.437	4.437	0.00
	扭转一阶	4.347	4.347	0.00
	扭转二阶	7.758	7.740	0.23
	纵向一阶	2.718	2.709	0.33
	纵向二阶	7.794	7.758	0.46

续表

状态	模态特征	集中质量方法计算结果/Hz	耦合质量方法计算结果/Hz	相对变化/%
助推器发动机关机	横向一阶	1.575	1.584	−0.57
	横向二阶	4.212	4.437	−5.07
	横向三阶	8.280	8.559	−3.26
	扭转一阶	7.074	7.137	−0.88
	扭转二阶	10.539	11.340	−7.06
	纵向一阶	9.054	9.648	−6.16
	纵向二阶	10.836	10.926	−0.82

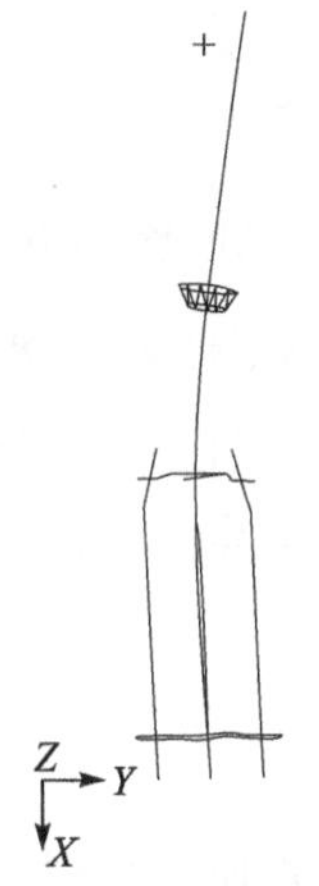

(a) 集中质量方法

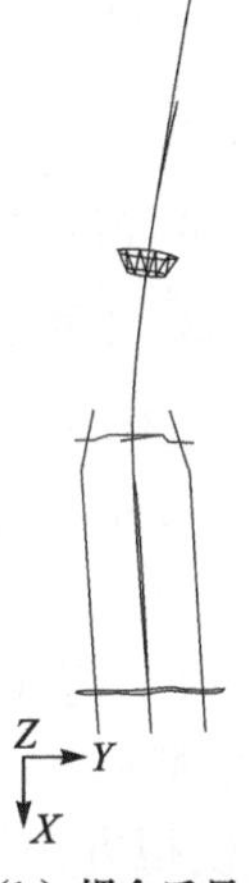

(b) 耦合质量方法

图 3.27　不同分析方法横向一阶模态比较

(a) 集中质量方法

(b) 耦合质量方法

图 3.28　不同分析方法横向二阶模态比较

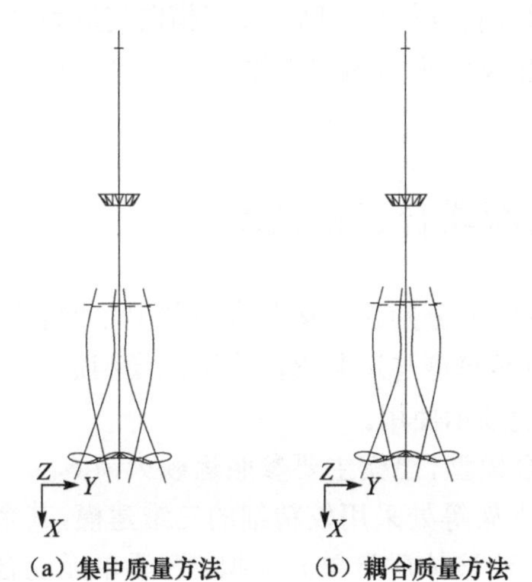

(a) 集中质量方法　(b) 耦合质量方法

图 3.29　不同分析方法扭转一阶模态比较

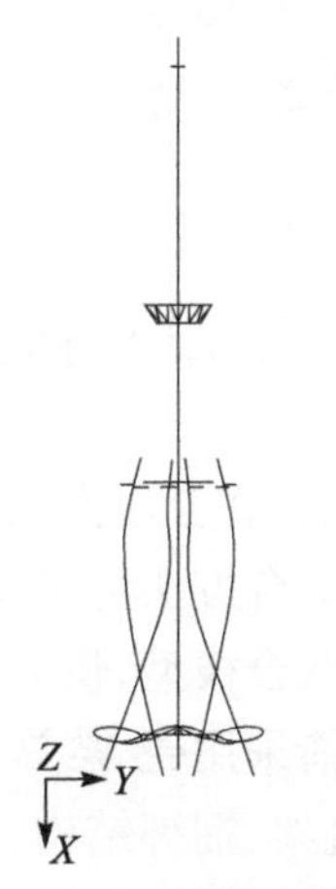

(a) 集中质量方法

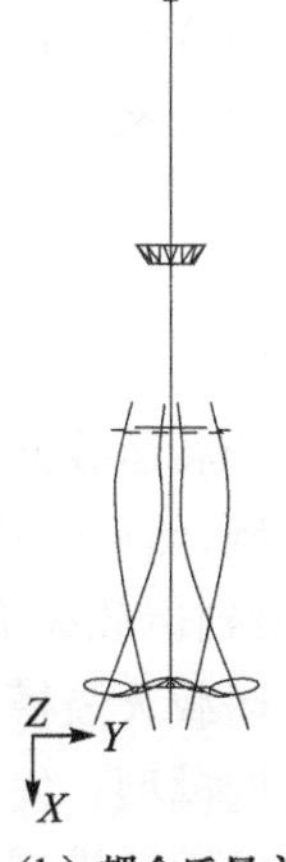

(b) 耦合质量方法

图 3.30　不同分析方法扭转二阶模态比较

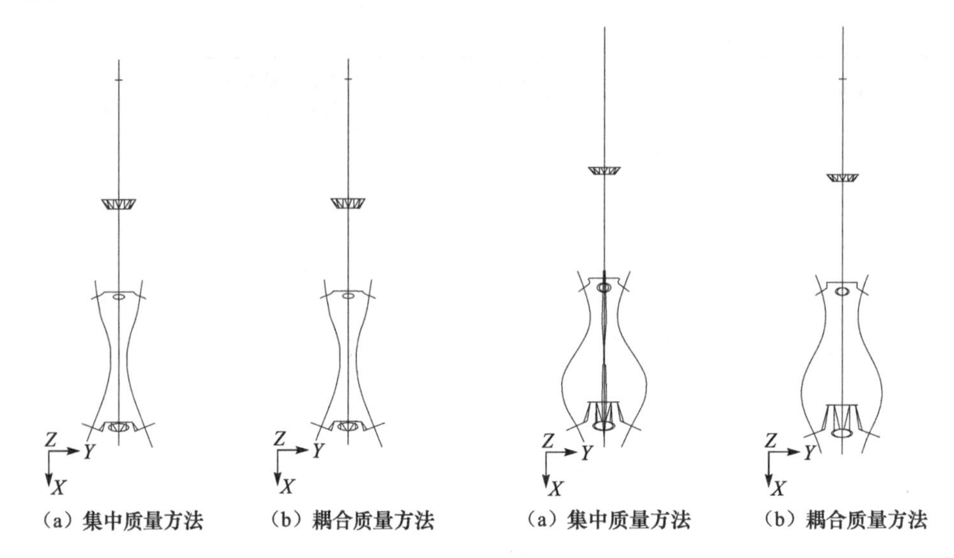

（a）集中质量方法 （b）耦合质量方法

图 3.31 不同分析方法纵向一阶模态比较

（a）集中质量方法 （b）耦合质量方法

图 3.32 不同分析方法纵向二阶模态比较

从表 3.8 中的频率数据可以看出，与串联状态不同，对捆绑火箭采用集中质量和耦合质量两种推进剂模拟方法不仅对全箭纵向频率有影响，而且对全箭横向、扭转频率也有一定影响。横向、扭转模态中纵向参与程度越大，其影响也越大。不同状态下两种推进剂模拟方法对频率的影响程度不同，起飞和跨声速状态二者差别较小，助推器关机状态二者差别较大，但频率变化都在 8%以内。

从图 3.27～图 3.32 可以看出，两种推进剂模拟方法得到的各阶模态相似，由于助推器较长，前后捆绑点跨度大，助推器横向刚度低，火箭出现了明显的横向与扭转耦合、纵向与横向耦合现象。在火箭扭转模态中，芯级以扭转变形为主，助推器以横向变形为主；在纵向模态中，芯级以纵向变形为主，助推器以横向变形为主。若纵向特性分析采用弹簧-质量模型，则无法反映火箭纵向与横向耦合、纵向与扭转耦合现象。

3.5 卫星与运载火箭联合建模技术

开展运载火箭与卫星联合建模工作，首先要分别建立运载火箭与卫星的有限元模型，然后运用模态综合方法将卫星有限元模型与运载火箭有限元模型进行综合，得到运载火箭卫星联合模型，供力学环境预示使用。

运载火箭模型：全箭采用壳-梁单元混合模型，建模主要参照运载火箭真实三维结构模型。发动机机架、捆绑结构、飞船支架等处采用较精细的三维建模，其余结构采用梁模型，推进剂采用基于耦合质量法液体质量单元模拟，壳-梁单元混合模型能够实现对运载火箭的整体模态特性和纵向传递特性的合理模拟。

卫星模型：主要包括两类，一是三维有限元模型，另一是基于 Craig-Bampton 固定界面模态综合法缩聚的广义动力学模型（质量矩阵 M_{AA} 和刚度矩阵 K_{AA}）。

模态综合法的思想："化整为零，积零为整"，首先分析各子结构动力学方程，然后利用各子系统间界面联结条件，把子结构不独立的自由度变换成整个系统耦联的自由度，实现子系统间的综合联结，得到整个系统的动力学特性。运载火箭卫星界面主要是卫星支架对界面。模态综合法包括固定界面法、自由界面法、固定-自由混合法，卫星与运载火箭联合建模主要采用固定界面模态综合法，下面进行简单介绍[29]。

1. 子结构分割及第一次坐标变换

对于无阻尼系统，子结构的振动方程为

$$M\ddot{x} + Kx = f \tag{3.142}$$

按照非界面物理坐标 x_N 和界面物理坐标 x_I 将上述方程改写为

$$\begin{bmatrix} M_{NN} & M_{NI} \\ M_{IN} & M_{II} \end{bmatrix} \begin{Bmatrix} \ddot{x}_N \\ \ddot{x}_I \end{Bmatrix} + \begin{bmatrix} K_{NN} & K_{NI} \\ K_{IN} & K_{II} \end{bmatrix} \begin{Bmatrix} x_N \\ x_I \end{Bmatrix} = \begin{Bmatrix} 0 \\ f_I \end{Bmatrix} \tag{3.143}$$

式中，f_I 为界面力。当系统自由振动时，非界面力为零。

对于固定界面法，界面物理坐标为零，即 $x_I=0$。由式(3.143)得子结构自由振动方程

$$M_{NN}\ddot{x}_N + K_{NN}x_I = 0 \tag{3.144}$$

由方程(3.144)可解得系统正则化模态 ϕ_r，有

$$\phi_r^T M_{NN} \phi_r = 1 \tag{3.145}$$

$$\phi_r^T K_{NN} \phi_r = \lambda_r^2 \tag{3.146}$$

令

$$\Phi_{NN} = [\phi_1, \phi_2, \cdots]$$

则

$$\Phi_R = \begin{bmatrix} \Phi_{NN} \\ \vdots \\ 0 \end{bmatrix} \tag{3.147}$$

为子结构的主模态集。主模态集通常是不完备的，它是将高阶模态截断后形成的低阶模态集。

与式(3.143)相应的子结构静力平衡方程为

$$\begin{bmatrix} K_{NN} & K_{NI} \\ K_{IN} & K_{II} \end{bmatrix} \begin{Bmatrix} x_N \\ x_I \end{Bmatrix} = \begin{Bmatrix} 0 \\ f_I \end{Bmatrix} \tag{3.148}$$

由式(3.148)的第一式得到

$$x_N = -K_{NN}^{-1} K_{NI} x_I \tag{3.149}$$

或

$$x_{\mathrm{N}} = \Phi_{\mathrm{NI}} x_{\mathrm{I}} \tag{3.150}$$

令

$$\Phi_C = \begin{bmatrix} \Phi_{\mathrm{NI}} \\ \vdots \\ I \end{bmatrix} = \begin{bmatrix} -K_{\mathrm{NN}}^{-1} K_{\mathrm{NI}} \\ \vdots \\ I \end{bmatrix} \tag{3.151}$$

为结构的约束模态集。约束模态相当于给定某些界面自由度为单位位移,而其他界面自由度为零时所形成的静模态。约束模态的数目等于子结构界面自由度的数目。

令模态矩阵

$$\Phi = [\Phi_R, \Phi_C] \tag{3.152}$$

作第一次坐标变换,把子结构物理坐标 x 变换到模态坐标 p 上,得到

$$x = \Phi p \tag{3.153}$$

或写作

$$\begin{Bmatrix} x_{\mathrm{N}} \\ x_{\mathrm{I}} \end{Bmatrix} = \begin{bmatrix} \Phi_{\mathrm{NN}} & \Phi_{\mathrm{NI}} \\ 0 & I \end{bmatrix} \begin{Bmatrix} p_{\mathrm{N}} \\ p_{\mathrm{I}} \end{Bmatrix} \tag{3.154}$$

式中,p_{N} 对应主模态的模态坐标;p_{I} 对应约束模态的模态坐标。由式(3.142)可以得到 $p_{\mathrm{I}} = x_{\mathrm{I}}$,即约束模态坐标就是界面物理坐标。

利用坐标变换式(3.153)将子结构运动方程式(3.142)变换到模态坐标 p 上得

$$\overline{M}\ddot{p} + \overline{K}p = g \tag{3.155}$$

式中

$$\begin{aligned} \overline{M} &= \Phi^{\mathrm{T}} M \Phi \\ \overline{K} &= \Phi^{\mathrm{T}} K \Phi \\ g &= \Phi^{\mathrm{T}} f \end{aligned} \tag{3.156}$$

考虑坐标变换式(3.154),有

$$\begin{aligned} \overline{M} &= \begin{bmatrix} I & \overline{M}_{\mathrm{NI}} \\ \overline{M}_{\mathrm{IN}} & \overline{M}_{\mathrm{II}} \end{bmatrix} \\ \overline{K} &= \begin{bmatrix} \overline{K}_{\mathrm{NN}} & 0 \\ 0 & \overline{K}_{\mathrm{II}} \end{bmatrix} \end{aligned} \tag{3.157}$$

式中

$$\begin{aligned} \overline{M}_{\mathrm{NI}} &= \overline{M}_{\mathrm{IN}}^{\mathrm{T}} = \Phi_{\mathrm{NN}}(M_{\mathrm{NN}}\Phi_{\mathrm{NI}} + M_{\mathrm{NI}}) \\ \overline{M}_{\mathrm{II}} &= M_{\mathrm{II}} + \Phi_{\mathrm{NI}}(M_{\mathrm{NN}}\Phi_{\mathrm{NI}} + M_{\mathrm{NI}}) + M_{\mathrm{IN}}\Phi_{\mathrm{NI}} \\ \overline{K}_{\mathrm{NN}} &= \Lambda_{\mathrm{N}}^{2} \\ \overline{K}_{\mathrm{II}} &= K_{\mathrm{II}} + K_{\mathrm{IN}}\Phi_{\mathrm{NI}} \end{aligned} \tag{3.158}$$

2. 第二次坐标变换建立系统方程

建立相互独立的运载火箭(L)和卫星(S)两个子结构在模态坐标下的振动方程

$$\begin{bmatrix} \overline{M}_L & 0 \\ 0 & X\overline{M}_S \end{bmatrix} \begin{Bmatrix} \ddot{p}_L \\ \ddot{p}_S \end{Bmatrix} + \begin{bmatrix} \overline{K}_L & 0 \\ 0 & \overline{K}_S \end{bmatrix} \begin{Bmatrix} p_L \\ p_S \end{Bmatrix} = \begin{Bmatrix} g_L \\ g_S \end{Bmatrix} \tag{3.159}$$

然后考虑子结构 L 和 S 为刚性连接，则位移协调方程为 $x_{IL}=x_{IS}$，即 $p_{IL}=p_{IS}$。这样可以选择系统的广义坐标为

$$q = [q_{NL}, q_{NS}, q_I]^T \tag{3.160}$$

从而建立了系统广义坐标 q 与不连接的非独立坐标 p 之间的变换关系为

$$\begin{Bmatrix} p_{NL} \\ p_{IL} \\ p_{NS} \\ p_{IS} \end{Bmatrix} = \begin{bmatrix} I & 0 & 0 \\ 0 & 0 & I \\ 0 & I & 0 \\ 0 & 0 & I \end{bmatrix} \begin{Bmatrix} q_{NL} \\ q_{NS} \\ q_I \end{Bmatrix} \tag{3.161}$$

或简记作

$$p = \beta q \tag{3.162}$$

上述过程即为建立系统方程所作的坐标变换，称为第二次坐标变换。利用式(3.162)可将式(3.159)变换到广义坐标 q 上，从而建立系统无阻尼自由振动方程为

$$\overline{\overline{M}}\ddot{q} + \overline{\overline{K}}\ddot{q} = 0 \tag{3.163}$$

式中

$$\overline{\overline{M}} = \begin{bmatrix} I_L & 0 & \overline{M}_{NIL} \\ 0 & I_S & \overline{M}_{NIS} \\ \overline{M}_{NIL} & \overline{M}_{NIS} & \overline{M}_{NIS} + \overline{M}_{IIS} \end{bmatrix}$$

$$\overline{\overline{K}} = \begin{bmatrix} \overline{K}_{NIL} & 0 & 0 \\ 0 & \overline{K}_{NIS} & 0 \\ 0 & 0 & \overline{K}_{NIS} + \overline{K}_{IIS} \end{bmatrix} \tag{3.164}$$

将模态坐标下的振型通过两次坐标变换返回到物理坐标上，即可得到物理坐标下的振型。

3. 固定界面法中自由度的减缩

1) 主模态坐标的减缩

在式(3.163)中，设

$$q(t)=Qe^{j\omega t} \tag{3.165}$$

则得到特征值问题

$$\begin{bmatrix} K_{NN} & 0 \\ 0 & K_{II} \end{bmatrix}\begin{bmatrix} Q_N \\ Q_I \end{bmatrix}-\omega^2\begin{bmatrix} M_{NN} & M_{NI} \\ M_{IN} & M_{II} \end{bmatrix}\begin{bmatrix} Q_N \\ Q_I \end{bmatrix}=0 \tag{3.166}$$

式中，Q_N 为各子结构的主模态坐标；Q_I 为界面坐标。再将 Q_N 分割为 Q_a 与 Q_b。其中 Q_a 为保留的主模态坐标；Q_b 为被缩减的主模态坐标，式(3.166)可以写为

$$\begin{bmatrix} K_{aa} & 0 & 0 \\ 0 & K_{bb} & 0 \\ 0 & 0 & K_{II} \end{bmatrix}\begin{bmatrix} Q_a \\ Q_b \\ Q_I \end{bmatrix}-\omega^2\begin{bmatrix} M_{aa} & 0 & M_{aI} \\ 0 & M_{bb} & M_{bI} \\ M_{Ia} & M_{Ib} & M_{II} \end{bmatrix}\begin{bmatrix} Q_a \\ Q_b \\ Q_I \end{bmatrix}=0 \tag{3.167}$$

从上述方程的第二式可解得

$$(K_{bb}-\omega^2 M_{bb})Q_b=\omega^2 M_{bI}Q_I \tag{3.168}$$

或

$$Q_b=\omega^2(K_{bb}-\omega^2 M_{bb})^{-1}M_{bI}Q_I \tag{3.169}$$

因为 $K_{bb}=[\lambda_{bn}{}^2]$，$M_{bb}=I$，所以

$$Q_b=\left(\frac{(\omega/\lambda_{bn})^2}{1-(\omega/\lambda_{bn})^2}\right)^{-1}M_{bI}Q_I \tag{3.170}$$

由式(3.170)可以看出，当 $\omega/\lambda_{bn}\ll 1$ 时，则有 $Q_I\approx 0$。因此只要子结构的固有频率 λ_n 远大于所要求系统的固有频率，则该频率对应的子结构主模态可以略去。这样式(3.167)变为

$$\begin{bmatrix} K_{aa} & 0 \\ 0 & K_{II} \end{bmatrix}\begin{bmatrix} Q_a \\ Q_I \end{bmatrix}-\omega^2\begin{bmatrix} M_{aa} & M_{aI} \\ M_{Ia} & M_{II} \end{bmatrix}\begin{bmatrix} Q_a \\ Q_I \end{bmatrix}=0 \tag{3.171}$$

综上所述，可以按最高频率截取子结构的主模态数，例如，如果限制系统的最高频率不超过 100Hz，则可限制每个子结构的固有频率不超过 1000Hz 或者 2000Hz。这样就能合理地选取各子结构的模态数。

2) 界面坐标的减缩

关于界面坐标的减缩，Craig 提出了三种方法，即 Guyan 减缩、Ritz 减缩和模态减缩。其中前两种方法比较简单、适用，介绍如下。

(1) 界面坐标的 Guyan 减缩。

考虑式(3.166)，如果把界面坐标划分为保留的界面坐标 Q_e 和被减缩的界面坐标 Q_f，则式(3.171)可以改写为

$$\begin{bmatrix} K_{NN} & 0 & 0 \\ 0 & K_{ee} & K_{ef} \\ 0 & K_{fe} & K_{ff} \end{bmatrix}\begin{bmatrix} Q_N \\ Q_e \\ Q_f \end{bmatrix}-\omega^2\begin{bmatrix} M_{NN} & M_{Ne} & M_{Nf} \\ M_{eN} & M_{ee} & M_{ef} \\ M_{fN} & M_{fe} & M_{ff} \end{bmatrix}\begin{bmatrix} Q_N \\ Q_e \\ Q_f \end{bmatrix}=0 \tag{3.172}$$

Guyan 减缩是一种静力减缩,它建立在忽略惯性项的基础上。在方程(3.172)的第三式中,若忽略惯性项,则可得到

$$Q_{\mathrm{f}} = \psi_{\mathrm{fe}} Q_{\mathrm{e}} \tag{3.173}$$

式中

$$\psi_{\mathrm{fe}} = -K_{\mathrm{ff}}^{-1} K_{\mathrm{fe}} \tag{3.174}$$

系统位移的变换为

$$\begin{bmatrix} Q_{\mathrm{N}} \\ Q_{\mathrm{e}} \\ Q_{\mathrm{f}} \end{bmatrix} = \begin{bmatrix} I & 0 \\ 0 & I \\ 0 & \psi_{\mathrm{fe}} \end{bmatrix} \begin{bmatrix} \bar{Q}_{\mathrm{N}} \\ \bar{Q}_{\mathrm{e}} \end{bmatrix} \tag{3.175}$$

利用变换式(3.175),可将式(3.172)写为

$$\begin{bmatrix} \bar{K}_{\mathrm{NN}} & 0 \\ 0 & \bar{K}_{\mathrm{ee}} \end{bmatrix} \begin{bmatrix} \bar{Q}_{\mathrm{N}} \\ \bar{Q}_{\mathrm{e}} \end{bmatrix} - \omega^2 \begin{bmatrix} \bar{M}_{\mathrm{NN}} & \bar{M}_{\mathrm{Ne}} \\ \bar{M}_{\mathrm{eN}} & \bar{M}_{\mathrm{ee}} \end{bmatrix} \begin{bmatrix} \bar{Q}_{\mathrm{N}} \\ \bar{Q}_{\mathrm{e}} \end{bmatrix} = 0 \tag{3.176}$$

式中

$$\begin{aligned} \bar{K}_{\mathrm{NN}} &= K_{\mathrm{NN}} \\ \bar{K}_{\mathrm{ee}} &= K_{\mathrm{ee}} + K_{\mathrm{ef}} \psi_{\mathrm{fe}} \\ \bar{M}_{\mathrm{NN}} &= M_{\mathrm{NN}} = I \\ \bar{M}_{\mathrm{Ne}} &= \bar{M}_{\mathrm{eN}}^{\mathrm{T}} = M_{\mathrm{Ne}} + M_{\mathrm{Nf}} \psi_{\mathrm{fe}} \\ \bar{M}_{\mathrm{ee}} &= M_{\mathrm{ee}} + M_{\mathrm{ef}} \psi_{\mathrm{fe}} + \psi_{\mathrm{fe}}^{\mathrm{T}} (M_{\mathrm{fe}} + M_{\mathrm{ff}} \psi_{\mathrm{fe}}) \end{aligned} \tag{3.177}$$

Guyan 减缩结果的好坏取决于保留坐标 Q_{e} 的选择。通常根据刚度矩阵与质量矩阵的对角元素之比 k_{ii}/m_{ii} 来选择。即保留其较小者,减缩其较大者。有时根据经验来选择,例如,平板的横向振动,一般保留法向位移坐标,减缩转角坐标。

(2) 界面坐标的 Ritz 减缩。

Craig 提出的 Ritz 减缩比较简单,它认为界面位移 Q_{I} 可按 Ritz 向量展开为

$$Q_{\mathrm{I}} = \psi_{\mathrm{IG}} \bar{Q}_{\mathrm{G}} \tag{3.178}$$

一般来说,矩阵 ψ_{IG} 是长矩阵($n_{\mathrm{I}} \geqslant n_{\mathrm{G}}$)。矩阵 ψ_{IG} 的每一列都是给定的 Ritz 向量,有

$$\begin{bmatrix} Q_{\mathrm{N}} \\ Q_{\mathrm{I}} \end{bmatrix} = \begin{bmatrix} I & 0 \\ 0 & \psi_{\mathrm{IG}} \end{bmatrix} \begin{bmatrix} \bar{Q}_{\mathrm{N}} \\ \bar{Q}_{\mathrm{G}} \end{bmatrix} \tag{3.179}$$

或

$$Q = \psi \bar{Q} \tag{3.180}$$

利用坐标变换式(3.180)可将式(3.166)写为

$$\begin{bmatrix} \bar{K}_{\mathrm{NN}} & 0 \\ 0 & \bar{K}_{\mathrm{GG}} \end{bmatrix} \begin{bmatrix} \bar{Q}_{\mathrm{N}} \\ \bar{Q}_{\mathrm{G}} \end{bmatrix} - \omega^2 \begin{bmatrix} \bar{M}_{\mathrm{NN}} & \bar{M}_{\mathrm{NG}} \\ \bar{M}_{\mathrm{GN}} & \bar{M}_{\mathrm{GG}} \end{bmatrix} \begin{bmatrix} \bar{Q}_{\mathrm{N}} \\ \bar{Q}_{\mathrm{G}} \end{bmatrix} = 0 \tag{3.181}$$

式中

$$
\begin{aligned}
\overline{K}_{NN} &= K_{NN} \\
\overline{K}_{GG} &= \psi_{IG}^{T} K_{II} \psi_{IG} \\
\overline{M}_{NN} &= M_{NN} = I \\
\overline{M}_{NG} &= \overline{M}_{GN}^{T} = M_{NI} \psi_{IG} \\
\overline{M}_{GG} &= \psi_{IG}^{T} M_{II} \psi_{IG}
\end{aligned} \tag{3.182}
$$

(3) 改进的 Ritz 减缩。

Craig 提出的 Ritz 减缩是在综合方程形成之后进行的,改进的 Ritz 减缩可在子结构方程内进行,其综合精度较前者高。

选一组界面模态 ψ_I,通过静力平衡方程(3.148)可建立方程

$$
\begin{bmatrix} K_{NN} & K_{NI} \\ K_{IN} & K_{II} \end{bmatrix} \begin{bmatrix} \phi_{NI} \\ \psi_I \end{bmatrix} = \begin{bmatrix} 0 \\ f_I \end{bmatrix} \tag{3.183}
$$

由上述方程可解得

$$
\phi_{NI} = - K_{NN}^{-1} K_{NI} \psi_I \tag{3.184}
$$

令约束模态

$$
\phi_c = \begin{bmatrix} \phi_{NI} \\ \psi_I \end{bmatrix} = \begin{bmatrix} - K_{NN}^{-1} K_{NI} \psi_I \\ \psi_I \end{bmatrix} \tag{3.185}
$$

由于 ψ_I 所对应的界面模态坐标比界面物理坐标少,所以界面自由度得到减缩。

3.6 小　　结

本章首先介绍有限元方法基本原理和杆、梁、板壳等典型结构的有限单元法,并对模态综合技术中所涉及的基本方法步骤进行简要综述,然后重点介绍卫星和运载火箭的有限元模型建立、不同模型精度对比及修正、典型工程算例分析等。应该指出的是,无论是运载火箭典型结构的动力学模型等效技术、液体推进剂的一体化建模技术,还是卫星的三维有限元建模及基于模态和动态响应的模型修正技术,都处于不断发展和完善过程中,概括起来,今后应关注以下几个方面:

(1) 加强精细化建模技术研究。运载火箭和卫星研制部门经过数十年发展,在各自领域均形成了一套工程适用的建模方法,但尚不能满足日益增长的大规模、高精度、高性能的需要。虽然我们在建模理论和方法、数值仿真工具和手段、地面试验验证设备和条件上,具备了较好的基础,但分析水平和精度与国外有一定差距,主要体现在精细化建模方面。今后,应系统梳理建模中的薄弱环节,由部件到整体,由分析到试验形成一条完整的链路,从物理本质上挖掘并形成建模的经验,

从工程实践中逐步提高建模水平。

(2) 深化基于响应数据的模型修正方法研究。国内外基于模态参数的模型修正方法已经成功应用于航天工程实际中，对有效提高分析模型的精度产生了重要作用，但相比卫星与运载火箭的模态特性，响应数据的物理意义更加明确，特别是航天领域广泛开展的正弦振动响应。由于非线性特征的凸显、阻尼特性研究的匮乏、系统级试验技术的不尽完备，使得基于响应数据的修正一直受到很大挑战。今后应针对航天工程中大量的正弦振动响应数据发展相应的模型修正方法，建立一条切实可行的工程建模方法。

(3) 重视复杂连接结构的建模技术研究。无论星箭组合结构还是单独的卫星和运载火箭结构，都存在大量的连接结构。连接结构处理得恰当与否，直接影响建模精度的高低。在航天工程上，针对多数连接结构，一般采用刚性连接、线性处理，但对于运载火箭上包括多分支并联结构之间存在传递路线不连续问题、助推器与火箭芯级之间捆绑连接结构等效模拟问题、星箭包带连接的非线性问题均会带来很大的误差。这类连接结构因构型复杂、结构和材料迥异，必须有针对性开展专题深入研究，才能形成专用的工程建模方法。

参考文献

[1] 马兴瑞，韩增尧，邹元杰，等. 航天器力学环境分析与条件设计研究进展[J]. 宇航学报，2012，33(1)：1～12.

[2] 马兴瑞，于登云，韩增尧，等. 星箭力学环境分析与试验技术研究进展[J]. 宇航学报，2006，27(3)：323～331.

[3] 王勖成. 有限单元法[M]. 北京：清华大学出版社，2003.

[4] 丁继锋. 复杂航天器结构动力学模型修正方法及其应用研究[D]. 北京：中国空间技术研究院，2010.

[5] Mottershead J E，Friswell M I. Model updating in structural dynamics：A survey[J]. Journal of Sound and Vibration，1993，163(2)：347～375.

[6] Baruch M. Optimization procedure to correct stiffness and flexibility matrices using vibration data[J]. American Institute of Aeronautics and Astronautics Journal，1978，16(11)：1208～1210.

[7] Berman A. Comment on optimal weighted orthogonalization of measured modes[J]. American Institute of Aeronautics and Astronautics Journal，1979，17(8)：927～928.

[8] Thonon C，Golinval J C. Results obtained by minimising natural frequency and Mac-Value errors of a beam model[J]. Mechanical Systems and Signal Processing，2003，17(1)：65～72.

[9] Friswell M I，Mottershead J E. Finite Element Model Updating in Structural Dynamics[M]. Boston：Kluwer Academic Publishers，1995.

[10] Fox F L，Kapoor M P. Rates of change of eigenvalues and eigenvectors[J]. American Institute of Aeronautics and Astronautics Journal，1968，6(12)：2426～2429.

[11] Collins J D, Hart G C. Statistical identification of structures[J]. American Institute of Aeronautics and Astronautics Journal, 1974, 12(2): 185～190.

[12] Coleman M, Peng C Y, Smith K S. Test verification of the Cassini spacecraft dynamic model [R]. Institute of Electrical and Electronics Engineers, 1997.

[13] Smith K S, Peng C Y. Modal test of the Cassini Spacecraft[C]. Proceedings of the 15th International Modal Analysis Conference, Orlando, 1997.

[14] Heylen W, Lammens S. FRAC: A consistent way of comparing frequency response functions [C]. The Conference of Identification in Engineering Systems, Swansea, 1996.

[15] Ahmadian H, Mottershead J E. Regularisation methods for finite element model updating [J]. Mechanical Systems and Signal Processing, 1998, 12(1): 47～64.

[16] 龙乐豪. 导弹与航天丛书——总体设计[M]. 上册. 北京：中国宇航出版社，1989: 469～475.

[17] 于海昌，朱礼文. 大型捆绑火箭模态试验/分析的相关性研究[J]. 导弹与航天运载技术，1993, 22(2): 42～52.

[18] 吴素春，贾文成，邱吉宝. 载人运载火箭全箭模态试验[J]. 宇航学报，2005, 26(5): 531～534.

[19] Alley V L Jr, Leadbetter S A. Prediction and measurement of natural vibrations of multistage launch vehicles[R]. American Institute of Aeronautics and Astronautics, 1963.

[20] Leadbetter S A. Application of analysis and models to structural dynamic problems related to the apollo-saturn V launch vehicle[R]. National Aeronautics and Space Administration, 1970.

[21] 王毅，朱礼文，等. 大型运载火箭动力学关键技术及其进展综述[J]. 导弹与航天运载技术，2000, 29(1): 29～37.

[22] 邱吉宝. 航天器计算结构动力学研究情况展望[J]. 导弹与航天运载技术，1993, (4): 37～44.

[23] 邱吉宝，王建民. 运载火箭模态试验仿真技术研究新进展[J]. 宇航学报，2007, 28(3): 515～521.

[24] 王建民，荣克林. 捆绑火箭全箭动力学特性研究[J]. 宇航学报，2009, 30(3): 821～826.

[25] 王龙生，张德文. 火箭结构有限元分析的若干问题[J]. 强度与环境，1988, (3): 45～53.

[26] 潘忠文，邢誉峰，杨阳. 蒙皮加筋圆柱壳扭转频率的三种计算模型[J]. 北京航空航天大学学报，2011, 30(9): 821～826.

[27] 潘忠文，王旭，邢誉峰，等. 基于梁模型的火箭纵横扭一体化建模技术[J]. 宇航学报，2010, 40(8): 920～928.

[28] Pan Z W, Xing Y F, Zhu L W. Liquid propellant analogy technique in dynamic modeling of launch vehicle[J]. Technological Sciences, 2010, 53(8): 2102～2110.

[29] 潘忠文. 运载火箭动力学建模及振型斜率预示技术[J]. 中国科学 E 辑：技术科学，2009, 60(3): 469～473.

第4章　卫星与运载火箭力学环境测量与分析技术

卫星与运载火箭飞行过程中，力学环境测量是准确获取力学环境最直接、最有效的手段。与地面单项环境试验不同，飞行过程中过载、振动、噪声、冲击等不同性质、不同频段、不同量级环境同时存在，如何在复杂的综合环境下获取所需要的准确信息成为一项非常复杂的技术。

经过多年的研究，卫星与运载火箭飞行过程中力学环境测量技术取得了长足进展，数据采集实现了从模拟到数字转化，数据容量从0.8Mbit提升至10Mbit。由于环境的复杂性，经常发生在高量级冲击作用下引起的振动参数“阻塞”现象。该现象在测量原理上是电荷积累、放电的必然结果，须采用一定的技术手段予以避免，具体技术涉及测量技术方案的变革，包括传感器原理的选择、传感器力学环境的适应性、传感器与安装支架的动态标定、电荷放大器的快速放电、传感器建模及误差修正等。

本章首先介绍运载火箭飞行过程中受到的各种外载荷，然后分别阐述运载火箭与卫星力学环境测量技术，最后对测量数据的处理方法进行详细分析[1~11]。

4.1　运载火箭飞行过程中的外载荷

运载火箭在起飞及飞行过程中会受到各种外载荷的作用。主要包括风载荷、发动机作用力、发动机喷流噪声及气动噪声等。不同飞行阶段，运载火箭所受到的外载荷形式不同。发射起飞时段，主要受发动机作用力、发动机喷流噪声及风载荷作用；随着运载火箭速度的增大，气动力作用越来越大，当运载火箭速度达到跨声速时，运载火箭整流罩及助推器头部会受到较大的气动噪声的作用，发动机喷流噪声仍作用在运载火箭上；当运载火箭速度超过声速时，发动机喷流噪声不再作用在运载火箭上，随着高度的继续增加，运载火箭飞出稠密大气层，气动作用力越来越小，此时运载火箭仅受到发动机作用力。

4.1.1　风和紊流

当运载火箭处于发射台上时，必须承受阵风引起的载荷，起飞后，上升阶段同样存在大气扰动(紊流)。虽然由于阵风和大气紊流产生机理的不同而导致风速随机特性的不同，但是通常都可用波数谱来描述。谱的形状仅取决于积分长度，该参数为干扰信号的自相关函数下的净面积。对于积分长度分别为120m和300m的典型晴空紊流，其波数谱(按 1m/s 的均方根速度进行归一)如图 4.1 所示。运载器在大气中以高速飞行，扰动激励的频率很低，例如，当飞行器速度 $V=1000\text{m/s}$ 时，其波数谱的上限频率为 20Hz。对于变化剧烈的大气紊流，风速最大值可达 10m/s。

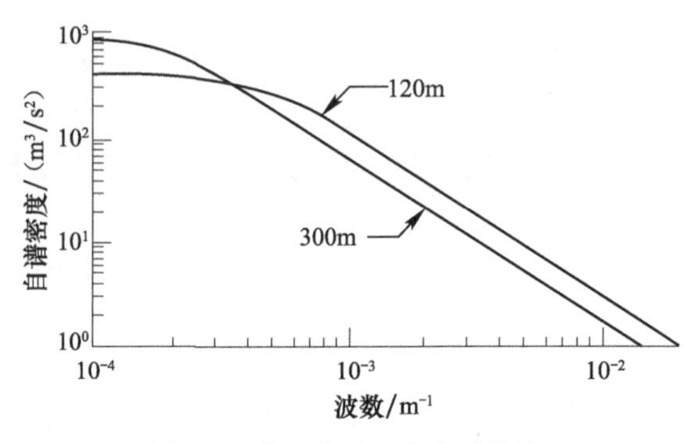

图 4.1　典型的晴空紊流波数谱

4.1.2　发动机喷流噪声

多数运载火箭在 50Hz 以上的动力学环境主要组成部分是由发动机排放气体与周围空气混合产生的紊流所造成的强烈随机性声激励，即发动机喷流噪声。以量纲为一的频率参数“Strouhal 数”为自变量，其声功率谱如图 4.2 所示。不同部位的声压级是由下列因素决定的：①火箭发动机的个数；②到喷口的距离；③指向性因数(频率的函数)；④发射台的具体情况，如发射台羽流导流装置设计情况及发射过程中是否喷水。类似于图 4.2 所示的声功率谱，声压级也具有较大的频率带宽。例如，当一个典型的火箭发动机的排气速度为 $V_e=3000\text{m/s}$，喷口直径 $D=2\text{m}$ 时，在图 4.2 中对应无量纲频率参数的频率 f 上限为 15kHz。

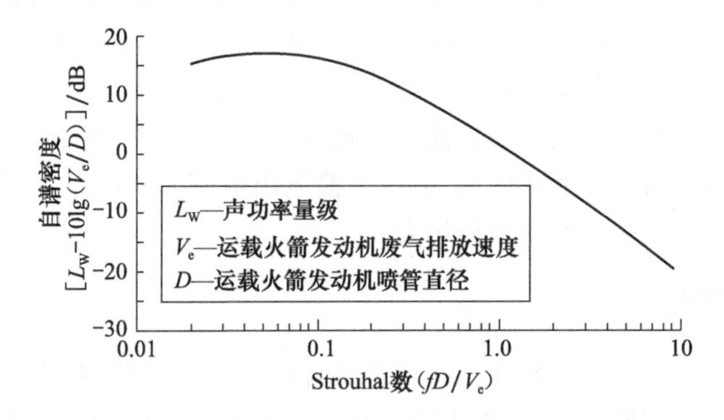

图 4.2　经归一化的发动机产生的声功率自谱

对于运载火箭发动机产生的声压级的测量和预估都在 10kHz 以下。一个大型运载火箭,其发射时的总声压级能超过160dB(参考声压为20μPa),当然,它会随着运载火箭速度的增加而迅速减小,当运载火箭达到超声速后就会完全消失。

4.1.3　空气动力噪声

随着运载火箭在大气中加速,运载火箭和空气的相对运动速度会在运载火箭结构外表面和大气之间的湍流边界层产生压力脉动(通常称为气动噪声)。湍流边界层脉动压力具有随机性。对于平行于空气流动方向的平板结构,脉动压力的量级和谱形通常可以用如图4.3所示的图形描述。湍流边界层脉动压力的总量级是飞行动压$\left(q=\frac{1}{2}\rho v^2\right.$,其中$\rho$为空气密度,$v$为速度$\left.\right)$和马赫数$Ma$的函数,而谱的截止频率$f_0$是速度和边界层位移厚度参数$\delta$的函数,其中$\delta$随着距结构表面(leading edge)距离的增大而增加。几何形状不规则的结构会显著影响湍流边界层压力的量级和谱形,如级间圆锥形裙段。当马赫数稍大于0.85时,会产生冲击波,它与湍流边界层共同作用会使压力增大,有时还会产生抖振载荷。此外,整流罩内或舱孔处的空气动力不稳定可能在有效载荷上产生声压波动,尤其是在升空过程中。

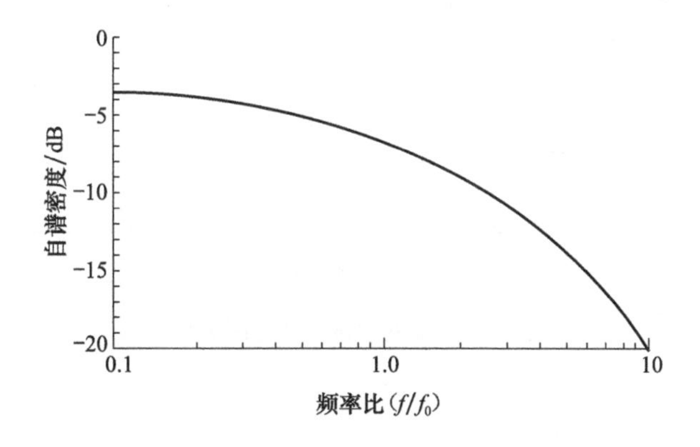

图4.3　归一化湍流边界层脉动压力谱

湍流边界层压力谱通常包含较宽的频率范围,例如,对一个速度为$V=500\text{m/s}$的飞行器,边界层位移厚度为0.01m,图4.3中的截止频率为5kHz。对于湍流边界层压力量级的测量和预估都在10kHz以下。通常情况下,运载火箭在大气层升空过程中,指定位置处的湍流边界层激励幅值先增大后减小,并在最大动压(即q_{max})处达到最大值。在跨声速飞行阶段,在运载火箭变截面位置,尤其是整流罩头锥与柱端交界面附近,激波和边界层的相互作用常常会产生超过最大动压时刻的脉动压力。

4.1.4　发动机推力瞬变

液体运载火箭发动机和固体发动机的启动和关机产生的推力急剧变化(推力

瞬变)是运载火箭飞行过程中重要的动力学载荷之一。虽然推力轴近似与运载火箭的纵轴重合,但由于喷管的不对称性及同时作用的几个发动机的微小时差,会在运载火箭的尾部产生横向载荷和弯矩载荷。最重要的动力学载荷事件应该是导致推力消失的液体发动机关机。有时因为推力的迅速消失,以及由不确定的燃烧引起的推力剧变,或由燃料注入和燃烧的极限环导致的间歇式燃烧不稳定,会引起周期推力振荡(典型情况下频率为 100～1000Hz)。如果推力消失得相对缓慢和平滑,固体发动机燃料的燃尽和液体发动机按命令关机是相当轻微的动力学事件。运载火箭起飞过程中的推力变化是引起运载火箭和卫星上低频率瞬态载荷和随机载荷的实质性因素。通常由推力瞬变引起的重要的运载火箭结构动力学响应在 50Hz 以下的频率范围内。图 4.4 和图 4.5 分别为两种不同发动机启动、关机时间历程。

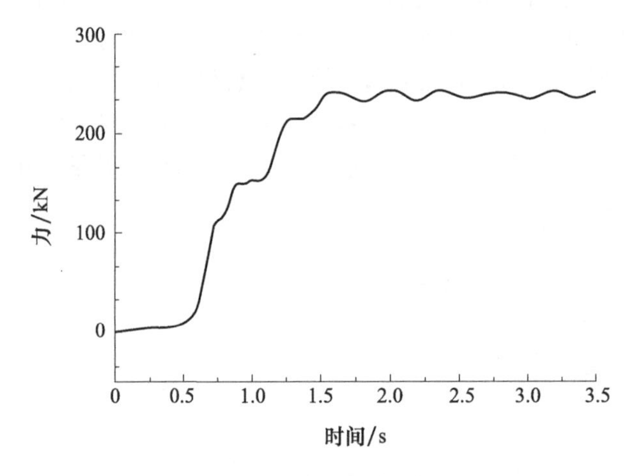

图 4.4　某发动机启动时间历程

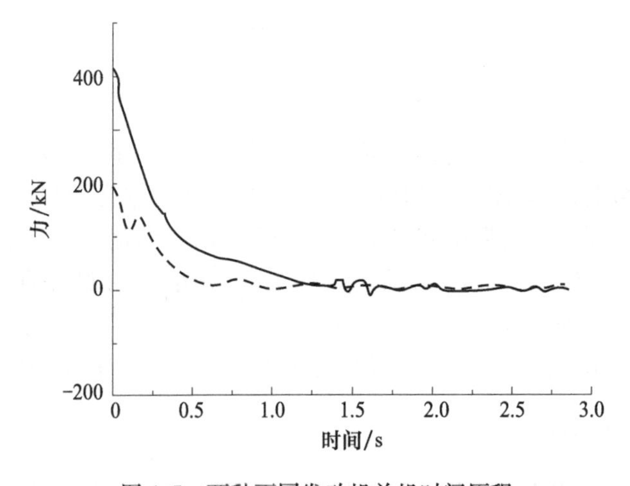

图 4.5　两种不同发动机关机时间历程

4.2　运载火箭力学环境测量技术

4.2.1　运载火箭力学环境测量传感器原理

传统的力学环境测量方法是模拟量直接采集法，即传感器感知被测物理量信号并输出微弱模拟电信号，经过变换器放大为标准 0～5V 电压信号，然后送入测量系统数据采编器，数据采编器按照预定的采样速率进行模拟量采集，经 A/D 转换环节变为数字信号进入基带数据传输通道，并通过数据综合设备形成遥测 PCM(脉冲编码调制)数据流，通过无线信道送至地面接收解调设备，同时 PCM 数据也可以进入数据记录器，在飞行试验后对记录器进行回收。地面数据处理软件按照总体提供的数据处理方法对遥测源码进行处理，还原各类物理量参数。

为了解决速变信号数据量大、遥测带宽不足的问题，近年来测量系统使用了速变预处理信号技术，即传感器变换器输出的模拟量信号先进入速变信号预处理设备进行采集、压缩或谱处理，然后再将压缩或处理结果送至数据传输设备下传，地面数据处理软件对测量结果进行解压缩或数据还原，获取设计所需的测量信息，这样有效节约了测量带宽，扩大了测量容量。

典型的运载火箭力学环境测量系统原理框图如图 4.6 所示。

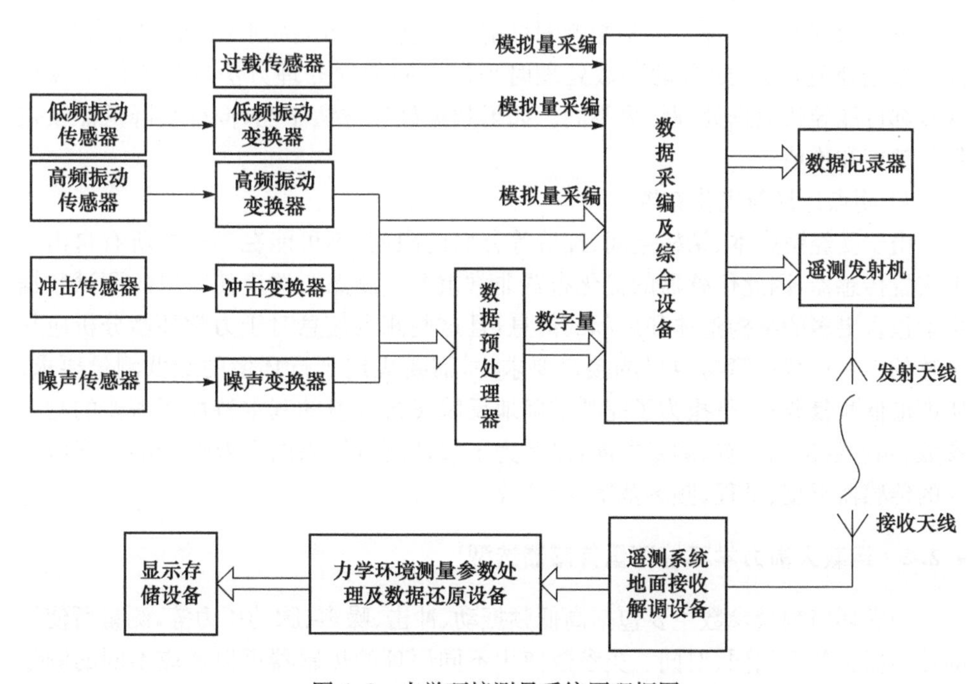

图 4.6　力学环境测量系统原理框图

为实现力学环境参数的精确可靠测量，下面几个环节尤为关键。

1）数据敏感环节

传感器本身性能、安装使用、微弱信号传输等环节都可能引入测量误差。据统计，由于传感器环节引入的测量误差占到全部误差的50%以上，而且这些误差是不可恢复的，无法通过地面数据处理进行修正，因此，合理地选择力学环境测量传感器，并进行正确的安装、使用是实现力学环境可靠并精确测量的基础。

2）数据变换与采集环节

力学环境测量参数大部分为速变信号，具有较大的动态范围。目前测量系统采用的是固定增益变换，即事先预测信号幅值，以此来确定变换器放大倍数，但实际飞行过程中环境复杂，经常出现被测信号超出预期的情况：如果信号变化幅度超出预测值，则可能出现限幅；如果信号过小，则可能出现信号被噪声湮没。因此，合理地设置测量量程，选择合适的信号放大倍数是确保可靠获取力学环境参数的关键环节。

数据采集环节也是决定力学环境参数测量品质的重要环节。理论上说，使用采样频率和编码位数越高，测量结果的精度也就越高，因此在地面试验中，由于不受数据容量限制，往往利用高频率、高编码位数对编码信号进行采样，而在早期飞行试验中由于受到了测量系统数据带宽的限制，测量精度受到一定程度影响。

3）数据处理环节

测量数据的处理环节也是影响测量精度的重要一环，特别是速变测量参数，不同的数据处理方法（如振动参数处理时采用不同的预处理方法或加不同的窗函数），都可能导致数据处理结果不同。如果数据处理方法不当，同样会降低测量数据的精度和价值。

4）测点选择与优化布置

由于受经济成本、结构空间、经费等方面的限制，不可能在结构的所有自由度上安置传感器，因此传感器的优化布置非常重要。测点布置应使获得的测试数据尽量包含更多的结构整体和局部的信息，且这些测点信息对于力学环境分析应是足够的。在运载火箭与卫星的接口要求中，需要规定飞行环境的最低测量要求。所谓最低测量要求，是指为了完整准确地反映飞行环境的基本特性所需要的测量参数、测点数量和位置、测量方向，以及为了保证测量结果的有效性和准确度所要求的传感器类型、量程、频率范围、精度等。

4.2.2 运载火箭力学环境测量传感器选型

力学环境测量参数主要包括高低频振动、冲击、噪声、脉动压力等，测量所使用的传感器也各不相同，对同一类参数使用不同原理的传感器可以适应不同的测量需求，合理选择传感器是获取高精度力学环境测量结果的基础，必须予以充分重视。

1. 加速度传感器

加速度传感器主要用来测量振动、冲击等物理量，目前常用的加速度传感器有压电型、压阻型和变电容型三类。由于这三类加速度传感器的性能特点各异，因此其应用场合也不相同：其中，压电型加速度传感器具有高谐振频率和高稳定性，造价低廉、技术成熟，适合各种振动/冲击的测试，它具有独特的高频特性使其特别适合高频振动测量应用，是目前应用最广的加速度传感器；压阻型加速度传感器因其具有良好的低频特性，所以特别适合测量低频振动或冲击，甚至可以测量低至0Hz的振动信号，但它不能测量幅值较大的冲击或振动信号；变电容型加速度传感器具有直流响应能力，能测量低频低幅值加速度，甚至稳态加速度，测量精度很高，但其价格相对比较昂贵，使用较少。

1) 压电型加速度传感器

压电型加速度传感器是以压电材料为转换元件，输出与加速度成正比的电荷或电压量的装置。由于它具有结构简单、工作可靠等一系列优点，目前已成为振动冲击测量技术中使用广泛的一种传感器。约占目前所用的各种加速度传感器总数的80%。此外，压电型加速度传感器量程大、频带宽、体积小、质量小、安装简单、适用于各种恶劣环境。它广泛地应用于航空、航天等各系统的振动、冲击测量。

压电型加速度传感器通常是在压电转换元件上以一定的预紧力安装以高密度合金制成的惯性质量块，当壳体连同基座和被测对象一起运动时，惯性质量块相对于壳体或基座产生一定的位移，由此位移产生的弹性力加于压电元件上，在压电元件的两个端面上就产生了极性相反的电荷。压电型加速度传感器通常不用阻尼元件，且其元件的内部阻尼也很小($\xi<0.02$)，系统可视为无阻尼。压电型加速度传感器原理如图4.7所示。

根据单自由度二阶力学系统的数学模型可知，质量块与基座之间的相对位移z与物体振动加速度成正比，即

$$z=\frac{\dfrac{\mathrm{d}^2x}{\mathrm{d}t^2}}{\omega_{\mathrm{n}}^2\left[1-\left(\dfrac{\omega}{\omega_{\mathrm{n}}}\right)^2\right]} \tag{4.1}$$

式中，x为被测振动的位移；ω为角频率；ω_{n}为固有频率。

$$\begin{cases}\omega_{\mathrm{n}}^2=K/M=(k_1+k_2)(m_{\mathrm{s}}+m_{\mathrm{b}})/(m_{\mathrm{s}}m_{\mathrm{b}})\\K=k_1+k_2\\M=(m_{\mathrm{s}}m_{\mathrm{b}})/(m_{\mathrm{s}}+m_{\mathrm{b}})\end{cases} \tag{4.2}$$

其中，k_1为弹簧刚度；k_2为压电元件的刚度；m_{s}为惯性质量；m_{b}为壳体或基座的

质量；K为等效刚度；M为折算质量。

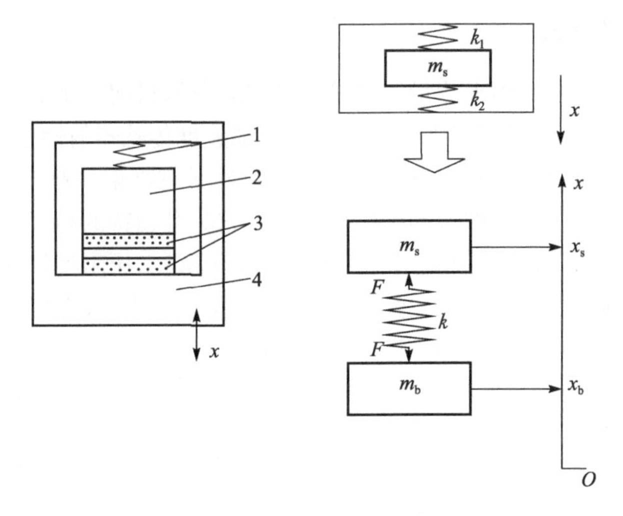

图 4.7　压电加速度传感器原理图

1. 弹簧；2. 惯性质量；3. 压电元件；4. 壳体

作用在压电元件上的力 F 为

$$F = k_2 z = \frac{k_2 \dfrac{\mathrm{d}^2 x}{\mathrm{d}t^2}}{\omega_{\mathrm{n}}^2\left[1-\left(\dfrac{\omega}{\omega_{\mathrm{n}}}\right)^2\right]} \tag{4.3}$$

压电元件表面产生的电荷 Q 为

$$Q = d_{33} F = \frac{d_{33} k_2 \dfrac{\mathrm{d}^2 x}{\mathrm{d}t^2}}{\omega_{\mathrm{n}}^2\left[1-\left(\dfrac{\omega}{\omega_{\mathrm{n}}}\right)^2\right]} \tag{4.4}$$

因此，用适当的测试系统检测出电荷量就实现了对振动加速度的测量。

压电型加速度传感器的结构形式有很多种，常见的有基座压缩型、单端中心压缩型和倒置中心压缩型三种。

2）压阻型加速度传感器

利用硅的压阻效应和微电子技术制作的压阻型加速度传感器是近30年来发展非常迅速的一种新的物性型传感器，具有灵敏度高、响应速度快、可靠性好、精度较高、低功耗、易于微型化与集成化等一系列突出优点。20世纪80年代后，压阻型加速度传感器迅猛发展，已与压电型加速度传感器在振动冲击测量领域平分秋色。

压阻型加速度传感器实质上是一个力传感器，它是利用测量固定质量在受到加速度作用时产生的力 F 来测得加速度 a，其组成包括力敏元件与封压结构两大部分。

压阻型加速度传感器通常都采用各种悬臂梁弹性元件设计，其中最常见的是等截面矩形悬臂梁。在梁的自由端，有一个感受加速度所产生作用力的质量块。靠近梁固定端的根部是悬臂梁受力后应力最大的地方，因此一般在此处布置力敏电阻元件如图 4.8 所示。

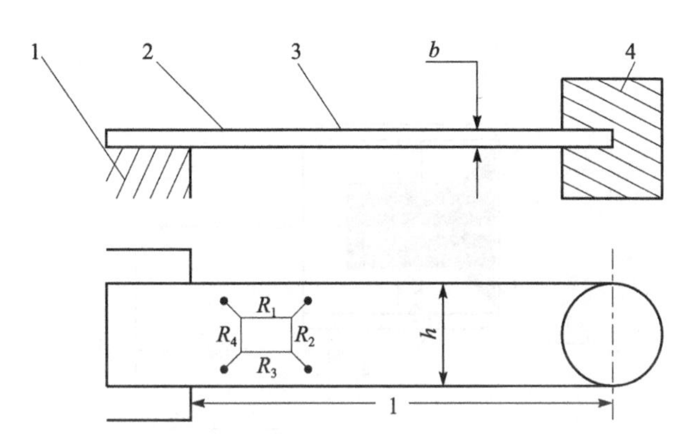

图 4.8　悬臂梁结构压阻式加速度传感器敏感元件

1. 固定梁的基座；2. 压阻元件；3. 悬臂梁；4. 质量块

悬臂梁弹性元件可以由铍青铜等弹性金属材料制成，在其根部两面各贴两片半导体体型应变计构成的惠斯通全桥作为检测元件，也可以在根部的一面贴上一小片用硅集成平面工艺制作的惠斯通全桥，这样的结构由于梁自由端挠度大，便于限位防止过载损坏。

应力集中单悬臂梁加速度敏感元件制造工艺相对简单，灵敏度高，线性度好，最大缺点是横行灵敏度较大，最大可以达到百分之十几。通过采用中心带有质量块的双端固支的双挠性梁结构，从理论上可以完全消除非对称结构引起的沿梁长度方向的横行加速度影响。另外采用微机械加工技术制造的多梁结构对横行效应也具有抑制作用。

2. 噪声传感器

噪声传感器主要用于起飞段发动机喷流噪声和跨声速段气动噪声。目前运载火箭噪声传感器按测量原理分为电容型和压电型两类，分别用于内噪声测量和外噪声测量。

1）电容型噪声传感器

驻极体电容型噪声传感器的电容两极，由传感器的膜片和背极组成。它采用聚四氟乙烯材料作为振动膜片，这种材料经特殊电处理后，表面永久地驻有极化电荷，取代了电容传声器极板，故称为驻极体电容传感器。当声压作用在传感器膜片上，引起膜片的振动，使传感器的电容变化，根据$U=Q/C$，从而使传感器输出电压变化。

电容型噪声传感器工作原理如图 4.9 所示，该传感器的特点是体积小、性能优越、使用方便。其适用于环境条件较好，测量范围较窄的场合。

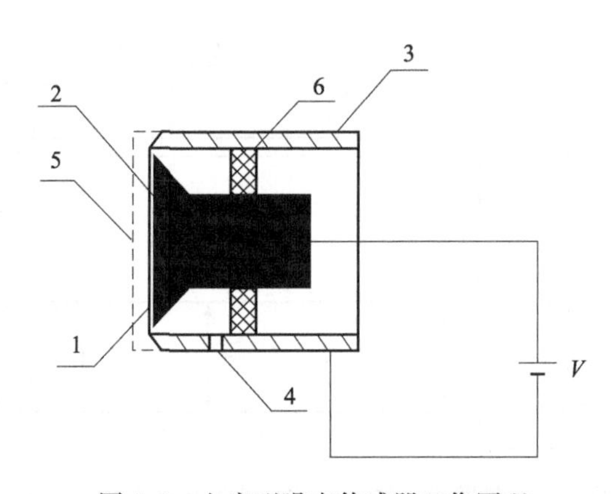

图 4.9　电容型噪声传感器工作原理

1. 前极板(膜片)；2. 后极板；3. 壳体；4. 均压孔；5. 网罩；6. 绝缘体

2) 压电型噪声传感器

外噪声传感器为压电型噪声传感器，由传感器的膜片感受声压，当声压作用在传感器膜片上时，引起膜片的振动，对后面的压电元件产生压力，从而使传感器的输出电荷变化。压电型传感器具有频带宽、灵敏度高、信噪比高、结构简单、工作可靠、质量小等特点，可测的声压级可达 170dB 以上。

压电型噪声传感器由能够呈现压电效应的材料制成，石英单晶、石英、多晶和陶瓷等材料都是制作这类传感器的良好材料。当某些单晶或多晶陶瓷沿着一定方向受到外力作用时，相应地在其确定的两个表面上会产生符号相反的电荷。当外力去掉后，又恢复到不带电状态。而作用力的方向改变时，电荷的极性也随着改变，而且所产生的电荷量与外力大小成正比，这种现象称为压电效应。利用这个原理，当声波到达传感器表面时，声波将迫使压电晶片产生振动，这一振动将在晶片的两极上引起交变的电荷分布，其变化的频率与传感器的振动频率相同。压电式噪声传感器就是通过这一原理将声波转变成电信号(电荷量、频率)的。

由于压电型噪声传感器结构简单、使用灵活方便、价格便宜，所以在目前的声传感器中占有主导地位，其结构有很多种，下面介绍两种典型的结构：

(1) 超高频压电型传感器。经过特殊的设计，传感器的工作频率达到 10^5MHz，如此高的工作频率必须采用微波技术来实现电信号与传感器之间的耦合，其结构如图 4.10 所示。

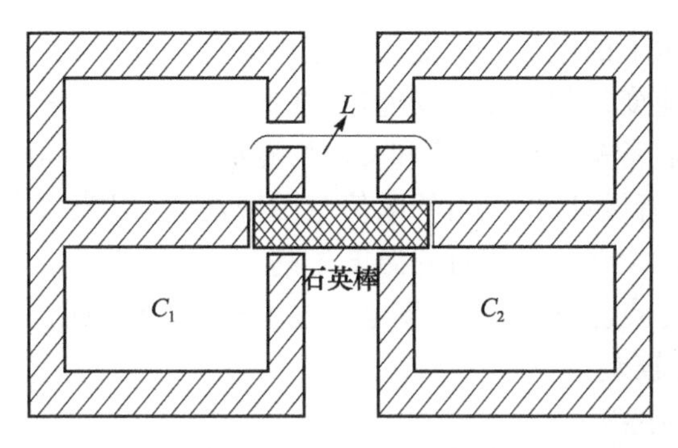

图 4.10　超高频压电型噪声传感器结构示意图

(2) 夹心压电型传感器。对于几十千赫以下的频率范围，可以容易地将压电材料做成片状使用，但由于这种材料的吸收系数大，容易因发热造成性能下降，可以通过设计夹心结构来克服这一缺点。就是将一片相对较薄的片状压电材料放在两块较厚的金属材料之间，通过机械固定和黏结等手段使敏感片夹持于两块金属之间，两块金属不仅作为电极，而且可以增加整个振动系统的惯性，从而降低系统的谐振频率。

3. 脉动压力传感器

精确的压力测量一直是个难题，而脉动压力测量尤为如此。除解决好密封问题，保证传感器预热到稳定状态，保证对后续的信号适调仪进行精确校准外，对动态测量来说，还必须认真考虑传感器的灵敏度、幅频响应、动态范围等，考虑传感器与被测量点的连接管道，使传感器的输出信号有足够的信噪比，且真实地响应动态压力的变化等问题。当动态压力测量必须在恶劣的环境条件下进行时，问题又会变得更加复杂，环境温度过高或过低、冲击振动过大、瞬变温度过大、被测介质是否为中性、是否对敏感元件有腐蚀、传感器放在介质中时间的长短、被测空气的湿度等都会给测量带来误差，在测量时必须仔细考虑这些问题。

脉动压力传感器的种类繁多，下面就主要的几种进行介绍。

1) 电阻应变片压力传感器

电阻应变片压力传感器具有较低的价格和较高的精度及较好的线性特性，因此得到较广泛的应用。其核心的元件是电阻应变片。电阻应变片是一种将被测件上的应变变化转换成为一种电信号的敏感器件。电阻应变片应用最多的是金属电阻应变片和半导体应变片两种。金属电阻应变片又有丝状应变片和金属箔状应变片两种。通常是将应变片通过特殊的黏合剂紧密地黏合在产生力学应变基体上，当基体受力发生应力变化时，电阻应变片也一起产生形变，使应变片的阻值发生改变，从而使加在电阻上的电压发生变化。这种应变片在受力时产生的阻值变化通常较小，一般这种应变片都组成应变电桥，并通过后续的仪表放大器进行放大，再传输给处理电路(通常是 A/D 转换和 CPU)显示。根据不同的用途，电阻应变片的阻值可以由设计者设计，但电阻的取值范围应注意：阻值太小，所需的驱动电流太大，同时应变片的发热致使本身的温度过高，不同的环境中使用，使应变片的阻值变化太大，输出零点漂移明显，调零电路过于复杂。而电阻太大，阻抗太高，抗外界的电磁干扰能力较差。

2) 陶瓷压力传感器

陶瓷压力传感器的敏感元件为陶瓷材料。陶瓷是一种公认的高弹性、抗腐蚀、抗磨损、抗冲击和抗振动的材料，其热稳定特性及它的厚膜电阻可以使它的工作温度范围高达－40～135℃，而且具有测量的高精度、高稳定性，其电气绝缘程度＞2kV，输出信号强，长期稳定性好。传感器工作时压力直接作用在陶瓷膜片的前表面，使膜片产生微小的形变，厚膜电阻印刷在陶瓷膜片的背面，连接成一个惠斯通电桥，由于压敏电阻的压阻效应，使电桥产生一个与压力成正比的高度线性电压信号，标准的信号根据压力量程的不同标定为 2.0/3.0/3.3(mV/V)等，可以和应变式传感器相兼容。通过激光标定，传感器具有很高的温度稳定性和时间稳定性，传感器自带温度补偿 0～70℃，并可以和绝大多数介质直接接触。高特性、低价格的陶瓷传感器将是压力传感器的发展方向，在欧美国家有全面替代其他类型传感器的趋势，在我国越来越多的用户使用陶瓷传感器替代扩散硅压力传感器。

3) 微型硅压力传感器

微型硅压力传感器采用集成工艺将电阻条集成在单晶硅膜片上，制成硅压阻芯片，并将此芯片的周边固定封装于外壳之内，引出电极引线，其结构图如图 4.11 所示。它不同于应变式压力传感器通过间接感受外力，而是直接通过硅膜片感受被测压力的。如图 4.11 所示硅膜片的一面是与被测压力连通的高压腔，另一面是与大气连通的低压腔。硅膜片一般设计成周边固支的圆形，直径与厚度比为 20～60。在圆形硅膜片(N 型)定域扩散 4 条 P 杂质电阻条，并接成全桥，其中两条位于压应力区，另两条处于拉应力区，相对于膜片中心对称。其优点是：①频率响应高(如有的产品固有频率达 1.5MHz 以上)，适于动态测量；②体积小(如有的产品外径可达 0.25mm)，适于微型化；③精度高，可达 0.01％～0.1％；④灵敏度高，比金属应变计高出很多倍，有些应用场合可不加放大器；⑤无活动部件，可靠性高，能工作于振动、冲击、腐蚀、强干扰等恶劣环境。其缺点是温度影响较大(有时需进行温度补偿)、工艺较复杂和造价高等。

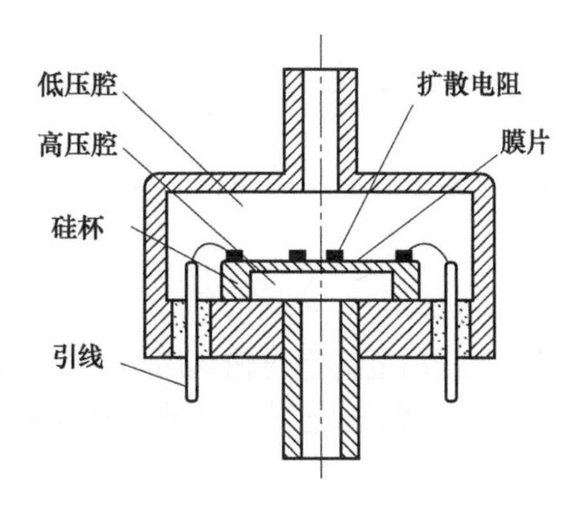

图 4.11　微型硅压力传感器结构图

4) 压电压力传感器

压电压力传感器采用压电材料的压电效应,即某些晶体沿一定方向伸长或压缩时,其表面会产生电荷。常用的压电材料包括石英、酒石酸钾钠和磷酸二氢铵。其中石英(二氧化硅)是一种天然晶体,压电效应就是在这种晶体中发现的,在一定的温度范围之内,压电性质一直存在,但温度超过这个范围之后,压电性质完全消失(这个高温就是所谓的"居里点")。石英的压电系数比较低,所以石英逐渐被其他的压电晶体所替代。酒石酸钾钠具有很大的压电灵敏度和压电系数,但是它只能在室温和湿度比较低的环境下才能应用。磷酸二氢铵属于人造晶体,能承受高温和相当高的湿度,所以已经得到了广泛的应用。现在压电效应也应用在多晶体上,如现在的压电陶瓷,包括钛酸钡压电陶瓷、铌酸盐系压电陶瓷、铌镁酸铅压电陶瓷等。压电传感器不能用于静态测量,因为经过外力作用后的电荷,只有在回路具有无限大的输入阻抗时才得到保存。实际的情况不是这样的,所以这决定了压电传感器只能测量动态的压力。压电式压力传感器具有结构简单、体积小、质量小、使用寿命长等优点,既可以用来测量大的压力,也可以用来测量微小的压力。

脉动压力传感器工作原理如图 4.12 所示,当压力 P 作用在膜片上时,膜片将力传至石英敏感元件,在石英晶体片的上下表面产生电荷,其电荷量与作用力成正比,有关系式

$$q = d_{11}F \tag{4.5}$$

式中,q 为晶体表面所产生的电荷;d_{11} 为石英晶体的纵向压电模数;F 为施加在石英晶体上的正压力。

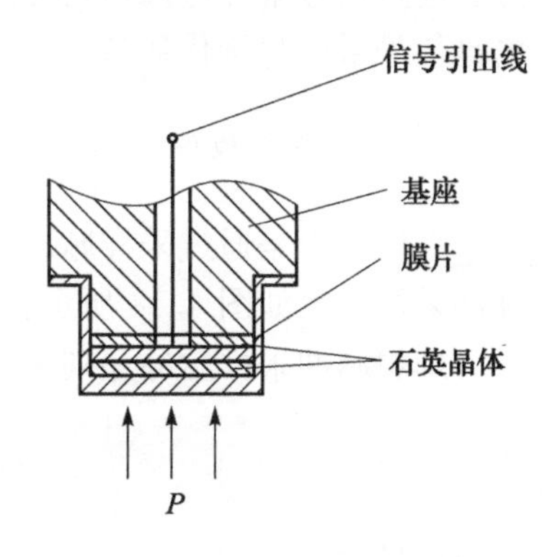

图 4.12　SYL-1 脉动压力传感器工作原理

而作用在压电元件上的力和压力有如下

关系：

$$F = PS \tag{4.6}$$

式中，P 为被测量的压力；S 为传感器膜片的面积。

因此可写成

$$q = d_{11} PS \tag{4.7}$$

从式(4.7)可见，传感器的输出电荷量与输入压力成正比关系。通过测量电荷 q，便可得知输入压力的大小。同样，测定了电荷波动的幅值，即可判断压力的脉动量。

4.2.3　运载火箭动态信号采集技术

目前测量系统传感器输出的均为连续模拟信号，这种信号是数字系统或计算机系统无法接收的输入，需要转换为离散数字信号，才能进入后端的数据传输通道。任何模拟到数字的转换必然造成信号一定程度的失真，因此如何保证有限频带内信号极低失真的恢复是数据采集的核心问题。

基本的信号采集系统原理框图如图 4.13 所示。

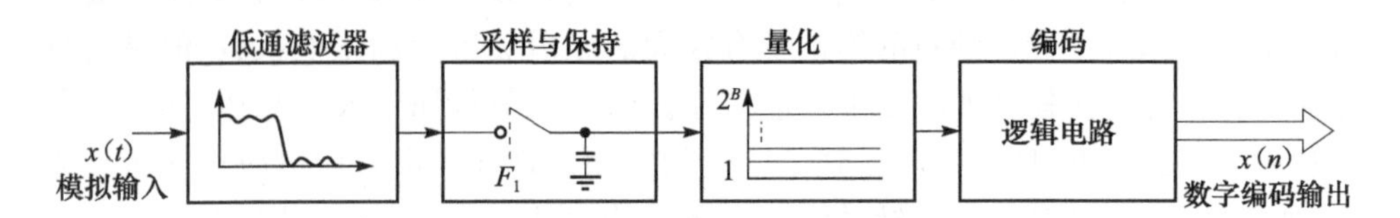

图 4.13　信号采集系统原理框图

传感器输出的模拟信号需要先经过低通或带通滤波器去除高频噪声或干扰，然后经过信号采样与保持，再经过信号量化、编码变成数字信号输出。其中最关键的是信号采样与量化环节。

1. 采样基本原理

采样过程是通过采样脉冲序列 $p(t)$ 与连续时间信号 $x(t)$ 相乘来完成的，理想脉冲采样过程如图 4.14 所示。

理想脉冲采样脉冲序列为

$$p(t) = \sum_{n=-\infty}^{\infty} d(t - nT_s) \tag{4.8}$$

采样信号为

$$x_s(t) = x(t) p(t) \tag{4.9}$$

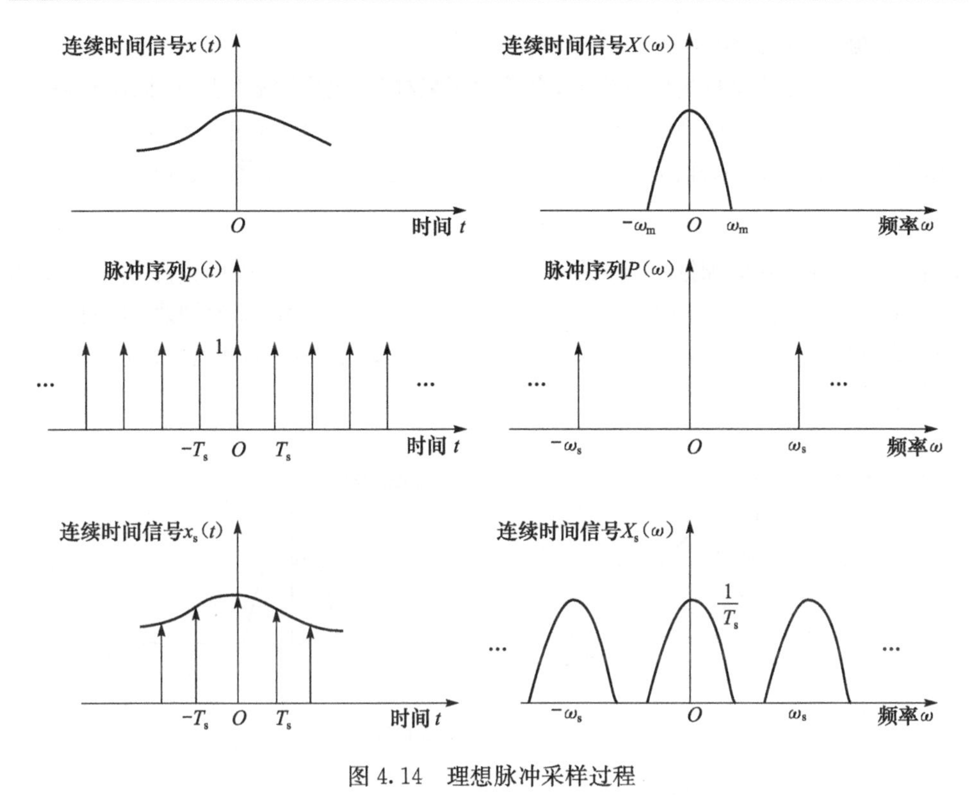

图 4.14　理想脉冲采样过程

如果

$$\begin{cases} F[x(t)] = X(\omega) \\ F[p(t)] = P(\omega) \end{cases} \tag{4.10}$$

那么，根据频域卷积定理，有

$$X_s(\omega) = X(\omega) * P(\omega)/2\pi \tag{4.11}$$

可以证明，采样脉冲序列 $p(t)$的频谱是间隔为 ω_s 的周期延拓，所以，可以进一步证明

$$X_s(\omega) = \sum_{n=-\infty}^{\infty} X(\omega - n\omega_s) \tag{4.12}$$

式(4.12)表明，一个连续信号经过理想采样以后，它的频谱将沿着频率轴每隔一个采样频率 ω_s，重复出现一次，即其频谱产生了周期延拓，其幅值被采样脉冲序列的傅里叶系数($C_n = 1/T_s$)所加权，其频谱形状不变。

采样定理说明了当对时域模拟信号采样时，应以多大的采样周期(或称采样时间间隔)采样，可由采样信号无失真地恢复出原始信号。

1）频率混叠现象

频谱混叠效应又称为频混现象，它是由于采样信号频谱发生变化，而出现高、低频成分发生混淆的一种现象，如图4.15所示。信号$x(t)$的傅里叶变换为$X(\omega)$，其频带范围为$-\omega_m \sim \omega_m$；采样信号$x(t)$的傅里叶变换是一个周期谱图，其周期为ω_s，并且

$$\omega_s = 2\pi/T_s \tag{4.13}$$

式中，T_s为时域采样周期。当采样周期T_s较小时，$\omega_s > 2\omega_m$，周期谱图相互分离如图4.15(b)所示；当T_s较大时，$\omega_s < 2\omega_m$，周期谱图相互重叠，即谱图之间高频与低频部分发生重叠，如图4.15(c)所示，此即频混现象，这将使信号复原时丢失原始信号中的高频信息。

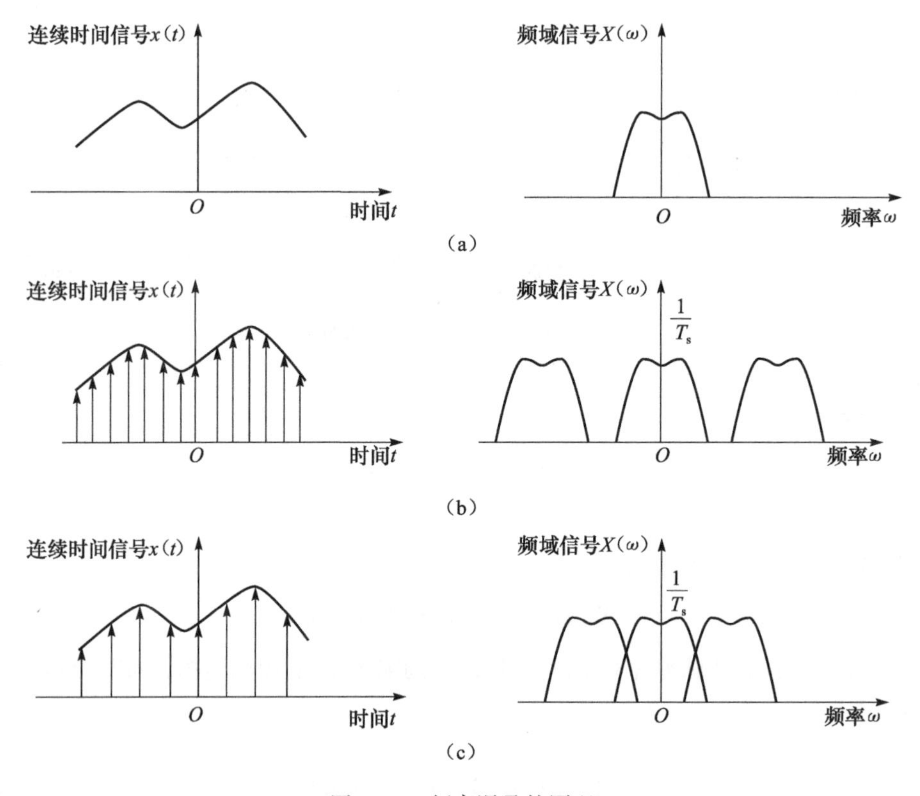

图4.15　频率混叠的原理

从时域信号波形可以更清楚地看出在采样周期较长时出现频率混叠问题。图4.16(a)为采样周期较短、采样频率较高时的采样情况；图4.16(b)是采样频率过低，采样结果为一个虚假的低频信号。当采样频率低于被采样信号的最高频率时，采样所得的信号中混入了虚假的低频分量，这种现象称为频率混叠。

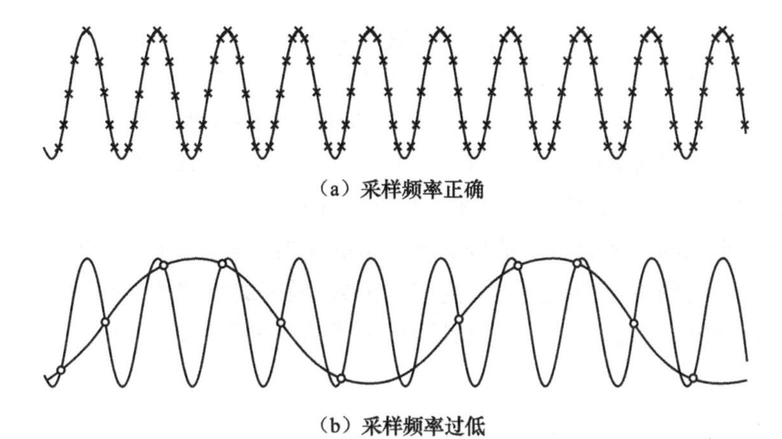

(a) 采样频率正确

(b) 采样频率过低

图4.16　频率混叠后的测量结果

2) 采样定理

上述情况表明,如果$\omega_s>2\omega_m$,就不发生频混现象,因此对采样脉冲序列的间隔T_s须加以限制,即采样频率$\omega_s(2\pi/T_s)$或$f_s(1/T_s)$必须大于或等于信号$x(t)$中的最高频率ω_m的两倍,即$\omega_s>2\omega_m$或$f_s>2f_m$。

为了保证采样后的信号能真实地保留原始模拟信号的信息,采样信号的频率必须至少为原信号中最高频率成分的2倍。这是采样的基本法则称为采样定理。

需要注意的是,在对信号进行采样时,满足了采样定理,只能保证不发生频率混叠,保证对信号的频谱作逆傅里叶变换时,可以完全变换为原时域采样信号$x_s(t)$;而不能保证此时的采样信号能真实地反映原信号$x(t)$。工程实际中采样频率通常大于信号中最高频率成分的3~5倍。

一个连续的模拟信号$X_a(t)$被采样为离散信号系列(信号列)$X(nT)$,在进行模数转换(A/D转换)时,不能够达到精确的结果,只能用有限的二进制数来近似它。用幅值不连续的数来逼近信号实际值的过程称为量化。量化处理常采用截尾法或舍入法进行,大多是用A/D转换器来完成的。

因此,按照上述定义和量化方法进行采样必然会产生误差。统计分析证明,一个比较复杂的信号在其变化剧烈时,可以认为量化误差服从于白噪声。

量化信噪比是信号功率与量化噪声功率之比,又称为量化的信噪比。在采用常用对数表达量化信噪比时,把它记作SNR或S/N。SNR(dB)的数学表达式为

$$\mathrm{SNR}=10\lg\frac{\sigma_X^2}{\sigma_e^2}=6b+10\times 8+\lg\sigma_X^2 \tag{4.14}$$

式中,σ_X为信号的功率;σ_e为信号量化噪声功率,它是由于量化误差产生的;b为字长,b的表达式为

$$b=\frac{\text{SNR}-1.24}{6} \tag{4.15}$$

式中，SNR 用 dB 表达。应将按公式算出的 b 值圆整为整数。例如，要求量化信噪比 SNR=80dB，其所需的字长 $b=(80-1.24)/6=13.127$，圆整后取 $b=14$。

传统的传感器技术、数据采集技术由于硬件水平、数据采样、编码的限制，测量精度受到一定限制。随着数字信号处理技术的发展，测量技术得以迅猛发展，近几年涌现出的新的测量原理、过采样、高编码位数、噪声成型、数字滤波等先进的信号采集方法，已经极大地提高了采集精度，扩展了信号采集的动态范围。

2. 过采样

过采样技术是指以远远高于奈奎斯特采样频率的频率对模拟信号进行采样的方法。由信号采样量化理论可知，若输入信号的最小幅度大于量化器的量化阶梯 Δ，并且输入信号的幅度随机分布，则量化噪声的总功率是一个常数，与采样频率 f 无关，且在 $f/2$ 的频带范围内均匀分布。因此，量化噪声电平与采样频率成反比，如果提高采样频率，则可以降低量化噪声电平，而由于基带是固定不变的，因减少了基带范围内的噪声功率，使得信噪比得到提高。当采样频率远远大于基带频率时，其基带内的量化噪声功率小很多。这样，对抗混叠滤波器的要求也就降低了。

理论分析表明，对于满量程正弦输入信号，理论信噪比为

$$\text{SNR}=6.02N+1.76\quad(\text{dB})$$

而对于过采样，信噪比为

$$\text{SNR}=6.02N+1.76+10\lg R\quad(\text{dB})$$

式中，N 为量化的比特数；R 为过采样倍数。

可见采用过采样技术，信噪比提高了 $10\lg R$(dB)。理论上，如果过采样倍数足够大，通过数字滤波，就可以用低位量化达到高分辨率的目的。

3. 频率抽取与数字滤波

对信号进行采样之后，可以利用线性相位数字滤波器从数据流中提取出有用的信息，并将数据速率降低到可用的水平，移去带外量化噪声并改善模数转换器(ADC)的分辨率，决定了信号带宽、建立时间和阻带抑制。由于带宽被输出数字滤波器降低，输出数据速率有可能低于原始采样速率，但仍满足采样定理。这可通过保留某些采样而丢弃其余采样来实现，这个过程就是所谓的按 M 因子“抽取”。M 因子为抽取比例，可以是任何整数值。在选择抽取因子时应该使输出数据速率高于两倍的信号带宽。这样，如果以 f_s 的频率对输入信号采样，滤波后的输出数

据速率可降低至 f_s/M,而不会丢失任何信息,如图 4.17 所示。

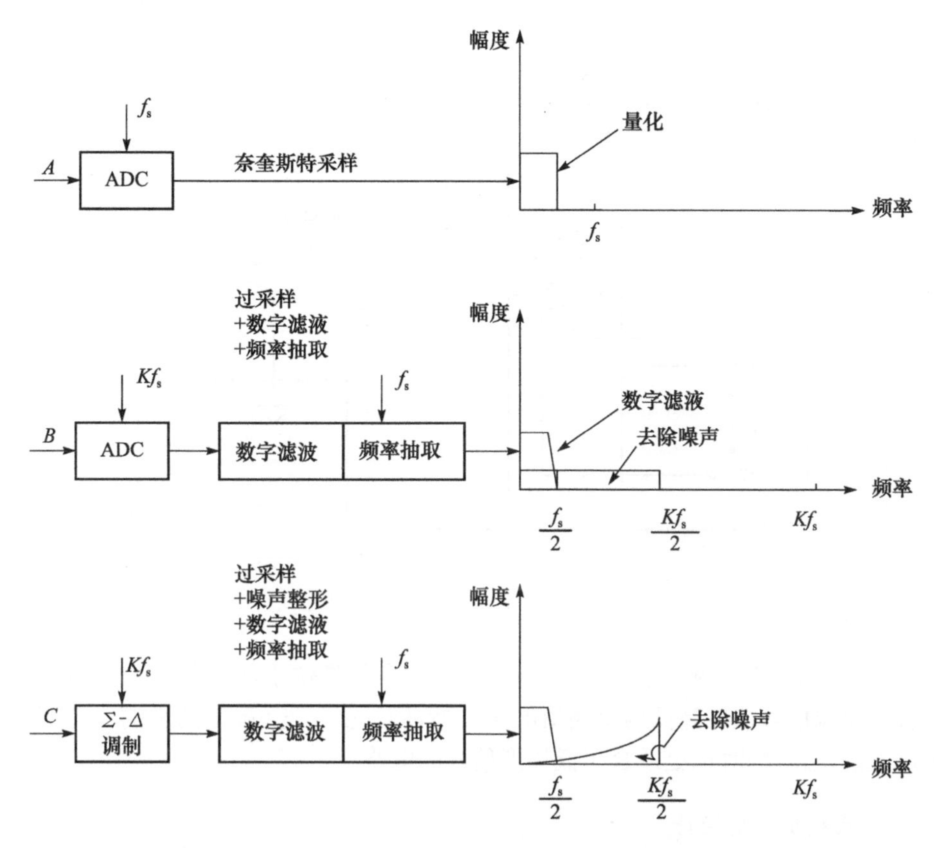

图 4.17　过采样、噪声整形、数字滤波与频率抽取示意图

4. *差分输入*

目前测量系统信号采集器使用的是参考地单端,即信号的一端接模拟输入通道,另一端接系统地,动态信号采集系统则使用差分输入方式。

在差分测量系统设计中,信号输入端分别与一个模入通道相连接。图 4.18 描述了动态信号采集器的差分输入环节,用一个放大器通过模拟多路转换器进行通道间的转换。标有 AIGND(模拟输入地)的管脚就是测量系统的地。

差分信号和普通的单端信号走线相比,有以下三个方面的明显优势:

(1) 抗干扰能力强。因为两根差分走线之间的耦合很好,当外界存在噪声干扰时,几乎同时被耦合到两条线上,而接收端关心的只是两信号的差值,所以外界的共模噪声可以被完全抵消。

(2) 能有效抑制电磁干扰。同样的道理,由于两根信号的极性相反,它们对外辐射的电磁场可以相互抵消，耦合得越紧密，泄放到外界的电磁能量越少。

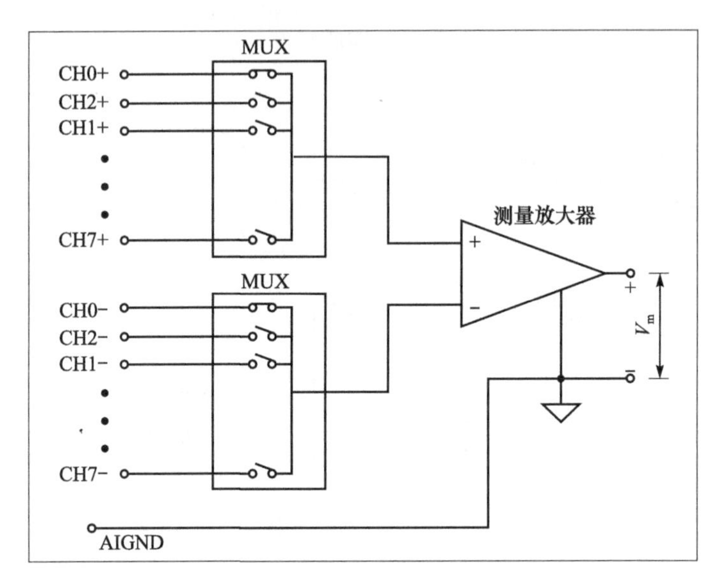

图 4.18　差分输入原理框图

(3) 时序定位精确。由于差分信号的开关变化是位于两个信号的交点，而不像普通单端信号依靠高低两个阈值电压判断，因而受工艺、温度的影响小，能降低时序上的误差，同时也更适合于低幅度信号的电路。

5. 系统抗干扰设计

测量系统的抗干扰设计包括以下三个方面：

(1) 为保证转换精度，在所有电源端对数字地均增加一个低频特性优良和一个高频特性优良的去耦电容，在产生基准电压的输入端对模拟地也同样增加去耦电容。除此以外，电路的布线也需进行仔细设计，包括模拟输入远离逻辑电路，避免信号的绕接，模拟地及数字地的分离等。

(2) 在数据采集测量过程中修正采集通道的误差。在采集前端取＋5V 基准电压的一半，通过相同的采集通道送入 CPU 模块进行采集变换，通过基准电压的精确值来比其实测值(比值在初期应为 1)，乘以采集通道的其他遥测值，即可消除采集通道中的跟随器和 A/D 变换器随环境老化而变化的放大倍数、温漂等问题带来的测量误差，从而保证测量精度。

(3) 为使 ADC 获得最佳的性能，使用模拟地和数字地分开的印制电路板。在印制电路板的设计中，特别要注意地线的布置。通常把模拟地和数字地独立设置在各自电路中，然后把模拟地和数字地连到一点。数字地严禁设计在芯片下面，因为这样会把噪声耦合给芯片，从而影响 ADC 正常工作。但是，模拟地应在芯片下面运行，因为这样能减少数字噪声的耦合。电源引脚输入线应尽可能宽，以提供一个低阻抗通道，从而降低电源线上脉冲的影响。由于采用了高分辨率 ADC，电源的耦合电路尤为重要，在印制电路板设计时，应对所有的模拟电源输入都加一级去耦电路。这些去耦电路的元件应尽可能靠近芯片的电源引脚，这样才能获得更好的去耦效果和消除引线过长而带来的干扰。

6. 动态信号采集器研制及测试

动态信号是测量领域中最难测量的对象，具有测量数据特性未知、带外信号能量大、信号非平稳随机特征明显等特点。随着需求的不断提高，数据采集方法的改进势在必行。现代测量领域对速变参数采集的方法随着硬件技术的进步已经有了很大的发展，使用过采样技术、噪声成型技术、FIR 数字滤波技术等，大大提高了测量动态范围与精度。近年来出现的单芯片 A/D 变换器可以实现上述功能，因此使得测量系统有可能使用动态信号采集器完成速变信号的高质量采集。

动态信号采集器负责将输入信号转换成数字信号，编码后传输给地面测试装置。采集器由控制 CPU、编码 FPGA(field programmable gate array)、通信接口、串口通信部分、电源管理部分等组成，其组成原理框图如图 4.19 所示。

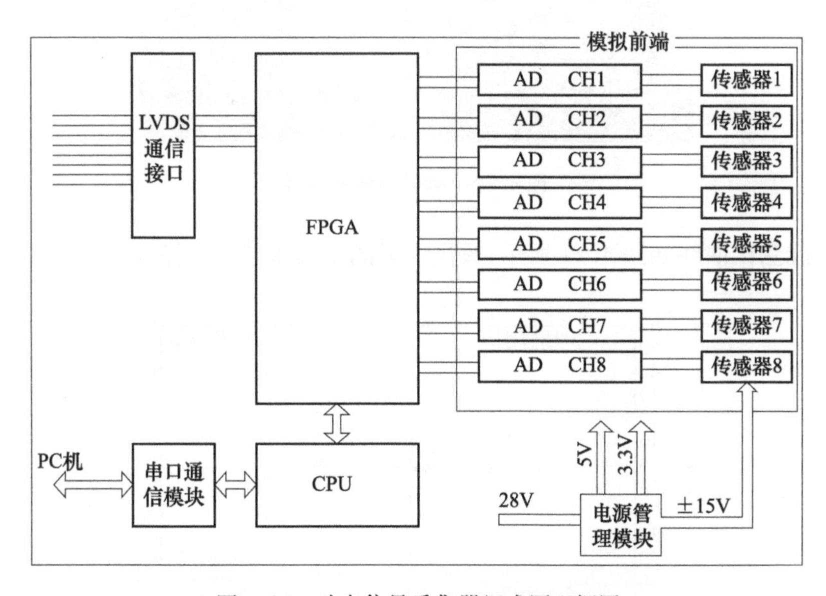

图 4.19　动态信号采集器组成原理框图

主要技术指标见表 4.1，精度水平有了大幅提高。

表 4.1　主要技术指标

序号	内容	新指标	原指标
1	采样频率	可编程	可编程
2	采样方式	24 位、Sigma Delta AD 变换器	12 位逐次逼近 AD 变换器
3	带外衰减	不小于 80dB	—
4	过采样倍数	128 倍过采样	—
5	噪声整形	有	—
6	数字低通滤波器	可编程	—
7	采样要求	采用单通道独立 AD	多路切换，单路 AD 变换器

设备外形如图 4.20 所示(见彩图)。

图 4.20　动态信号采集器

实际测试曲线如图 4.21 所示，改进前后测量结果比较如图 4.22 所示。

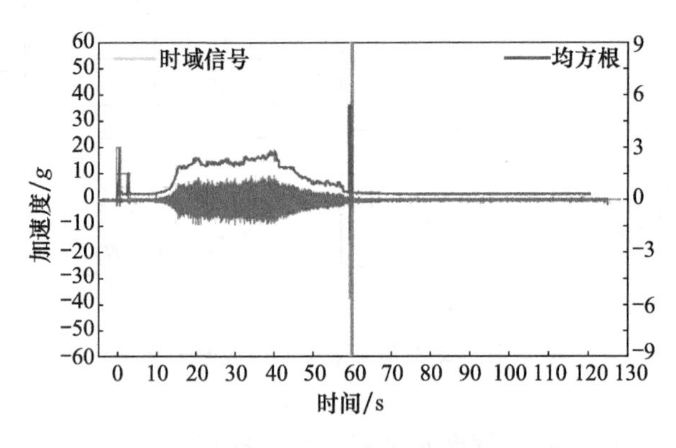

图 4.21　实际测试曲线

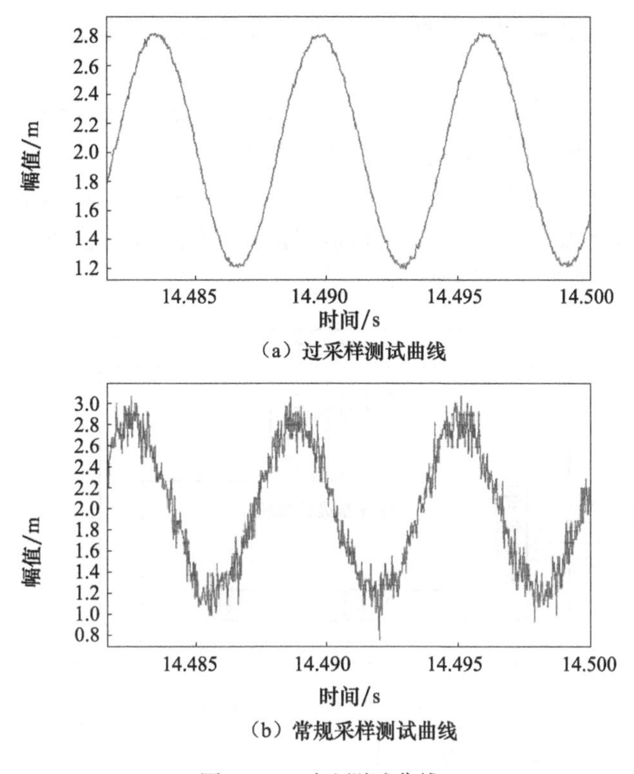

(a) 过采样测试曲线

(b) 常规采样测试曲线

图 4.22 对比测试曲线

4.2.4 运载火箭力学环境参数测量新技术

1. 自适应数据采集技术

在箭载数据采集系统中，通常需要将前端输入信号电平经过放大，输入 AD 转换器，其放大倍数为采集系统的增益，增益基本上取决于系统设计之初的理论计算值，并设计为固定增益。但由于飞行试验中的各种环境因素影响，输入信号变化范围可能很大，信号微弱时可以是几百微伏或更小，信号强时可达几伏，超出数据采集系统的最高限幅。在不能预算信号强度的试验情况中，如果能够根据信号的大小自动调整增益，就可以适应上述各种情况。因此，在满足数据采集精度与速率的条件下，需要一种具有较高动态范围的自动增益可变数据采集系统来适应目前飞行试验中出现的各种环境因素。

为解决型号飞行试验数据采集单元经常出现的信号微弱或削波现象，实现数据的自适应采集，要求自动适应电压变化幅值 0～10V 的信号，且带宽不小于 200kHz。同时，可根据系统两器输出信号特性，通过软件设定或装订采集单元自适应电压及频率范围，达到自动适应两器输出电压，解决飞行试验中由于不能正确估计飞行器上环境因素而出现的某些环境参数测量信号微弱或削波现象，从而提高测量数据的精度及可信度。

综合考虑自适应采集器及其测试系统，设计出如图 4.23 所示的系统总体结构框图。其中，采集器的核心采用 FPGA 实现，这样可以保证采集器所需的快速性、实时性和灵活性要求；测试系统以服务器级计算机为核心，配接高速同步 RS422 通信卡和模拟量数据采集卡，这样可以满足测试系统所需的快速性、同步通信和大容量存储、模拟量直接采集等要求。

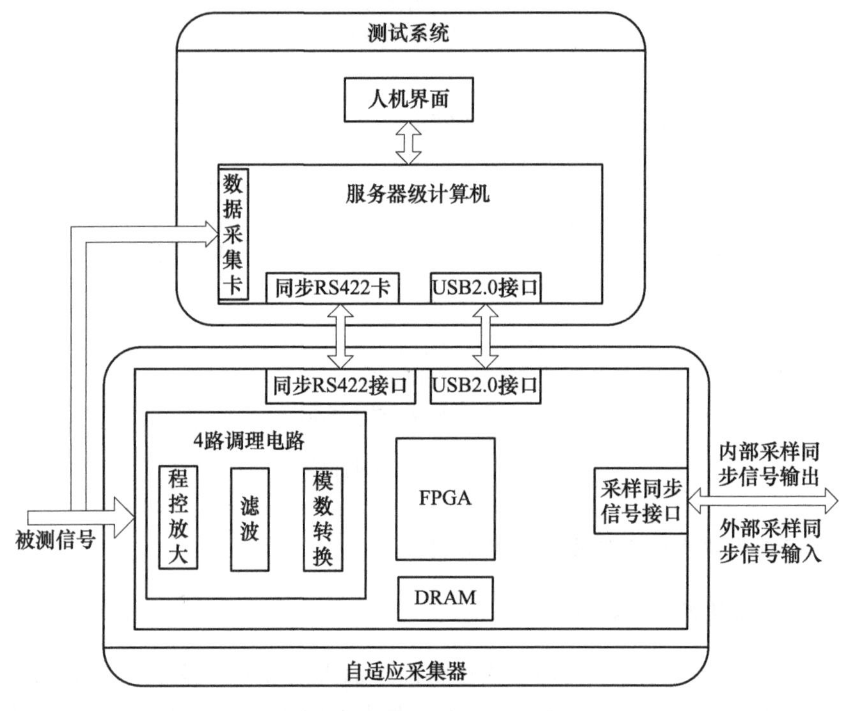

图 4.23　系统总体结构框图

图 4.24 是数据采集器的硬件结构框图，整个系统的主控器为 FPGA，四路输入信号都有独立的调理电路，调理后经过独立的模数转换器转换成数字信号。其中调理电路包括程控放大器、低通滤波器。转换后的数据通过 FPGA 实现缓存后，一方面可以通过 USB 接口输出，另一方面可以通过同步 RS422 接口输出。

通过 FPGA 控制程控放大量程切换、模数转换、FIFO/DRAM 和数据通信，这种硬件实现方案可以保证数据的精确采集和传输，并且具有很高的灵活性。

在数据采集系统中，一般应使被转换量落在 AD 转换器的线性区间之内，并尽可能使模拟量在 1/2 满刻度至接近满刻度的区域转换。解决这个问题的办法就是对弱信号采用高放大倍数，对强信号采用低放大倍数，并能够根据未知参数量值的

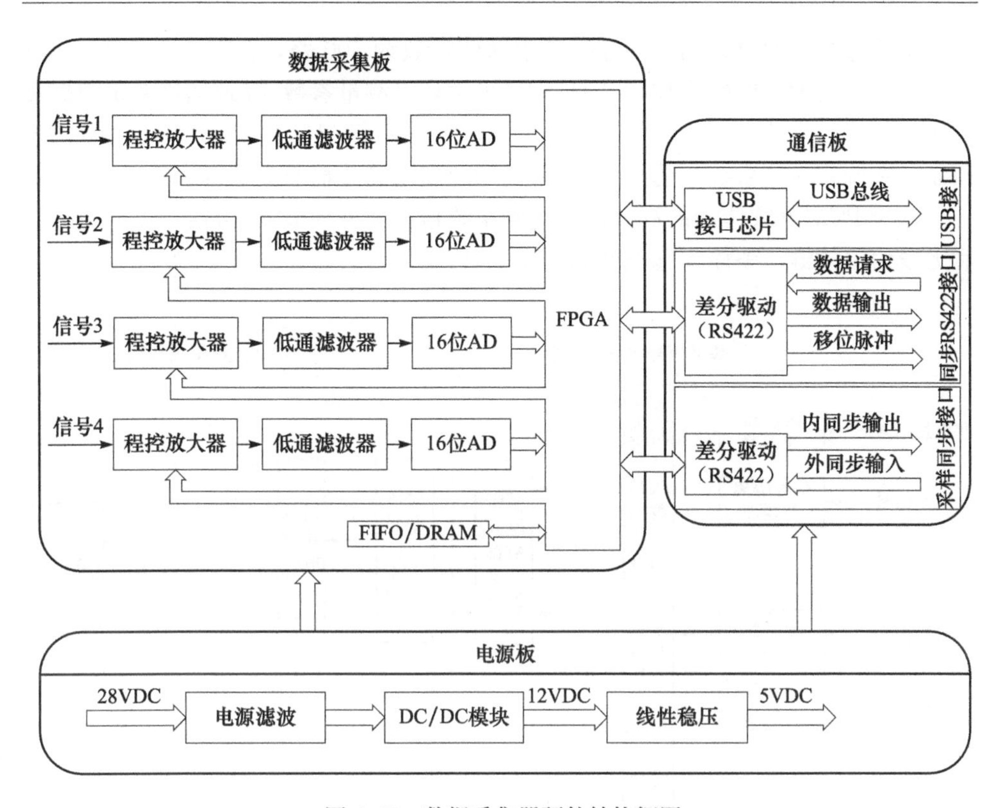

图 4.24　数据采集器硬件结构框图

范围,自动选择合适的增益或衰减倍数。由于采用程控放大器,保证了进入 AD 器件的模拟信号幅度几乎总是处于半量程的范围内,因而量化信噪比将近似保持一致。在数据采集系统中,根据奈奎斯特抽样定理,为了防止频域混叠,采样频率必须高于有效信号最高频率的 2 倍,在实际中通常取 3～5 倍,因此在采样前需要向通道中加入抗混叠滤波单元,将模拟量中的高频分量滤除。抗混叠低通滤波器一般为有源低通滤波器,由放大器和 RC 网络组成,其特点是元件多,参数调节复杂,并且杂散电容会大大影响滤波器特性。所以在抗混叠低通滤波器设计时,要求其本身性能稳定,参数好调节,尽量选用截止频率在 10kHz(因为输入信号的最大频率为 10kHz)以上的集成滤波器芯片。滤波器的截止频率最好可以通过软件程序来控制,增加系统的灵活性,这里每一路至少需要一个控制信号。需要注意的是,增加滤波器可能会造成输入信号的相位移动,但是并不会影响输入信号的采集,如果要对采集器的采集信号进行验证,可以使用相关运算去除相位误差。

2. 高码速率数据传输技术

随着运载火箭复杂度的提高,测量系统需要测量的参数也大幅增加,如 CZ-5

火箭全箭遥测参数总数约 2200 路，其中速变参数约 500 路，与现役火箭相比遥测参数数量有较大程度的增加，特别是大量力学环境测量参数，导致测量系统数据量剧增。传统的低速数据传输体制已经满足不了大容量测量系统的需求，测量系统研制了在调频遥测系统中的 10Mbit/s 高码速率遥测传输与数据综合技术。

基于 PCM-FM 体制的高码速率遥测系统包括两大环节：基带信号传输与综合和无线信道传输。整体实施框架如图 4.25 所示。

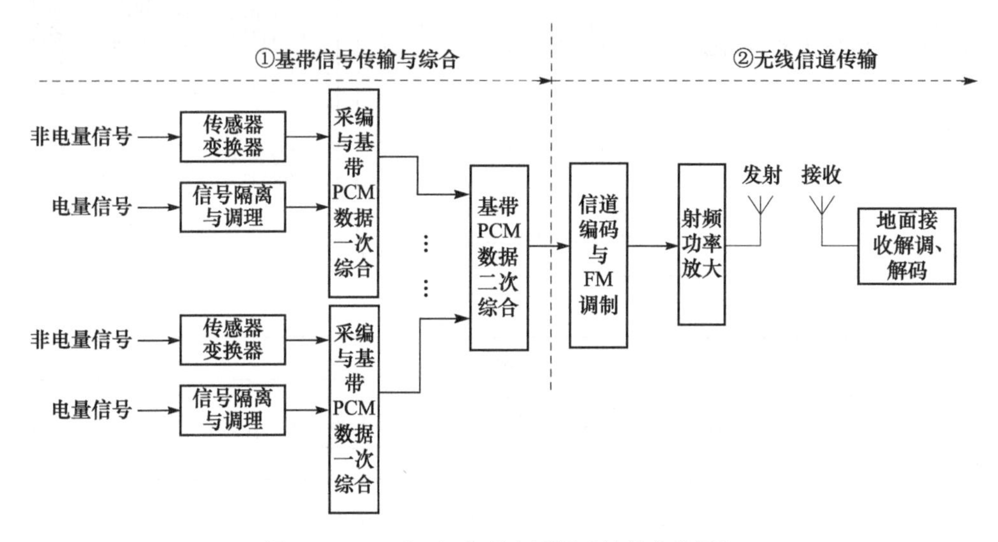

图 4.25　10Mbit/s 高码率遥测系统的实施框架

基带数据传输与综合子系统首先将分布于全箭各部段的各系统被测参数进行隔离、调理，接口匹配后进行 AD 采集，经由各个数据采编单元按照预定的帧格式完成“一次数据综合”，形成不大于 2Mbit/s 的 PCM 数据流，这个过程称为“一次组帧”。在此基础上，由高码速率数据综合设备统一调度，将各个不大于 2Mbit/s 的 PCM 数据流进行“二次数据综合”，从而形成 10Mbit/s 高码速率 PCM 数据流，送入射频信道设备，这个过程称为“二次组帧”。

无线信道传输子系统将接收到的 10Mbit/s 高码速率 PCM 数据流进行信道编码、调前滤波和 FM 调制后输出射频信号后，进行功率放大后经天馈设备辐射出去。地面航区站接收到射频信号后，经过下变频、中频数字化、FM 解调、信道解码并 PCM 解调后，最终还原出 10Mbit/s 的测量数据。

10Mbit/s 码速率遥测系统的核心技术包括基带信号传输与综合技术、调频遥测信道增强技术等。

1）基带信号传输技术与综合技术

为解决高码率 PCM 信号的可靠传输问题，在不改变现有遥测系统硬件资源配置及设计模式的前提下，提出了一种新的基带信号硬件传输协议，即由命令字、码同步信号、移位脉冲、PCM 数据组成的硬件传输协议，其中 PCM 数据采用 HDLC 协议。具体的技术方案如图 4.26 所示。

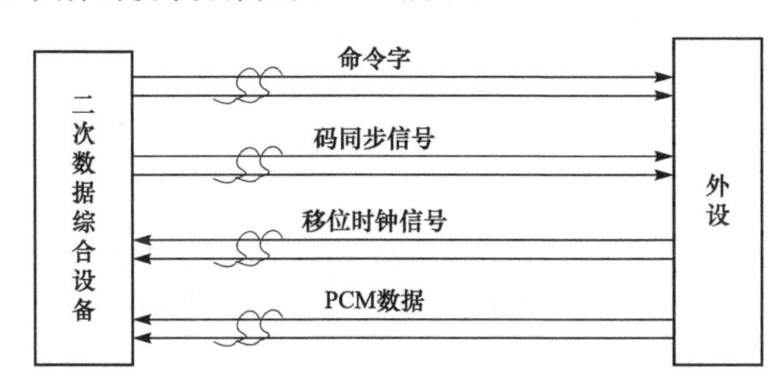

图 4.26　新型基带信号传输协议

在图 4.26 中，二次数据综合设备以 10Mbit/s 速率与外设通信，通信过程如下：

(1) 由数据综合设备发出命令字及码同步信号给外设。

(2) 外设通过码同步信号将命令字识别出，确定是否复位或发送数据。

(3) 外设通过码同步信号进行反相，并用其下降将 PCM 数据输出，即外设输出的移位脉冲出现在有 PCM 数据输出，无数据时保持高电平。

(4) 数据综合设备利用收到的移位脉冲上升沿将 PCM 数据读出，因 PCM 数据与移位脉冲是同步延时的，故可以确保数据综合设备能将外设输出的 PCM 数据可靠读取到。

2) 调频遥测信道增强技术

为解决高码率传输带来的系统信道增益不足问题(即系统无线作用距离下降)，在传输体制 PCM-FM、箭上发射机功率、地面接收天线口径不变的情况下，测量系统采用了 Turbo 乘积码信道编码技术(简称 TPC 编码)及多符号检测技术(简称 MSD 检测)。测量系统将 TPC 与 MSD 技术组合应用到遥测 PCM-FM 信道中后，在占用 125%的系统信道带宽、1×10^{-4}误码率情况下可以获取 6dB 信道增益，从而弥补码率的提高对信道作用距离的影响。具体系统应用模式如图 4.27 所示。

3) 速变参数测量精度影响分析

10Mbit/s 高码率采集系统为准同步采编模式，取代了传统的同步采编模式，以满足系统编帧灵活、信道利用率高及地面数据处理简便等需求。与传统的严格同步采编模式相比，采用准同步采编模式引入的全箭采集时钟误差不大于 70ns。该模式对时误差对速变参数(振动、噪声、冲击)的影响分析结果如下：

对于高频振动参数，带宽为 2kHz，按照 3 倍采样率进行采样后，则采样点间隔 $T_s=\dfrac{1}{6\text{kHz}}=166.7\mu\text{s}$，对时误差是 T_s 的 0.04%。

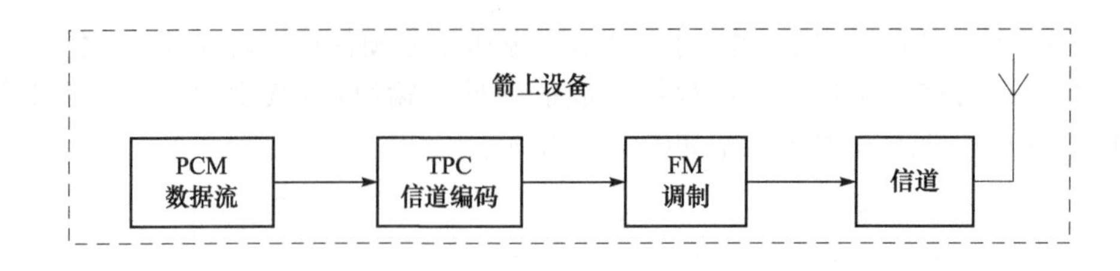

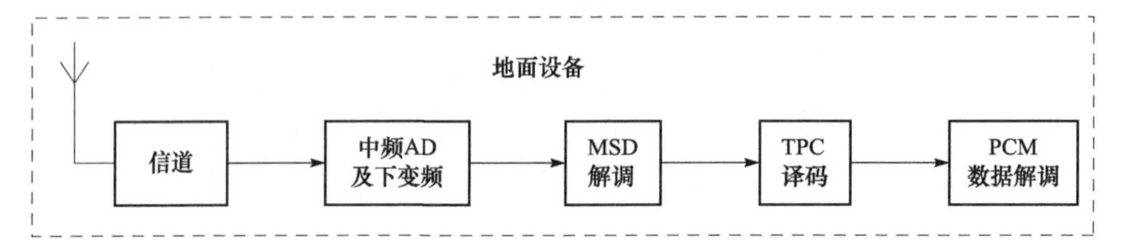

图 4.27　遥测信道功能框图

对于噪声参数，带宽为 9kHz，按照 3 倍采样率进行采样后，则采样点间隔 $T_s=\frac{1}{27\text{kHz}}=37\mu\text{s}$，对时误差是 T_s 的 0.1%。

箭上采编时钟系统误差为 3×10^{-5}，采编单元的工作频率为 2MHz。按照飞行 2600s 考虑，则时钟系统的总漂移为 39ns，对时误差和时钟系统的漂移为同一个量级。

对上述数据进行初步分析，结果如下：

(1) 按照最坏情况计，时漂 $t_p=39\text{ns}$，对时误差 $t_e=70\text{ns}$，二者互不相关，则总的采样时间偏差为

$$t_m=\sqrt{t_p^2+t_e^2}=80.1\text{ns} \tag{4.16}$$

(2) 采样偏差会导致信号采集的幅值偏差和相位偏差，在采集噪声参数(带宽 9kHz)时，幅值偏差不会大于信号幅度的 0.5%，相位偏差不会大于频率上限单个周期的 0.07%。因此准同步采编引入的 70ns 对时误差，对于速变参数的测量精度与处理结果不会产生影响。

3. 新型网络化基带数据传输技术

现代网络、通信和计算机技术的迅猛发展使其有效地深入到航空、工业等强实时性领域，这也为运载火箭基带数据传输技术带来了新的发展思路。与传统的点对点分布式采集、集中综合的数据传输体制相比，网络基带数据传输具有传输码率高、灵活性好、可靠性高、智能化高、便于实现自检测等诸多优势。这些优点对于保证测量系统的长效发展，对运载火箭进行全方位、精细化的测量具有深远意义。

基带数据传输系统中工作的设备众多，种类多样，包括中间装置、采编单元、数据

综合器等，它们共同完成数据采集、传输及综合等功能。采用网络传输技术可以依靠终端和交换机来完成，数据传输功能集中在交换机上，原则上所有的设备（如中间装置、采编单元）增加网络端口后都可以作为终端与交换机相连，考虑到系统规模及实现复杂度，一般仅将采编单元、电量变换装置、部分传感器及数据综合器作为网络终端。

终端是网络的重要组成部分，它包含发送端和接收端，发送端负责对数据进行合理的打包，使其能够在网络中传输。具体打包过程为由端口输出的有效数据按照定义的网络通信协议，经过协议下传，进行层层打包，送往发送队列进行数据发送，接收端经过一个逆过程，去除附加信息，提取传输的有效数据。

采编单元、电量变换器等设备在保留原有功能的基础上，附加了网络端口的功能，能够将获取的数据打包成符合网络协议的数据包，经过网络寻址到数据综合器。这些设备名称分别被重新定义为采编终端和电量变换终端等。

在数据综合器中，为其配置一个网络端口以取代原来为数众多的采编单元接口及其他外设接口，数据综合器作为接收终端在网络中被重新定义为数据综合终端。数据综合终端主要接收来自各采编终端和电量变换终端等发来的数据包，通过去除各数据包的包头、包尾等附加信息，提取出有效的数据信息，将每一帧中所有的数据按照 IRIG（Inter-Range Instrumentation Group）帧格式要求，形成标准的 PCM 信息流，经无线发射信道传输至地面。基于数据综合的实现方式，更适宜使用 CCSDS（The Consultative Committee for Space Data Systems）的数据综合方式，将接收的数据包组成 CCSDS 数据包形式。

交换机作为数据传输的关键设备，负责建立终端之间的通信连接，完成数据的存储转发功能。在箭载测量系统中要求数据的传输延迟确定，各终端之间有固定的通信连接。交换机的功能组件模型如图 4.28 所示。到达交换机的所有数据帧首先经过过滤模块，滤除帧大小、完整性及目标端口不符合要求的帧。经过滤剩下的帧，进入交换功能模块，交换机依据数据包的目的地址对数据进行转发。各功能中所使用的特征参数及终端之间的地址映射关系都将形成配置项，加载到交换机。端系统提供了一种与交换机通信的方式，主要用于数据加载和监视。监视模块监

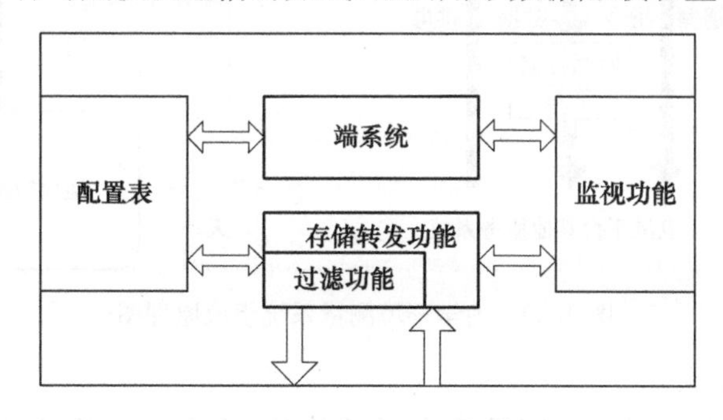

图 4.28　交换机功能构成

视交换机内的所有操作，通过设置记录一些异常项，并对内部状况进行统计。

以上是网络技术应用的总体方案，具体实现过程中还应依据航天领域的实际特征突破通信协议、拓扑结构、网络配置等关键技术，在此基础上开发相应的硬件设备，实现后将代表航天运载器基带数据传输未来的发展方向，是该领域里程碑式的技术革命，将使我国航天领域测量系统关键技术处于世界前列。

4.3　卫星力学环境测量技术

4.3.1　卫星力学环境测量原理

卫星力学环境测量系统由地面和星载两部分构成。地面和星载部分两者之间在由卫星测控数传系统、地面站及相关数据接收系统构成的天地数据链路的支持下实现星载测量数据下行及接收。星载部分是指由力学参数测量仪、各类测量传感器、变换器及相关电缆组成的星载测量系统，承担着感知、测取和记录力学环境数据的任务。地面部分是指由力学环境数据存储系统、数据分析与处理软件及配套设备等构成的数据管理和分析系统，承担着对下行接收到的力学环境数据进行存储管理、时频分析、统计估计等任务。系统组成原理图如图 4.29 所示。

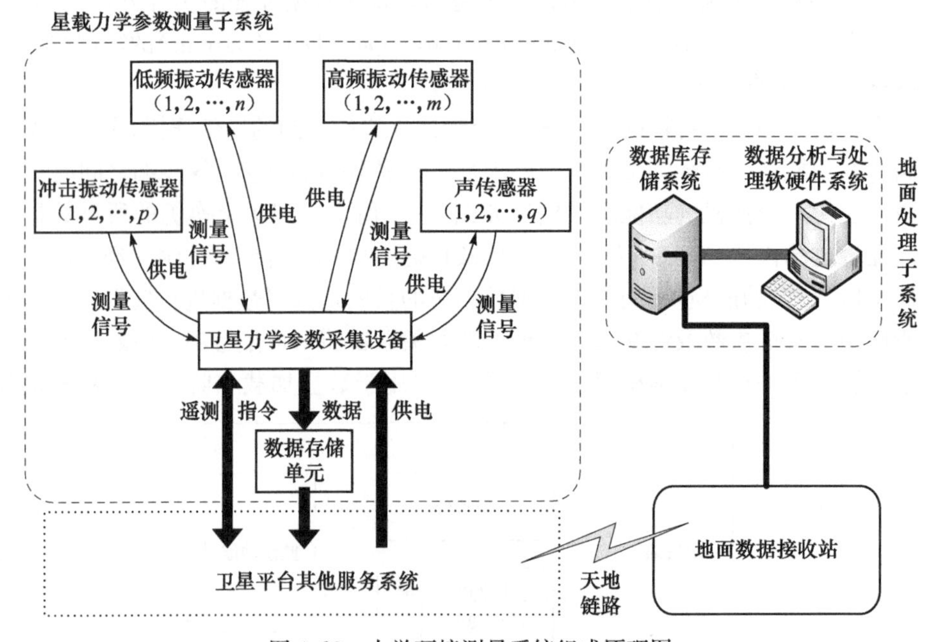

图 4.29　力学环境测量系统组成原理图

系统运行原理：

按照卫星飞行力学环境测量要求，在发射段、再入段、在轨运行段等特定飞行时段，依据卫星飞行程序及指令安排，启动星载力学参数测量子系统，包括卫星平台对星载测量子系统加电、状态检测和下行遥测，确认系统工作状态。进入测量模式，通过布置在卫星特定部位的力学参数传感器，以电信号形式拾取力学环境参数，由星载力学参数采集设备进行测量信号的记录和存储，完成星载部分力学环境数据原始测量。在卫星过境期间，在天地通信链路建立的情况下，适时将测量数据打包下传。通常根据对星载力学测量数据的处理能力界定的不同，视数据量规模可以通过遥测通道或数传通道下行。当数据全部下传地面后，系统可根据指令要求对存储器进行擦除操作，以便重新存储其他数据。目前限于星载处理能力，通常仅对低频、高频、冲击等各类原始测量信号进行基本的量化、调制、打包、压缩等处置，针对各类力学环境数据测量信号的时频分析功能基本由地面处理子系统完成。

地面数据接收站接收空间段卫星力学环境测量数据，经过解调、分包、量化等处理将数据交于地面处理子系统，通过地面分析与处理软硬件系统实现数据存储管理、时频分析、统计估计等工作，从而给出卫星飞行各特定时段、各结构或设备部位、时域和各种频域特征的力学环境数据，揭示卫星飞行力学环境特性。

4.3.2　卫星测量系统工作模式

星载力学环境测量系统（即星载部分）在执行运行状态下力学环境测量任务过程中，主要具有采集测量模式、存储器数据读取模式、存储器擦除模式等三种典型工作模式，其中采集测量模式是系统主要工作模式，其余两种是辅助模式。

三种典型模式执行流程如图 4.30 所示。

1）采集测量模式

针对卫星运行时段和飞行指令控制，系统可以针对发射或回收段、运行段的测量任务需求，有选择地启动实施相关低频、高频、冲击或声环境测量，即采集测量模式可设计具有多种采集测量子模式（1，…，n）。例如，针对主动段低频＋高频＋噪声测量模式，安排冲击事件时段的短时冲击参数测量，特点是较大幅值、宽频段声振环境，需要综合低频、高频、冲击和噪声等多种传感器配合完成，采集系统要具备几百至几千赫兹的高精度采样能力。针对在轨微振动环境，可设计低频＋高频测量模式，特点是低幅、低频（大型高柔性卫星）或中高频（中小卫星），需要配置低量程、高灵敏度传感器系统及配套采集系统。针对在轨运行中短时冲击事件（如轨道机动和调整），可设计低频＋高频＋冲击测量模式，同样需要相应传感器及后端采集系统配合完成。针对多模式的测量需求，传感器系统要从灵敏度、测量范围等参数覆盖能力进行复用和优化配置；数据采集系统要具有一定软件在轨系统采集重构能力。

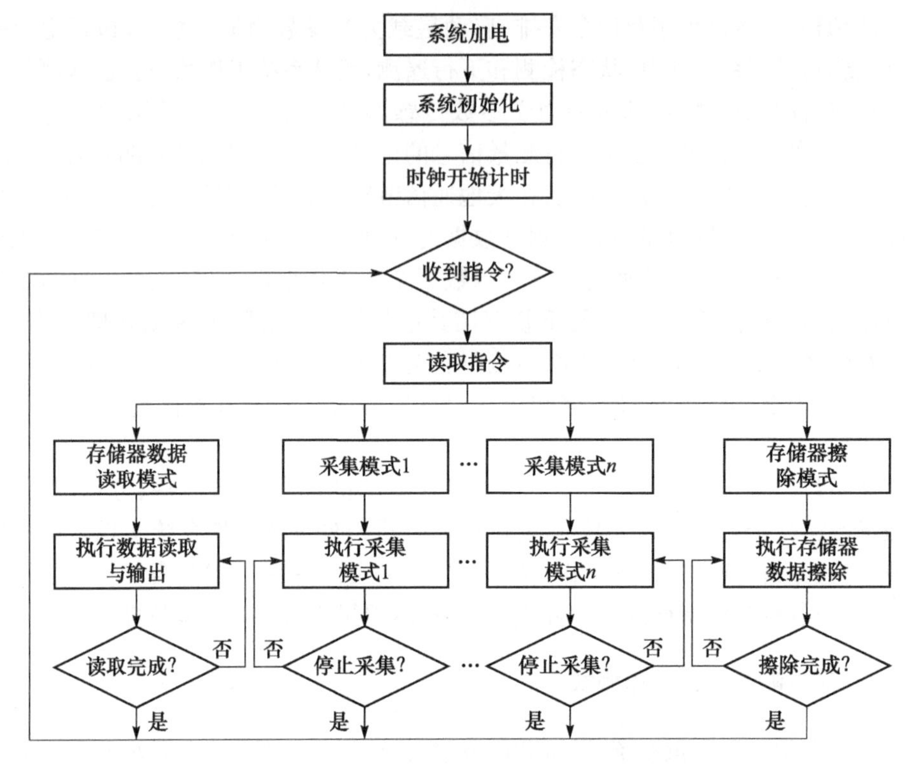

图 4.30　卫星力学参数测量系统工作流程图

运行采集测量模式时，卫星平台按指令给采集模块提供时钟信号、复位信号，系统时钟开始计数，进行采集。采集模块接收主控板发出的时钟信号，在复位信号后开始采集模拟量。例如，某卫星采集系统设计有多个采集模块，每个模块采用 3 片 A/D 转换器进行采集，同时采集 3 路模拟量，每一路在 FPGA 内部设置 2 个 72bit(9 字节)缓冲器，2 个缓冲器交替工作，每路转换 6 次集中一次存入 Flash 算为一组。设置采集计数器，每次当 20 组采集结束后，将帧号也一起写入 Flash。采集的数据以帧为单位进行存储，格式见表 4.2。采集存储时序图如图 4.31 所示。采集过程中通过系统时钟与各个采集模块时钟的比对，对采集模块工作情况进行监控，并记录 Flash 的存储读写地址，以判定结束采集指令或者存储器存满。收到采集结束指令后，系统时钟计数清零，并记录最后的存储地址。

表 4.2　采集数据存储格式

20 组数据			帧号
数据(6×12×3=216bit)	…	数据(6×12×3=216bit)	24bit

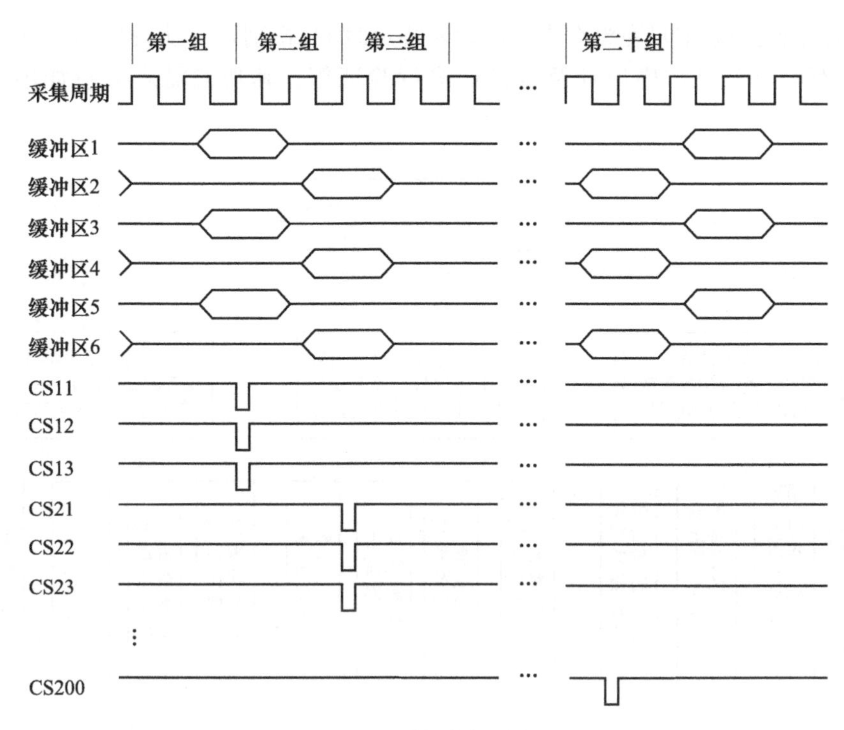

图 4.31　采集存储时序图

2）存储器数据读取模式

数据读取模式主要用于卫星过境期间的测量数据回放，通常在卫星过地面站期间由卫星平台向测量系统发送数据读取命令，测量系统收到数据读取命令后按照约定的数据格式进行数据的准备，并通过数据接口将数据输出给卫星平台，由卫星平台下传给地面接收系统。

3）存储器擦除模式

存储器擦除模式主要是通过执行数据擦除命令将其存储的地面测试数据或已下传的在轨测量数据进行擦除，以便充分利用设备的存储资源，例如，主动段工作时全面存储器为可用状态，同时如果在轨有其他测试需要，在主动段测量数据全部下传完成后也可以进行数据擦除，以备它用。同时，执行全盘擦除功能往往还具有对存储器进行存储区初始化的作用，以便恢复存储器的默认状态。

4.3.3　星载力学参数测量系统设计技术

1. 测量系统功能与组成

广义上讲卫星力学参数测量系统的功能需求概括起来就是通过对卫星从发射到完成飞行任务的整个过程中要经历各种复杂的力学环境作用情况的测量及测量

结果的分析，获取卫星在整个生命周期内特定时刻(特别是主动段)的力学环境特性，从而指导卫星结构设计及对设计进行验证等。其功能需求分析如图 4.32 所示。

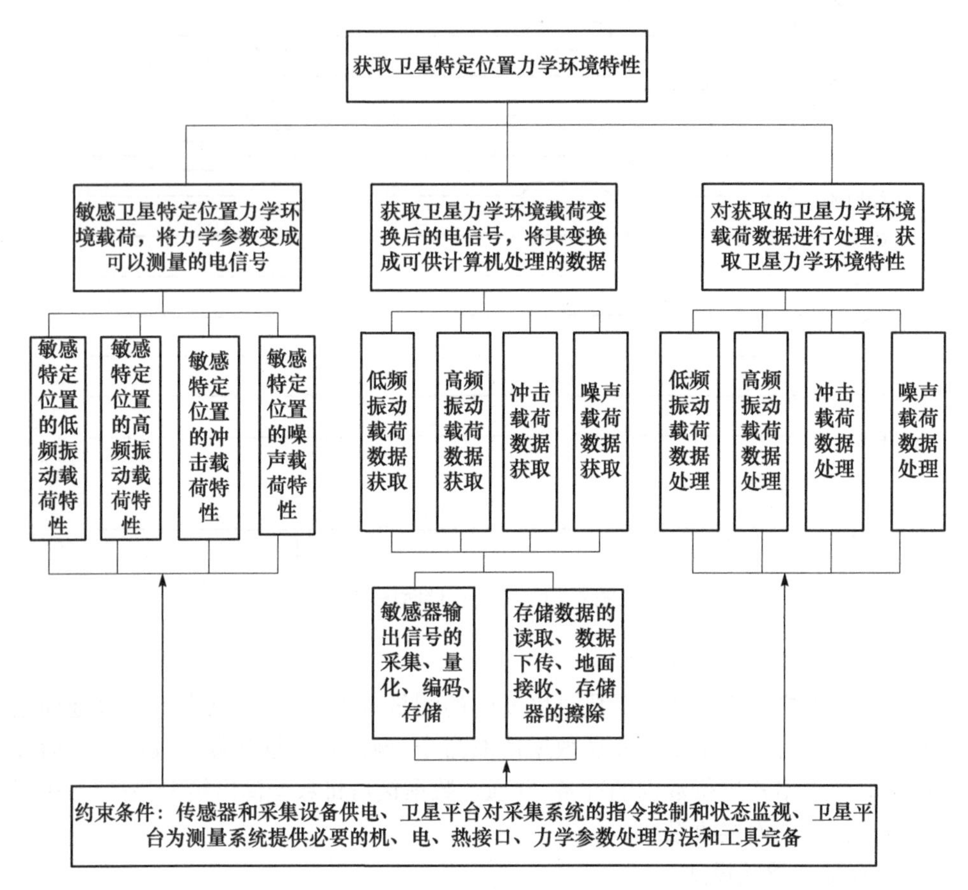

图 4.32　卫星力学参数测量系统功能分析

从图 4.32 可以看出，力学参数测量系统的主要功能包括以下几个方面：

(1) 力学传感器和变换器负责完成低频振动、高频振动、冲击、噪声等力学环境参数的测量变换。

(2) 力学参数测量仪负责采集传感器信号，并对信号进行 A/D 转换和数据存储。

(3) 通过卫星平台对力学参数测量仪进行指令控制，包括工作模式切换、数据读、写、擦等操作。

(4) 通过卫星平台可以实现存储力学参数测量数据下行至地面测控站。

(5) 地面对获得的测量数据进行处理和分析。

根据卫星力学环境测量系统原理和功能需求，测量系统主要由星载的测量系统和地面的数据处理部分组成。星载所测量的数据通过卫星测控数传系统下行到地面接收站，由地面站接收处理后发送给数据处理系统进行数据分析处理，卫星力学环境测量系统组成如图 4.33 所示，由于地面数据处理系统较为通用和成熟，后续重点针对星载测量系统进行介绍。

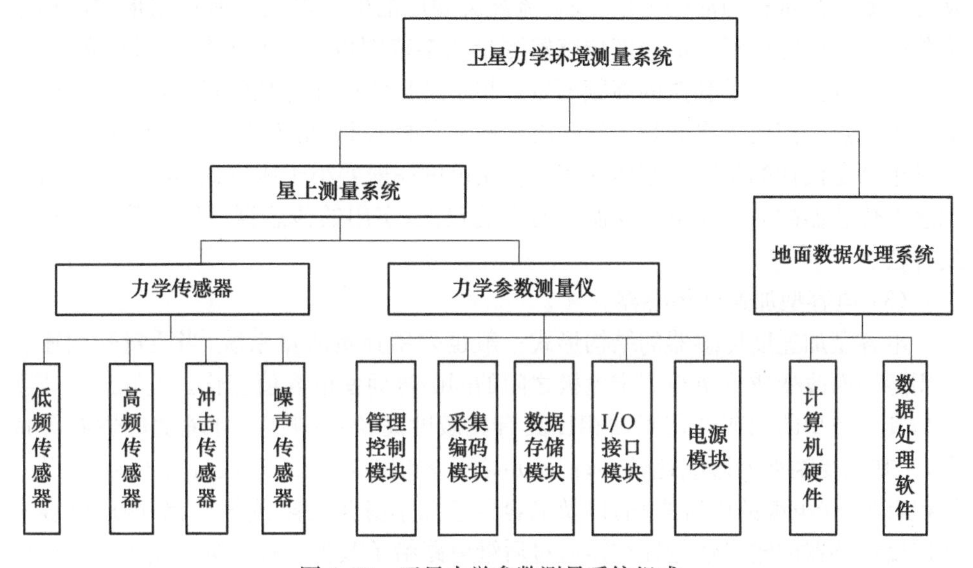

图 4.33　卫星力学参数测量系统组成

2. 传感器的选择

星载传感器用于感知卫星力学环境、将表征力学环境的物理信号转换为便于计算机系统识别、存储和变换的电信号，星载传感器原理与 4.2.1 节中介绍的基本相同。这里重点针对力学环境特点介绍传感器的选配。

1) 传感器类型选择

目前，最常用的振动测量传感器按各自的工作原理可分为压电型加速度传感器、压阻型加速度传感器、电容型加速度传感器、电感型加速度传感器及光电型加速度传感器。常用的各类型传感器的特点如下。

(1) 压电型加速度传感器。

压电型加速度传感器是利用弹簧质量系统原理，敏感芯体质量受振动加速度作用后产生一个与加速度成正比的力，压电材料受此力作用后沿其表面形成与这一力成正比的电荷信号。压电型加速度传感器具有动态范围大、频率范围宽、坚固耐用、受外界干扰小及压电材料受力自产生电荷信号不需要任何外界电源等特点，是应用最广泛的振动测量传感器。与压阻型和电容型加速度传感器相比，其最大的缺点是压电型加速度传感器不能测量零频率的信号。

(2) 压阻型加速度传感器。

应变压阻型加速度传感器的敏感芯体为半导体材料制成电阻测量电桥，其结构动态模型仍然是弹簧质量系统。现代微加工制造技术的发展使压阻形式敏感芯体的设计具有很大的灵活性以适合各种不同的测量要求。在灵敏度和量程方面，从低灵敏度高量程的冲击测量，到直流高灵敏度的低频测量都有压阻形式的加速度传感器。同时压阻型加速度传感器测量频率范围也可从直流信号到刚度高、测量频率范围到几十千赫兹的高频测量。超小型化的设计也是压阻型加速度传感器的一个亮点。需要指出的是尽管压阻敏感芯体的设计和应用具有很大灵活性，但对某个特定设计的压阻式芯体而言其使用范围一般要小于压电式传感器。压阻式加速度传感器的另一缺点是受温度的影响较大，实用的传感器一般都需要进行温度补偿。

(3) 电容型加速度传感器。

电容型加速度传感器的结构形式一般也采用弹簧质量系统，当质量受加速度作用运动而改变质量块与固定电极之间的间隙进而使电容值变化。电容式加速度计与其他类型的加速度传感器相比具有灵敏度高、零频响应、环境适应性好等特点，尤其是受温度的影响比较小；但不足之处表现在信号的输入与输出为非线性，量程有限，受电缆的电容影响，以及电容传感器本身是高阻抗信号源，因此电容型加速度传感器的输出信号往往需通过后继电路给予改善。在实际应用中电容型加速度传感器较多地用于低频测量，其通用性不如压电型加速度传感器，且成本也比压电型加速度传感器高得多。

综上所述，由于压电型加速度传感器测量频率范围宽、量程大、体积小、质量小、对被测件的影响小及安装使用方便，比较适合卫星力学环境测量需求，予以优先选择。

2) 材料和结构形式选择

(1) 压电材料。

压电材料一般可以分为两大类，即压电晶体和压电陶瓷。压电型加速度计最常用的压电晶体为石英，其特点为工作温度范围宽、性能稳定，因此在实际应用中经常被用作标准传感器的压电材料。由于石英的压电系数比其他压电材料低得多，因此对通用型压电加速度计而言更为常用的压电材料为压电陶瓷，其特点为具有较高的压电系数，各项机电参数随温度时间等外界条件的变化相对较小。

(2) 结构形式。

压电型加速度传感器的敏感芯体一般由压电材料和附加质量块组成，当质量块受到加速度作用后便转换成一个与加速度成正比并加载到压电材料上的力，而压电材料受力后在其表面产生一个与加速度成正比的电荷信号。压电材料的特性决定了作用力可以是正应力也可以是剪应力，压电材料产生的电荷大小随作用力的方向及电荷引出表面的位置而变。根据压电材料不同的受力方法，常用传感器敏感芯体的结构一般有以下三种形式：

① 压缩形式。压电材料受到压缩或拉伸力而产生电荷的结构形式。压缩式敏感芯体是加速度传感器中最传统的结构形式。其特点是制造简单方便，能产生较高的自振谐振频率和较宽的频率测量范围，最大的缺点是不能有效地排除各种干扰对测量信号的影响。

② 剪切形式。通过对压电材料施加剪切力而产生电荷的结构形式。理论分析得出剪切力作用下压电材料产生的电荷信号受外界干扰的影响甚小，因此剪切结构形式成为最广泛使用的加速度传感器敏感芯体。然而在实际制造过程中，确保剪切敏感芯体的加速度计持有较高和稳定的频率测量范围却是传感器制造工艺中最困难的一个环节。

③ 弯曲变形梁形式。压电材料受到弯曲变形而产生电荷的结构形式。弯曲变形梁结构可产生比较大的电荷输出信号，也较容易实现控制阻尼；但因为其测量频率范围低，更由于此结构不能排除因温度变化而极容易产生的信号漂移，所以此结构在压电式加速度计的设计中很少被采用。

(3) 封装形式。

为了保证传感器的低频响应，传感器壳体封装设计应使敏感芯体与外界隔绝，以防止压电陶瓷受到任何污染而导致其绝缘阻抗下降。敏感芯体绝缘阻抗下降对传感器性能造成的直接影响表现为低频响应变差，严重时还将造成传感器灵敏度改变。为防止电磁场对传感器信号的影响，往往要求传感器采用双重屏蔽壳封装形式。双层屏蔽结构的传感器输出接头一般采用双芯工业接头或联体电缆输出形式。由于双层屏蔽壳的结构特点和双芯输出电缆，传感器的高频特性一般将受到较大的制约，因此应谨慎考虑选用双层屏蔽式传感器进行高频振动信号测量。

(4) 输出接头形式。

M5(M6)接头是加速度传感器最常用的输出接头形式。M5接头特点是尺寸较小，一般配用直径较细的电缆(2mm或3mm)，比较适合振动试验的测试。另外M5(M6)的结构形式对信号屏蔽较好，所以对电荷输出型加速度传感器因其输出为较容易受干扰的高阻抗信号一般均采用M5(M6)接头。测量振动的加速度传感器接头一般避免使用Q9(同轴电缆接插件，BNC)，原因是Q9(BNC)接头组件没有螺纹连接，构件之间的机械耦合刚度较低，因此如果加速度传感器输出采用Q9(BNC)，其将会影响传感器的高频响应。

(5) 电缆的选择。

对输出为高阻抗信号的电荷型压电型传感器而言，为保证测量信号不受因电缆移动而造成的噪声的影响，传感器的输出信号电缆一般都采用低噪声电缆。而输出为低阻抗电压信号的低阻抗电压输出型传感器,低噪声电缆并不一定是必需的。高频、低频信号对电缆不同要求的典型例子是多轴向测量传感器的电缆,多通道高阻抗信号的电缆必须是各自独立的低噪声屏蔽电缆,而多通道低阻抗的电压信号则可采用多芯绞线加屏蔽的电缆。

在通用型传感器的电缆配备中因考虑到电缆的质量和成本,ϕ2mm 直径的低噪声电缆为加速度传感器的标准配置。工业现场用的传感器一般以 IEPE 型为主,电缆本身的强度也成为重要考虑因素,因此 ϕ3mm 的低噪声电缆和 ϕ4.5mm 的普通同轴屏蔽电缆成为最常使用的电缆,而对双层屏蔽壳设计的 IEPE 型传感器的电缆配置均为双绞芯线外加屏蔽的电缆。

在加速度传感器输出信号电缆的选择中,除电缆结构外,其他最经常考虑的指标是电缆的应用温度及在工业现场测试中电缆外层材料耐腐蚀的能力。最普遍使用的电缆绝缘材料为聚氯乙烯(PVC),使用温度范围为-40～105℃。对应用环境较恶劣的场合,最经常选用的电缆绝缘材料为聚四氟乙烯,其使用温度范围为-45～250℃,且耐腐蚀能力也优于其他大多数电缆绝缘材料,但用四氟材料做的电缆柔性较差,价格也远高于 PVC 材料。

综上所述,根据卫星力学环境参数测量要求,在满足条件的情况下压电材料既可选择压电晶体,也可以选择压电陶瓷;结构形式既可以选择压缩形式,也可以选择剪切形式,优先选择剪切形式压电陶瓷传感器,输出接头形式优选 M5(M6)接头,电缆可以选用 PVC 材料的双绞芯线外加屏蔽的电缆。

3) 信号输出形式选择

(1) 电荷输出型。

传统的压电加速度计通过内部敏感芯体输出一个与加速度成正比的电荷信号。实际使用中传感器输出的高阻抗电荷信号必须通过二次仪表将其转换成低阻抗电压信号才能读取。由于高阻抗电荷信号非常容易受到干扰,所以传感器到二次仪表之间的信号传输必须使用低噪声屏蔽电缆。由于电子器件的使用温度范围有限,所以高温环境下的测量一般还是使用电荷输出型。

(2) 低阻抗电压输出型。

压电传感器换能器输出的电荷通过装在传感器内部的前置放大器转换成低阻抗的电压输出。低阻抗电压输出型传感器通常为二线输出形式,即采用恒电流电压源供电,直流供电和信号使用同一根线。通常直流电部分在恒电流电源的输出端通过高通滤波器滤去。低阻抗电压输出型传感器的最大优点是测量信号质量好、噪声小、抗外界干扰能力强和远距离测量,特别是新型的数据采集系统很多已配备恒流电压源,因此,低阻抗电压输出型传感器能与数据采集系统直接相连而不需任何其他二次仪表。在振动测试中低阻抗电压输出型传感器已逐渐取代传统的电荷输出型压电加速度计,因此选择时优先选用低阻抗电压输出型传感器。

4) 技术指标选择

传感器选用时主要考虑的技术指标包括灵敏度、量程和频率范围等，选用振动传感器的一般原则包括：①被测振动量的大小；②被测振动信号的频率范围；③振动测试环境。

以下将针对上述三个方面并参照传感器的相关技术指标对具体的选用作进一步的讨论。

(1) 灵敏度。

传感器的灵敏度是传感器最基本指标之一。灵敏度的大小直接影响到传感器对振动信号的测量。不难理解，传感器的灵敏度应根据被测振动量(加速度值)大小而定，但由于压电型加速度传感器是测量振动的加速度值，而在相同的位移幅值条件下加速度值与信号的频率平方成正比，所以不同频段的加速度信号大小相差甚大。大型结构的低频振动其振动量的加速度值可能会相当小。例如，振动位移为 1mm，频率为 1Hz 的信号其加速度值仅为 0.04m/s^2 ($0.004g$)；然而对于高频振动位移为 0.1mm，频率为 10kHz 的信号其加速度值可达 $4\times10^5\text{m/s}^2$ ($40\,000g$)。因此尽管压电式加速度传感器具有较大的测量量程范围，但对于用于测量高低两端频率的振动信号，选择加速度传感器灵敏度时应对信号有充分的估计。最常用的振动测量压电式加速度计的灵敏度，电压输出型(IEPE 型)为 $50\sim100\text{mV}/g$，电荷输出型为 $10\sim50\text{pC}/g$。

(2) 量程范围。

加速度传感器的测量量程范围是指传感器在一定的非线性误差范围内所能测量的最大测量值。通用型压电型加速度传感器的非线性误差大多为 1%。作为一般原则，灵敏度越高其测量范围越小，反之灵敏度越低则测量范围越大。IEPE 压电型加速度传感器的测量范围由在线性误差范围内所允许的最大输出信号电压决定，最大输出电压量值一般都为 ±5V。通过换算就可得到传感器的最大量程，即等于最大输出电压与灵敏度的比值。需要指出的是 IEPE 型传感器的量程除受非线性误差大小影响外，还受到供电电压和传感器偏置电压的制约。当供电电压与偏置电压的差值小于传感器技术指标给出的量程电压时，传感器的最大输出信号就会发生畸变，因此 IEPE 型加速度传感器的偏置电压稳定与否不仅影响到低频测量也可能会使信号失真。这种现象在高低温测量时需要特别注意，当传感器的内置电路在非室温条件下不稳定时，传感器的偏置电压很可能不断缓慢地漂移而造成测量信号忽大忽小。

而电荷输出型传感器的测量范围则受传感器机械刚度的制约，在同样的条件下传感敏感芯体受机械弹性区间非线性制约的最大信号输出要比 IEPE 型传感器的量程大得多，其值大多需通过试验来确定。一般情况下当传感器灵敏度高时，其敏感芯体的质量块也就较大，传感器的量程就相对较小。同时因质量块较大其谐振频率就偏低这样就较容易激发传感器敏感芯体的谐振信号，结果使谐振波叠加在被测信号上造成信号失真输出。因此在最大测量范围选择时，也要考虑被测信号频率组成及传感器本身的自振谐振频率，避免传感器的谐振分量产生，同时在量程上应有足够的安全空间以保证信号不产生失真。

(3) 频率范围。

传感器的频率测量范围是指传感器在规定的频率响应幅值误差内(±5%，±10%，±3dB)传感器所能测量的频率范围，频率范围的高/低限分别称为高/低频截止频率。截止频率与误差直接相关，所允许的误差范围大则其频率范围也就宽。作为一般原则，传感器的高频响应取决于传感器的机械特性，而低频响应则由传感器和后继电路的综合电参数所决定。高频截止频率高的传感器必然是体积小，质量小，反之用于低频测量的高灵敏度传感器相对来说则一定体积大和质量大。

① 传感器的高频测量范围。

传感器的高频测量指标通常由高频截止频率来确定，而一定截止频率与对应的幅值误差相联系，所以传感器选用时不能只看截止频率，必须了解对应的幅值误差值。传感器的频率幅值误差小不仅是测量精度提高，更重要的是体现了传感器制造过程中控制安装精度偏差的能力。另外由于测量对象的振动信号频率带较宽，或传感器的固有谐振频率不够高，因而被激发的谐振信号波可能会叠加在测量频带内的信号上，造成较大的测量误差。所以在选择传感器的高频测量范围时除高频截止频率外，还应考虑谐振频率对测量信号的影响；当然这种测量频段外的信号也可通过在测量系统中滤波器给予消除。

一般情况下传感器的高频截止频率与输出信号的形式(即电荷型或低阻电压型)无关，而与传感器的结构设计、制造及安装形式和安装质量都密切相关。表 4.3 是对不同形式加速度传感器的高频响应作一个定性的归类，供选用时对比和参考。

表 4.3　不同形式加速度传感器的高频响应性能

高频响应性能	外形、质量和灵敏度	敏感芯体形式	总体设计	安装形式
最好	体积小、质量小、低灵敏度	压缩型	单层壳通用型	螺钉安装
好	通用型	剪切型	单层壳带绝缘座	吸铁、黏结
差	体积大，质量大、高灵敏度	弯曲梁形式	双层屏蔽壳	手持

② 传感器的低频测量范围。

与传感器高频指标相对应，传感器的低频测量指标通常由低频截止频率来确定，同样一定低频截止频率与对应的幅值误差相关。和高频特性不同，传感器的低频特性与传感器的任何机械参数无关，而仅取决于传感器的电特性参数。当然传感器作为测量系统的某一部分，测量信号的低频特性还将受到与传感器配用的后继仪器电参数的制约。根据输出信号的不同形式，以下将对电荷输出和低阻电压输出加速度传感器分别给予讨论。

尽管电荷型输出加速度传感器列出低频截止频率，但一般都会指出测量信号的低频特性由后继电荷放大器确定。在实际应用中，当电荷型传感器的芯体绝缘阻抗远大于电荷放大器输入端的输入阻抗时，由传感器和电荷放大器组成的测量系统的低频截至频率应该由电荷放大器的低频特性所决定。但是如果传感器的芯体绝缘阻抗下降，此时传感器可能影响整个测量系统的低频特性，因此保证芯体的绝缘阻抗对电荷输出型加速度传感器的低频测量非常重要。

对于 IEPE 型传感器配用的恒流电压源，其通常的低频截止频率为 0.1Hz(－5%)。因此一般情况下测量系统的低频特性是由传感器的低频截止频率所决定的。通用型传感器的低频截止频率大多为 0.5～1Hz，专门用于低频测量的传感器低频截止频率可扩展到 0.1Hz。由于传感器的低频校验比较困难，所以制造厂商一般只提供 10Hz 以上的测试数据。

根据卫星力学环境特性，一般传感器技术指标要求见表 4.4。

表 4.4　传感器的指标要求

项目要求	低频振动		高频振动		冲击		噪声
测点	星内	星外	星内	星外	冲击源附近	其他测点	星内测点
测量频率范围/Hz	1～150		1～2 000		20～10 000		
量程范围	0.1～15g	0.1～80g	60g	400g	3 000g	1 500g	50～150dB
灵敏度	300mV/g	50mV/g	75mV/g	10mV/g	1.5mV/g	3mV/g	30mV/Pa

另外除上述主要技术指标外，进行传感器选择时还需要考虑如下指标要求：

(1) 横向灵敏度。由于压电材料自身特性，敏感芯体的结构设计和制造精度偏差使传感器不可避免地对横向振动产生输出信号，其大小由横向输出和垂直方向输出的比值百分数来表示。根据不同敏感芯体结构和材料特性的组合，压缩型结构在理论上存在横向输出，需要通过装配调节的方式给予抵消，而在实际制造过程中很难实现真正的抵消，因此压缩型加速度传感器的横向灵敏度的离散度很大。与压缩型相比剪切型设计在理论上不存在横向输出，传感器的实际横向输出一般是由材料加工和装配精度所引起的误差。所以从这两种敏感芯体的实际对比结果来看，剪切型压电加速度传感器的横向灵敏度普遍优于压缩型，而敏感芯体为弯曲梁结构形式的横向灵敏度一般说介于剪切型和压缩型之间。根据敏感芯体的结构特性，在其受横向振动时与垂直方向振动一样，也有相应的结构频率响应。所以横向振动也同样可能在某一频率点产生谐振，以至于产生较大的横向振动偏差。

(2) 温度对传感器输出的影响。温度改变引起传感器输出变化是由压电材料(敏感芯体)特性所造成的。根据压电材料的分类,石英晶体受温度影响最小,而人工合成晶体的使用温度甚至高于石英,但在商业化的压电型加速度传感器中使用最多的压电材料还是压电陶瓷。高温时压电陶瓷敏感芯体的输出随温度上升而增大,低温时随温度降低而减小;但传感器输出与温度间并不呈线性变化,一般来说低温时的输出变化比高温时的要大。此外,因为各传感器的温度响应很难保持一致,所以实际使用中传感器的输出一般很少用温度系数进行修正。典型温度响应曲线或温度系数一般只作为对传感器温度特性的衡量。压电陶瓷对温度的响应除材料本身特性之外,生产工艺也将直接影响压电材料对温度的响应,而同种材料对温度响应的离散度更是如此。不同的敏感芯体结构设计对温度变化的响应会产生不同的结果。由于不同材料有不同的线膨胀系数,因此温度变化必然使压电材料和金属配件之间产生因线膨胀系数不同而造成的应力变化;这种由温度产生的应力使压缩型和弯曲梁型的敏感芯体产生输出信号,有时这种温度变化引起的输出会大于振动测量信号,特别是在低频测量中。

(3) 传感器的基座应变灵敏度。传感器受被测物体在传感器安装处应变的影响,可能导致传感器输出的变化。传感器的基座应变灵敏度一般由传感器基座刚度、传感器与被测件的接触面积及敏感芯体结构设计形式所决定。剪切结构形式的敏感芯体与传感器基座间的接触面积很小,因而剪切芯体受基座应变的作用也相对较小,且这种应变并不直接导致压电陶瓷的输出。所以剪切敏感芯体传感器的基座应变灵敏度指标通常比压缩型的要好,在无需改变传感器的基座刚度及与被测件的接触面积的情况下(改变这两点都将影响传感器的频率响应指标),剪切型传感器一般都能满足大部分结构测量的要求。

(4) 声场和磁场对传感器的影响。声场和磁场对传感器的作用也都可能引起信号输出,这种输出的大小与传感器灵敏度的比值被称为压电型加速度传感器的声灵敏度和磁灵敏度。声灵敏度是表示传感器在强声场的作用下,加速度传感器的输出值。加速度信号输出主要是声波通过对传感器外壳体的作用,再由外壳体传输给内部的敏感芯体而导致的信号输出。最直接的减小传感器声灵敏度的方法是增加传感器外壳的厚度,绝大多数传感器的这一指标都能满足通常的测量条件。磁灵敏度是表示传感器在强交变磁场作用下,加速度传感器的输出值。传感器内部敏感芯体受磁力的作用而导致信号输出是传感器产生磁灵敏度的基本原因。因此在传感器设计中,金属零部件尽量采用无磁或弱磁的材料是降低传感器磁灵敏度最直接的措施。另外双层屏蔽壳结构形式也能较好地减小传感器的磁灵敏度,同时双层屏蔽壳形式还能有效地防止磁场对输出电信号的干扰。

3. 星载力学参数测量数据采集与接口技术

1）力学参数测量仪设计技术

力学参数测量仪是卫星力学参数高精度测量系统的核心部分，它承担着对传感器输出信号的采集、量化、编码、存储的任务，另外它还负责给传感器供电及与卫星平台的供电、指令、遥测和数据接口。力学参数测量仪主要由以下功能模块组成。

（1）管理功能模块。

中央处理单元是整个力学参数测量仪的核心单元，完成对采集时序的调度、大容量存储器的管理、内部总线接口的管理、遥控或程控命令的解析及调度采集编码模块完成力学参数的采集，它主要完成以下功能：

负责产生力学参数测量仪各种控制逻辑及译码电路。

负责产生力学参数测量仪内时钟。

负责产生力学参数测量仪看门狗及等待电路。

负责产生力学参数测量仪各种驱动电路。

对遥测模拟量、时间码进行编帧，打包处理。

根据外控指令，控制整个存储器的读、写、擦。

按照帧格式、数据回放格式要求，进行数据回放。

负责调度采集编码模块协调采集、缓存、处理、再存储各阶段的相互关系，使整个系统工作有条不紊地进行。

（2）数据采集编码功能模块。

数据采集编码功能模块主要完成对卫星在不同阶段的冲击、噪声、高频振动、低频振动等物理参数的采集，并对经网络传输滤波后形成的模拟量进行采集编码，然后送入存储器。在多路模拟信号采集系统中，常采用如下设计方案：

① 多路模拟信号经多路模拟开关转换后进行调理放大，然后进入A/D转换器。

② 对多路模拟信号进行调理放大，再经多路模拟开关转换后与A/D转换器相连。

③ 多路模拟信号分别进行调理放大后，直接和A/D转换器相连。

前两种方案由于采用了多路模拟开关，整个采集系统只用一个A/D转换器，系统成本低，常用于信号采集速度要求不高的任务。由于多路转换开关切换信号通道时总需要一定的时间，故这样的采集系统不是一个真正的并行数据采集系统，因此一般中、低频信号适宜采用该方案，高频信号适宜采用第三种方案。

（3）存储功能模块。

目前存储功能模块一般采用Flash存储器，它是一种高密度、大规模、非易失、可擦写的可编程存储器，具有容量大、体积小、质量小、功耗低、高速率及高可靠的特点，能够经受主动段的振动、冲击等力学环境。

(4) I/O 接口功能模块。

I/O 接口功能模块主要包括指令接口、遥测接口、通信接口三部分。

指令接口。由多片译码器、总线驱动器、接口器件等电路组成一个输入口，中央处理单元可以通过读取该口的状态来识别各种指令，做出相应的反应。

遥测接口。由多片译码器、总线驱动器、锁存器、接口器件等电路组成一个输出口，并将力学参数测量仪的现行状态以遥测数据形式对外输出，以便判断其工作状态。

通信接口。通信接口采用适当的接口形式，通过总线收发器、电平转换等电路组成通用通信接口，用于向卫星平台输出需要下行的测量数据，或地面测试过程中负责地面检测设备与力学参数测量仪的通信。

(5) 电源功能模块。

电源功能模块根据不同配置要求，一般有自带电源和利用卫星平台的二次电源两种。

① 自带电源。大多数卫星平台采用 28V 母线供电，为了简化供电接口，力学参数测量仪内部配置 DC/DC 模块进行自身二次电源变换。电源模块完成一次电源进行二次电源变换的功能，将一次电源变换成自身需要的二次电源，供自己设备使用，同时还负责为传感器等供电。电源模块包括 DC/DC 和滤波电路等。

② 利用卫星平台二次电源，有利于测量系统小型化。电源管理控制模块负责测试系统的供配电，并接收由遥控或程控发来的加、断电命令。

综上所述，管理功能模块、数据采集编码功能模块、存储功能模块、接口功能模块、电源功能模块共同组成了测量仪系统，为了实现系统的小型化、模块化及灵活可配置的设计要求，考虑功能模块间的耦合关系，也可以将管理功能模块和接口功能模块进行集成设计，组成新的管理接口模块；将数据采集编码功能模块和存储功能模块进行集成设计，组成新的采集存储模块；同时，多个采集存储功能模块与管理接口模型采用统一的内部总线接口设计，便于系统模块间的扩展和灵活配置。

2) 星载力学参数测量平台接口技术

根据卫星力学参数测量的特点，卫星平台力学参数测量采用以力学参数测量仪为中心，以各种传感器为测量敏感器件的星形连接方式，如图 4.34 所示，力学参数测量仪位于整个测量系统的中心，与各监测点的传感器通过相应的电缆连接，传感器负责采集卫星在主动段飞行过程中的低频振动、高频振动、冲击及噪声等各种环境载荷，测量仪负责各传感器的供电，并实时对传感器的输出信号进行采集和存储，另外，力学参数测量仪通过与卫星平台的指令接口获取卫星平台对它的控制信号，控制整个测量的过程，同时测量仪还将自身的工作状态以遥测数据的方式通过与卫星平台遥测接口下行地面，以便地面人员了解系统的状态。主动段测量结束后，在卫星过境的时间段内，测量仪将测量存储的数据通过其与卫星平台的数据接口，将测量数据回传地面（对于返回式卫星和飞船也可以直接对数据进行回收处理）。

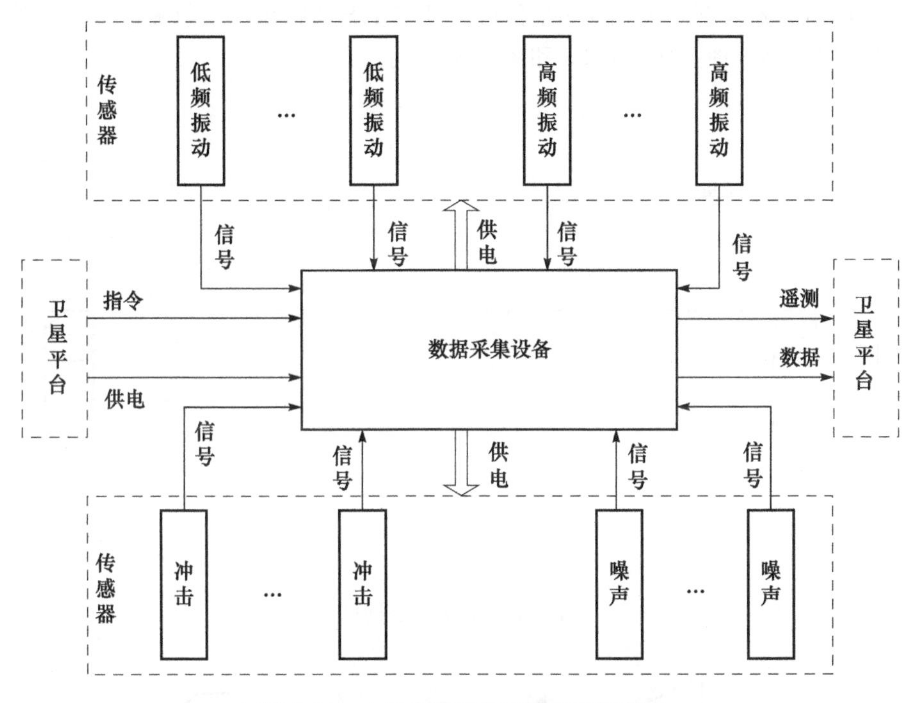

图4.34　力学参数采集系统接口原理图

力学参数测量系统正常工作，并将测量数据传送回地面，需要测量系统与卫星平台间建立必要的接口关系，主要包括：

卫星平台对力学参数测量系统的供电接口。

卫星平台对力学参数测量系统的指令控制接口。

卫星平台对力学参数测量系统的状态检测接口。

卫星平台对力学参数测量系统的数据获取接口。

测量仪对外接口设计的可扩展性就决定了其将来对于不同卫星平台的适应性，因此，力学参数测量系统上采用何种供电方式、指令接口、遥测接口和数据接口方式，必须适应卫星平台的接口形式，而作为不同的卫星平台，其接口虽然有所不同但是可以归纳为以下几种：

(1) 供电接口。

卫星平台仅能为测量系统提供一次电源母线，供电电压多为＋28V；卫星平台能够为测量系统提供所需的二次电源。

(2) 指令接口。

目前卫星平台指令接口根据不同的卫星平台有所不同，主要包括脉冲开关指令和串行数字量指令。

① 脉冲开关指令。

国内航天器典型开关指令包括集电极开路型开关指令和发射极输出型开关指令，其接口电路原理图如图 4.35 和图 4.36 所示。

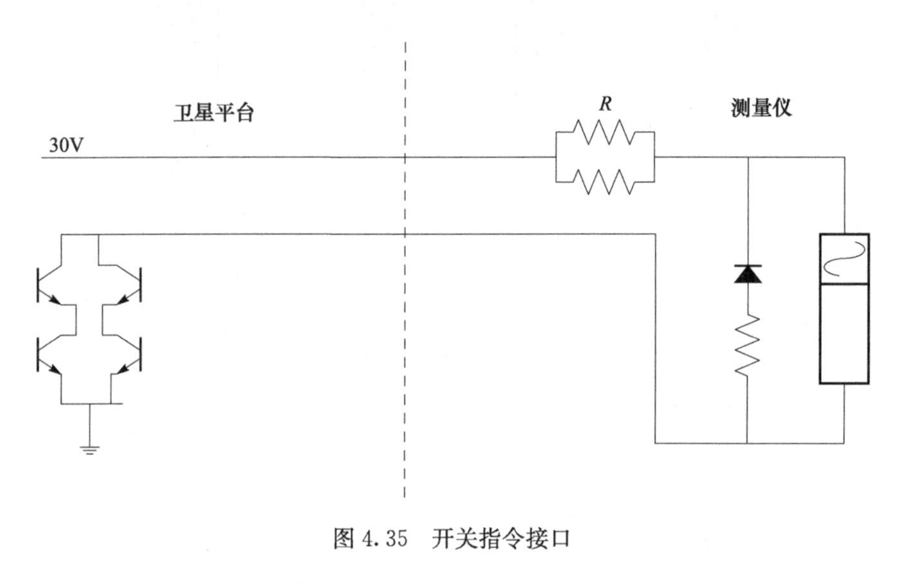

图 4.35　开关指令接口

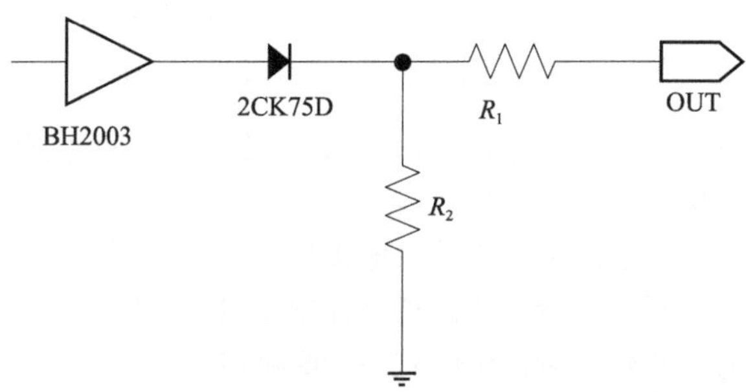

图 4.36　射极输出指令接口图

② 串行数字量指令。

串行数字量指令可通过两种接口传输：一是通过卫星总线传输；二是通过专用数字量注入指令接口传输。其中通过总线传输的指令应符合卫星总线通信协议要求，而通过专用数字量注入指令接口传输的指令一般包括 3 个信号：选通信号(门控信号)、时钟信号和数据信号。在条件允许的情况下应优先选用总线接口进行传输。

(3) 遥测接口。

卫星平台的遥测接口种类一般包括:模拟量遥测接口、温度量遥测接口、状态量遥测接口、数字量遥测接口,作为测量系统的遥测接口主要为模拟量或状态量,卫星平台的模拟量遥测接口包括双端模拟量通道和单端模拟量通道,大多数卫星平台采用双端模拟量采集接口,接口示意图如图 4.37 所示。

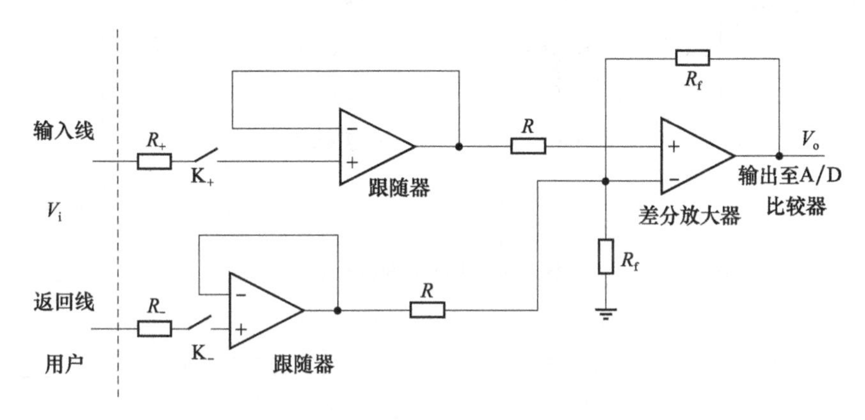

图 4.37　双端模拟量遥测采集输入接口电路示意图

状态量遥测接口需要测量仪向卫星平台提供测量信号线和回线各一根,由卫星平台进行数据采集和状态判断,接口电路如图 4.38 所示。

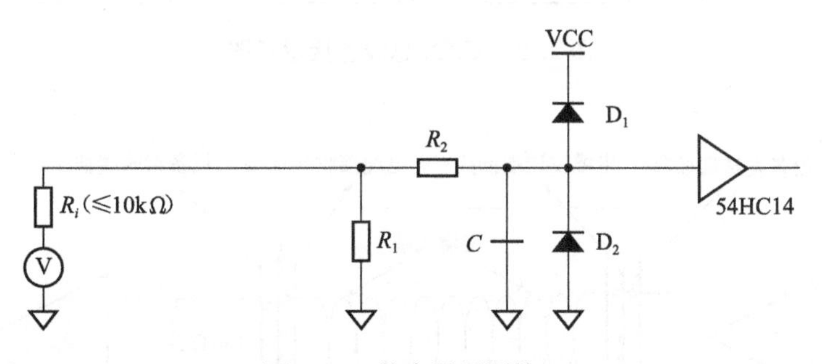

图 4.38　状态量遥测接口

(4) 数据接口。

卫星平台的数据接口包括串行数字量同步接口、并行数字量接口、RS-232 接口、RS-422 接口、RS-485 接口、1553B 总线接口及 CAN(controller area network)总线接口等多种形式,目前卫星平台的使用中,主要以 1553B 总线接口、CAN 总线接口和 LVDS 接口采用较多。图 4.39、图 4.40 和图 4.41 分别为 1553B 总线接口、CAN 总线连接和 LVDS(low voltage differential signaling)总线连接的接口示意图。

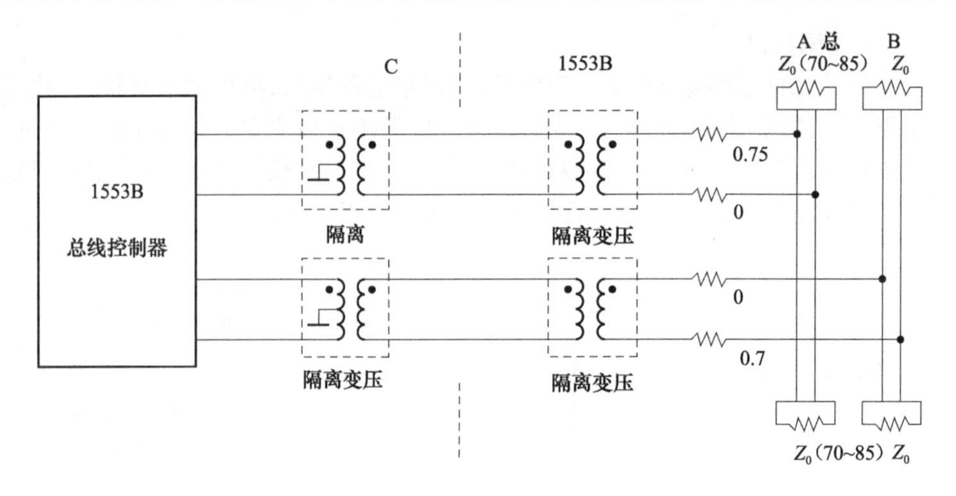

图 4.39　1553B 总线接口

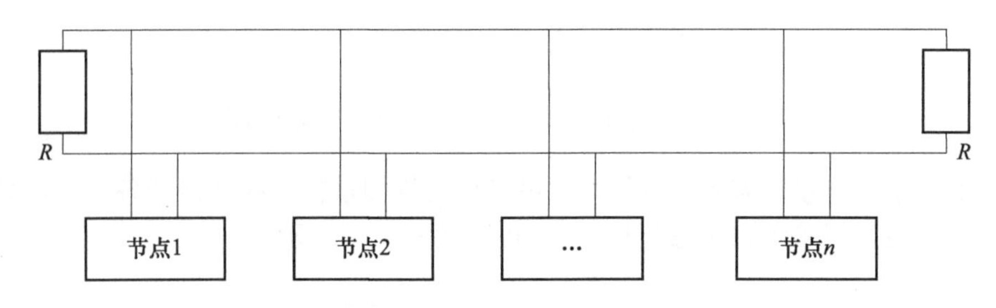

图 4.40　CAN 总线连接示意图

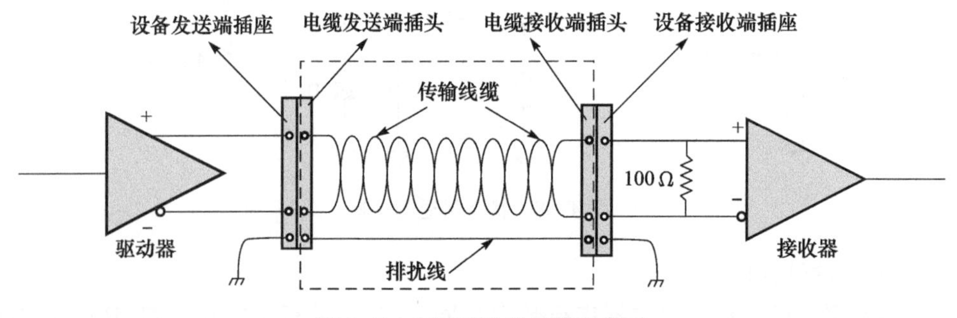

图 4.41　LVDS 总线连接示意图

通过上述分析可以看出，不同卫星平台星载接口种类相同，形式有所差异，为了提高测量仪的平台适用性，测量仪对外接口设计上应尽量简化接口种类和数量，同时采用接口模块化设计，可以根据不同卫星平台需要配置不同的对外接口。

4.3.4 典型卫星力学参数测量系统应用

1. 典型系统介绍

随着力学环境测量技术的不断发展，卫星力学环境遥测系统也经历了一个不断发展的过程，下面按照卫星力学环境遥测系统发展的不同阶段，选取了几个典型的系统实例进行介绍。

1）早期卫星力学环境遥测系统

力学环境遥测系统发展早期，由于卫星平台技术能力较低、系统资源有限，卫星力学环境遥测系统往往只能提供有限的测量点和较小的测量范围。以早期某卫星力学环境遥测系统为例（系统原理图如图4.42所示），其测量能力十分有限，测量信号类型仅限于主动段低频振动信号，测量频率范围为1～100Hz，测量范围为±10g，测量通道数6个，数据记录时间300s。

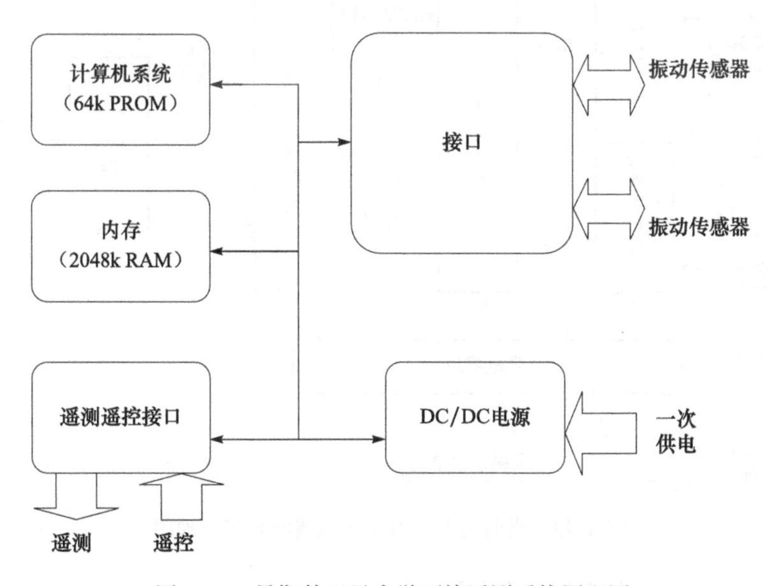

图4.42 早期某卫星力学环境遥测系统原理图

2）当前卫星力学环境遥测系统

随着卫星平台技术能力的提升和测量技术的发展，卫星力学环境遥测系统的能力不断加强，以目前某卫星正在使用的力学环境测量系统为例，其测试能力已经大幅度提升，测量信号类型不仅涵盖了主动段的低频振动、高频振动、冲击和噪声等信号，还具备对在轨微振动的测量能力，其技术指标见表4.5。

表 4.5　某卫星力学环境遥测系统测量能力

序号	测量类型	量程/g	频率范围/Hz	通道数量	存储时间/s
1	低频振动	0.2～10	5～150	62 路	1600
2	高频振动	1～20	20～2000		
3	冲击	1～200	100～5000		
4	微振动	0.001～0.1	5～200		

系统原理图如图 4.43 所示，系统的主要功能包括：

(1) 采集来自传感器的力学环境数据模拟信号。

(2) 对力学环境数据进行编码、存储。

(3) 根据指令，将数据传送到卫星平台，由卫星平台将数据下传。

(4) 根据指令，开机和关机，以及在不同模式间切换(发射测量模式、在轨微振动测量模式、数据下传模式等)。

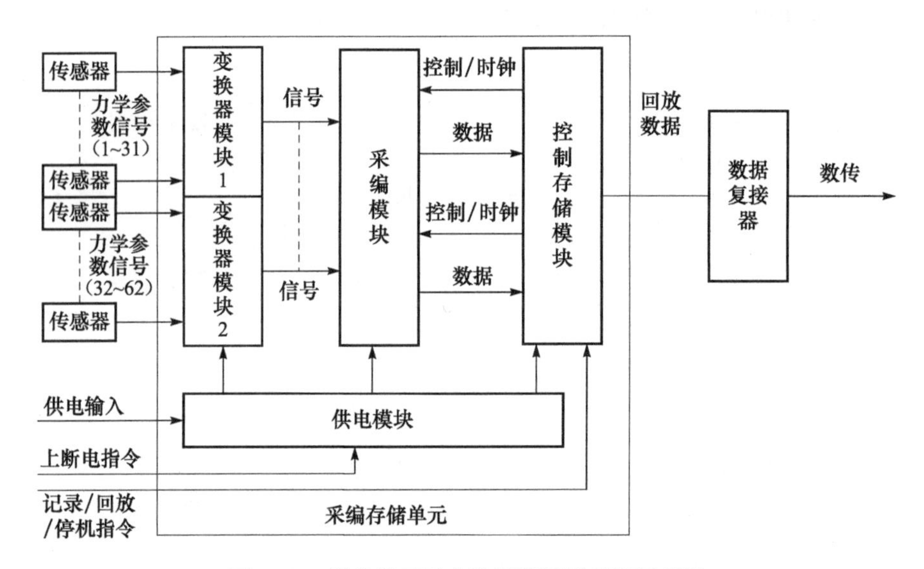

图 4.43　当前某卫星力学环境遥测系统原理图

3) 新型卫星力学环境遥测系统

为了进一步提高卫星力学环境遥测系统的测量能力，减小力学环境遥测系统对卫星平台资源的占用，同时增强遥测系统针对不同应用对象的适应性和灵活性，目前卫星力学环境遥测系统正在向着高精度、小型化、可配置等方向发展，具体发展思路包括：

(1) 通过优化测量系统体系结构和高集成度器件的选用实现系统小型化。

(2) 通过合理优化和新技术的选用实现系统高采样速率、高量化精度、多采集通道、大存储容量设计，满足高精度测量的需要。

(3) 在合理优化系统体系结构的基础上，通过功能模块的合理划分、减小模块间功能的耦合、对内部模块间接口进行标准化设计等实现系统模块化设计。

(4) 通过外部多种接口扩展性设计及对系统功能进行软件化设计，使卫星力学环境遥测系统可以根据需要进行灵活定制，实现多平台兼容性要求。

针对上述思路，新型卫星力学环境遥测系统的测量能力已经完成能够满足 4.3.1 节中对遥测系统的相关要求。图 4.44 为某力学环境遥测系统原理图(以 96 通道为例)，其中各采集编码模块采用了相互独立的设计模式，能够根据任务要求灵活配置采集编码模块的数量，以满足不同卫星不同测量点的需求，无需对系统的软件和硬件进行任何的调整。

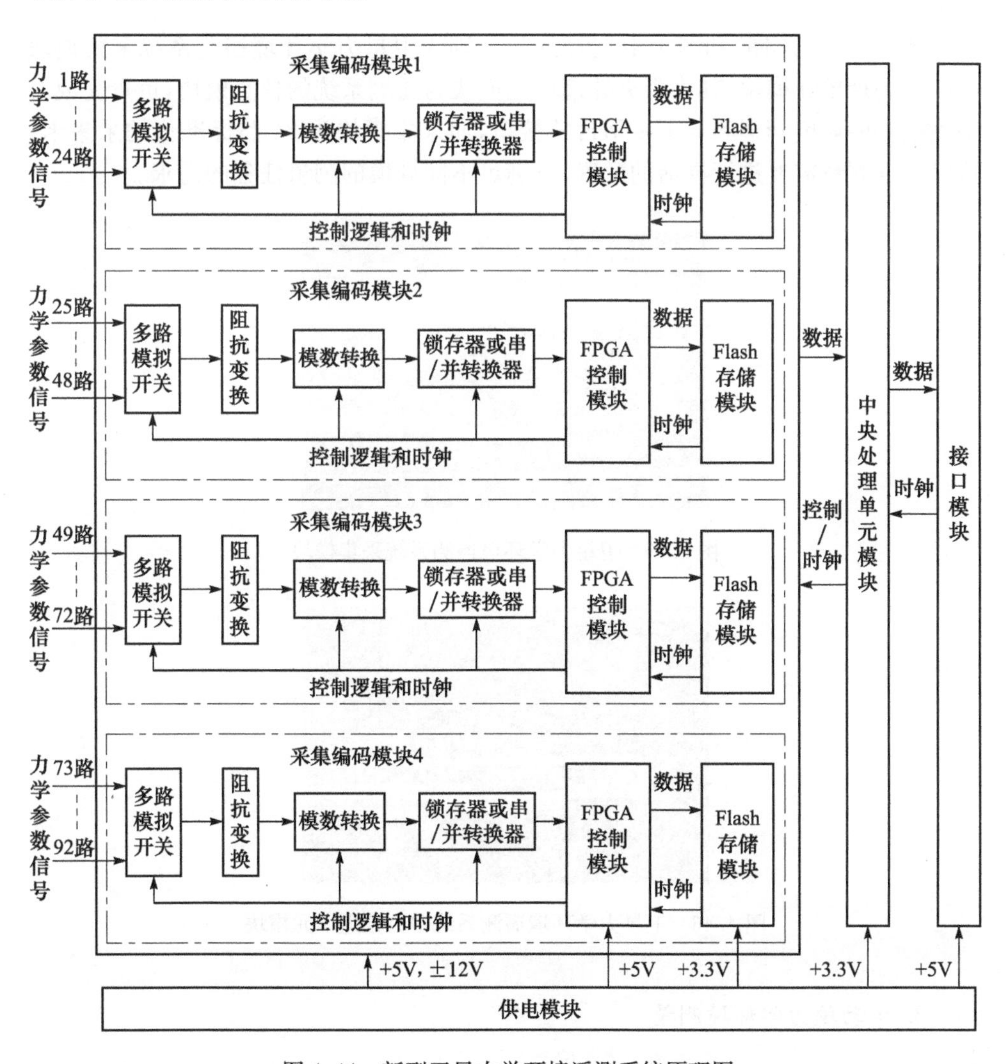

图 4.44　新型卫星力学环境遥测系统原理图

以 96 路的测量系统为例,其测量能力见表 4.6。

表 4.6　新型卫星力学环境遥测系统测量能力

序号	测量类型	量程	测量频率范围/Hz	采样频率范围/kHz	存储时间/s
1	低频振动	−20～20g	1～150	1	3 600
2	高频振动	−150～150g	1～2 000	10	
3	冲击	−3 000～3 000g	20～10 000	50	
4	噪声	50～145dB	20～10 000	50	
5	微振动	0.001～0.1g	1～150	1	

图 4.45(见彩图)和图 4.46(见彩图)分别为卫星力学环境遥测系统采集模块和中央处理单元模块,其中中央处理单元模块为遥测系统的核心模块,负责完成对采集模块的调度管理和与卫星平台的接口,而采集模块为 24 路标准化的采集卡,可以根据测量需要进行灵活的配置,以满足不同规模的测量任务的需求。

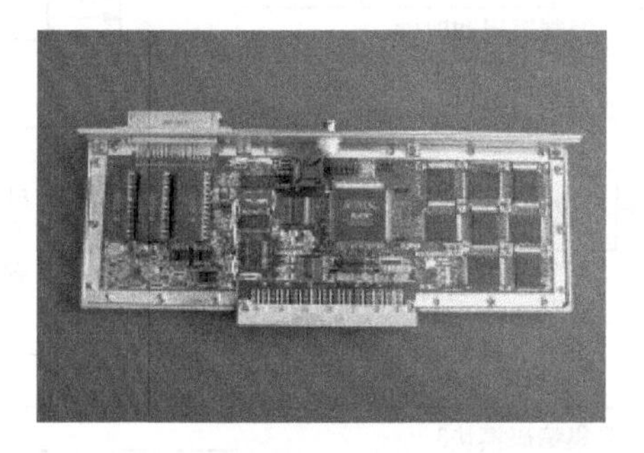

图 4.45　卫星力学环境遥测系统采集模块

图 4.46　卫星力学环境遥测系统中央处理单元模块

2. 主动段力学环境测量

卫星力学参数测量系统一般在火箭发射前几十秒开始采集数据,一直持续到卫星入轨。测量系统可采集卫星舱内测点在整个发射阶段的振动响应，通过与运载关键事件时间的比对可以辨识出卫星对应时刻的振动响应。对于卫星而言，发射段力学环境测量主要有低频振动测量和高频振动测量，图 4.47 为火箭点火时刻测得的卫星舱内主结构某处纵向低频振动时域曲线。

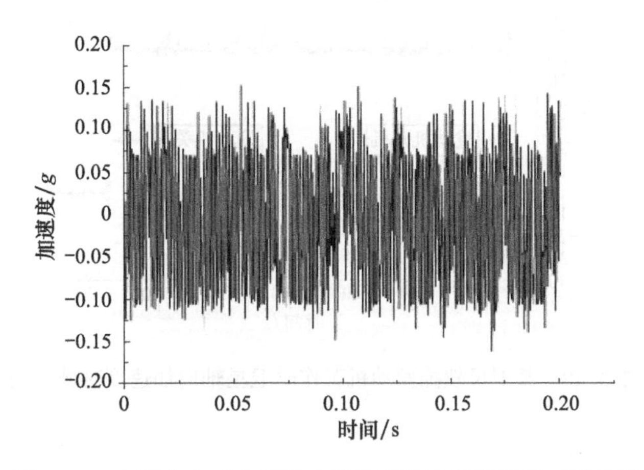

图 4.47　火箭点火时刻卫星主结构特征点低频振动时域曲线

与低频振动相同，通过高频振动传感器可测得卫星舱内测点在发射段的高频振动，图 4.48 为某卫星主结构特征点在火箭点火时刻高频振动时域曲线。

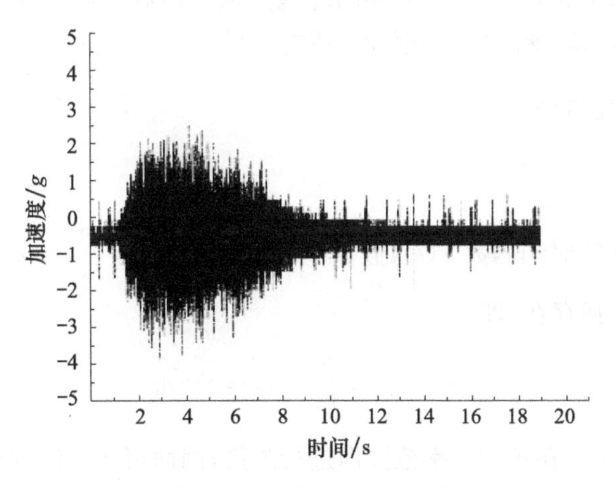

图 4.48　火箭点火时刻卫星主结构特征点高频振动时域曲线

3. 卫星在轨力学环境测量

卫星在轨力学环境测量主要有两类：一类是用于测量卫星微幅振动，微振动测量可应用于微重力卫星、高精度遥感卫星等；另一类则是用于测量卫星机构展开、火工品工作等时间对局部结构的冲击。图 4.49 为某卫星进行轨道机动时轨控发动机点火期间卫星纵向微振动时域曲线。

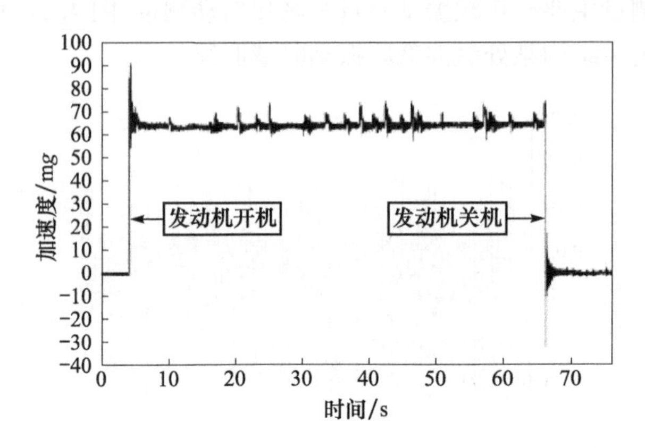

图 4.49　某卫星轨控发动机工作时卫星轴向加速度时域曲线

4.4　卫星与运载火箭力学环境数据的处理方法

在获得卫星飞行环境有关参数的遥测结果以后，需要对遥测参数的时间历程信号进行处理和分析，以得到所需要的环境数据。运载火箭方提供给卫星方的接口环境测量数据，应当是经过处理和分析的结果[2~11]。

4.4.1　时频转化方法

1. 快速傅里叶变换

对于普通连续时间函数 $x(t)$，假设 $x(t)$ 绝对可积，即 $\int_{-\infty}^{\infty} |x(t)| \mathrm{d}t < \infty$，则 $x(t)$ 的傅里叶变换存在，即

$$X_x(f) = \int_{-\infty}^{\infty} x(t) \mathrm{e}^{-\mathrm{j}2\pi ft} \mathrm{d}t \tag{4.17}$$

工程中，由于只在正的频率范围内进行测量，因而可将负的频率范围内的值折算到正频率范围内，得到所谓的单边傅里叶谱。

假设等时间间隔有限离散时间序列为

$$x_0, x_1, x_2, \cdots, x_{N-1}$$

则它的有限离散傅里叶谱也是一个有限离散序列

$$X_0, X_1, X_2, \cdots, X_{N-1}$$

变换公式为

$$X_k = \sum_{i=0}^{N-1} x_i \mathrm{e}^{-\mathrm{j}2\pi ik/N}, \quad k = 0,1,2,\cdots,N-1 \tag{4.18}$$

要使有限离散傅里叶变化与连续傅里叶变换等价，必须满足下列三个条件：

(1) 被变换的时间函数必须是周期的和限带宽的，即它的最高频率分量必须是有限的。

(2) 必须精确地在时间函数的整周期上截断。

(3) 采样频率必须大于信号的最大频率分量的两倍。

当信号中包含有高于奈奎斯特频率分量时，有限离散傅里叶谱分析的结果会造成频率混淆。消除频率混淆的方法是采用模拟式抗混滤波或者经过模拟式滤波并采样后再进行一次数字滤波。

当不是整周期采样时，有限离散傅里叶谱分析会出现泄漏。泄漏是难以完全避免的，减少泄漏的方法是进行时间窗处理。最常用的时间窗是海宁窗。

快速傅里叶变换实质就是有限离散傅里叶变换，只是在计算的时候，注意到 $\mathrm{e}^{-\mathrm{j}2\pi ik/N}$ 的周期性及对称性。

$$\mathrm{e}^{-\mathrm{j}2\pi ik/N} = \mathrm{e}^{-\mathrm{j}2\pi/N\mathrm{mod}(ik/N)} \tag{4.19}$$

式中，$\mathrm{mod}(ik/N)$ 为 ki 除 N 的余数。

$$\mathrm{e}^{-\mathrm{j}2\pi(ik+N/2)/N} = -\mathrm{e}^{-\mathrm{j}2\pi ik/N} \tag{4.20}$$

2. 功率谱密度

功率谱密度的实质即自相关函数的傅里叶变换，自相关函数的定义是

$$R_x(\tau) = \lim_{T\to\infty} \frac{1}{T}\int_0^T x(t)x(t+\tau)\mathrm{d}t$$

它是乘积 $x(t)x(t+\tau)$ 在足够长的观测时间 T 内的平均值，它是 $x(t)$ 和 $x(t+\tau)$ 之间相关性的数量描述。

假定自相关函数 $R_x(\tau)$ 绝对可积，可以定义其傅里叶变换，即

$$S_x(f) = \int_{-\infty}^{\infty} R_x(\tau)\mathrm{e}^{-\mathrm{j}2\pi f\tau}\mathrm{d}\tau \tag{4.21}$$

$R_x(\tau)$ 为偶函数，$\mathrm{e}^{-\mathrm{j}2\pi f\tau} = \cos 2\pi f\tau - \mathrm{j}\sin 2\pi f\tau$ 中 $\cos 2\pi f\tau$ 是偶函数，$\sin 2\pi f\tau$ 为奇函数，因此

$$S_x(f) = \int_{-\infty}^{\infty} R_x(\tau)\cos 2\pi f\tau\mathrm{d}\tau \tag{4.22}$$

由于在工程中只在正的频率范围内进行测量，因而可将负的频率范围内的值

折算到正频率范围内，因此得到所谓的单边功率谱为

$$G(f)=\begin{cases}2S(f), & f\geqslant 0\\ 0, & f<0\end{cases} \tag{4.23}$$

式中，$G(f)$表示信号在每单位频带内的分量的均方值。

3. *冲击响应谱分析方法*

冲击响应谱(shock response spectrum)分析是根据一定形式的外激励(通常为基础加速度激励)，给出最大响应与固有频率的关系曲线。对于单自由度系统，可以直接从响应谱曲线得到对应于该激励类型响应的最大值。因此，如果具备足够多激励形式的响应谱曲线，一旦系统的刚度和质量等参数确定后，即可由这些响应谱曲线获得系统的最大响应值。对于多自由度系统，结合模态叠加法，利用响应谱曲线可得到各阶模态响应最大值，再通过一定的叠加方法，即可得到近似的最大响应估计值。冲击响应谱提供了一种比瞬态响应分析更快捷的获取结构响应最大值的工程方法。

1) 响应谱的基本概念

假设一个单自由度系统受基础加速度 $\ddot{u}_{\mathrm{b}}(t)$作用，则其响应为

$$\ddot{x}(t)+2\xi\omega_{\mathrm{n}}(\dot{x}(t)-\dot{u}_{\mathrm{b}}(t))+\omega_{\mathrm{n}}^{2}(x(t)-u_{\mathrm{b}}(t))=0 \tag{4.24}$$

定义相对位移为 $z(t)=x(t)-u_{\mathrm{b}}(t)$。则相对运动方程为

$$\ddot{z}(t)+2\xi\omega_{\mathrm{n}}\dot{z}(t)+\omega_{\mathrm{n}}^{2}z(t)=-\ddot{u}_{\mathrm{b}}(t) \tag{4.25}$$

对于一定的初始运动条件(通常无初始运动)，对式(4.25)应用杜阿梅尔积分并将 ξ 看成是参变量，于是可得

$$x(t;\omega_{\mathrm{n}})=u_{\mathrm{b}}(t)-\int_{t_1}^{t_2}\ddot{u}_{\mathrm{b}}(\tau)h(t-\tau)\mathrm{d}\tau \tag{4.26}$$

式中，$h(t-\tau)$为单位脉冲响应函数。式(4.26)为在一固有圆频率 ω_{n} 下的响应时间历程曲线。针对不同的 ω_{n}，均可作出一条响应时间历程曲线。于是可定义

$$S_{x,\ddot{u}_{\mathrm{b}}}=\max|x(t;\omega_{\mathrm{n}})| \tag{4.27}$$

为该激励函数 $\ddot{u}_{\mathrm{b}}(t)$的响应谱。响应谱曲线是给定载荷作用下，单自由度系统最大响应随固有频率变化的曲线。对于任意的冲击载荷函数，均可按照上述方法得到不同激励的响应谱。改变阻尼比 ξ 或者放大因子 $Q\left(Q=\dfrac{1}{2\xi}\right)$，会得到一系列响应谱曲线。对于卫星和运载火箭来说，通常 Q 取 20 或 10。

按照响应量的不同，响应谱可以分为位移响应谱、速度响应谱和加速度响应谱。

$$S_{x,\ddot{u}_b} = \max|x(t;\omega_n)|,\quad 位移响应谱$$
$$S_{\dot{x},\ddot{u}_b} = \max|\dot{x}(t;\omega_n)|,\quad 速度响应谱$$
$$S_{\ddot{x},\ddot{u}_b} = \max|\ddot{x}(t;\omega_n)|,\quad 加速度响应谱$$

从数学变换的角度看,响应谱就是一种特殊的数学变换,在卫星与运载火箭工程中常用这种变换替代传统的傅里叶变换。由于运载火箭在点火、关机、级间分离、星箭分离过程及航天器着陆过程中,由于阻尼作用系统响应迅速衰减,是典型的瞬态响应,如果希望把瞬态响应分析得到的时域结果变换至频域下,傅里叶变换无法得到合理的幅值特性。此时,工程上往往利用响应谱变换技术得到频谱。例如,星箭耦合分析中,首先利用瞬态响应分析方法得到星箭界面处的时域响应,然后以该响应(取某个平动自由度的加速度响应)作为基础激励,并假定负载(卫星)的 Q 值,变换得到加速度响应谱。对于卫星使用方,利用该响应谱除以 Q 即为星箭界面上实际加速度频谱,可作为卫星基础激励的输入条件。

2) 基于响应谱的动响应分析

借助响应谱可以快速估算出结构受冲击载荷作用的最大响应。对于单自由度系统,首先确定一系列随阻尼比变化的响应谱曲线,选择其中对应该系统阻尼比的响应谱曲线,查得横坐标取固有频率时对应的纵坐标值,即为响应的最大值。

对于多自由度系统在基础激励下的结构动力学方程,利用模态叠加法将方程表达为模态坐标形式,即

$$\ddot{\eta}_i(t) + 2\xi_i\omega_i\dot{\eta}_i(t) + \omega_i^2\eta_i(t) = -(\phi_i^{\mathrm{T}}M_{\mathrm{aa}}T_{\mathrm{a}})\ddot{u}_{\mathrm{b}}(t) = -\Gamma_i\ddot{u}_{\mathrm{b}}(t),\quad i=1,2,\cdots,n \tag{4.28}$$

式中,ω_i、ξ_i、η_i、Γ_i 分别为第 i 阶模态的圆频率、模态阻尼比、主坐标和模态参与因子;M_{aa} 为结构质量矩阵中对应上部非边界节点的分块矩阵;T_{a} 为跟随基座的刚体运动向量;$\ddot{u}_{\mathrm{b}}$ 为标量,是给定某个方向的基础加速度。

方程(4.28)类似于方程(4.25),显然各模态主坐标对应冲击响应谱与 $\ddot{u}_{\mathrm{b}}$ 的响应谱仅差一个系数 Γ_i。如果基础激励 $\ddot{u}_{\mathrm{b}}$ 作用于单自由度系统的加速度响应谱表示为 $\mathrm{SRS}(\ddot{u}_{\mathrm{b}})$,则模态主坐标的加速度响应谱(对应于模态固有频率 ω_i、模态阻尼比 ξ_i 的值)为

$$\mathrm{SRS}(\ddot{\eta}_i) = \Gamma_i\mathrm{SRS}(\ddot{u}_{\mathrm{b}}) \tag{4.29}$$

由于各模态主坐标的冲击响应谱只差一个系数,响应谱只需生成一次,不同模态主坐标的最大值只需在同一条响应谱曲线上对应模态频率处取值即可,因此,其计算过程比瞬态分析简单。

$\ddot{Z}_{\mathrm{a}}$,$\dot{Z}_{\mathrm{a}}$,Z_{a}(Z_{a} 为结构相对基座的位移向量)冲击谱的各模态贡献量分别表示为

$$\mathrm{SRS}(\ddot{Z}_{\mathrm{a}},\omega_i) = \phi_i \mathrm{SRS}(\ddot{\eta}_i) \tag{4.30}$$

$$\mathrm{SRS}(\dot{Z}_{\mathrm{a}},\omega_i) = \frac{\phi_i \mathrm{SRS}(\ddot{\eta}_i)}{\omega_i} \tag{4.31}$$

$$\mathrm{SRS}(Z_{\mathrm{a}},\omega_i) = \frac{\phi_i \mathrm{SRS}(\ddot{\eta}_i)}{\omega_i^2} \tag{4.32}$$

绝对加速度 $\ddot{X}_{\mathrm{a}}$ 冲击谱的各模态贡献量计算过程与 $\ddot{Z}_{\mathrm{a}}$ 类似,表示为 $\mathrm{SRS}(\ddot{X}_{\mathrm{a}},\omega_i)$。再由各模态贡献量累加得到绝对加速度的最大值。由于各阶模态响应的最大值并非出现在同一瞬时,所以不能简单地进行叠加,目前有两种应用较多的累加方法。

(1) 绝对值求和(ABS)。

$$\ddot{X}_{\mathrm{a,max}} = \sum_{i=1}^{N} \left| \mathrm{SRS}(\ddot{X}_{\mathrm{a}},\omega_i) \right| \tag{4.33}$$

(2) 平方和开方(SRSS)。

$$\ddot{X}_{\mathrm{a,max}} = \sqrt{\sum_{i=1}^{N} \{\mathrm{SRS}(\ddot{X}_{\mathrm{a}},\omega_i)\}^2} \tag{4.34}$$

式中,N 为模态截取数目。通常,第一种叠加方式较为保守,对于低阶模态为主或模态密集的结构,可以给出较好的估计;第二种适合于模态稀疏的结构。

4.4.2 过载参数的处理方法

卫星承受的过载属于缓变参数,采样频率较低,无特殊要求时过载参数的采样频率一般在 40Hz 以下。过载随时间的变化比较缓慢,除了发动机点火、关机发动机推力急剧变化及助推器分离、级间分离、整流罩分离等质量突变阶段轴向过载有较大变化外,其他时段过载随时间的变化比较缓慢。如果某一时刻的信号突然增大或减小,则可认为该点的数据为干扰噪声,在预处理中应予以剔除,或用相邻时刻的信号插值代替。两级捆绑火箭典型轴向过载、横向过载如图 4.50 所示。

4.4.3 速变参数的预处理方法

低频振动、高频振动、噪声、冲击等速变参数的预处理主要包括下列工作内容:

(1) 信号的标定和工程单位转换。

(2) 信号的品质鉴定。

(3) 中心化处理。

(4) 消除趋势项。

(5) 剔除异常点。

(6) 数据检验(随机性、平稳性、正态性、周期性等)。

(7) 数据编辑(选择待处理的数据段)。

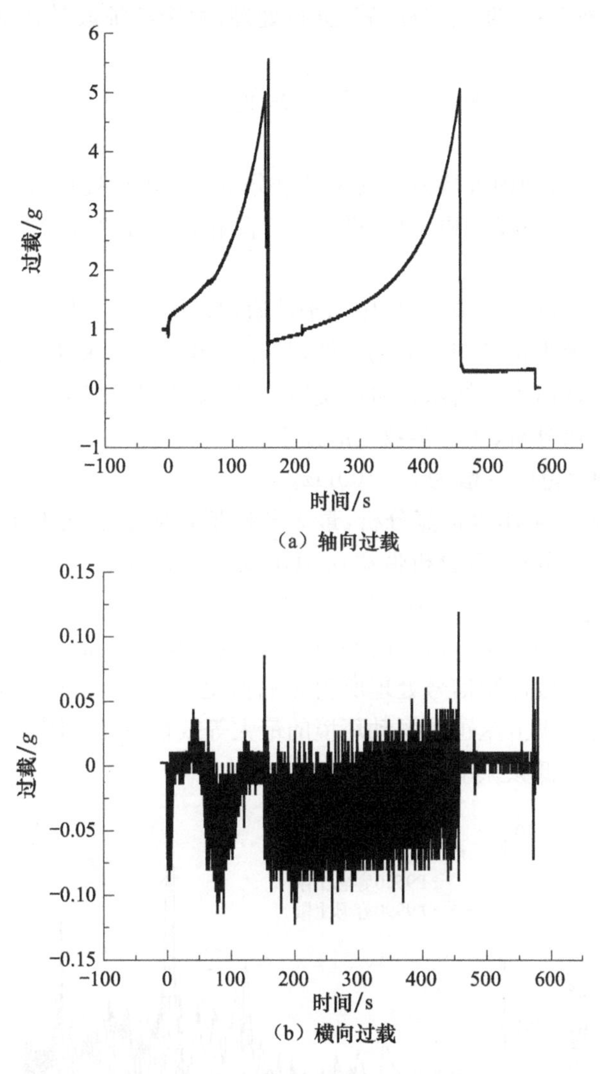

(a) 轴向过载

(b) 横向过载

图 4.50　火箭飞行典型过载曲线

由于飞行遥测比地面测量的中间环节多,且遥测系统本身比较复杂,易受外界干扰,因此,遥测数据的品质往往比地面测量数据的品质差。如果对品质不好的数据不加区别地进行处理,必然导致处理结果的严重失真。因此,遥测信号的品质鉴定在工程中具有重要意义。

1. 低频振动的处理方法

低频振动信号的处理对象主要包含低频周期信号和瞬态信号的振动加速度时

间历程。通常，只对飞行过程中低频振动信号较大的几个典型特征段（如起飞、发动机点火、发动机关机、跷振、分离等）进行处理，每个特征段的低频振动信号应分别进行处理。

目前，低频信号的处理主要有两种方法：傅里叶谱分析方法和冲击响应谱分析方法。

对于稳态信号，国内外均采用傅里叶谱分析方法进行处理，采用快速傅里叶变换以提高分析效率，对发动机关机、助推器分离和级间分离等瞬态响应采用冲击响应谱分析方法。

在星箭接口控制文件中，低频振动条件通常采用正弦扫描振动条件表示，将冲击响应谱条件转换为正弦扫描振动条件，其冲击响应谱应除以放大倍数 Q，冲击响应谱分析时阻尼取值由星箭双方协调确定，一般取 $\xi=2.5\%$，即 $Q=20$。

对于傅里叶谱分析，主要参数考虑如下：

(1) 分析频率范围一般为 5～100Hz。

(2) 分析带宽，采用等带宽分析，最大分析带宽应小于或等于 2.5Hz，一般选用 200 线或 400 线分辨率(分析带宽 0.5Hz 或 0.25Hz)。

(3) 数据窗一般采用矩形窗(不加窗)。

傅里叶谱分析的结果为信号的幅值谱(幅值与频率的曲线关系)。

对于不同特征段低频信号处理所得到的傅里叶幅值谱，应采用峰值包络方法以得到整个飞行过程卫星正弦振动环境的最大等效幅值谱。图 4.51 和图 4.52 分别为尾端和箱间段低频振动特性。

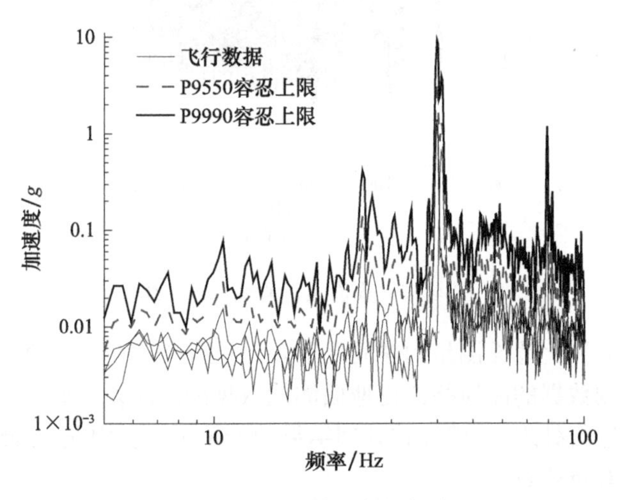

图 4.51 尾段轴向低频振动

图 4.53 为某卫星在运载火箭点火、一级关机、二级关机、级间分离等特征事件卫星舱内主结构纵向低频振动的频率特性。由图 4.53 可以看出，主结构在该卫星

纵向基频在 41Hz 附近振动响应最大。

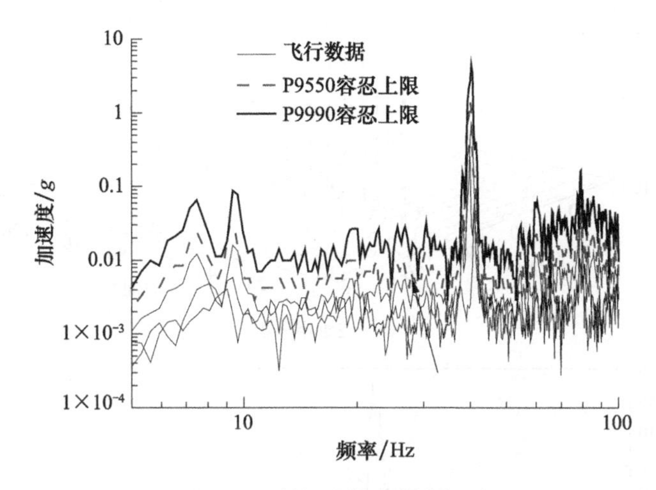

图 4.52　箱间段轴向低频振动

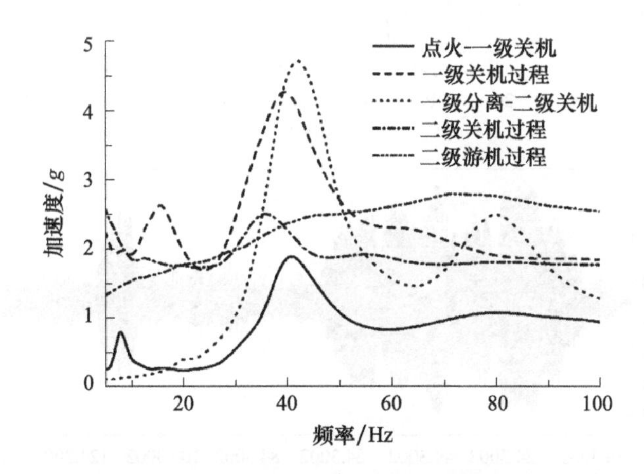

图 4.53　结构特征点低频振动频域特性

随着计算技术的发展，三维谱分析、小波分析等数据处理技术逐渐在运载火箭低频振动数据处理中得到应用。这些新技术的引进，可以全面展现振动的时频特性，三维谱分析与快速傅里叶变换分析比较，如图 4.54 所示。

2. 高频振动的处理方法

高频信号的处理对象主要包含随机信号的振动加速度时间历程。通常只对飞行过程中随机振动信号较大的几个典型特征段(如起飞段、跨声速段、最大动压段等)进行处理，每个特征段的高频振动信号应分别进行处理。

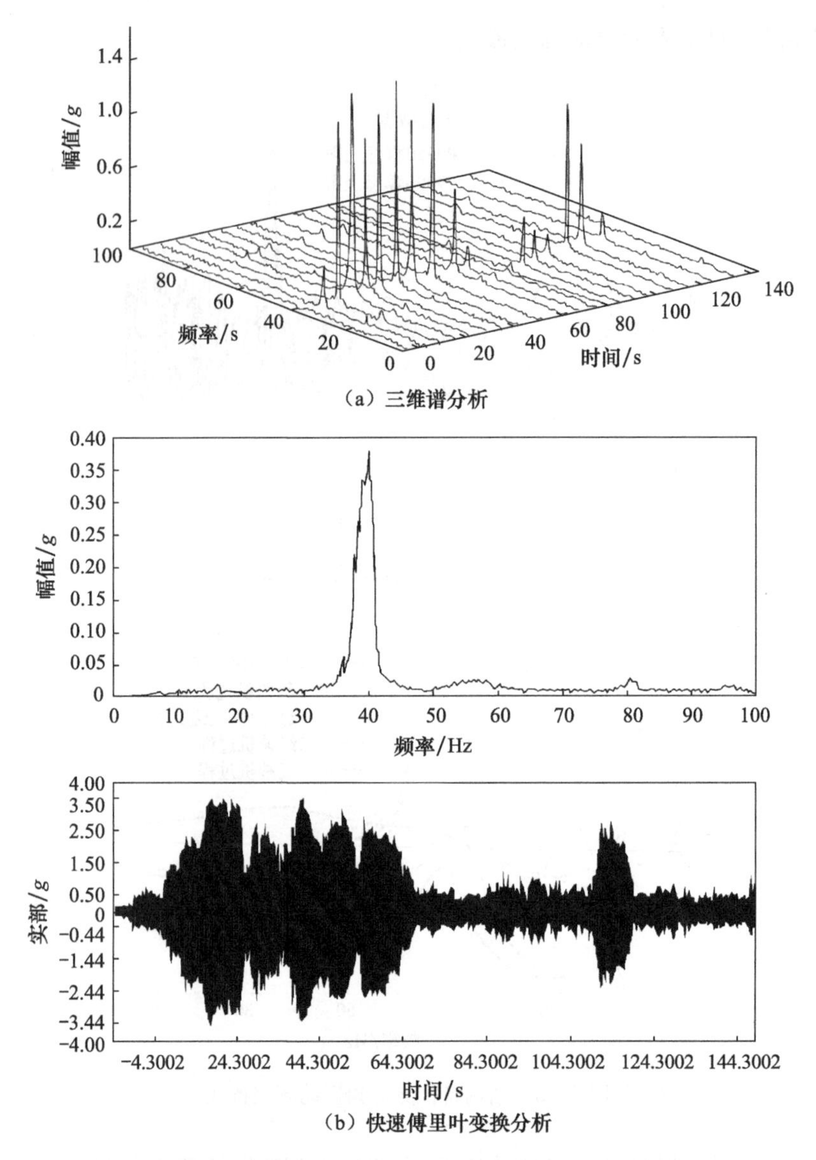

图 4.54 典型低频振动三维谱分析与快速傅里叶变换分析比较

高频信号的处理主要采用自谱密度分析(功率谱分析)方法，主要参数考虑如下：

(1) 分析频率范围一般为 20～2000Hz。

(2) 分析带宽采用等带宽分析，最大分析带宽应小于或等于 5Hz，一般选用 400 线分辨率(分析带宽 5Hz)。

(3) 数据窗一般采用海宁窗。

(4) 采用频域算术平均，平均帧数宜大于或等于 10 帧。

如果信号长度不足以选取 10 帧样本，可按局部平稳信号的处理方法，用多段信号进行自谱密度分析，并对分析结果进行适当的修正(加 3dB)。

对于不同特征段高频信号处理所得到的功率谱，通常采用统计包络方法，得到整个飞行过程的卫星随机振动环境的最大功率谱。

图 4.55 和图 4.56 分别为火箭起飞段和跨声速段高频振动功率谱密度，对高频振动时域数据进行频谱分析，可得到高频振动的频谱特性。图 4.57 为某卫星在运载火箭点火、一级关机、二级关机、级间分离等特征事件中引起的高频振动频谱特性。

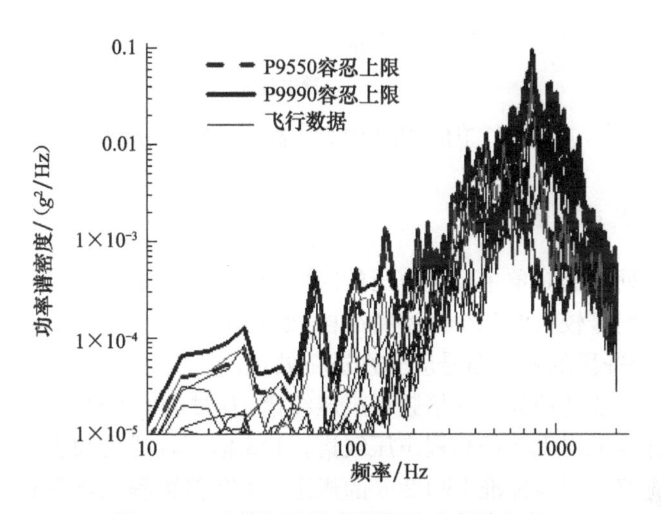

图 4.55　火箭起飞段高频振动功率谱密度

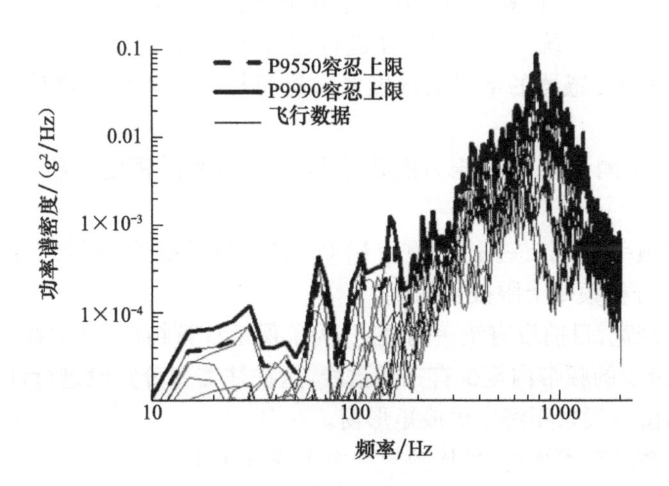

图 4.56　火箭跨声速段高频振动功率谱密度

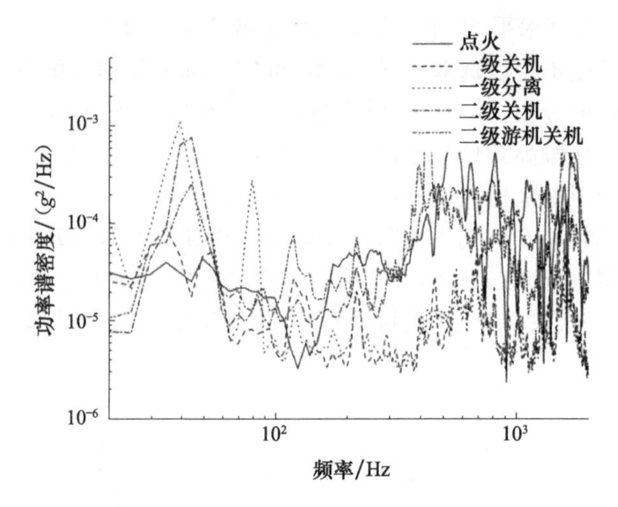

图 4.57　卫星主结构特征点高频振动的频谱特性

3. 噪声的处理方法

噪声信号处理的对象主要是声压的时间历程信号(随机信号)。通常,只对飞行过程中噪声信号较大的几个典型特征段(如起飞段、跨声速段、最大动压段等)进行处理,每个特征段的噪声信号应分别进行处理。

噪声信号一般处理为 1/3 倍频程声压级谱,有时也可处理为倍频程声压级谱。目前大多数标准采用 1/3 倍频程声压级谱。1/3 倍频程或倍频程的中心频率及其上下限频率应符合国际标准 ISO 266 的规定。1/3 倍频程或倍频程声压级谱一般用分贝表示(参考声压 $p_0=2\times10^{-5}$Pa)。

目前,声压级谱的计算一般采用数字式谱分析方法,但具体的谱分析计算方法在有关标准中并没有统一的规定。在进行谱分析之前,应注意将测量的噪声时间历程数据按噪声传感器的绝对灵敏度系数进行标定。声压级谱计算的主要步骤如下:

(1) 将噪声测量的脉动压力随机信号进行功率谱密度分析,主要参数考虑如下。

① 分析频率范围,一般为 20～10 000Hz,如果噪声测量的上限频率小于 10 000Hz,则分析频率上限按实际值。

② 分析带宽,目前没有统一的规定,为了保证计算精度,通常在 1/3 倍频程或倍频程谱线最少的频带内至少有三条谱线,这往往需要分频段进行计算。

③ 数据窗一般采用海宁窗或矩形窗。

④ 采用频域算术平均,平均帧数宜大于或等于 10 帧。

(2) 对 1/3 倍频程或倍频程的每个频带,计算均方根压力值。

(3) 将每个频带内的均方根压力按参考声压(2×10^{-5} Pa)转换为分贝值。

声压级谱分析的结果为信号的1/3倍频程或倍频程声压级谱(每个频带内的声压级与中心频率的直方图)。对于不同特征段噪声信号处理所得到的声压级谱，应采用统计包络方法，得到整个飞行过程的卫星噪声环境的最大声压级谱，并从中计算出总声压级。

4. 冲击的处理方法

冲击信号的处理对象主要是包含高频冲击响应的瞬态加速度时间历程。通常，只对飞行过程中产生火工品爆炸分离冲击的几个典型特征秒(如发动机点火、级间分离、整流罩分离、星箭分离等)进行处理，每个特征秒的冲击信号应分别进行处理。冲击信号的处理主要采用冲击响应谱分析方法。绝大多数情况下，采用最大绝对加速度冲击响应谱，在MIL-STD-810F中规定，如果需要，也可采用最大伪速度冲击响应谱。冲击响应谱分析的主要参数考虑如下：

(1) 分析频率范围，一般为100～10 000Hz。如果冲击测量的上限频率小于10 000Hz，则分析频率上限按实际值。

(2) 采样频率一般为分析上限频率的4倍。

(3) 样本长度，只允许对数据进行时间历程尾部截断，舍弃部分的峰值宜小于信号峰值的10%。

(4) 分析模型为绝对加速度模型。

(5) 分析带宽一般为1/12倍频程或1/24倍频程。

(6) 阻尼比一般为5%($Q=10$)。

对于不同特征段冲击信号处理所得到的冲击响应谱，应采用统计包络方法，得到整个飞行过程的卫星冲击环境的最大冲击响应谱。

4.5　小　　结

本章首先介绍了当前我国运载火箭力学环境测量相关的传感器设计及其动态信号采集技术，重点针对卫星与运载火箭飞行环境数据采集和处理进行了阐述，并给出各类飞行环境数据的典型特征曲线。根据未来的发展，卫星与运载火箭力学环境遥测及数据分析技术研究主要侧重在以下几个方面：

(1) 加强现有力学环境遥测数据的利用。我国运载火箭已经成功进行了170多次飞行，积累了大量飞行遥测力学环境数据，而且基于这些数据开展了统计分析研究，为下一步制定具有一定置信度和可靠度的力学环境条件奠定了基础。但是纵观不同的运载火箭发射系列，遥测数据的深入挖掘和整理水平参差不齐，有必要针对现役运载火箭力学环境遥测数据开展全面的分析工作，而且随着遥测数据样本的不断增加，卫星与运载火箭力学环境分析工作将跨上一个新的台阶。

（2）重视和普及未来新型星箭型号的力学环境遥测工作。对于未来新研制的星箭型号，在研制之初就应当把力学环境遥测工作纳入重点考虑的范畴，这样不仅可以为今后的力学环境分析工作积累数据，而且可为星箭型号的动力学特性识别和故障诊断提供有力的保障。

（3）重视卫星在轨振动环境的遥测。以往较重视卫星发射主动段的力学环境测量，但是随着卫星性能的不断提高和在轨寿命的逐步增加，对在轨力学环境提出了越来越高的要求。如未来的高分辨率对地遥感卫星、高指向精度的深空探测卫星等均需要平台本身提供良好的力学环境，而这种环境一般很难在地面进行准确测量和验证，须利用在轨环境进行考核，因此，卫星在轨力学环境测量将成为今后一个重要的发展方向。

参考文献

[1] National Aeronautics and Space Administration. NASA-STD-7005　Dynamic Environmental Criteria[S]. Washington DC：National Aeronautics and Space Administration，2001.

[2] 陈以恩，张俊刚. 遥测数据处理[M]. 第 2 版. 北京：国防科技出版社，2002.

[3] 陈以恩，李连周. GJB 2238A—2004　遥测数据处理[M]. 北京：总装备部军标出版发行部，2004.

[4] 赵光宙. 信号分析与处理[M]. 北京：机械工业出版社，2008.

[5] 李正廉，王钢. 遥测遥控技术[M]. 哈尔滨：哈尔滨工业大学出版社，1995.

[6] 胡广书. 数字信号处理——理论、算法与实现[M]. 北京：清华大学出版社，1997.

[7] 张贤达. 现代信号处理[M]. 第 2 版. 北京：清华大学出版社，2002.

[8] 杨福生. 随机信号分析[M]. 北京：清华大学出版社，1990.

[9] 杨福生. 小波变换的工程分析与应用[M]. 北京：科学出版社，1999.

[10] 秦春清，杨宗凯. 实用小波分析[M]. 西安：西安电子科技大学出版社，1994.

[11] 刘贵忠，邸双亮. 小波分析及其应用[M]. 西安：西安电子科技大学出版社，1992.

第 5 章　卫星力学环境试验条件设计技术

为了保证卫星能够承受可能遇到的力学环境，在卫星研制的关键环节要进行相应的力学试验，包括静力试验、加速度试验、正弦振动试验、随机振动试验、噪声试验和冲击试验等。上述试验中，试验条件合理与否直接决定着卫星设计的水平和试验的有效性。力学环境试验条件过低会导致欠试验，设计或产品不能得到有效验证，潜在缺陷不能充分暴露，卫星有可能会带着隐患飞行，在实际恶劣的动力学环境条件下可能出现破坏或失效，甚至造成整个飞行任务的失败；若力学环境条件过高，则会使原本合理的设计或产品不能通过力学环境试验，而通过过高环境试验条件验证的设计或产品必然是“过设计”的，这种过设计必然会造成卫星的质量和成本增加。因此，为了在地面力学环境试验中充分暴露卫星及其部组件的潜在缺陷，验证产品设计的合理性，同时又不对产品造成应力损伤，就要求产品的力学环境试验条件既充分又适度。

力学环境条件包括星箭对接面的环境条件和星载/分系统的环境条件。星箭对接面的环境条件通常由星箭耦合分析获得；而星载细化的环境条件则由卫星研制单位根据星箭对接面的条件进行二次分析获得，并参考星箭耦合分析的结果对主要部件制定下凹条件以指导地面试验[1]。卫星总体设计部门通常对卫星进行全寿命周期力学环境分析，并进行相应的力学环境预示，再进一步结合工程实际情况合理确定力学环境试验条件，以此环境试验条件对卫星及其部组件进行分析设计和试验验证。在后续相似构型卫星的研制过程中，可根据前期地面试验结果和飞行实测数据不断修正完善力学环境试验条件。

力学环境试验条件主要包括静力试验条件、正弦振动试验条件、随机振动试验条件、声试验条件、冲击试验条件。本章对上述各类试验条件的设计原则和设计流程进行详细的阐述，并给出设计实例。对于能有效防止过试验的力限振动试验条件设计方法也作了详细介绍。

5.1　卫星正弦振动试验条件设计

正弦试验通常是为了模拟低频瞬态环境，考核卫星及其部组件耐受低频振动环境的能力。卫星整星级正弦振动试验条件一般是从飞行遥测数据经统计分析，再进行包络并取适当余量得到，在整星级正弦振动试验中可对正弦试验条件进行适当下凹，但不能低于星箭耦合载荷分析结果中的等效正弦试验量级。卫星部组件正弦试验条件通常根据整星有限元分析中该部组件的动力学响应获得，并不断根据整星级正弦振动试验结果进行修正和完善。

5.1.1　卫星正弦振动试验条件设计

1. 星箭耦合载荷分析

星箭耦合载荷分析是卫星正弦振动试验条件设计的重要依据，通常首先分别建立运载火箭和卫星有限元模型，然后组装星箭耦合模型，并确定载荷状态、外力函数，采用模态综合法开展星箭耦合载荷分析，分析流程如图 5.1 所示。

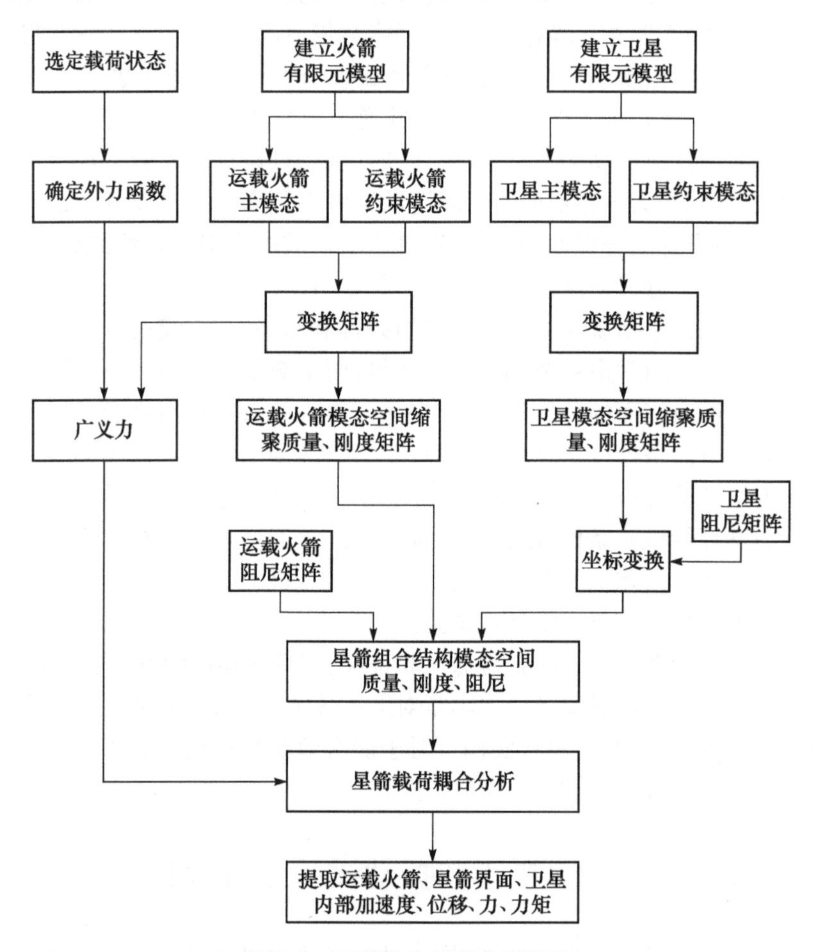

图 5.1　星箭耦合载荷分析流程

通常需要根据运载火箭的实际情况来确定星箭耦合载荷分析工况，分析工况至少应包括火箭飞行纵向静载荷最大状态、纵向动载荷最大状态、横向静载荷最大状态和横向动载荷最大状态。对于 CZ-3B 运载火箭，耦合载荷分析通常包括以下几种工况：

工况 1：最大动压状态（横向静载荷、动载荷最大状态）。

工况 2：助推器分离前状态（纵向静载荷最大状态）。

工况 3：助推器分离后状态（对级间冷分离状态，纵向静载荷最大状态）。

工况 4：一级、二级分离前状态。

工况 5：一级、二级分离后状态（对级间热分离状态，纵向静载荷最大状态）。

在每种工况下，首先确定对应载荷计算状态的外力函数，将其作为外载荷条件施加在星箭耦合模型上，采用模态综合法进行星箭耦合载荷分析（模态综合法详见 3.5 节），得到星箭组合体各位置的力、位移和加速度结果。所有工况下这些数据的包络是制定卫星设计载荷和卫星等效正弦试验量级的主要依据之一。

图 5.2～图 5.4 为 DFH-4 平台四颗卫星星箭载荷耦合分析得到的星箭分离面处的等效正弦试验量级。

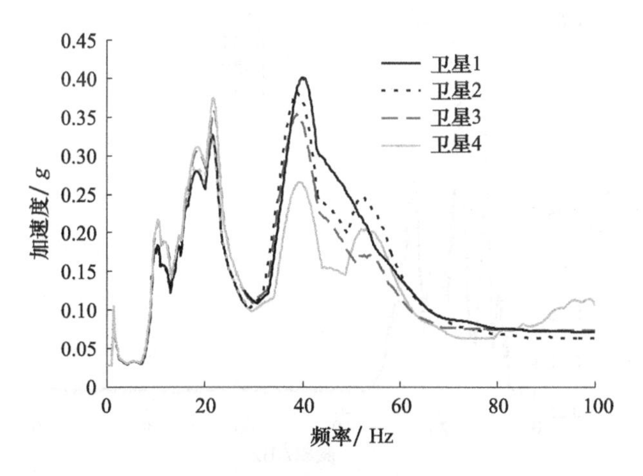

图 5.2　四颗卫星星箭分离面处的 X 方向等效正弦试验量级

2. 卫星正弦振动试验条件的确定

卫星正弦振动试验主要是模拟由重要的飞行瞬态事件（如运载器起飞、发动机点火和关机、跨声速和最大动压飞行、风载荷、飞行器分离等）引起的，或是旋转机械的周期激励、或是跷振振动（结构和推进动力学相互作用）、颤振（结构动力学和空气动力学相互作用）和燃烧的不稳定引起的飞行器组件的正弦振动环境。鉴定试验用的极限预示环境值是指用 90％置信度估计在至少 99％的飞行次数中不会被超过（P99/90 值）。验收试验用的最高预示环境值是指用 50％置信度估计在至少 95％的飞行次数中不会被超过（P95/50 值）[2]。

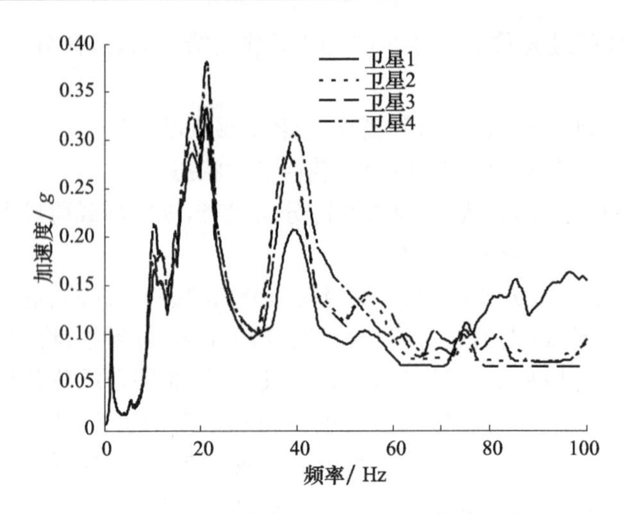

图 5.3　四颗卫星星箭分离面处的 Y 方向等效正弦试验量级

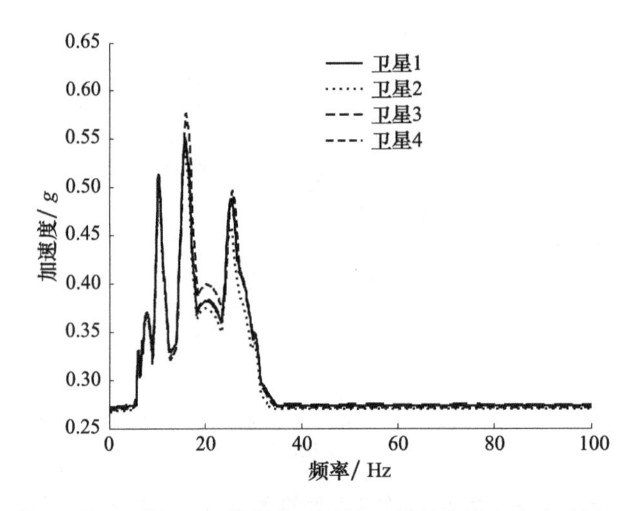

图 5.4　四颗卫星星箭分离面处的 Z 方向等效正弦试验量级

一般以最高预示正弦振动环境作为验收级正弦振动试验条件，鉴定级正弦试验条件是在最高预示正弦振动环境的基础上并取适当余量得到，一般情况下鉴定级正弦振动试验条件为验收级正弦振动试验条件的 1.5 倍。

整星力学环境试验条件通常由其运载火箭类型确定，先进行星箭耦合载荷分析，对分析结果进行包络并取适当余量得到其力学环境试验条件，并在实际飞行后对飞行遥测数据进行统计分析，进而对卫星正弦试验条件进行合理修正。

图 5.5 为由 CZ-3B 系列运载火箭发射的 DFH-4 平台卫星的星箭界面 Y 方向飞行测量数据。表 5.1 为 CZ-3B 系列运载火箭用户手册中规定的正弦振动试验条件。

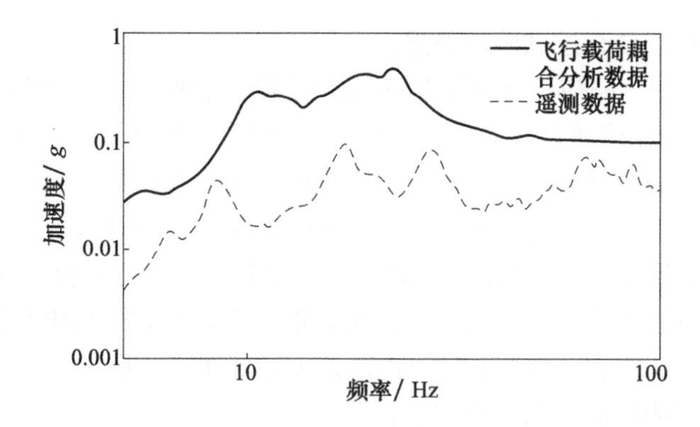

图 5.5 CZ-3B/DFH-4 星箭界面Y方向飞行控制输入数据

表 5.1 CZ-3B 系列运载火箭正弦振动试验条件

方向	频率范围/Hz	鉴定条件	验收条件
纵向	5～8	4.66mm	3.11mm
	8～100	1.2g	0.8g
横向	5～8	3.5mm	2.33mm
	8～100	0.9g	0.6g
试验扫频速率		2oct/min	4oct/min

注：oct 为倍频程。

可以看出，表 5.1 的试验条件较好地包络了遥测数据和耦合载荷分析结果。

3. 整星振动试验条件预先下凹和响应控制

正弦振动试验条件是从星箭耦合载荷分析和飞行遥测数据经统计分析后取包络得到，由于试验时卫星与试验夹具界面的阻抗与实际飞行中星箭界面阻抗存在较大差异，卫星通常会在其基频处受到过大的载荷而产生过试验，因此在整星正弦振动试验时可在相应频段内降低试验量级，即试验条件下凹。

卫星正弦振动试验条件的下凹主要有两种方式：第一种方式是试验前预先将试验条件下凹，即预先下凹；另一种方式是试验过程中通过限制关键位置的响应(加速度、应变等)使试验条件自动下凹，即响应控制。

(1) 预先下凹。预先下凹就是根据卫星较低量级振动试验结果，结合力学分析预示结果和以往工程经验将试验条件在其主频或者其他重要频率处进行下凹，以避免卫星出现过试验。预先下凹的谷底通常不能低于星箭耦合载荷分析结果，卫星主频处的下凹带宽一般不超过 $f_0 \pm 2$Hz。预先下凹这种方法简单易行，便于操作，但是人为因素影响大，对试验条件制定者的工程经验要求较高，如果预先下凹的频段和下凹量级不合理，会引起卫星的欠试验或者过试验。特别注意卫星在不同量级的正弦振动激励情况下，由于非线性因素主频可能发生漂移，此时如果下凹条件错过主频则会有过试验的隐患。

（2）响应控制。响应控制是通过在试验过程中监视卫星主结构或者关键部位的响应值，一旦响应值超过预先设定的响应控制参数，振动试验控制系统将自动下凹夹具与卫星界面的试验输入量级，达到缓解过试验的目的。响应控制的关键是响应控制参数的设定，响应控制参数通常由控制点、控制方向、控制量级和频率范围组成。通常情况下，需要对以往相似型号的试验结果进行分析，并结合试验件自身试验动力学特性综合确定响应控制参数，同时需要结合振动控制系统的特性，对响应控制参数进行修正，防止由于控制不及时而导致过试验。

预先下凹和响应控制的原则如下：

（1）主结构承载不应超过主结构最大的许用承载条件。

（2）试验条件下凹谷底须高于星箭耦合载荷分析结果，并具有规定的余量，通常取安全系数为 1.25。

（3）卫星各个舱板的响应一般不能高于该舱板的力学试验条件。

（4）大部件典型位置响应不能高于大部件单机试验时相同位置的响应。

（5）响应限幅时，必须考虑控制系统滞后的影响。

卫星推进剂储箱充液状态下的正弦振动试验，其状态接近飞行状态，耦合载荷分析结果可以直接作为试验条件下凹的依据。在卫星推进剂储箱空箱状态下的正弦振动试验中，由于卫星状态和飞行状态（星箭耦合载荷分析状态）不一致，其主频比充液状态要高，因此不能直接以耦合分析结果作为下凹谷底限制。在工程实践中，空箱状态下正弦振动试验条件在其基频处的下凹谷底量级应不低于星箭耦合载荷分析结果在卫星充液状态基频处的响应水平，并采取适当的余量。

4. 卫星正弦振动试验条件设计实例

本节以采用 DFH-4 平台的某卫星 Z 方向正弦振动试验为例说明卫星振动试验条件下凹和响应控制技术，卫星质量为 5000kg，质心高度为 1.72m，正弦振动试验条件见表 5.1 中鉴定级正弦振动试验条件。

1）预先下凹

通过特征级正弦扫频结果，结合卫星各部组件特征级扫频试验响应数据，确定 Z 方向试验的预先下凹如下：

（1）卫星基频为 50Hz，所以在 48～51Hz 频段内进行下凹；考虑卫星最大响应数据和星箭耦合结果，下凹谷底确定为 0.4g。

（2）为了限制西天线、反作用轮、490N 发动机不超过组件试验条件，需要在 60～69Hz 处下凹到 0.5g。

（3）为了对地面某天线响应不超过组件试验条件，需要在 91～100Hz 下凹到 0.5g。

经过预先下凹后的试验加载曲线如图 5.6 所示。

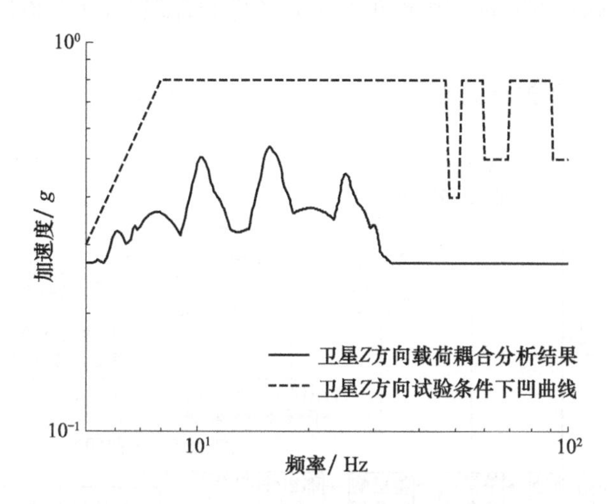

图 5.6　卫星 Z 方向正弦振动试验加载曲线

2）响应控制

卫星 490N 发动机在 80Hz 附近响应较大，需采取响应控制措施，具体控制参数见表 5.2。

表 5.2　X 方向响应控制参数

激振方向	控制点位置	控制参数		
		X	Y	Z
Z 方向	490N 发动机	2.8g(5～100Hz)	2.8g(5～100Hz)	2.8g(5～100Hz)

图 5.6 为卫星振动试验控制输入曲线，可以看出，X 方向控制输入曲线在 48～51Hz、60～69Hz 和 91～100Hz 均进行了下凹，并在 80Hz 附近进行了响应控制，输入曲线谷底均高于星箭耦合分析结果，满足运载火箭的要求。

5.1.2　部组件正弦振动试验条件设计

1. 部组件正弦振动试验条件设计方法

部组件正弦振动试验条件通常由整星正弦振动试验条件、卫星结构形式及部组件结构动力学特性决定。部组件正弦振动试验条件设计有以下内容：

(1) 部组件模态分析，获取部组件结构特性。

(2) 整星频响分析，获取部组件结构动力学响应。

(3) 依据以上分析初步确定部组件正弦试验条件。

(4) 通过该卫星或与其相似卫星的正弦振动试验,获取部组件在整星装配状态下的动力学响应,以验证部组件正弦试验条件的合理性,并对该试验条件进行合理的修正。

卫星部组件正弦振动试验条件制定一般流程如图 5.7 所示。

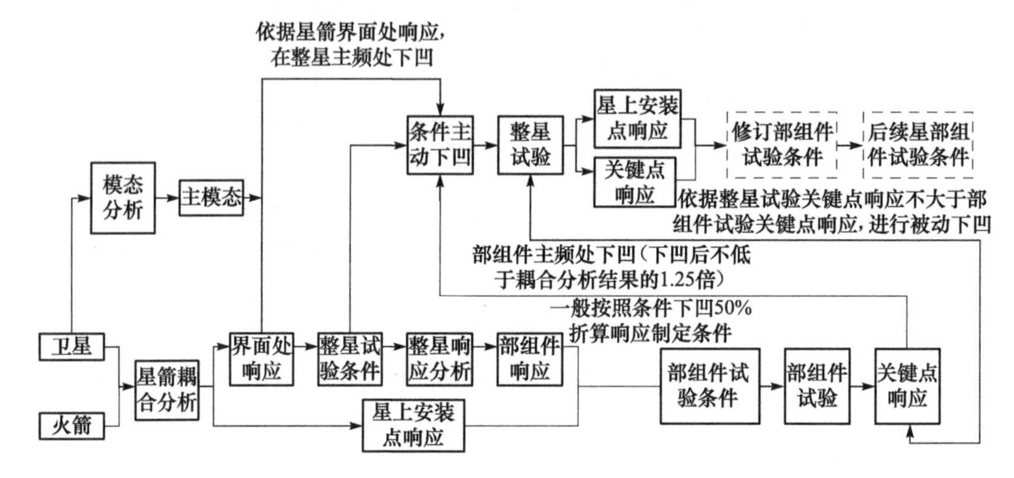

图 5.7　卫星部组件力学环境试验条件制定一般流程

2. 部组件正弦振动试验条件设计实例

本节以卫星某组件 Y 方向正弦试验条件设计为例简要介绍部组件级正弦振动试验条件设计基本流程。首先需进行整星力学分析,获取该组件安装面 Y 方向响应预示结果,考虑适当余量确定其正弦振动试验条件,如图 5.8 和表 5.3 所示。

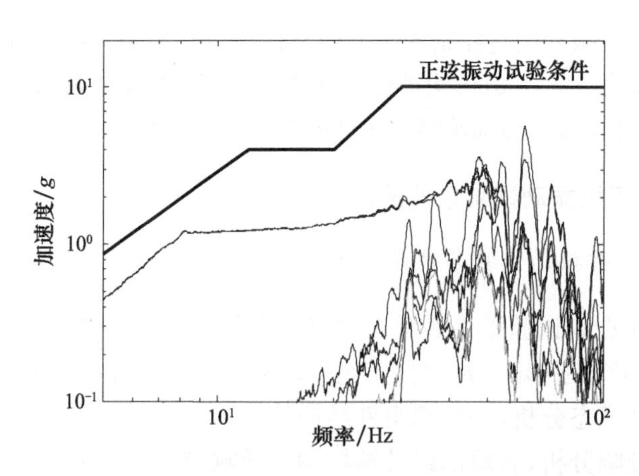

图 5.8　某组件安装面 Y 方向响应和 Y 方向正弦振动试验条件

表 5.3　某组件正弦振动试验条件

原振动试验条件		修正后振动试验条件	
频率/Hz	量级	频率/Hz	量级
5～12	8.6mm	5～12	8.6mm
12～20	4g	12～20	3g
20～30	4～10g	20～30	3～8g
30～100	10g	30～100	8g

在整星 Y 方向试验中该组件的 Y 方向加速度响应最大，图 5.9 和图 5.10 为整星空箱状态和满箱状态正弦振动试验中该组件的振动响应。可以看出该组件的 Y 方向加速度响应要低于整星力学分析预示结果，并且试验条件余量较大，因此有必要适当修正原正弦振动试验条件。

图 5.9 和图 5.10 中画出了该组件修正前后的正弦试验条件，可以看出修改后的正弦试验条件更接近真实的动力学环境。

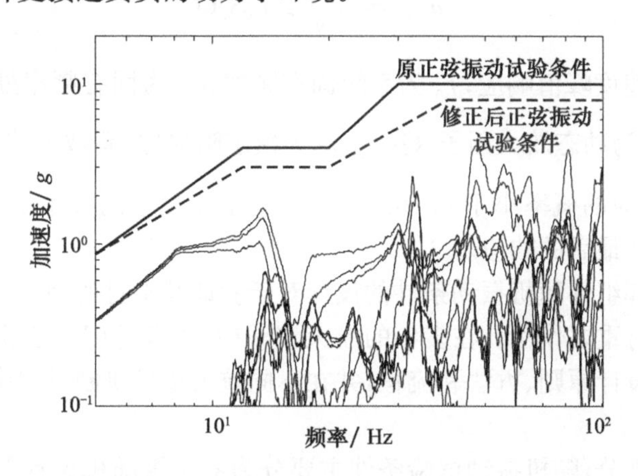

图 5.9　空箱状态 Y 方向试验中组件 Y 方向加速度响应曲线与试验条件

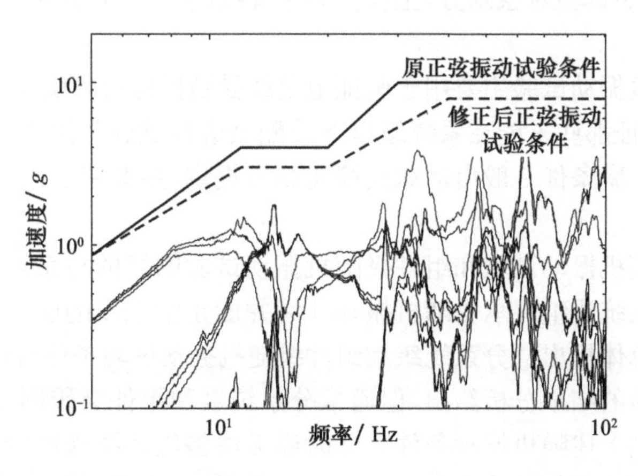

图 5.10　满箱状态 Y 方向试验中组件 Y 方向加速度响应曲线与试验条件

5.2 卫星随机振动试验条件设计

卫星在火箭发射主动段会受到发动机脉动推力、喷气噪声及紊流边界层脉动压力综合产生的随机振动激励。为考核卫星及其部组件在宽带随机振动环境下的可靠性,必须在地面进行随机振动试验。随机振动试验一般在振动台上进行,依次对整星或部件的三个方向施加随机加速度激励,频率范围通常为 20～2000Hz。

运载火箭研制方提供星箭界面的随机振动条件和整流罩内的声环境条件后,卫星研制方需要根据该条件制定卫星部组件的随机振动条件以便用于星载部组件的设计和地面试验验证。对于较为简单的部组件可以采用 MILES 方程对其随机振动峰值响应进行预示,方程的具体表达式如下:

$$a_{\max} = 3\sqrt{\frac{\pi}{2} f_{\mathrm{n}} S_{\mathrm{n}} Q} \tag{5.1}$$

式中,$a_{\max}$为加速度峰值响应;f_{n} 为系统固有频率,S_{n} 为固有频率处基础加速度的功率谱密度;Q 为动态放大因子,$Q=\dfrac{1}{2\xi}$,ξ 为模态阻尼比;系数 3 代表 3σ 的概率上限,即超过该响应的概率小于 0.26%。对于整星或复杂的分系统,利用上述方程往往会过高估计最后的响应。

整星及其部组件随机振动条件的设计对于验证其本身的动力学性能和检验产品工艺性能具有重要作用。在多年的航天实践中,工业部门也逐步梳理形成了随机振动条件的设计原则、方法和流程,并在不同航天型号研制过程中积累了很多宝贵经验。

按照量级划分,随机振动试验条件主要分为鉴定级随机振动条件和验收级随机振动条件;按照试验对象划分,主要分为系统级(整星级)、分系统级、组件级随机振动试验条件。

系统级随机振动试验主要用于验证卫星经受随机振动环境并能正常工作的能力,还可用来验证那些未能在系统级以下装配级进行试验的组件性能。卫星系统级的随机振动试验条件一般由运载火箭研制方提供,主要基于飞行遥测数据统计分析得到。

分系统级随机振动试验和组件级随机振动试验的目的与系统级试验相似,都是用于验证分系统或组件承受随机振动环境并能正常工作的能力,其随机振动条件通常由卫星总体提出。分系统级和组件级随机振动试验条件可依据系统级噪声或随机振动试验的结果分析给出,但通常分系统级和组件级研制单位在研制初期就需要总体提供上述随机振动条件。此时尚无法提供系统级试验的结果,可采用随机振动力学环境预示结果或以往相似卫星型号的条件作为制定分系统级和组件级随机振动试验条件的依据。

由于在振动台上开展的随机振动试验难以真实模拟卫星飞行状态下的连接界面特征，因此针对传统的加速度随机振动条件允许在谐振频率处进行谱密度值的下凹处理，下凹的频段和幅度可参照力限条件设计的相关技术方法获得。

5.2.1　随机振动试验条件设计方法

随机振动试验的试验条件制定较复杂，包括试验目的和试验件组装等级、试验量级及试验时间、试验容差等项目，其中试验量级及试验时间是试验条件中最核心的部分[2]。

1. 随机振动试验量级的设计方法

试验量级的设计方法主要有以下几种：极限包络法、正态容差限法、非参数容差限法、经验容差限法和正态预示极限值法，其中较常用的是极限包络法和正态容差限法。

1）极限包络法

极限包络法是我国目前采用的方法，即用最大谱来描述随机振动环境。最大谱就是每个频率上谱密度的最大值。极限包络法的主要优点是容易实施，但也有其不足之处：首先随机振动本身就是一个随机过程，描述随机过程并未采用概率的方法，使得其不确定性无法量化；其次，试验量级的制定往往带有一定的主观性，即两个经验不同的工程师用相同的数据可能得到差别较大的条件。

2）正态容差限法

正态容差限法只适用于正态分布随机变量，但大量的试验证据表明飞行器声振随机响应近似满足对数正态分布。因此，通过简单的对数变换就可以估算其正态容差极限为

$$y = \lg x \tag{5.2}$$

式中，x 为结构响应。

设 y 的单边正态容差极限，表示为 $\mathrm{NTL}_x(n,\beta,\gamma)$，其中 β 为百分位概率，γ 为百分位置信度，n 为试验样本数。对于不同试验样本的取值情况，见表 5.4。

表 5.4　不同情况下 $\mathrm{NTL}_x(n,\beta,\gamma)$ 值的确定

分类情况	均值	标准差	$\mathrm{NTL}_x(n,\beta,\gamma)$
$n\geqslant3,m\geqslant3$	$\bar{y}=\frac{1}{n}\sum_{i=1}^{n}y_i$	$S_y=\sqrt{\frac{1}{n-1}\sum_{i=1}^{n}(y_i-\bar{y})^2}$	$\bar{y}+S_yK_{n,\beta,\gamma}$
$n\geqslant3,m<3$		$\sigma_{\mathrm{total}}=\sqrt{S_y^2+\sigma_{\mathrm{flt\text{-}to\text{-}flt}}^2}$	$\bar{y}+\sigma_{\mathrm{total}}K_{n,\beta,\gamma}$
$n<3$	$\bar{y}=y_i$	$\sigma_{\mathrm{total}}=\sqrt{\sigma_{\mathrm{spatial}}^2+\sigma_{\mathrm{flt\text{-}to\text{-}flt}}^2}$	$\bar{y}+\sigma_{\mathrm{total}}Z_\alpha$

采用$\beta=0.95$和$\gamma=0.50$计算的正态容差极限通常被称为有50%置信度的95%正态容差极限,或简单称为P95/50极限,作为验收级试验条件使用;而鉴定级试验条件一般采用P99/90极限。其中,Z_α为正态百分位,在此$Z_{0.05}=1.645$;$\sigma_{\text{flt-to-flt}}$上限为3dB;$\sigma_{\text{spatial}}$上限为6dB;$K_{n,\beta,\gamma}$为正态容差因子,$\beta$为95%,$\gamma$为50%。

2. 余量的制定

对于不同航天部门甚至不同项目,试验条件要求的余量也是有差别的。表5.5给出美国NASA标准和美国军标常用的余量之间的差异。

表5.5 高频随机振动试验余量

试验类型	NASA-STD-7001	MIL-STD-1540C
原型(鉴定)试验	MEE+3dB	FA+6dB
原型飞行试验	MEE+3dB	FA+3dB
飞行验收试验(FA)	MEE−3dB	MEE+0dB

注:MEE为用P95/50的标准公差极限来定义的最高预示环境。

3. 试验时间的设计方法

试验时间是随机振动试验条件设计的另一项重要内容。如果采用卫星主动段经历的整个时间历程作为试验时间,那么试验显然是过于严酷了。但如果试验时间仅取最大振动水平量级的时间,又会造成欠试验。因此需要合理确定试验时间,以获得与实际振动环境相同的损伤。估计试验时间的方法主要是基于三种失效模型。

1) 逆幂律模型

逆幂律模型是最典型的一种加速模型,广泛应用于加速寿命试验中。对于可靠性高、寿命长的产品,不可能用实际的工作时间来评估其可靠性,因此产生了加速寿命试验。试验采取载荷大于实际载荷、时间小于实际时间的方法来模拟实际工况。加速寿命试验的核心就是加速模型,代表了产品寿命与载荷之间的数学关系。20世纪主要用于电子设备产品寿命估计的逆幂律模型表达式为

$$T_{\mathrm{F}}=c\sigma_X^{-b} \tag{5.3}$$

式中,b、c是与硬件类型有关的常数;T_{F}为疲劳寿命;σ_X为随机载荷的均方根值。

NASA将式(5.3)推广应用于动力学环境下的机械设备。对于随机振动环境,不同均方根值的激励若要产生相同的损伤,则需要满足

$$T_2=T_1\left(\frac{\sigma_1}{\sigma_2}\right)^b \tag{5.4}$$

式中，T_1、T_2 表示两个随机振动过程的持续时间；σ_1、σ_2 表示两个随机振动过程的均方根值。

运用该模型的主要问题是选取合适的参数 b。对于不同的对象，b 的取值是不同的。美国针对小型导弹进行了大量的试验，得出对于弹上电子器件，$b=4$ 是合适的。对于卫星设计，美国军用标准 NASA-HDBK-7005 采用平稳随机振动模拟非平稳随机振动时，仍然采用了 $b=4$。这种方法简单易用，但是有时过于保守[2]。

2) S-N 曲线疲劳损伤模型

外部动力学环境诱发的载荷使得承载结构达到一定应力水平，当其重复作用造成的损伤积累到一定程度就会产生裂纹，裂纹逐渐扩展直至断裂。一定的应力水平是指材料的疲劳阈值，即应力达到这个水平，疲劳损伤才会产生并积累。通常用 S-N 曲线表达式如下：

$$N = cS^{-b} \tag{5.5}$$

式中，N 为载荷循环次数；S 为峰值应力；b 和 c 均为材料参数。对于铝合金，b 通常取 6～9。NASA 技术手册中对于随机振动环境，b 取 8[2]。

3) 首次穿越模型

首次穿越模型是一种异于疲劳损伤模型的脆性破坏形式，其假定结构在随机振动下的响应呈正态分布且当结构的应力超过许用值时就会发生破坏。对于平稳随机载荷，超过许用响应值的概率随着时间的增加而增加。

依据首次穿越模型，具有不同均方根值的随机振动激励若要产生相同的损伤，所需的失效时间之间的等效关系式为

$$T_2 = T_1 \exp\left[\frac{K^2}{2}\left(\frac{S_1^2}{S_2^2} - 1\right)\right] \tag{5.6}$$

式中，$K=\dfrac{X}{S_1}$；S_1、S_2 表示两个随机振动过程的均方根值；T_1、T_2 表示两个随机振动过程的持续时间。

用上述首次穿越模型来预计失效时间会遇到两个主要问题：一是引起失效的临界值不明确；二是在有些情况下响应并不呈现正态分布，与穿越模型的假设不符。尽管如此，首次穿越模型方法 50 年来仍得到了长足发展，并且非高斯首次穿越问题也已得到解决[2]。

5.2.2　随机振动试验条件设计工程实例

1. 随机振动试验条件的描述方法

随机振动的试验条件包括试验频率范围、加速度谱密度的谱型及量级、试验持

续时间和方向等。图 5.11 为典型的随机振动试验功率谱密度曲线。

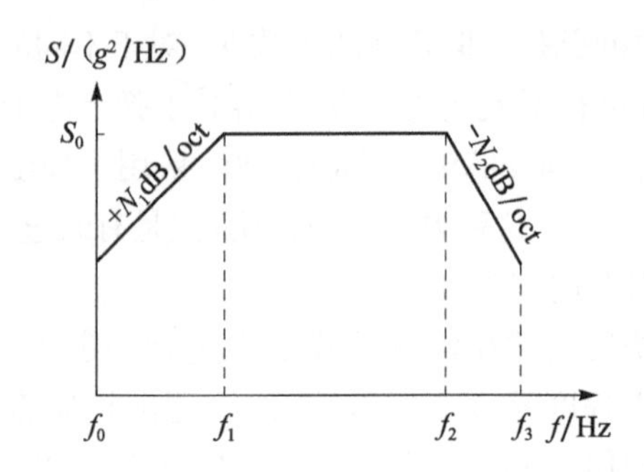

图 5.11 典型随机振动加速度功率谱密度曲线

在 $f_0 \sim f_1$ 和 $f_2 \sim f_3$ 频段范围内,其功率谱密度函数分别为 $S_1(f)=S_0(f/f_1)^{\frac{N_1}{10\lg 2}}$,$S_2(f)=S_0(f/f_2)^{\frac{N_2}{10\lg 2}}$,$N_1$ 和 N_2 分别为 $f_0 \sim f_1$ 和 $f_2 \sim f_3$ 频段上每个倍频程上功率谱增减的分贝值。

图 5.11 中的随机振动的加速度均方根值为

$$a_{\mathrm{rms}} = \sqrt{a_{\mathrm{rms1}}^2 + a_{\mathrm{rms2}}^2 + a_{\mathrm{rms3}}^3}$$

式中

$$a_{\mathrm{rms1}}^2 = \int_{f_0}^{f_1} S_1(f)\mathrm{d}f, \quad a_{\mathrm{rms2}}^2 = S_0(f_2 - f_1), \quad a_{\mathrm{rms3}}^2 = \int_{f_2}^{f_3} S_2(f)\mathrm{d}f$$

2. 随机振动试验条件设计

随机振动试验条件的设计首先需要明确和掌握卫星在全寿命周期内可能遇到的所有随机振动环境,依据力学环境预示手段或者参考以往大型地面试验及飞行试验获得的试验结果进行统计分析给出随机振动的最高预示环境;然后依据最高预示环境制定系统级、部组件级的随机振动试验条件,包括试验谱形、试验时间、加载方向、试件边界条件模拟要求、响应控制要求等。

随着卫星研制的不断深入,可以依据地面试验获得的有效数据对前期制定的个别分系统和设备的随机振动条件进行修订,以提高力学环境条件的制定水平。此外,如果有在轨飞行遥测数据也可作为修订试验条件的重要依据和参考。

采用不同的运载火箭发射,星箭对接面上的随机振动试验条件会有所差异,表 5.6 给出 CZ-4 运载火箭用户手册提供的星箭对接面随机振动环境条件,表 5.7 为 DFH-4 平台卫星服务舱某设备的鉴定级随机振动条件。我国的标准也规定了系统级最低量级的随机振动条件,如图 5.12 所示[2]。

表 5.6　CZ-4 运载火箭用户手册提供的星箭对接面随机振动环境条件

频率范围/Hz	加速度功率谱密度值
20～100	+3dB/oct
100～600	0.04g^2/Hz
600～2000	−3dB/oct
总均方根加速度值	7.13g
试验时间	1min

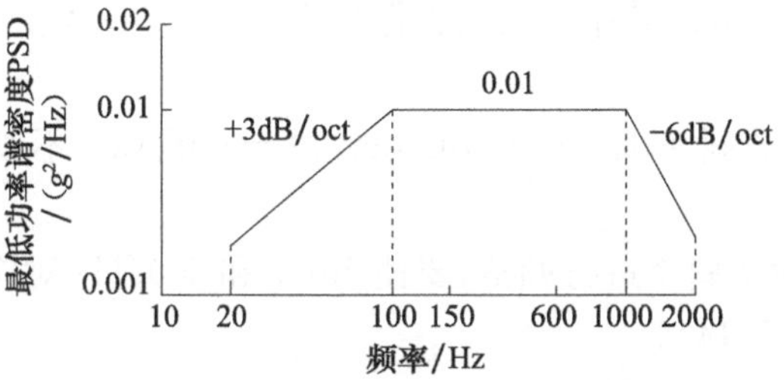

曲线值	
频率/Hz	最低PSD
20	0.002g^2/Hz
20~100	+3dB/oct
100~1000	0.01g^2/Hz
1000~2000	-6dB/oct
2000	0.0025g^2/Hz
总均方根加速度值	3.8g

图 5.12　卫星系统级最低量级随机振动条件要求

在没有任何计算结果或可参照的试验数据时，可使用随机振动通用试验条件(表 5.7)。该试验量级一般应通过以后的结构分系统声试验或随机振动试验结果来修正。如果组件的质量接近 23kg，允许在谐振频率处将功率谱密度下凹，下凹幅度不能低于验收最低谱(图 5.13)功率谱密度值[2]。

表 5.7　随机振动通用试验条件

频率/Hz	谱密度
20～50	+6dB/oct
50～800	0.25g^2/Hz
800～2000	−6dB/oct
总均方根加速度	11.5g
试验时间	2min

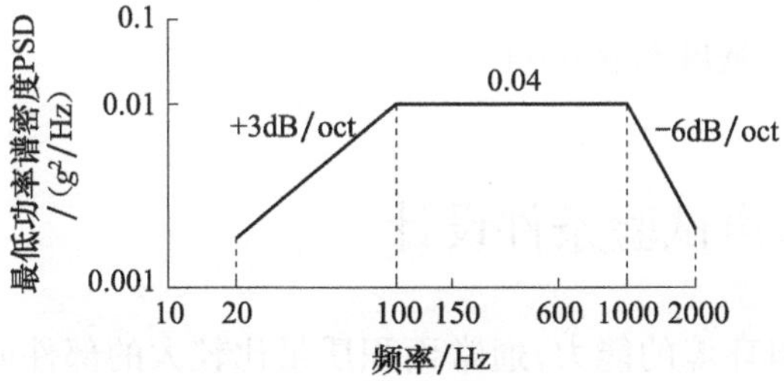

曲线值	
频率/Hz	最低PSD
20	0.0053g^2/Hz
20~150	+3dB/oct
150~600	0.04g^2/Hz
600~2000	-6dB/oct
2000	0.0036g^2/Hz
总均方根加速度值	6.1g

图 5.13　卫星上不超过 23kg 的电子组件最低量级随机振动条件要求

该谱只用于质量不超过 23kg 的电子和电子组件

当试件质量超过 23kg 时,宜对功率谱密度和谱斜率按以下要求进行调整[3]。

1) 功率谱密度调整

当试件质量超过 23kg 时,功率谱密度应除以衰减因子 F,衰减因子 F 用式(5.7)计算,功率谱密度减少的分贝值为 $10\lg(W/23)$,而

$$F=\frac{W}{23} \tag{5.7}$$

式中,F 为衰减因子;W 为组件质量(kg)。

当试件质量超过 180kg 时,50～800Hz 功率谱密度将保持 $0.032g^2/\text{Hz}$ 不变。

2) 谱斜率调整

当试件质量不超过 60kg 时,谱斜率保持 +6dB/oct 和 −6dB/oct 不变(图 5.14)。

当试件质量超过 60kg 时,还要对谱斜率进行调整,要使 20Hz 和 2000Hz 对应的功率谱密度保持在 $0.01g^2/\text{Hz}$(图 5.14)。

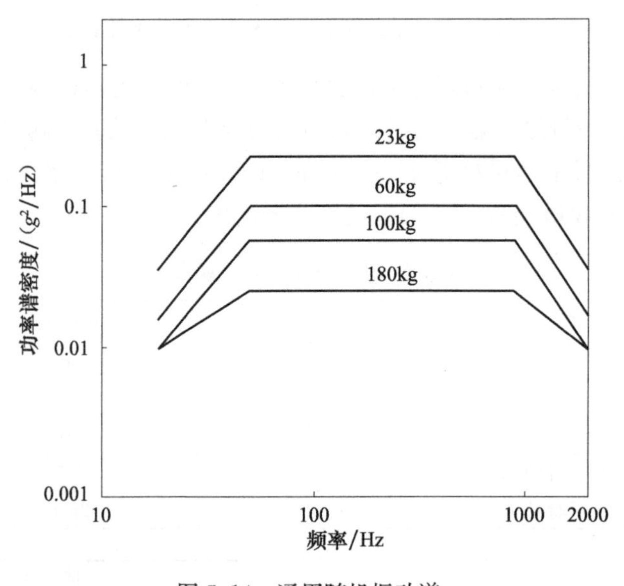

图 5.14 通用随机振动谱

5.3 卫星声试验条件设计

声试验主要考核卫星承受高频声环境的能力,通常面积质量比较大的部件或者薄壁结构对声环境更敏感。由于气动噪声属于宽带随机噪声,在高频段能量占优势,并且沿卫星轴向声压级并不一致,因此,声试验条件设计的目标并不是要模

拟真实的声场特性，而是寻求产生相似振动响应的等效声场。卫星的真实声环境一般是在整流罩内的半混响声环境，为了便于试验实施，在工程上通常使用混响声场来模拟。

5.3.1　声试验条件设计方法

声试验谱形及量级通常以表格形式或者声压曲线形式给出。

1. 试验频率范围和试验量级

声试验量级通常分为鉴定级、验收级两种，分别对应于极限和最高预示声环境。极限和最高预示声环境是指由运载器起飞、动力段和再入段飞行期间在卫星外表面产生的脉动压力环境引起的卫星外部和内部的声环境。极限和最高预示声环境相应为 P99/90(鉴定级)和 P95/50(验收级)值。

1) 鉴定试验

鉴定试验，也称为原型试验，是在专用的试验件上完成的。试验件与飞行件使用相同的图样、材料、工具、制造方法、检验方法和生产者的技能。原型试验的目的是验证供预期飞行任务使用的硬件具有足够的设计余量。首飞试验是在飞行硬件和备份硬件上完成，不再有专供原型试验的硬件。只有将第一件产品作为备用件时，才进行飞行备用件的首飞试验。首飞试验兼有鉴定和飞行验收试验的双重目的，即利用试验评价硬件的设计余度、验证飞行硬件在相应环境下的满意程度、暴露工艺和材料的缺陷。

噪声原型试验应该在最高预期飞行量级上加鉴定余量。

2) 验收试验

验收试验用于验证飞行系统在最高预期环境下的满意程度，并暴露工艺和材料中存在的缺陷。飞行验收部件包括以后的卫星硬件和飞行备用件。这些部件在设计和材料上与鉴定件完全一致。飞行部件的噪声验收试验是兼顾最高预计飞行量级的包络和最小量级声试验谱得到。

3) 工艺声试验

工艺声试验是对所有硬件进行的最低量级声试验，试验总的声压级为 138dB。试验谱形应与预计考虑填充效应的飞行谱一致。

2. 试验时间

1) 鉴定试验的持续时间

鉴定试验时间为 2min；对于重复使用 N 次的部件，相应的试验时间为$(2+0.5N)$min。首飞准鉴定时间为 1min。

2）验收试验的持续时间

验收试验的持续时间应高于最高预示声环境的持续时间。最高预示声环境的持续时间是总幅值不低于最高总幅值 6dB 的时间总和。对于原型试验，试验持续时间为 1min。对于首飞试验来说，验收试验的时间也为 1min，但重复飞行硬件的重复试验持续时间应另行规定。

3. *声填充效应*

声填充效应是描述火箭整流罩或航天飞机货舱由于装入有效载荷而引起其内部声压级变化所用的术语。制定声环境条件时，考虑声填充效应无论对有效载荷的硬件设计还是试验都是非常重要的。考虑声填充效应时应注意以下几点：

（1）声填充效应仅适用于具有大体积的有效载荷，如果有效载荷很不对称或具有离散的结构及附件，那么工程设计时应考虑声填充效应。

（2）声填充效应在低频的某些三分之一倍频程可能比预示的结果要大。偏差来源于有效载荷的特有几何构形引起的声模态偏移。如果有效载荷的结构对低频的声激励非常敏感，那么就需要利用声有限元分析等工具进行进一步研究。

（3）由于每个有效载荷与整流罩组合体都具有独特的声模态，因此，如果将飞行数据获得的声填充效应应用于另外一个几何外形并不相似的组合体时，需要谨慎处理。

5.3.2 声试验条件设计工程实例

根据极限和最高预示声环境的统计结果，鉴定级相应为 P99/90，验收级对应 P95/50，声环境试验谱以倍频程形式给出。CZ-2C 火箭声试验条件如图 5.15 所示，具体数值见表 5.8。

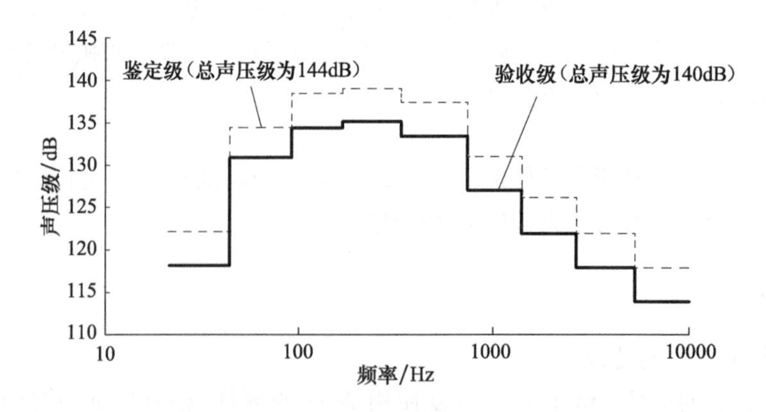

图 5.15 CZ-2C 火箭声试验条件

表 5.8　CZ-2C 火箭声试验条件

<table>
<tr><th rowspan="2">倍频程带宽中心频率/Hz</th><th colspan="2">声压级/dB</th><th rowspan="2">声压级允许偏差/dB</th></tr>
<tr><th>验收级</th><th>鉴定级</th></tr>
<tr><td>31.5</td><td>118</td><td>122</td><td>−2～+4</td></tr>
<tr><td>63</td><td>131</td><td>135</td><td rowspan="6">−1～+3</td></tr>
<tr><td>125</td><td>134.5</td><td>138.5</td></tr>
<tr><td>250</td><td>135</td><td>139</td></tr>
<tr><td>500</td><td>133.5</td><td>137.5</td></tr>
<tr><td>1000</td><td>127</td><td>131</td></tr>
<tr><td>2000</td><td>122</td><td>126</td></tr>
<tr><td>4000</td><td>118</td><td>122</td><td rowspan="2">−6～+4</td></tr>
<tr><td>8000</td><td>114</td><td>118</td></tr>
<tr><td>总声压级/dB</td><td>140</td><td>144</td><td>−1～+3</td></tr>
<tr><td>试验时间/min</td><td>1</td><td>2</td><td>—</td></tr>
</table>

5.4　卫星冲击试验条件设计

5.4.1　冲击环境与冲击环境预示

卫星所经受的冲击环境主要是星箭分离及星载各种火工品装置在工作时产生的,如卫星与运载火箭的末级分离,卫星舱段分离,星载伸展部件展开过程中的解锁、释放和分离等。这些火工品装置工作时由于能量高速释放而产生所谓爆炸冲击,其严重程度因火工品装置的类型而异,对卫星产生的冲击环境差别也很大。

冲击往往会使卫星上仪器设备激起固有频率响应,使产品性能和结构受到不同程度的损害甚至失效。卫星承受冲击载荷作用时,冲击能量在瞬间传递到卫星各处,所产生的位移、速度和加速度的突然变化有可能造成卫星结构及仪器设备的损害和故障,因此有必要在地面开展冲击试验,以验证卫星及其仪器设备抗冲击载荷的能力。

卫星冲击环境主要受以下几个因素的影响:

(1) 冲击源的影响。冲击源的冲击特性直接决定着卫星各处的冲击环境,且同一种类冲击源的冲击特性离散性也较大。

(2) 传递路径的影响。冲击响应会随着传播距离的增加而迅速减小。

(3) 部组件质量的影响。如果其传递路径上存在质量较大部组件,冲击响应也会因部组件质量的增加而减小。

(4) 结构连接形式的影响。在冲击波传播过程中,如果跨越不同构件连接处时,冲击响应会大幅度衰减。

爆炸冲击环境的特点是高幅值的振荡波形，持续时间很短，一般在 20ms 内衰减到零，冲击量级也因火工品的不同而有明显的离散性。

为了研究冲击载荷对产品的破坏机理及如何在实验室模拟冲击环境，必须对冲击环境作定量的描述，通常用冲击响应谱 SRS 描述卫星及其部组件所处的冲击环境和冲击试验条件。关于冲击响应谱的详细论述详见第 3 章。

与卫星振动环境相比，卫星冲击环境的预示难度更大，这是因为冲击源的冲击特性离散性较大，并且冲击特性十分复杂。在冲击源附近，由于应力波的传播和反射使得结构内部的应力分布很不均匀；在远离冲击源处，结构响应将起主要作用，但是由于卫星结构复杂，传播路径上的仪器设备质量及结构之间的连接使得冲击传递特性较难准确描述。因此，用分析方法很难准确描述卫星冲击环境，目前主要采用试验方法获得卫星冲击环境。

首先根据已有卫星冲击试验结果及火工品的试验数据，利用简单外推方法预示新卫星各部位的冲击环境，从而给出关心部位的冲击设计要求和冲击试验条件。在预示过程中，应充分考虑冲击源的冲击特性及冲击波在结构中的传递和衰减特性。

在冲击环境预示中，预示带宽通常为 100～10 000Hz，该频率范围内用 1/6 倍频程或更窄的频率间隔描述。极限和最高预示冲击环境对应为 P99/90（鉴定级）和 P95/50（验收级）冲击响应谱值，进行冲击谱变换时，$Q=\dfrac{1}{2\xi}$一般取 10。

对冲击环境预示的准确性作进一步验证，这就需要对其结构用真实的火工品装置进行冲击试验，用测得的冲击环境数据来验证和修正已有的冲击环境预示结果，并据此对冲击试验条件做必要的修改。

5.4.2 冲击试验条件设计方法

通常根据冲击环境预示结果、产品特点、试验方法、试验目的并考虑适当余量来确定冲击试验条件。冲击试验条件分为两类：一种是用简单冲击波形来描述，如果冲击响应近似为简单波形的碰撞冲击或者受试验设备限制，可采用此类冲击试验条件；另一种是用冲击谱描述，用冲击谱规定冲击试验条件要求试验件所经受的冲击载荷的冲击响应谱在形状和量级上与冲击试验条件规定相一致。对于第二种描述方式，首先确定最高预示冲击谱，并以此作为卫星组件的验收试验条件，然后确定鉴定级试验条件。当测得的数据经检验证明符合正态分布或者对数正态分布时，冲击谱可以依照如下步骤确定[4]。

对 100～10 000Hz 频率范围内每一个 1/6 倍频程或更窄的频段，取动态放大因子 Q 为 10，则冲击谱由式(5.8)确定。

$$G=m+KS \tag{5.8}$$

式中，G 为冲击谱值；m 为样本的均值；S 为样本的标准偏差；K 为系数。

假设冲击谱的样本数为 n：$g_1, g_2, g_3, \cdots, g_n$，当它们服从正态分布时，有

$$m = \frac{1}{n-1}\sum_{i=1}^{n} g_i$$

$$s^2 = \frac{1}{n-1}\sum_{i=1}^{n} (g_i - m)^2$$

当它们服从对数正态分布时，有

$$m = \frac{1}{n-1}\sum_{i=1}^{n} \lg(g_i)$$

$$s^2 = \frac{1}{n-1}\sum_{i=1}^{n} \lg(g_i - m)^2$$

式(5.8)中 K 为样本数 n 的函数，取决于要求的统计置信度。如采用 P95/50，则 K 值由表 5.9 给出。

表 5.9　样本数 n 与系数 K 的对应表

n	K	n	K
5	1.78	12	1.69
6	1.75	15	1.68
7	1.73	20	1.67
8	1.72	30	1.66
9	1.71	100	1.65
10	1.70		

以上方法适用于样本数大于等于 5 的情况，如果样本数小于 5，则可直接采用冲击谱包络方法，考虑各种偏差因素，还应加适当余量。

5.4.3　冲击试验条件设计工程实例

随着卫星研制经验的积累，人们对冲击响应特性有了更深入的认识。将多次冲击试验测量数据与原先制定的部组件冲击试验条件进行对比分析，发现原冲击试验条件有时不能合理包络实际的冲击环境，需要对冲击试验条件进行修正。

冲击试验条件制定和修订的原则如下：

(1) 由于冲击响应测量数据样本数小于 5 个，故采用冲击谱包络方法进行冲击试验条件的制定。

(2) 冲击试验鉴定余量为＋6dB，确保冲击试验完全包络冲击响应结果，并具有一定余量。

(3) 验收试验量级不要求完全包络冲击响应结果，允许在较窄频段稍微超过验收试验条件。

东方红四号卫星平台通信舱南北板原先执行的冲击试验条件见表 5.10。

表 5.10　通信舱南北板原冲击试验条件

频率/Hz	冲击响应谱
100～400	+6dB/oct
400～4000	400g
试验次数	鉴定 2 次,验收 1 次

经过冲击力学环境分析和冲击试验数据验证可知,影响该区域冲击条件的主要冲击源为太阳翼解锁冲击。图 5.16 为多颗 DFH-4 平台卫星通信舱南北板冲击响应曲线,从冲击响应曲线上看,卫星响应的峰值出现在 1500Hz 以上、1500Hz 以下的响应较低。与原通信舱南北板冲击试验条件相比,冲击响应在 1500Hz 后会高于组件冲击试验条件,组件试验条件偏低,存在一定的欠试验;而在 1500Hz 以下,冲击响应曲线则要低于组件试验条件很多,组件试验条件偏高,存在一定过试验,因此需要重新修订该区域的冲击试验条件。依据冲击试验条件制定和修订的原则对 DFH-4 平台通信舱南北板冲击试验条件进行修正,见表 5.11。

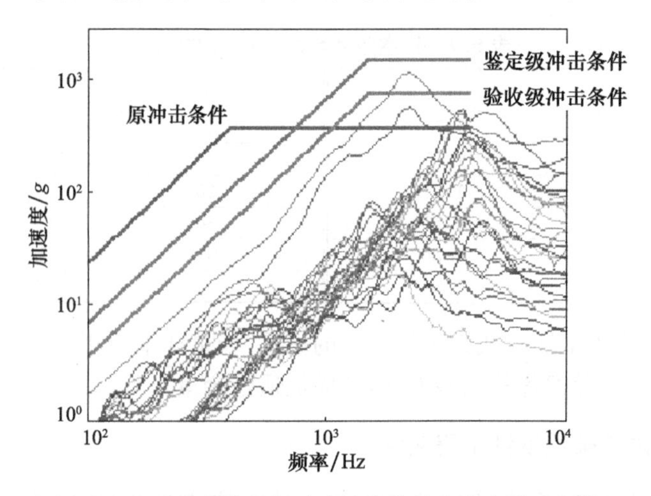

图 5.16　通信舱南北板冲击响应曲线和冲击试验条件

表 5.11　修正后的 DFH-4 平台通信舱南板冲击试验条件

频率/Hz	冲击响应谱	
	鉴定级	验收级
100～1500	+6dB/oct	+6dB/oct
1500～4000	1600g	800g
试验次数	鉴定 3 次	验收 1 次

5.5　卫星静力试验条件设计

卫星及其部组件加速度试验条件通常由最高预示加速度和设计安全系数确定。

最高预示加速度是由稳态加速度、声振环境及对重要的瞬态飞行事件(如运载器起飞、发动机点火和关机、跨声速和最大动压飞行、风载荷、卫星分离等)的动态响应组成的加速度环境,用于结构载荷分析和试验。上述瞬态飞行事件对主结构产生的载荷频率范围低于 100Hz,振动和声环境对次级结构产生的载荷频率范围低于 300Hz。最高预示加速度在三个相互正交轴的每个轴的正负方向进行预示。如果统计估计值适用,最高预示加速度是预计至少在 99%的飞行次数中,用 90%置信度估计时不会被超过的加速度。

在对结构设计或稳定性设计分析中,考虑到材料特性、设计方法、最大预示载荷和制造工艺等方面的不确定性,设计载荷应为最大使用载荷乘以规定的安全系数。安全系数一般有两种:屈服设计安全系数和极限设计安全系数。

5.5.1　静力试验条件设计方法与流程

卫星及其部组件静力试验条件通常由运载火箭的用户手册规定,经星箭耦合载荷分析方法进行校核,并经运载火箭星箭界面力学环境遥测数据修正后确定。图 5.17为卫星及其部组件静力条件设计流程。

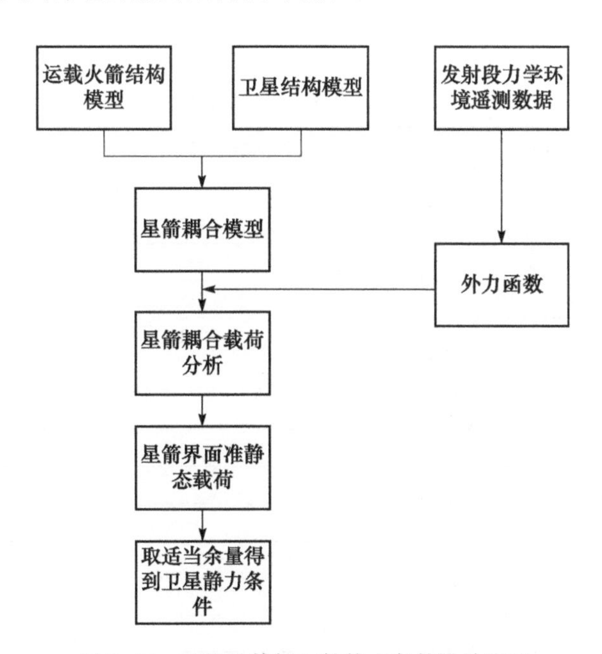

图 5.17　卫星及其部组件静力条件设计流程

5.5.2　静力试验条件设计实例

DFH-4 平台卫星采用 CZ-3B 运载火箭发射,CZ-3B 运载火箭用户手册规定的静力试验条件见表 5.12。DFH-4 平台某卫星和 CZ-3B 的星箭耦合分析静力试验条件见表 5.13。

考虑到最大预示载荷的不确定性等各种因素，最大载荷条件采用表 5.12 所列条件，设计安全系数确定为 1.5，因此可以得到该卫星上的部组件纵向加速度条件为 6.1g×1.5≈9.0g。

表 5.12　CZ-3B 运载火箭用户手册规定的静力试验条件

工况	纵向加速度/g			横向加速度/g
	静态	动态	组合	
最大动压状态	+2.2	+0.8 −0.8	+3.0	1.5
助推器分离前状态	+5.3	+0.8 −3.6	+6.1	1.0
一二级分离后状态	+1.0	+2.7 −3.6	+3.7 −2.6	1.0

注：纵向和横向载荷同时存在。横向载荷表示作用于垂直纵向的任一方向。纵向载荷中“+”表示压缩；“−”表示拉伸。

表 5.13　卫星静力试验条件

方向		纵向准静态加速度/g	横向准静态加速度/g
最大动压状态	X 方向	—	+0.66
		—	−0.57
	Y 方向	—	+0.53
		—	−0.64
	Z 方向	+2.13	—
		—	—
助推器分离前状态	X 方向	—	+0.19
		—	—
	Y 方向	—	—
		—	−0.19
	Z 方向	+5.49	—
		—	—
一二级分离后状态	X 方向	—	+0.24
		—	−0.20
	Y 方向	—	+0.19
		—	−0.26
	Z 方向	+3.04	—
		−1.28	—

5.6　卫星力限振动试验条件设计

5.6.1　力限振动试验条件

卫星地面振动试验主要通过控制试验件与振动台界面的输入加速度来实现对真实飞行动力学环境的模拟。振动试验的加速度条件通常是根据多次实际测量的数据或者动力学分析数据，采用统计包络的方法制定的。在试验件共振频率处由包络制定的加速度条件通常远高于真实的加速度环境，并且在振动试验中由于振动台和试验夹具的机械阻抗与真实飞行状态中安装结构的机械阻抗存在很大差异，特别是在试验件共振频率处振动台和试验夹具的机械阻抗较大，如果仅采用加速度条件作为控制条件就需要较大的界面力保持界面的加速度量级，这个界面力要远大于真实飞行状态中安装界面处的作用力，这将导致严重的过试验问题。关于过试验问题详见第 7 章。

我国卫星振动试验目前主要采用加速度控制，国内很多学者早在 20 世纪八九十年代就已关注振动过试验问题和力限振动试验技术，但由于技术条件的限制，一直未能对力限振动试验技术进行全面系统的研究，在工程上仍然采用下凹加速度输入条件的方式控制振动过试验问题。美国航空航天局对力限振动试验技术做了大量的研究和工程实践[4~6]，在很大程度上缓解了振动过试验现象，能更好地避免试验件因过试验而受到损伤。近几年，国内外航天部门对力限振动试验技术进行了深入研究，并取得了大量的研究成果，为力限振动试验技术的应用打下了坚实的基础[7~15]。目前在我国工程型号中力限振动试验技术及力限条件设计方法还没有得到广泛应用。

在力限振动试验术语中，负载为试验件，如卫星(或星载部组件)；源为发射和飞行状态中支撑该试验件的安装结构，如火箭(或卫星平台)。如无特殊说明，本章中提到的界面均为源与负载连接面，如星箭对接面、有效载荷与卫星平台连接面等。

力限振动试验就是在传统加速度控制振动试验的基础上引入测力装置，实时监测并限制试验夹具与试验件之间的界面力，使得界面加速度和界面力均不大于加速度条件和力限条件，以达到更好地模拟真实界面动力学环境的目的。

5.6.2　力限条件设计方法

分析和确定加速度条件和力限条件是进行力限振动试验的前提。在力限随机振动试验中，所采用的加速度条件是通过对界面真实加速度谱密度包络再加上适当的余量得到的；力限条件也应是对界面处真实力谱密度的包络，然后再加上适当的余量。由于缺少飞行状态和地面振动试验中的界面力测量数据，所以通常基于简化模型或有限元模型,以给定的加速度条件为输入参数计算力限条件。在力限条件的计算过程中,假定给定的加速度条件是对真实界面加速度的合理包络,加速度条件是否合理正确直接决定着力限条件的正确性和合理性。

目前常用的力限条件设计方法有三类:

(1) 简单二自由度方法(simple TDFS method)和复杂二自由度方法(complex TDFS method)。

(2) 基于系统级试验数据或者飞行遥测数据的半经验方法(semi-empirical method)。

(3) 根据准静态设计准则确定力限条件,这个准则是由耦合载荷分析或简单的质量加速度曲线确定的。

前两类方法常用于随机振动试验,其力限条件是基于加速度条件得到的,并且与加速度条件成正比,没有考虑星箭耦合的影响;第三类方法仅限于静态和低频的正弦扫描试验或者瞬态振动试验,其力限条件的导出与加速度试验条件无关。

除了上述三类常用的力限条件设计方法外,还可以基于卫星完整有限元模型,通过有限元分析方法计算出其力限随机振动试验的力限条件。

在力限条件确定过程中通常采用简单二自由度方法、复杂二自由度方法、半经验方法和有限元分析方法分别计算界面力限,然后对四种方法得到的结果进行包络得到可用于力限振动试验的力限条件,如图 5.18 所示。在难以准确获取飞行状态下支撑结构的动力学特性时,通常直接采用半经验方法设计力限条件。

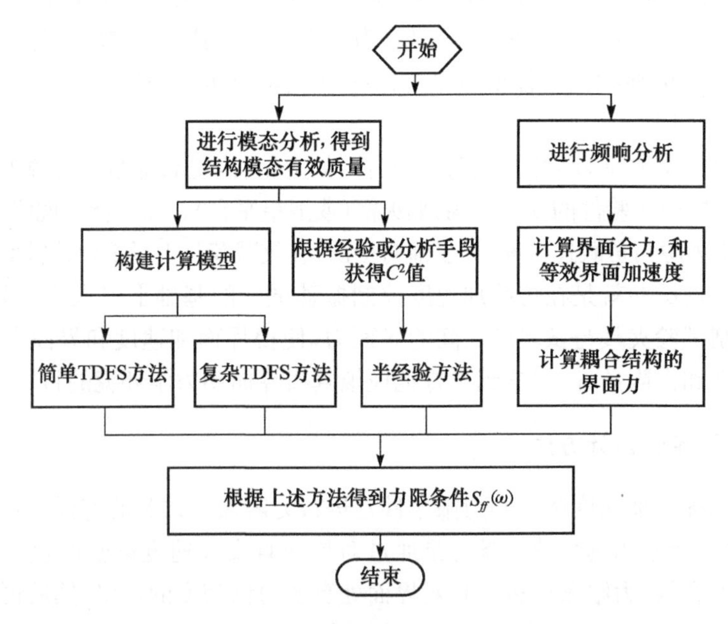

图 5.18　力限条件设计基本流程

1. 简单二自由度方法

图5.19所示的简单二自由度系统模型是对源和负载耦合结构系统的一种有效简化。在简单二自由度模型中，源和负载都简化为一个质量。源和负载的质量应该由等效模态质量表示。

基于简单二自由度简化模型预测界面力限的方法称为简单二自由度方法，本节将详细推导计算力限条件的简单二自由度方法。

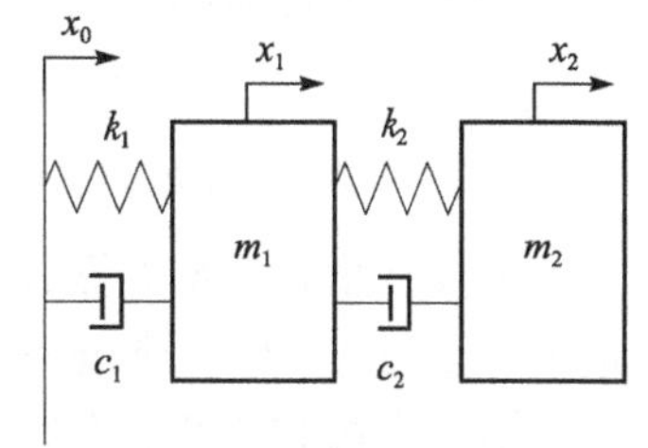

图5.19　简单二自由度系统模型

图5.19所示的振动系统运动微分方程的特征方程为

$$\omega^2[(M_1+M_2)(k_1-\omega^2m_1)(k_2-\omega^2m_2)+k_1m_1(k_2-\omega^2m_2)+k_2m_2(k_1-\omega^2m_1)]=0 \tag{5.9}$$

由式(5.9)可知系统的两个共振频率为

$$\omega_{\mp}^2=\frac{1}{2}\left\{\frac{k_1}{m_1}+\frac{k_2}{m_2}\left(1+\frac{m_2}{m_1}\right)\mp\sqrt{\left[\frac{k_1}{m_1}+\frac{k_2}{m_2}\left(1+\frac{m_2}{m_1}\right)\right]^2-\frac{4k_1k_2}{m_1m_2}}\right\} \tag{5.10}$$

定义

$$\mu=\frac{m_2}{m_1},\quad \omega_1=\sqrt{\frac{k_1}{m_1}},\quad \omega_2=\sqrt{\frac{k_2}{m_2}},\quad \beta_1=\frac{\omega}{\omega_1},\quad \beta_2=\frac{\omega}{\omega_2},\quad \Omega=\frac{\omega_2}{\omega_1}$$

负载的视在质量即为

$$M_{\mathrm{load}}^{\mathrm{app}}(\omega)=m_2\frac{Q_2+\mathrm{i}\beta_2}{(1-\beta_2^2)Q_2+\mathrm{i}\beta_2} \tag{5.11}$$

式中，$Q_2=\sqrt{k_2M_2}/2c_2$。

对式(5.11)经过变换整理得

$$|M_{\mathrm{load}}^{\mathrm{app}}(\omega)|^2=m_2^2\frac{Q_2^2+\beta_2^2}{Q_2^2(1-\beta_2^2)^2+\beta_2^2} \tag{5.12}$$

在简谐激励和随机激励作用下，耦合系统负载视在质量、界面力和界面加速度之间的关系分别为

$$F(\omega)=M_{\mathrm{load}}^{\mathrm{app}}(\omega)a(\omega) \tag{5.13}$$

$$S_{ff}(\omega)=|M_{\mathrm{load}}^{\mathrm{app}}(\omega)|^2S_{aa}(\omega) \tag{5.14}$$

而在以耦合系统界面加速度最大值作为控制条件的振动试验中，试验件与振动台界面力最大值为

$$|\bar{F}(\omega)|_{\text{peak}}=|M_{\text{load}}^{\text{app}}(\omega_0)|\times|a(\omega)|_{\text{peak}} \tag{5.15}$$

$$|\bar{S}_{ff}(\omega)|_{\text{peak}}=|M_{\text{load}}^{\text{app}}(\omega_0)|^2\times|S_{aa}(\omega)|_{\text{peak}} \tag{5.16}$$

依据上述分析可知，$|\bar{F}(\omega)|_{\text{peak}}$和$|\bar{S}_{ff}(\omega)|_{\text{peak}}$要远大于耦合结构真实界面力环境，产生严重的过试验。

力限振动试验的力限条件应为耦合系统界面力最大值，即

$$|F(\omega)|_{\text{peak}}=M_{\text{load}}^{\text{app}}(\omega_{\pm})|a(\omega)|_{\text{peak}} \tag{5.17}$$

$$|S_{ff}(\omega)|_{\text{peak}}=|M_{\text{load}}^{\text{app}}(\omega_{\pm})|^2\times|S_{aa}(\omega)|_{\text{peak}} \tag{5.18}$$

需要在耦合系统共振频率$\omega_{\pm}$中选取一个值，使$|F(\omega)|_{\text{peak}}$和$|S_{ff}(\omega)|_{\text{peak}}$达到最大。变量$\Omega$为一个调谐参数，它等于系统非耦合时负载共振频率与源共振频率的比值。当源和负载固有频率相等，即$\Omega=1$时，界面力达到最大，所以界面力最大时的频率可表示为

$$\beta_2^2=1+\frac{1}{2}\mu-\sqrt{\frac{1}{4}\mu^2+\mu} \tag{5.19}$$

定义界面力谱密度最大值与界面加速度谱密度最大值的比值除以负载视在质量模的平方为力限条件正则化系数γ。对于随机振动试验，力限条件正则化系数为

$$\gamma=\frac{S_{ff}}{S_{aa}|m_2|^2}=\frac{Q_2^2+\beta_2^2}{Q_2^2(1-\beta_2^2)^2+\beta_2^2} \tag{5.20}$$

对于源和负载耦合结构系统，首先计算得到力限条件正则化系数，然后再由式(5.14)得到力限为

$$S_{ff}=\gamma S_{aa}|m_2|^2 \tag{5.21}$$

当负载质量远小于源的质量时，$\mu\leqslant 1$，可知$\beta_2^2\approx 1$。力限条件正则化系数为

$$\gamma\approx Q_2^2+1 \tag{5.22}$$

当负载与源的质量大致相等时，$\mu\approx 1$，可知$\beta_2^2\approx 0.382$。在工程实践中，试验件动力放大系数Q_2通常大于5，所以力限条件正则化系数为

$$\gamma\approx 2.6 \tag{5.23}$$

当负载质量远大于源的质量时，$\mu\geqslant 1$，力限条件正则化系数γ趋近于1。

图5.20为$Q_2=5$、10、20、50四种情况下的力限条件正则化系数曲线图。由图5.20可以看出，力限条件正则化系数γ随μ的增加而减小，随Q_2的增加而增加；负载与源质量的比值非常小时，力限条件正则化系数近似等于Q_2^2+1；负载与源质量相等时，最大的正则化系数近似等于2.6；负载质量大于源质量时，力限条件正则化系数趋近于1。

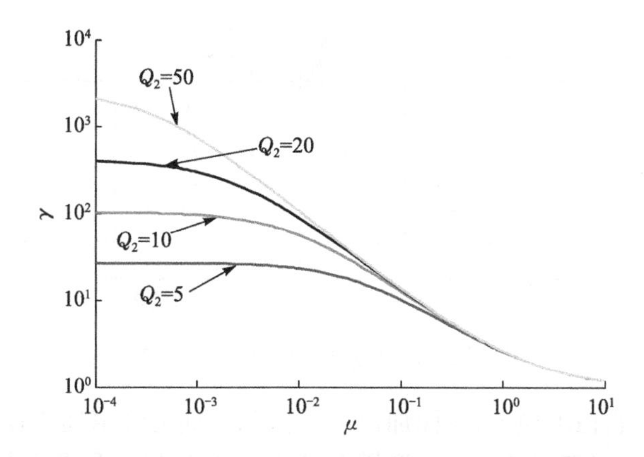

图5.20　由简单二自由度方法计算得到的力限条件正则化系数

在振动试验或者飞行状态下，源和负载的视在质量随着频率的变化而变化，所以在计算力限条件的过程中通常按1/3倍频程将整个计算频段分成若干频带，然后在这些频带上确定源和负载在简单二自由度模型中的质量 m_1 和 m_2，再根据本节的简单二自由度方法计算力限条件。通常 m_1 和 m_2 应该看成是结构系统的共振模态质量或者模态有效质量。由于在某些频段内模态有效质量非常小计算得到的力限也非常小，近似等于零，因此在实际计算中这些频段内的模态有效质量也可以用残余质量或者残余质量和模态有效质量之和表示。

简单二自由度方法只考虑了放大系数 Q_2 及源和负载残余质量之比 $\mu=m_2/m_1$ 两种因素，计算简单，在工程应用中可参照图5.20很方便地确定力限振动试验的力限条件。但是由于将源和负载分别简化为一个弹簧阻尼质量系统，不能全面地反映结构动力学特性，并且将振子质量定义为残余质量而不是模态质量的这种简化措施将会高估负载和源的质量，在试验件共振频率处得到的力限条件也将是偏保守的。

2. 复杂二自由度方法

复杂二自由度模型是计算力限条件的一种更复杂的模型。在这种模型中源和负载都由一对残余质量和模态质量来表示，如图5.21所示，m_1 和 M_1 为源等效模态质量和残余质量，m_1 和 M_2 为负载等效模态质量和残余质量，c_1 和 c_2 为源和负载等效模态阻尼，k_1 和 k_2 为源和负载等效模态刚度。

界面处负载的视在质量为

$$M_2^{\mathrm{app}}(\omega)=\frac{F(\omega)}{\ddot{x}(\omega)}=M_2\left[\frac{(1+\alpha_2-\beta_2^2)Q_2+\mathrm{i}\beta_2(1+\alpha_2)}{(1-\beta_2^2)Q_2+\mathrm{i}\beta_2}\right] \tag{5.24}$$

式中，$\alpha=m_2/M_2$；$\beta_2=\omega/\omega_2$。

同理，界面处源的视在质量 $M_1^{\mathrm{app}}(\omega)$ 和界面处负载视在质量 $M_2^{\mathrm{app}}(\omega)$ 的形式相似，不同的是下标由2变1。

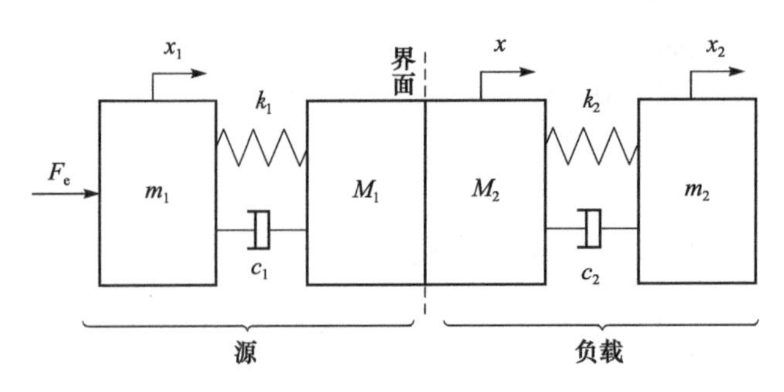

图 5.21　耦合复杂二自由度系统模型

对于简单二自由度模型，界面加速度峰值和界面力峰值通常在同一个系统共振频率上出现；而对于复杂二自由度模型，界面加速度峰值和界面力峰值可能不在同一共振频率上出现，界面力峰值可能会在系统较高的共振频率处出现，而界面加速度峰值可能会在系统较低的共振频率处出现，反之亦然，因此有必要把界面力峰值和界面加速度峰值出现的频率区分开。表 5.14 表示了界面加速度和界面力最大值出现的可能位置及其比值。

表 5.14　A_{max}、F_{max}出现的可能位置及其比值

参数	$\lvert A_+/A_-\rvert<1$		$\lvert A_+/A_-\rvert\geqslant 1$	
A_{max}的可能值	A_-		A_+	
F_{max}的可能值	F_-	F_+	F_-	F_+
F_{max}	M_-A_-	M_+A_+	M_-A_-	M_+A_+
F_{max}与A_{max}的比值	M_-	$M_+\dfrac{A_+}{A_-}$	$M_-\dfrac{A_-}{A_+}$	M_+

为了区分界面力峰值和界面加速度峰值出现的频率，首先计算耦合系统在两个频率处加速度峰值的比值。这个比值由系统的激励方式决定，文献[4]指出复杂二自由度系统的可能激励方式有三种：①源残余质量的自由加速度为常数；②源残余质量的紧固力为常数；③施加在源模态质量的外力激励为常数。文献[4]指出第三种激励方式在实际中是最典型的，并且当源质量和负载相当，即 $\mu\approx 1$ 时，这种激励方式可以得出最高的力限条件，所以本书中假定激励源为第三种情况。

表 5.14 可以由式(5.25)表示。

$$
\begin{aligned}
&\text{如果}\quad |A(\omega_+)|>|A(\omega_-)|\text{，有}\\
&\qquad\left|\frac{F_{max}}{A_{max}}\right|=\max\left(|M_2^{app}(\omega_+)|,\ |M_2^{app}(\omega_-)|\ \left|\left(\frac{A(\omega_-)}{A(\omega_+)}\right|\right)\right.\\
&\text{如果}\quad |A(\omega_+)|<|A(\omega_-)|\text{，有}\\
&\qquad\left|\frac{F_{max}}{A_{max}}\right|=\max\left(|M_2^{app}(\omega_-)|,\ |M_2^{app}(\omega_+)|\ \left|\frac{A(\omega_+)}{A(\omega_-)}\right|\right)
\end{aligned}
\tag{5.25}
$$

为了确保对图5.21所示复杂二自由度系统所有的质量、刚度和阻尼的组合都能找到界面力最大值，需要进行调谐分析，即改变调谐参数Ω值，得到不同调谐参数Ω时界面力谱峰值和界面加速度谱峰值的比值$|F_{max}/A_{max}|$，最后找出$|F_{max}/A_{max}|$的最大值，这个最大值与负载残余质量的比值即为力限条件正则化系数。在调谐分析过程中，调谐参数Ω的平方从1/2增加到2，步长为1/16[5]。

对于随机振动，力限条件正则化系数γ为

$$\gamma = \left|\frac{F_{max}}{A_{max}M_2}\right|^2 \tag{5.26}$$

由以上的分析可知，给定一组α_1、α_2、μ和Q，就可得到相应的力限条件正则化系数γ，定义它们之间的关系为

$$\gamma = G(\alpha_1, \alpha_2, \mu, Q) \tag{5.27}$$

对于随机振动试验，力限条件为

$$S_{ff} = \gamma S_{aa} |M_2|^2 \tag{5.28}$$

图5.22为计算随机振动试验力限条件流程图[13]。

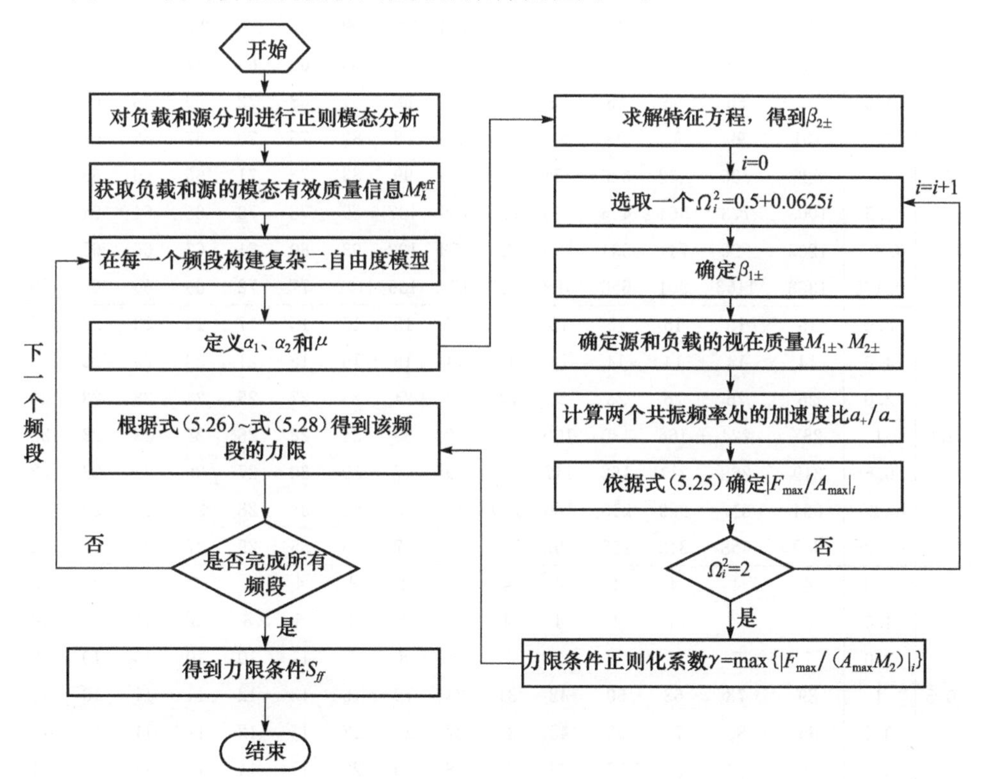

图5.22 随机振动试验力限条件流程图

表 5.15 为 $Q=20$ 时，力限条件正则化系数表[5,6]。

表 5.15 力限条件正则化系数($Q=20$)

a_1	a_2	负载与源的残余质量的比值 $\mu=M_1/M_2$														
		0.003	0.0055	0.01	0.017	0.03	0.055	0.1	0.17	0.3	0.55	1	1.7	3	5.5	10
8.0	8.0	933	934	936	940	948	966	1001	1063	1180	1222	1240	1224	1234	1198	1238
	4.0	867	863	858	852	849	860	904	993	1042	1034	1067	1107	1110	1182	1229
	2.0	1478	1379	1260	1154	1061	1011	990	937	946	978	982	1080	1099	1175	1201
	1	5731	4011	2714	2002	1486	1182	967	906	901	938	984	999	1095	1172	1181
	0.5	7720	5236	3501	2445	1726	1273	1023	878	880	876	974	997	1093	1171	1171
	0.25	9978	6531	4092	2989	1944	1396	1017	881	833	886	936	997	1092	1170	1166
	0.125	12425	8146	5389	3605	2331	1492	1048	910	849	891	981	996	1092	1165	1163
4.0	8.0	233	233	233	234	235	236	239	245	256	278	294	283	265	262	250
	4.0	218	218	217	216	216	216	220	229	250	267	254	249	250	243	252
	2.0	391	376	355	331	305	283	272	277	259	244	238	239	236	246	254
	1	2206	1551	1105	788	567	415	332	274	247	237	233	231	238	248	248
	0.5	2895	2063	1417	1001	695	485	357	285	247	237	225	229	240	247	244
	0.25	3725	2692	1805	1212	812	563	380	306	249	227	225	232	241	244	242
	0.125	4417	3320	2241	1460	1080	634	400	310	266	233	228	233	242	242	241
2.0	8.0	58	58	58	58	58	59	59	59	60	63	68	77	73	67	68
	4.0	55	55	55	55	55	55	56	58	61	68	72	69	68	67	67
	2.0	101	99	97	93	88	83	79	78	82	75	70	67	65	67	62
	1	826	596	432	326	226	167	125	99	83	76	71	66	66	63	64
	0.5	1003	773	561	406	283	193	136	107	89	78	70	65	64	64	65
	0.25	1205	996	741	534	359	229	173	122	93	80	71	67	66	65	65
	0.125	1368	1163	901	656	429	325	184	136	102	77	72	69	66	66	65
1.0	8.0	15	15	15	15	15	15	15	15	15	15	17	19	23	23	22
	4.0	14	14	14	14	14	14	14	15	16	18	21	23	23	22	22
	2.0	26	26	26	25	25	24	24	24	25	27	25	24	23	23	22
	1	283	224	166	130	100	67	50	39	34	28	26	24	23	23	23
	0.5	319	268	211	162	117	80	59	47	39	30	27	26	24	23	22
	0.25	354	317	269	218	160	110	74	53	43	34	28	25	23	22	22
	0.125	380	358	312	257	192	128	91	67	45	35	29	27	24	23	22
0.5	8.0	4	4	4	4	4	4	4	4	4	4	4	5	7	9	9
	4.0	3	3	4	4	4	4	4	4	4	5	6	9	10	9	10
	2.0	7	7	7	7	7	7	7	8	9	11	10	10	10	10	10
	1	89	78	63	50	42	31	24	19	15	13	12	11	11	10	11
	0.5	95	86	74	62	48	35	27	23	17	15	12	12	11	10	10
	0.25	99	94	86	76	63	50	38	29	22	17	14	13	12	11	11
	0.125	102	100	95	98	75	58	42	30	24	19	14	13	12	12	11

续表

a_1	a_2	负载与源的残余质量的比值 $\mu=M_1/M_2$														
		0.003	0.0055	0.01	0.017	0.03	0.055	0.1	0.17	0.3	0.55	1	1.7	3	5.5	10
0.3	8.0	1	1	1	1	1	1	1	1	1	1	1	1	2	5	5
	4.0	1	1	1	1	1	1	1	1	1	1	2	3	5	5	5
	2.0	2	2	2	2	2	2	2	2	3	4	5	5	5	6	6
	1	27	26	23	20	17	15	11	9	8	7	6	6	6	6	6
	0.5	27	27	25	23	19	15	13	11	8	8	7	6	6	6	6
	0.25	28	27	27	25	23	19	16	13	10	8	8	7	7	7	7
	0.125	28	28	27	27	26	23	20	16	13	10	8	7	7	7	6
0.125	8.0	1	1	1	1	1	1	1	1	1	1	1	1	1	2	3
	4.0	1	1	1	1	1	1	1	1	1	1	1	1	3	3	3
	2.0	1	1	1	1	1	1	1	1	1	2	3	3	3	3	4
	1	8	8	8	8	7	7	5	5	5	4	4	3	4	4	4
	0.5	8	8	8	8	8	7	6	6	5	4	4	4	4	4	4
	0.25	8	8	8	8	8	8	7	6	5	5	5	4	4	5	4
	0.125	8	8	8	8	8	8	8	7	7	6	5	5	4	4	4
0	8.0	1	1	1	1	1	1	1	1	1	1	1	1	1	1	1
	4.0	1	1	1	1	1	1	1	1	1	1	1	1	1	1	1
	2.0	1	1	1	1	1	1	1	1	1	1	1	1	1	1	1
	1	1	1	1	1	1	1	1	1	1	1	1	1	1	1	1
	0.5	1	1	1	1	1	1	1	1	1	1	1	1	1	1	1
	0.25	1	1	1	1	1	1	1	1	1	1	1	1	1	1	1
	0.125	1	1	1	1	1	1	1	1	1	1	1	1	1	1	1

3. 半经验方法

半经验方法是基于工程经验预测力限条件的设计方法。对正弦试验和瞬态试验,预测力限的半经验公式为[5,6]

$$F_s = CM_0A_s \tag{5.29}$$

式中,F_s 为力限的幅值;C 为半经验系数;M_0 为负载(试验件)的总质量;A_s 为加速度条件的幅值。C 为一个与频率无关的常数,它由结构的固有特性所决定。在随机振动试验中,式(5.29)改写为

$$S_{ff} = C^2M_0^2S_{aa} \tag{5.30}$$

式中,S_{ff} 为力限条件;S_{aa} 为加速度条件。

根据工程经验对式(5.30)进行修正,得

$$S_{ff} = \begin{cases} C^2M_0^2S_{aa}, & f \leqslant f_0 \\ \dfrac{C^2M_0^2S_{aa}}{(f/f_0)^n}, & f > f_0 \end{cases} \tag{5.31}$$

式中，f 为振动试验激励频率；f_0 为试验件基频。

比照式(5.31)，横向力限振动试验的力矩限条件为[15]

$$S_{mm}=\begin{cases}C^2(M_0 l)^2 S_{aa}, & f\leqslant f_0\\ \dfrac{C^2(M_0 l)^2 S_{aa}}{(f/f_0)^n}, & f>f_0\end{cases} \tag{5.32}$$

式中，S_{mm} 为力矩限条件；l 为试验件质心到力传感器安装平面的距离。

式(5.32)中 C^2 值及(f/f_0)的指数 n 的选择必须参考相似构型卫星的飞行遥测数据、地面振动试验数据及工程人员的经验判断。由于动力吸振效应，在实际结构系统中 C 很少超过 1.4。在工程实践中，可以参考简单二自由度方法计算 C^2 值。文献[5]、[6]在参考了声试验中 Cassini 深空探测器与三个设备试验件之间的界面力测量数据后，确定 n 为 2。

2001～2002 年，由加拿大航天局和肯考迪亚大学联合开展了一个力限振动试验研究项目[8]，用试验方法研究半经验方法中 C^2 值的取值范围和取值规律(表 5.16)，以指导加拿大后续相似构型小卫星的地面力限振动试验。该研究项目设计了一个结构模型，对这个模型可以增减不同构件，改变它的动力学特性，形成 134 种不同的工况，这些工况主要的区别在于界面连接点数目、安装结构和试验件的模态有效质量和残余质量比值、结构的刚度、结构的阻尼及外部激励的方向等。

表 5.16　C^2 的取值范围和取值规律

C^2 的取值范围	出现的比例/%		
	所有工况中	横向工况	纵向工况
$C^2<2$	42	16	62
$C^2<5$	79	66	89
$C^2<10$	92	81	100
$C^2<20$	99	97	—
$C^2<25$	100	100	—

图 5.23～图 5.25 为 $\mu=0.02$ 时半经验系数 C^2 值随阻尼变化趋势图。

在工程计算中，通常假设 $Q_1=Q_2$。图 5.26 为 $Q_1=Q_2$ 情况下 C^2 值随 μ 的变化趋势图。由图 5.26 可以看出，在 $0.1<\mu<10$ 时，即 m_1 和 m_2 相差 10 倍时，$3<C^2<5$，这和文献[8]描述的试验情况比较一致。

记负载质量衰减系数为

$$\eta=\frac{m_2}{M_0} \tag{5.33}$$

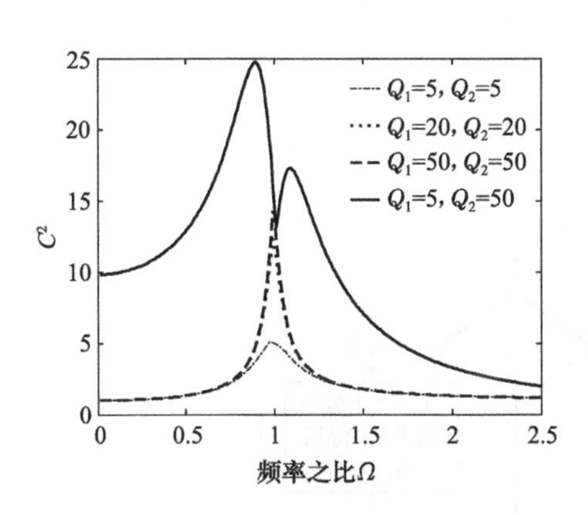

图 5.23　半经验系数 C^2 值(μ=0.02)

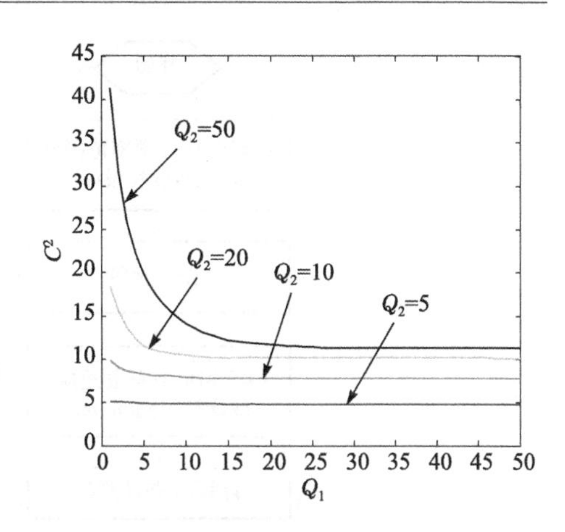

图 5.24　C^2 值随 Q_1 的变化趋势(μ=0.02)

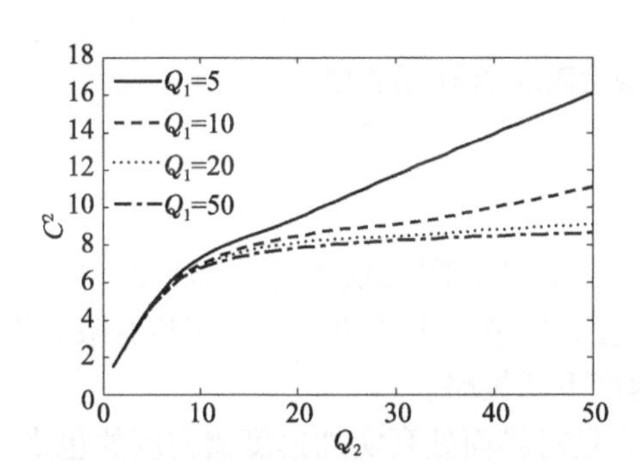

图 5.25　C^2 值随 Q_2 的变化趋势(μ=0.02)

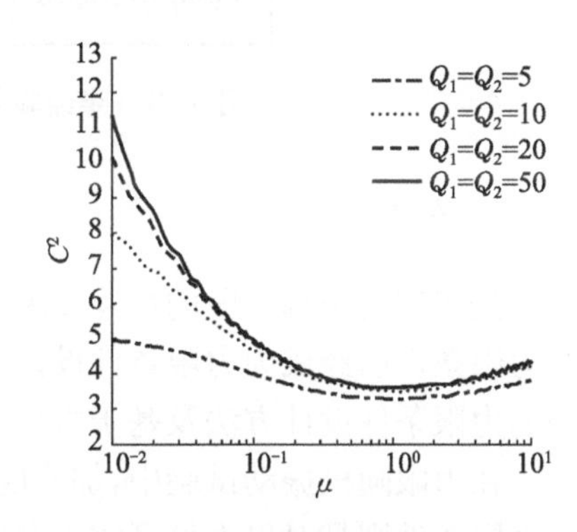

图 5.26　$Q_1=Q_2$ 情况下 C^2 值随 μ 的变化趋势

计算力限条件的半经验式(5.30)可写为[15]

$$S_{ff} = C^2 \eta^2 M_0^2 S_{aa} \tag{5.34}$$

对于横向随机振动试验力矩限条件,式(5.30)可写为

$$S_{mm} = C^2 \eta^2 (M_0 l)^2 S_{aa} \tag{5.35}$$

图 5.27 为半经验方法计算力限条件的计算框图。

半经验方法公式简单,仅需要以前相似的结构构型飞行遥测数据或地面振动试验数据即可,不需要具体的有限元数值计算,因此具有很大的应用优势,所以在目前力限振动试验领域中半经验方法的应用非常广泛。此方法的缺点是要求试验人员有比较丰富的工程实践经验,并且需要足够多的相似结构构型飞行遥测数据和地面力限振动试验数据的积累。

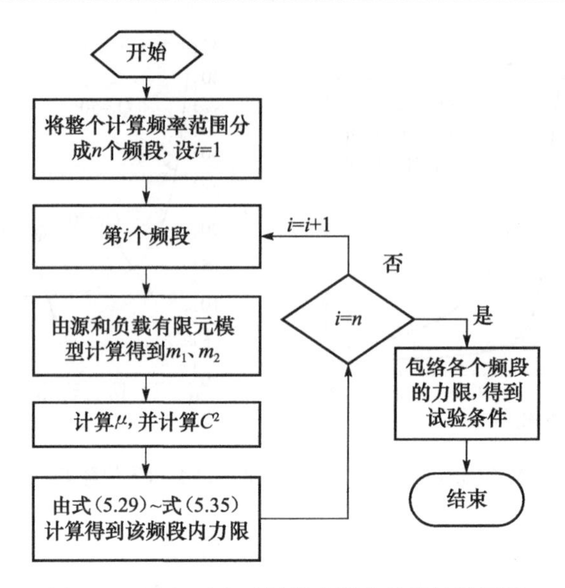

图 5.27　半经验方法计算力限条件的计算框图

4. 有限元方法

随着数值仿真手段的快速发展，利用卫星完整有限元模型计算部组件振动试验力限条件已经成为力限条件设计的新途径。本节将主要研究基于完整有限元模型的力限条件设计方法及基于力限的加速度下凹策略。

在力限随机振动试验中，加速度条件应是对界面处真实加速度谱密度的包络，而力限条件则是对界面处真实力谱密度的包络。理论上，在力限随机振动试验中，加速度条件和力限条件应满足式(5.36)。

$$S_{ff} = S_{aa} \cdot \frac{S_{ff\_\mathrm{IF}}}{S_{aa\_\mathrm{IF}}} \tag{5.36}$$

式中，S_{ff_IF}为源和负载耦合结构中界面力谱的最大值；S_{aa_IF}为源和负载耦合结构中界面加速度谱的最大值。

通过有限元分析方法导出界面力谱，具体实施步骤如下：

(1) 对负载和源耦合结构有限元模型进行频响分析。

(2) 获取界面处各连接点的加速度 $A_{k,N}$和力 $F_{k,N}$，均以复数形式给出。

(3) 界面合力可由式(5.37)给出。

$$F_{\mathrm{I/F}} = \sum_{\mathrm{all}} (F_{\mathrm{real}})_{k,N} + i\sum_{\mathrm{all}} (F_{\mathrm{imag}})_{k,N} \tag{5.37}$$

式中，$F_{\mathrm{I/F}}$为界面合力；$(F_{\mathrm{real}})_{k,N}$为各界面连接点力的实部；$(F_{\mathrm{imag}})_{k,N}$为各界面连接点力的虚部；$k$ 为频响分析时的频率号；N 为频响分析的方向号(X、Y、Z 三个方向)。

(4) 界面合力矩可由式(5.38)给出。

$$M_{\mathrm{I/F}} = [\sum_{\mathrm{all}} (F_{\mathrm{real}})_{k,N} + \mathrm{i}\sum_{\mathrm{all}} (F_{\mathrm{imag}})_{k,N}] \cdot l_k \tag{5.38}$$

式中,l_k 为连接点 k 对应的力臂。

(5) 界面处各点的加速度响应并不一致,通常界面加速度由等效界面加速度表示。界面等效加速度可由界面各点加速度 $A_{k,N}$ 的平均值表示,即

$$A_{\mathrm{I/F}} = \frac{\sum A_{k,N}}{n} \tag{5.39}$$

式中,$A_{\mathrm{I/F}}$ 为界面等效加速度;n 为界面连接点的个数。

(6) 界面处等效视在质量为

$$M_{\mathrm{force}}^{\mathrm{app}} = \frac{F_{\mathrm{I/F}}}{A_{\mathrm{I/F}}} \tag{5.40}$$

$$M_{\mathrm{moment}}^{\mathrm{app}} = \frac{M_{\mathrm{I/F}}}{A_{\mathrm{I/F}}} \tag{5.41}$$

(7) 界面合力的谱密度为

$$\mathrm{FSD}_{i,N} = |M_{\mathrm{force}}^{\mathrm{app}}|^2 \cdot \mathrm{ASD}_{k,N} \tag{5.42}$$

界面合力矩的谱密度为

$$\mathrm{MSD}_{i,N} = |M_{\mathrm{moment}}^{\mathrm{app}}|^2 \cdot \mathrm{ASD}_{k,N} \tag{5.43}$$

式中,$\mathrm{ASD}_{k,N}$ 为负载与源界面处的加速度谱。

由式(5.42)给出的界面力谱密度是源和负载耦合结构中界面处的界面力,可以作为力限来使用;同理,由式(5.43)给出的界面力矩谱密度可以作为力矩限来使用。然而,由于结构的有限元模型和真实结构的动力学特性存在差异,特别是没有经过试验验证和模型修正的有限元模型会存在一定的误差,所以这种方法计算得到的界面力谱不能直接确定为界面力谱。为了保证确定的界面力限谱不小于真实界面力谱,应首先用简单二自由度方法、复杂二自由度、半经验方法和有限元分析等方法计算界面力谱密度,然后对得到的界面力谱密度取包络确定界面力限。

图 5.28 为基于力限试验条件的加速度下凹谱的计算框图。

利用数值分析方法得到力谱虽然是一条简便途径,但在使用过程中也应注意以下几个方面:

(1) 为了验证有限元模型的准确性和加速度谱下凹的合理性,首先进行低量级正弦振动试验,确定负载在振动台试验中的结构基频及相对应的振型,确定频率向前漂移的量级,并依据试验结果修正由图 5.28 计算所得的加速度下凹谱。

(2) 在式(5.36)的计算中假定结构的基础激励和响应为简单线性关系,不随输入量级的变化而变化,实际上它们之间为非线性关系,所以应结合结构实际放大因子修正加速度谱的下凹量级。

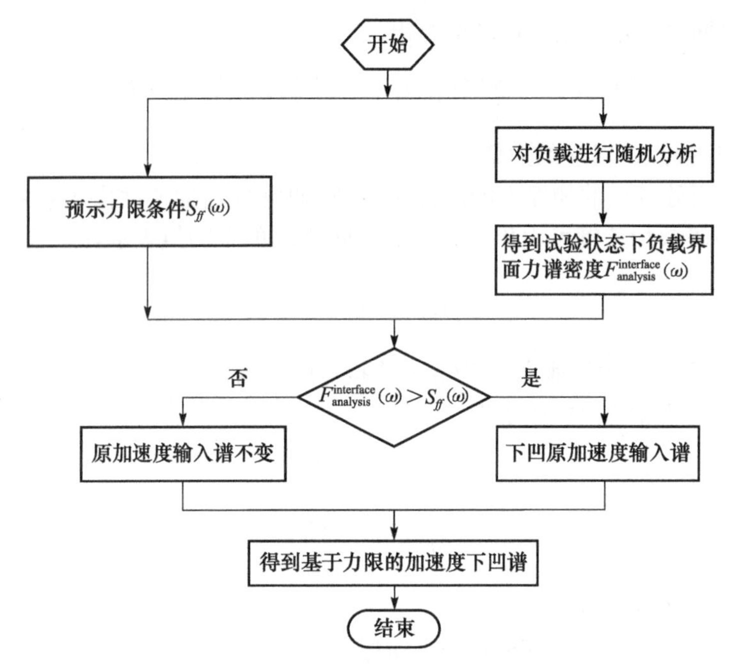

图 5.28 基于力限试验条件的加速度下凹谱计算框图

(3) 在力限振动试验中，力限谱通常在试验件主要共振频率处限制振动台的输入，所以基于力限的加速度谱下凹应仅限于试验件主要共振频段，对非共振频段内的下凹要谨慎处理。

(4) 在卫星研制过程中，随机振动试验也具有检验已存在或潜在制造工艺缺陷的作用，通常有随机振动试验最低输入量级的规定，故基于力限的加速度下凹谱不应低于给定的随机振动试验最低输入量级。

5. 力矩限条件设计方法

目前在卫星的系统级和部组件级的力学振动试验中采用的是依次进行三个方向(一个纵向、两个横向)的振动试验来模拟卫星的实际动力学环境的试验方法。与此对应，通常需要三个方向的力限条件来限制振动台与试验件界面力谱密度，能更好地避免试验件因过试验而受到损伤。

在横向振动试验中，试验件要受到振动台三个方向的力和三个方向的力矩的作用，界面力分布情况比纵向振动试验复杂。在横向振动试验中，由于振动台横向激振力平面距试验件质心位置较远，试验件受到的纵向力、横向力和界面力矩都较大，此时界面力矩可以作为力限振动试验的一个重要的监测和控制参量，如图 5.29 所示。所以有必要研究横向振动试验时力矩限条件设计方法，实现横向振动力矩限控制，完善力限振动试验的控制方式。

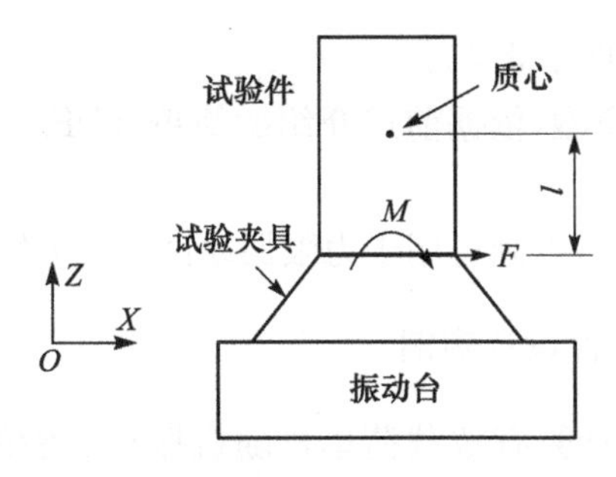

图 5.29 横向振动试验界面环境示意图

结构系统第 k 阶模态的模态有效质量 M_k^{eff} 为 6×6 阶矩阵，即

$$\begin{bmatrix} F_1 \\ F_2 \\ F_3 \\ M_1 \\ M_2 \\ M_3 \end{bmatrix} = \begin{bmatrix} m_{11} & m_{12} & m_{13} & m_{14} & m_{15} & m_{16} \\ m_{21} & m_{22} & m_{23} & m_{24} & m_{25} & m_{26} \\ m_{31} & m_{32} & m_{33} & m_{34} & m_{35} & m_{36} \\ m_{41} & m_{42} & m_{43} & m_{44} & m_{45} & m_{46} \\ m_{51} & m_{52} & m_{53} & m_{54} & m_{55} & m_{56} \\ m_{61} & m_{62} & m_{63} & m_{64} & m_{65} & m_{66} \end{bmatrix} \begin{bmatrix} \ddot{x}_1 \\ \ddot{x}_2 \\ \ddot{x}_3 \\ \ddot{\theta}_1 \\ \ddot{\theta}_2 \\ \ddot{\theta}_3 \end{bmatrix} \tag{5.44}$$

在计算力限条件时，简化模型通常由模态有效质量矩阵中的对角线元素 m_{ii} $(i=1,2,3)$构建而成。如图 5.29 所示，在计算 X 方向力限条件时，首先基于模态有效质量矩阵的对角线元素 m_{11} 构建简单二自由度系统模型和复杂二自由度系统模型，并计算相应频段的力限条件正则化系数，随后根据式(5.27)和式(5.28)得到力限条件。

在计算横向振动试验力矩限条件时，简化模型应由模态有效质量矩阵中对应的非对角线元素 $m_{ij}(i\neq j)$构建而成，j 为激励方向，i 为模态有效质量矩阵中代表所求界面力矩的分量号。激振作用力为 X 方向时，界面处绕 Y 轴的界面力矩可以作为控制参量，构建简单二自由度模型和复杂二自由度模型的非对角线元素应为 m_{51}，随后依据前面介绍的方法计算相应频段的力限条件正则化系数，随后根据式(5.45)得到力矩限条件。

$$S_{mm} = \gamma S_{aa} \mid M_2 \mid^2 \tag{5.45}$$

式中，S_{mm} 为横向力限振动试验的力矩限条件。

计算横向振动试验力矩限条件的具体实施策略如下：

(1) 对源和负载进行正则模态分析，得到模态参与因子 L_k。

(2) 利用式(5.44)计算得到源和负载结构第 k 阶模态有效质量 M_k^{eff}。

(3) 从模态有效质量矩阵中提取元素 m_{ij}(j 为激励方向，i 为模态有效质量矩阵中代表所求界面力矩的分量号)。

(4) 构建计算简化模型,依据前述介绍的简单 TDFS 方法和复杂 TDFS 方法计算界面力矩限。

(5) 包络界面力矩限,得到可用于力限振动试验的力矩限条件。

5.6.3 力限振动试验条件设计实例

利用半经验方法[15]计算有效载荷单机随机振动试验的力限条件。首先计算负载和源的等效模态质量 m_1 和 m_2,进而用分析方法计算半经验系数 C^2 值,见表 5.17。

表 5.17 m_1、m_2 和 C^2 值(X 方向)

频率/Hz	63	80	100	125	160	200	250	315	400	500	630	800
m_1/kg	88.6	155.6	40.4	85.3	19.7	12.0	15.0	11.8	17.0	11.3	2.4	2.8
m_2/kg	0.0	0.0	0.0	97.5	0.0	1.9	11.5	0.2	0.9	0.8	0.3	0.1
C^2	3.85	3.63	3.59	3.92	3.84	3.77	3.93	3.80	3.63	3.58	3.60	3.60

由表 5.17 可知,C^2 的最大值为 3.93。图 5.30 为 X 方向随机振动试验的力限条件,图中曲线"半经验法①"表示由式(5.32)计算所得的力限条件,曲线"半经验法②"表示由式(5.34)计算所得的力限条件。

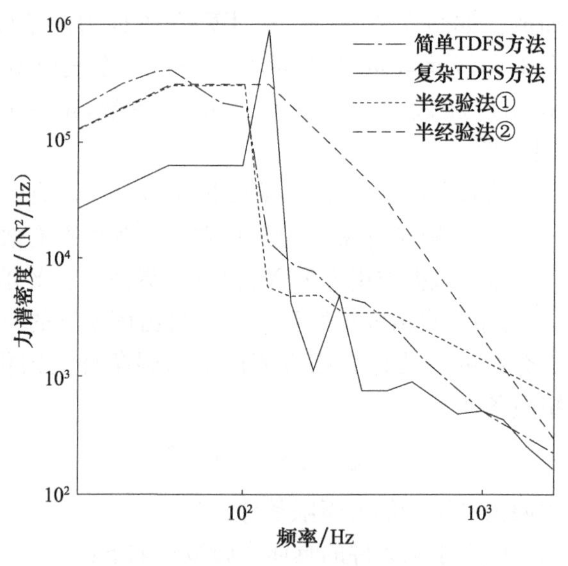

图 5.30 X 方向随机振动试验的力限条件

图 5.31 为 X 方向随机振动试验的力矩限条件,由图 5.30 和图 5.31 可以看出,由半经验方法计算得到的力限条件与简单 TDFS 方法比较接近,并且半经验

方法预测的力限条件在试验件基频处介于复杂 TDFS 方法与简单 TDFS 方法之间。

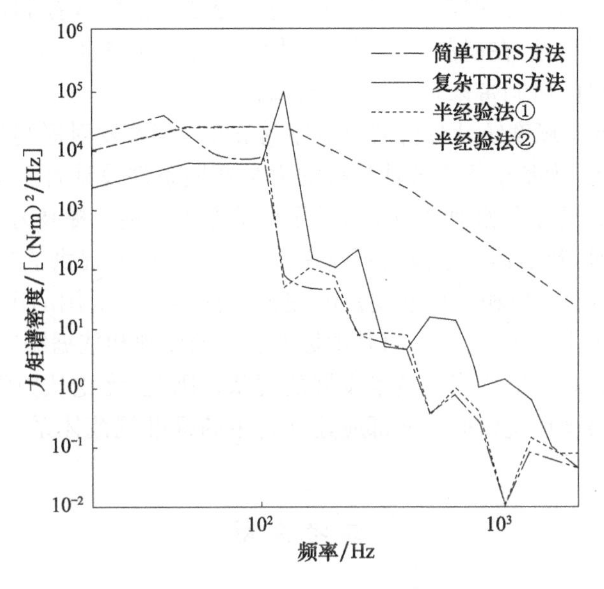

图 5.31 *X* 方向随机振动试验的力矩限条件

5.7 小 结

本章重点介绍了卫星力学环境条件设计相关的方法和技术，它是卫星及其部组件设计和地面试验验证的重要内容。基于模态综合的星箭耦合载荷分析是合理制定整星正弦振动试验条件及其下凹策略的主要依据；振动和声环境对于不同规模的卫星或不同面质比特征的部组件产生的影响具有较大的差异，其条件的设计在很大程度上取决于运载火箭遥测数据的统计分析；冲击试验条件则大多来源于地面试验测量的数据，目前尚难给出较可信的数值仿真结果；加速度试验条件主要用于指导卫星主承力结构的设计和地面静力试验，通常直接采用运载火箭方提供的准静态载荷条件；最后系统介绍了力限试验条件，对于整星或部组件的正弦振动试验和随机振动试验有防止过试验的明显作用，并且可提高共振频率处的控制精度。

卫星力学环境试验条件的分析研究一直处于不断发展完善的过程之中，随着今后长寿命、高可靠及快、好、省卫星研制需求的日益迫切，该领域后续研究的重点包括：

(1) 加强力学环境条件的精细化设计。针对目前力学环境条件设计中存在的简单、粗放等问题，逐步向精细化设计过渡。例如，正弦振动试验条件需针对卫星及其部组件的主要几阶频率进行合理下凹、振动条件在主要的共振频率结合力限条件设计进行下凹、声试验条件从倍频程向三分之一倍频程控制过渡等。特别是对于新研制卫星型号，在研制之初就应将力学环境条件制定工作放在重要的位置，以免给后续卫星的研制带来长久的不利影响。

（2）建立基于概率统计分析的力学环境条件。随着发射遥测数据和地面试验数据的不断积累，为基于概率统计分析的力学环境条件设计打下了基础。同系列型号统计样本的增加和相似系列型号的子样扩充可以逐步提高力学环境试验条件的置信度。同时，数值仿真手段的不断完善也为上述研究提供了有效技术手段。

（3）重视力学环境相关标准规范的完善。我们目前沿用的国军标、行业标准和部门规范大多沿用了数十年，对其中标准制定的原则和依据缺乏深入了解，而且以往的一些内容难以适应当今技术发展的现状。因此，无论从力学环境条件设计角度还是地面力学环境试验方面都应建立自主的标准规范体系，用于指导今后卫星的研制。

参考文献

[1] 马兴瑞，韩增尧，邹元杰，等. 航天器力学环境分析与条件设计研究进展[J]. 宇航学报，2012，33(1)：1～12.

[2] Harry H D L，Kern J E. NASA-HDBK-7005 Dynamic Environmental Criteria[S]. Washington DC：National Aeronautics and Space Administration，2001.

[3] 向树红. 航天器力学环境试验技术[M]. 北京：中国科学技术出版社，2010.

[4] Scharton T D. NASA RP-1403 Force-limited Vibration Testing Monograph[S]. Washington DC：National Aeronautics and Space Administration，1997.

[5] Scharton T D. NASA HDBK-7004B Force-limited Vibration Testing[S]. Washington DC：National Aeronautics and Space Administration，2003.

[6] Scharton T D. Vibration-test force limits derived from frequency-shift method[J]. American Institute of Aeronautics and Astronautics Journal of Spacecraft and Rockets，1995，32(2)：312～316.

[7] Davis G L. An Analysis of Nonlinear Damping and Stiffness Effects in Force-limited Vibration for Reduction of Over-testing[D]. Houston：Rice University，1998.

[8] Soucy Y，Dharanipathi V，Sedaghati R. Investigation of force-limited vibration for reduction of overtesting[J]. Journal of Spacecraft and Rockets，2006，43(4)：866～876.

[9] Chang K Y，Scharton T D. Force-limited vibration testing of the Cassini spacecraft[J]. Journal of the Institute of Environment Science and Technology，1999，42(2)：14～15.

[10] Cote A，Sedaghait R，Soucy Y. Investigation of the complex two degrees of freedom system for force limited vibration[C]. 2004 ASME International Mechanical Engineering Congress，Anaheim，2004：1758～1767.

[11] Dharanipathi V R. Investigation of the Semi-empirical Method for Force Limited Vibration Testing[D]. Montreal：Concordia University，2003.

[12] 张俊刚，庞贺伟. 振动试验中力限控制技术[J]. 航天器环境工程，2005，22(5)：253～256.

[13] 李正举，马兴瑞，韩增尧. 振动试验力限条件设计复杂二自由度方法研究[J]. 宇航学报，2011，32(1)：1～8.

[14] 邹元杰，张瑾，韩增尧. 基于 FE-SEA 方法的卫星部组件随机振动条件研究[J]. 航天器环境工程，2010，27(4)：456～461.

[15] 李正举，马兴瑞，韩增尧. 振动试验力限条件设计半经验方法研究[J]. 中国空间科学技术，2011，31(1)：1～7.

第6章　卫星动力学环境试验技术

力学环境试验是卫星研制过程中的重要试验项目，其目的主要有两个：一是对卫星的结构设计进行验证，使卫星在整个寿命期能够经受各种动力学环境并正常工作；二是对卫星的制造质量进行环境检验，发现材料、元器件、制造工艺等方面的潜在缺陷，从而保证卫星在轨运行的可靠性。本章主要论述卫星动力学环境效应与模拟方法，详述振动、噪声、冲击和模态试验技术，并给出虚拟试验技术的新近研究成果[1]。

6.1　动力学环境模拟与试验评估

6.1.1　动力学环境模拟

为了确保产品和工程结构的可靠性，要求在整个使用寿命期间产品能经得住动力学环境的作用，保持产品的结构完整性和性能稳定性。从理论上讲，可以通过对产品结构的数学模型化，预示产品在力学环境作用下的响应（位移、速度、加速度、应变或应力），鉴定所设计的产品是否满足设计要求。但实际上，由于力学环境的非平稳性、多种力学环境的复合作用及非力学环境因素（如温度等自然环境）耦合影响，产品所受输入环境相当复杂，材料本构关系、结构的非线性及工艺制造因素的复杂影响，加上数学处理方法和规模上的限制，无法确切地建立产品结构的数学模型，影响响应预示的准确度，而力学环境所引起的环境效应则更加复杂。因而，必须通过环境模拟试验对设计进行验证，使力学环境模拟试验成为产品研制程序中的重要环节，特别是对于研制风险较大的产品，试验成为整个研制计划的主要内容。

环境效应主要指环境所产生的应力状态、应变状态与位移状态，这些状态都是结构多维振动响应的描述，包括特征应力、临界应变与特征位移（失稳、开裂）等。动力学环境模拟的基本准则是在实验室条件下复现产品在使用、运输和储存期间可能经受的环境效应，模拟产品破坏或失效模式。也就是说，使试验件中产生的动力学效应与实际环境可能存在的效应比较接近，这样才能有效地检验产品的环境适应性。环境模拟的逼真程度取决于环境应力级、谱形和持续时间的模拟及产品安装的机械接口动态传递特性的模拟。

6.1.2　力学环境模拟试验有效性评估

原则上讲，如果试验模拟的力学环境与产品实际的力学环境特征相一致，可以认为试验是有效的、可接受的，进而表明力学环境试验时提取的产品结构完整性和性能稳定性信息，可作为产品环境适应性评估和设计修改、优化的决策依据。

产品力学环境模拟试验有效性大体上可从以下几个方面进行综合评估：

(1) 力学环境试验条件。根据环境数据的详细程度和模拟要求的不同，有下列三种评估力学环境试验条件有效性的原则：

① 试验条件规定的载荷谱包络了实际环境的载荷谱，进一步可确定力学试验条件的安全储备。

② 环境试验条件的特征与实际环境特征一致。

③ 根据实际环境特征的统计分布曲线和模拟试验的统计分布曲线，可以定量确定试验安全储备指数。

(2) 试验件。试验件应具有代表性。由于材料、尺寸和工艺等因素的影响，试验件偏差应尽量控制在一定范围内，保证试验件的固有动态特性与实际产品一致。试验件的支承边界条件也应与实际状态尽量相同。

(3) 模拟试验方法应能复现实际力学环境的主要特性。

(4) 试验条件的控制精确度满足允差要求。

(5) 测量系统的性能和精确度满足试验要求。

(6) 数据处理方法正确，数据处理方法的准确度满足要求。

6.1.3　力学环境试验对产品的评价

力学环境试验对产品的评价大体上可从以下几个方面综合评价：

(1) 力学环境模拟试验有效性。

(2) 产品结构完好性，是否发生疲劳破坏、磨损、断裂等。

(3) 产品制造工艺性，是否发生松动、脱胶、相碰、泄漏等缺陷。

(4) 产品功能完好性，产品在力学环境试验中或试验后，工作是否正常。

6.2　卫星振动试验

6.2.1　振动环境模拟技术

1. 振动破坏和失效的宏观分析

产品在振动环境作用下，在产品各元件上产生动态响应(位移、加速度、应变和机械应力等），从而可能导致有害的环境效应（结构完整性破坏、性能失效或工艺故障）。

材料的疲劳破坏是最普遍的振动破坏形式。结构和材料在振动环境作用下，可能在应力集中区、表面滑移带、晶粒边界或交界上形成微裂缝。这些裂缝不断扩展和传播，最终造成疲劳断裂。大量的试验数据提供了各种材料在单频的正弦交变载荷作用下的疲劳曲线（应力-循环次数曲线或 S-N 曲线）。图 6.1 为对数坐标上的 S-N 曲线。大多数疲劳试验数据表明，在 $N=10\sim10^7$ 时，S-N 曲线可近似用斜率为$(-1/b)$的直线表示[2]：

$$\lg S=-\frac{1}{b}\lg N+\frac{1}{b}\lg C,\quad S^bN=C \tag{6.1}$$

式中，S 为交变应力幅值；N 为出现疲劳断裂时的应力循环次数；C 为由试验确定的常数。

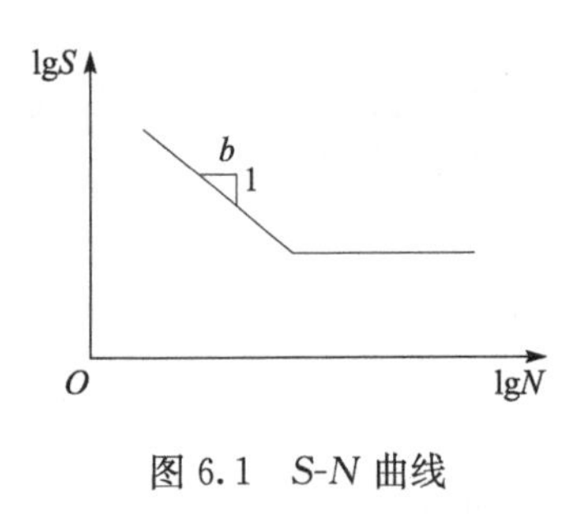

图 6.1　S-N 曲线

疲劳曲线的形状和位置受许多因素的影响。这些影响因素可分为物理因素、几何因素、外界环境因素三类。由于影响因素的复杂性，导致材料疲劳强度的分散性。需要用故障树分析方法，分析和判断材料疲劳破坏的类型和主要影响因素。

随机载荷作用下材料的疲劳试验数据相当少，随机载荷下的疲劳破坏分析一般借助于单频正弦的疲劳曲线外推。

结构完整性破坏的另一种形式是磨损。磨损是指运动机构的配合面在相对运动时摩擦副表面层微切割、塑性和弹塑性变形、表面疲劳、局部过热、氧化及冷焊，造成运动表面损伤。虽然磨损也具有累积性质，但与疲劳破坏的机理不同。在振动环境作用下，磨损增量一般随时间而减小。开始时磨损增量可能较大，随着时间的推移而逐渐减小，达到一定时间后，总磨损量不再增加。至于允许磨损量和磨损破坏的定义，要根据产品的精度、关键程度和安全要求来确定。

产品功能失效主要是指误动作、工作不连续和性能异常等故障。这些故障往往是在振动的振级超过某一阈值时发生的；然而，当振动减小到阈值以下或停止激励时，产品的功能又可能恢复到原有正常工作状态。因此，功能失效可看做一种可逆的功能破坏，它与时间无关，而与振动的峰值有关。

工艺故障属于工艺设计和装配质量问题，难以与振动环境联系起来作出定量分析。当振动的振级大于某一量值时，可能由于紧固力或摩擦力不足造成紧固件松动或连接件错位，这种故障是不可逆、累积的。

从产品可靠性角度看，无论是结构完整性破坏还是功能失效和工艺故障，都将导致产品丧失其规定的功能，统称为失效。产品的失效规律一般用失效率函数描述，大多数产品的失效率函数呈现“浴盆”形状（图 6.2）。失效率 $\lambda(t)$ 定义为已工作到时间 t 的产品，在 t 时刻以后的单位时间内发生失效的概率。

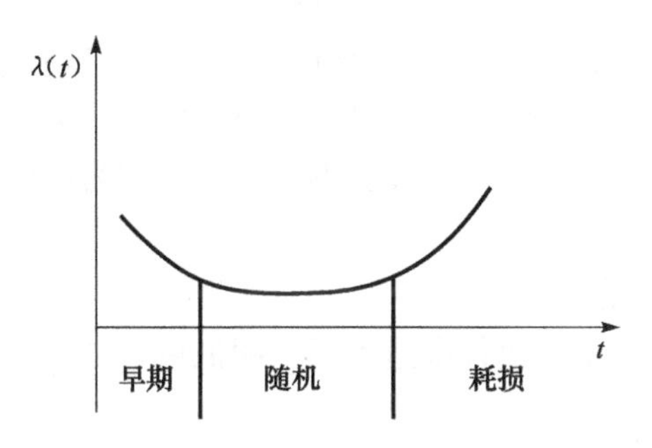

图 6.2　失效率函数呈现“浴盆”曲线

失效率函数大致可划分为早期失效、随机失效、耗损失效三个阶段。

2. 振动破坏的模型

从以上振动破坏和失效的宏观分析中可以看出，产品的可靠性分析不仅要建立振动破坏（如疲劳）的力学模型，而且要考虑影响破坏的每个因素的统计变化规律。振动破坏的模型应根据破坏机理，建立平均寿命与载荷之间的函数关系，其中载荷表示在失效破坏部位的应力或应变，这些应力是由振动环境和其他非力学环境因素及材料本构关系所决定的，而平均寿命是材料疲劳和断裂性质的数值表征。

振动破坏的形式大致可分为可逆的和不可逆的两类，还可分为累积型和即发型两种破坏模式。常见的振动破坏模型有以下几种[3~6]。

1）疲劳破坏模型

疲劳破坏模型的基本概念是在交变载荷每次循环作用下，材料产生不可逆的损伤。当损伤累积到某一损伤量时，材料发生疲劳破坏。这种模型也称为累积损伤模型。

工程上最常采用的累积损伤模型是基于 Miner 线性累积损伤假设。设材料在 p 级幅值分别为 $s_1, s_2, \cdots, s_p$ 的交变应力作用下，各应力的实际循环次数分别为 $n_1, n_2, \cdots, n_p$，根据 Miner 线性累积损伤假设，材料总的累积损伤量 D 可定义为

$$D = \sum_{i=1}^{p} \frac{n_i}{N_i} \tag{6.2}$$

式中，N_i 为第 i 级交变应力 s_i 作用下材料发生疲劳破坏时的循环次数。

根据 Miner 假设，当 $D=1$ 时，材料发生疲劳破坏。

式(6.2)所描述的疲劳破坏模型将应力 s_i 每一次循环所造成的损伤都取为 $(1/N_i)$，不考虑各次应力循环作用之前材料已有损伤历史的影响、多级应力作用的序列影响及其他物理、几何尺寸和环境因素的影响。试验结果表明，发生疲劳破坏时的 D 值有较大的分散性，为 0.3～30。虽然 Miner 线性累积损伤理论相当粗糙，但从工程应用观点看，仍可用于疲劳寿命估算或作为不同类型振动所造成损伤的等效准则。

2）首次穿越破坏模型

当激励或响应的振动幅值首次达到某一阈值后，立即发生破坏，又称为即发性破坏模型。

3）峰值破坏模型

假设在振动环境激励下，产品存在一个破坏阈值。只有当振动载荷的幅值超过阈值时，才可能造成产品损伤，并且超过阈值的振动峰值次数累计达到一定次数时，产品才出现破坏或故障。这种模型与疲劳破坏模型的不同之处是属可逆的、连续损伤累积型破坏，适用于描述产品功能失效。

3. 环境模拟试验分类

不同的试验目的，可以用不同的破坏模型描述。常见的振动环境模拟试验有如下两种：

(1) 功能试验。功能试验的主要目的是检验试验件在振动环境激励下是否产生性能故障或失效，工艺要求(如构件之间的连接、固定、安装或间隙限制等)是否受到破坏。这类试验的破坏模式一般用振动峰值破坏模型描述。

(2) 耐久试验。耐久试验的主要目的是检验试验件在振动环境激励下是否产生裂缝扩展、疲劳破坏、机械磨损或元器件寿命蜕变。这类破坏涉及寿命问题，一般用疲劳破坏模型描述。

6.2.2 振动环境试验技术

1. 电动振动台

20 世纪 50 年代中期以来，电动振动台已发展成为航空、航天和电子电工产品振动环境模拟试验的主要设备。这类振动台的特性可满足中小型产品试验件、试验频带在 2～3000Hz 内、最大位移为 10～25mm、最大速度为 0.5～1.5m/s、最大加速度为 70～150g 和最大激励力达 400kN 以上的正弦和随机振动试验要求。

1）电动振动台台体

图 6.3 为双磁路的电动振动台台体结构的原理图。悬挂在直流磁场中的同心

圆形螺旋线圈在交变电流驱动下，根据左手定则，产生与直流磁场磁力线正交的振动激励力，将电能转换成机械能。激励力 F 的大小取决于动框线圈的总长度 l、磁感应强度 B 和线圈电流 I。

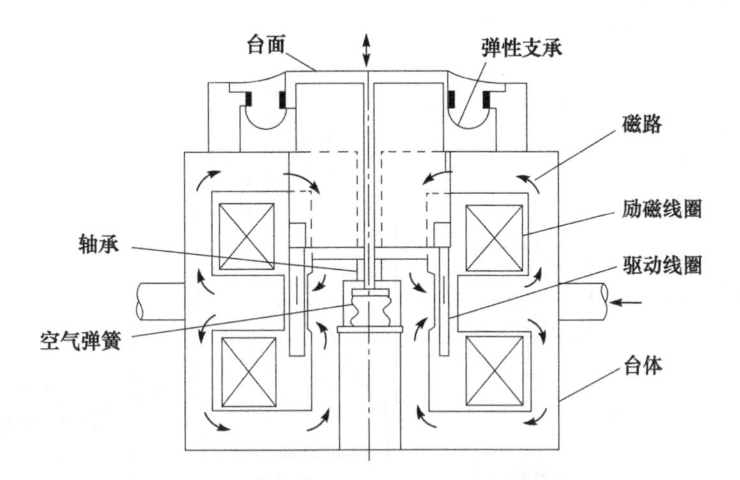

图 6.3　双磁路的电动振动台台体结构的原理图

电动振动台机电耦合分析的简化模型可用图 6.4 表示。振动台台面加速度的频响函数可以写为

$$
\begin{aligned}
H_{\ddot{X}_2}(\omega) &= \frac{\ddot{X}_2(\omega)}{E(\omega)} \\
&= \mathrm{j}\omega^3 Bl(k_1+\mathrm{j}\omega c_1)/\{(R+\mathrm{j}\omega L)(k_1-\omega^2 m_1+\mathrm{j}\omega c_1)[k_1+k_2-\omega^2 m_2 \\
&\quad +\mathrm{j}\omega(c_1+c_2)]-(R+\mathrm{j}\omega L)(k_1+\mathrm{j}\omega c_1)^2 \\
&\quad +\mathrm{j}\omega B^2 l^2[k_1+k_2-\omega^2 m_2+\mathrm{j}\omega(c_1+c_2)]\}
\end{aligned}
\tag{6.3}
$$

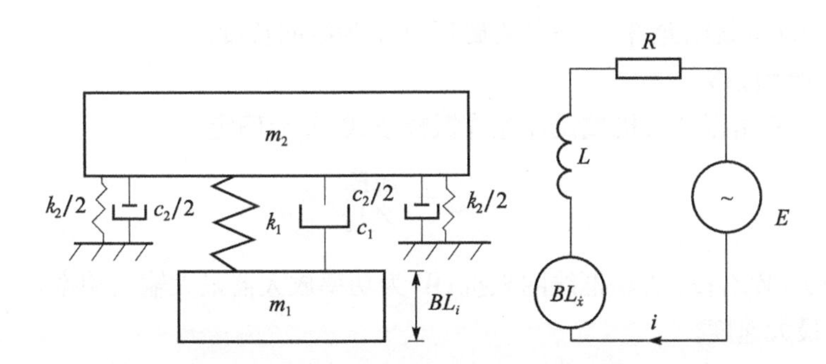

图 6.4　电动振动台机电耦合分析模型

式中，m_1、m_2 为振动台动框下部和上部质量；k_1、k_2 为动框悬挂刚度系数和动框等

效刚度系数；c_1、c_2 为动框悬挂支承阻尼系数和动框等效阻尼系数；L、R 为动框线圈的电感系数和电阻（包括信号源内阻）；E 为激励电压振幅。

电动振动台系统包括振台体、功率放大器、测量控制系统、直流励磁电源、冷却系统及继电保护系统等，如图 6.5 所示。

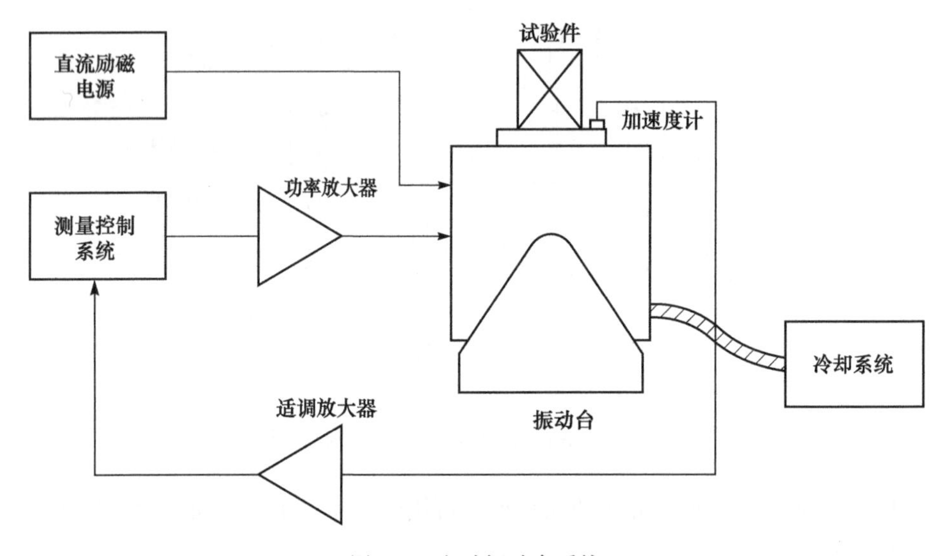

图 6.5 电动振动台系统

电动振动台台面的最大输出参数（最大激振力、最大位移、速度和加速度）可按下列公式估算。

（1）最大激振力。

$$F_{\max} = BlI_{\mathrm{d}} \tag{6.4}$$

式中，I_{d} 为动框线圈允许电流；B 为磁通量；l 为线圈长度。

（2）最大位移。

最大位移由振动台机械设计允许振幅或式（6.5）确定。

$$x_{\max} = \frac{BlE_0}{Z_{\mathrm{f}}k_2} \tag{6.5}$$

式中，$E_0 \leqslant \sqrt{WZ_{\mathrm{f}}}$；$Z_{\mathrm{f}}$ 为动框线圈阻抗；W 为功率放大器最大输出功率。

（3）最大速度。

最大速度主要取决于功率放大器的功率，可按式（6.6）进行估算。

$$V_{\max} = \frac{E_0}{Bl} \tag{6.6}$$

(4) 最大加速度。

$$\ddot{X}_{max} = \frac{F}{m_1 + m_2} \tag{6.7}$$

(5) 试验件最大重量。

$$G = k_2(X_{max} - X_d) \tag{6.8}$$

式中，X_d 为试验条件规定的振幅。

对于大型试验件，一般要求采用空气弹簧或附加支承装置支承试验件。

2) 辅助装置

当试验件的尺寸和重量较大时，需要采用专用的试验辅助装置安装和支承试验件。

(1) 水平滑台。

用于水平振动试验的水平滑台主要由试验件安装台面、与电动振动台或电液振动台运动部件连接的接头和滑台水平运动的导向系统等组成(图 6.6)。导向系统的形式有摇摆式、板簧式、动轴承式、磁轴承式及静压轴承式等，其中静压轴承式导向系统应用最广泛，它适用于低频到高频的宽带振动试验。

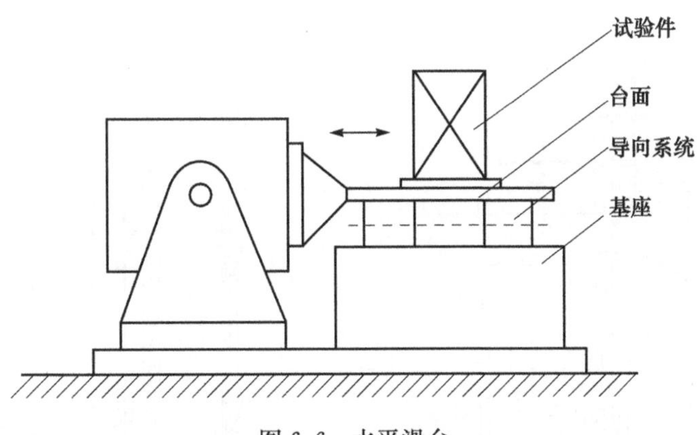

图 6.6　水平滑台

水平滑台的选择除了考虑承载能力外，还必须从结构上考虑抑制横向、倾覆、滚转和偏航振动的能力及安装台面传递特性影响。T 型、V 型和小孔节流型类静压轴承具有自动调节功能保持油膜厚度不变，抑制非主振方向的运动。由于试验件的质心不在振动台激振力作用线上，要求动态倾覆力矩小于水平滑台允许的倾覆力矩值，同时必须考虑静压轴承的油膜刚度和支承台面刚度对试验件振动环境试验结果的影响。水平滑台安装台面的基本固有频率一般比振动台轴向共振频率低，当激励的频率接近或超过安装台面的基本固有频率时，台面上各点的传递特性各不相同，不能将连接接头处的振动均匀传递到台面的另一端，因而水平滑台使用频带的上限取安装台面的基本固有频率,以保证水平滑台的动态传递性能。

(2) 垂直支承装置。

对于电动振动台,可采用空气弹簧或弹性悬挂系统将装有试验件(包括夹具)的振动台动框调整到空载时动框的平衡位置上,以保持振动台原有最大位移特点。空气弹簧主要有单段或多段囊式和自由或约束隔膜式两类。调节充气压力可以获得与试验件重量相一致的弹簧支承能力。悬挂系统的弹性元件可采用多股橡皮绳、螺旋弹簧或液压弹簧,它的选择由试验件的重量确定。

为了减小支承装置与试验件结构之间的耦合影响,支承系统的固有频率应低于试验件结构基频的 1/5。

3) 多台并联振动台

当激振力的要求超出单振动台最大推力,或者当试验件尺寸较大,无法用单台振动台消除横向运动,需要用多台振动台并联激励才能满足试验件的激励力要求或模拟实际分布的振动环境。图 6.7 和图 6.8 分别为双台振动台并联的垂直和水平振动系统。

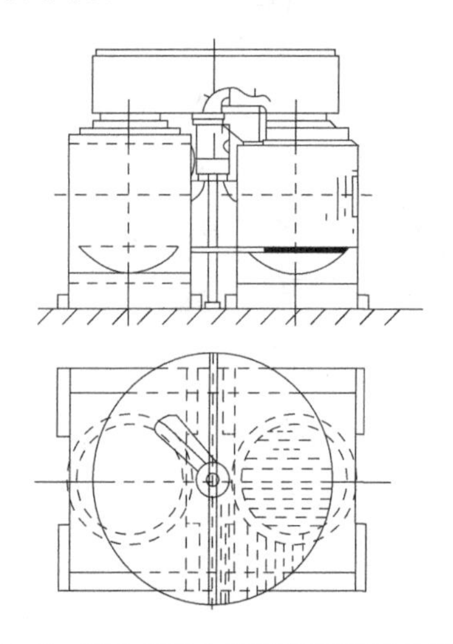

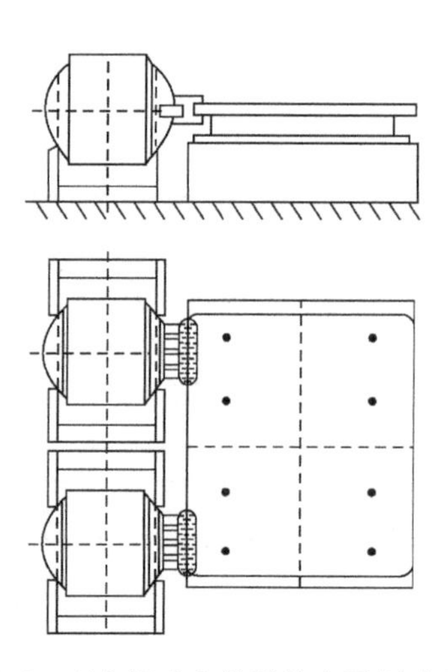

图 6.7 双台振动台并联的垂直振动系统　　图 6.8 双台振动台并联的水平振动系统

2. 振动台控制系统

为了确保接口安装面上控制点的加速度谱满足试验要求,并将它控制在允许误差范围内,就必须实时调节振动台功率放大器的输入电压,形成振动的闭环控制系统。

1) 随机振动控制

随机振动控制系统(图 6.9)为典型的数字控制框图。试验件要求振动台台面在 20～2000Hz 试验频带内加速度功率谱密度是平直谱。如果将具有相同功率谱密度的随机信号输入功率放大器，由于振动台和试验件的传递特性影响，台面的加速度输出功率谱密度不满足试验要求。为了保证振动台面的输出谱特性满足试验条件要求，需采用均衡补偿的方法对输入信号进行修正。

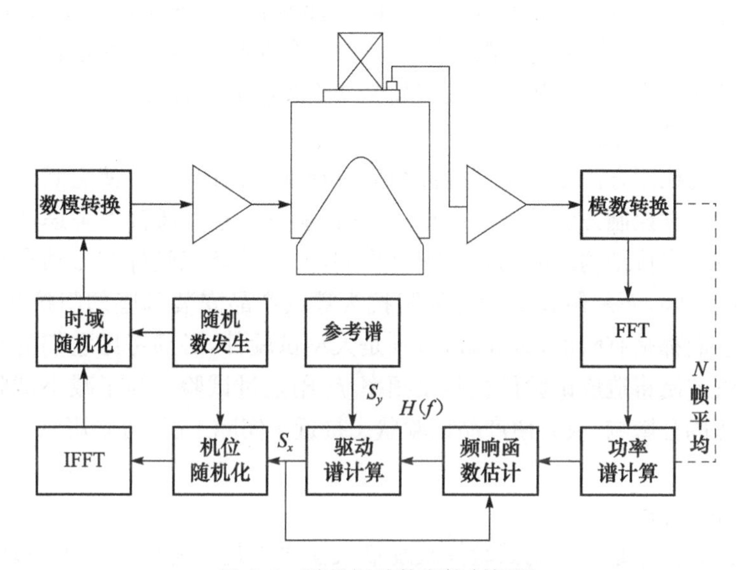

图 6.9　随机振动数字控制框图

数字均衡是根据试验要求的功率谱密度 $S_y(f)$ 和传递函数 $H(f)$，估计输入功率放大器信号的功率谱密度 $S_x(f)$ 为

$$S_x(f)=\frac{1}{|H(f)|^2}S_y(f) \tag{6.9}$$

由于传递函数的非线性特征，式(6.9)中的 $H(f)$ 实际上也是 $S_x(f)$ 的函数。为了达到控制目标，要求在闭环控制过程中，根据输入与输出数据实时辨识传递特性 $H(f)$。

2) 扫描正弦振动控制

数字式扫描正弦振动控制是按照试验要求的扫描率步进正弦激励，其控制框图与随机振动控制框图(图 6.9)类似，但随机信号的发生用正弦信号合成代替；检测控制点的功率谱密度估计该时域上正弦波峰值、均方值或数字跟踪滤波后的正弦波峰值。每一步频率间隔的时间内，要完成检测控制点响应数据的采集和处理、比较和调节控制决策及正弦激励信号合成。为了解决频率步进之间不连续瞬态过滤过程的影响，在频率步进的时间间隔内再进一步细化分档，这种措施对高频端的谱控制尤为重要。

多数正弦扫描振动试验条件，在低频端用等位移控制，而在高频端用等加速度控制。为了提高振动台的振动控制精度，可在等位移控制频段内用位移计检测信号反馈；而在等加速度控制频段内用加速度计检测信号反馈。

3）控制点

控制点一般应选择在试验件与夹具的连接界面上。对于小型试验件，取一个控制点即可；而对于中型或大型试验件，应取多个控制点，采用平均控制的方法，以减小由于控制点之间相差较大造成产品欠试验或过试验的风险。

4）试验控制方法

上述振动控制方法是控制试验件与夹具连接界面的运动，使它满足规定的振动谱要求。这种控制方法适用于小型、实体试验件。这里既没有考虑产品在实际使用条件下与支持结构之间的弹性耦合作用，又未计及试验件与振动台动框之间机械阻抗的影响，而是假设试验件的阻抗为零或产品安装基座的阻抗为无穷大。但实际上它们都是有限值，试验时，特别是大型试验件，必须考虑它们的影响。常规控制方法控制将造成试验件在共振频率 f_0 附近过试验。为了减小试验件与动框之间动态耦合影响，或者使产品试验状态接近于实际工况，可采用以下振动试验控制方法。

（1）响应控制。

响应控制方法是在控制试验件激励输入使之满足试验谱要求的同时，确保试验件上某些点的响应振级不超过规定值。一旦这些点的响应超过规定值，即自动降低输入激励，形成输入激励谱在某些频带上的下凹。这种控制方法也称为下凹控制（图 6.10）。

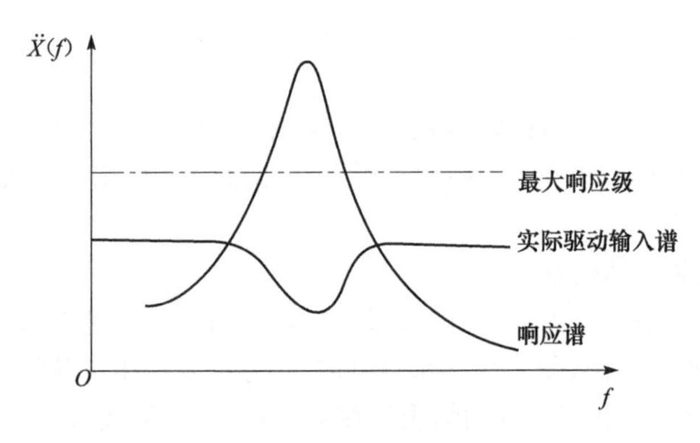

图 6.10　响应控制方法

（2）激励控制。

控制激励力（F）为常数，将造成在共振频率附近过试验。于是提出一种折中的控制方法，使响应加速度与激励力乘积保持常数（FA_1＝常数），这样也会减小动态耦合的影响。

（3）力控制。

控制作用在试验件的力，即第 5 章所介绍的力限振动，通过控制界面力来减少过试验。

3. 振动试验测量系统

振动试验需测量的物理量有加速度、位移、应变和速度等，测量系统的配置框图如图 6.11 所示。首先通过传感器将力学量变换成电量（电参数或电量），再通过适调放大器（前置放大器、信号调节器和抗混淆滤波器等）适调（如电量转换为电压）和电压放大，传输至数据采集处理系统进行采集、存储和分析。

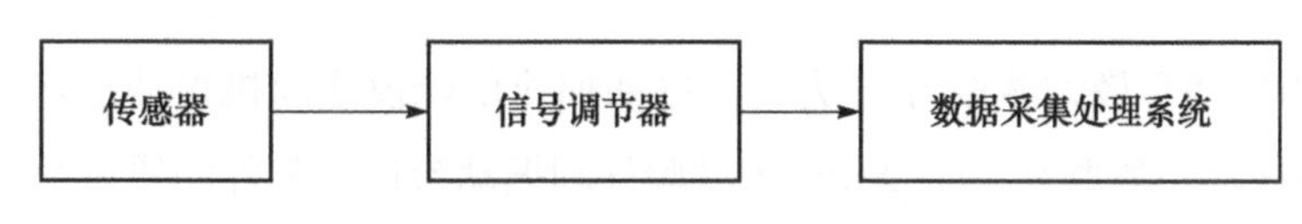

图 6.11　振动测量系统框图

为了高保真地获取振动数据，测量系统的线性特性、频响特性、动态范围和精确度要求应根据所测物理量的特性选定。

4. 振动试验夹具

试验夹具是用于将试验件安装在振动台台面上的过渡段，它的一端是振动台运动部分（动框、活塞杆或水平滑台台面）机械接口，另一端是试验件的机械接口，从而将振动台的机械能传递到试验件上。

1）夹具设计基本要求

（1）夹具设计一般包括夹具主体、连接螺栓和配套压环的设计。

（2）夹具第一阶固有频率应高于航天器振动试验最高频率或航天器第一阶固有频率的 3～5 倍。

（3）夹具结构阻尼要大，其共振（第一阶固有频率）时的品质因数不大于 3。

（4）夹具正交方向振动响应（指垂直于激振方向的运动）要小，其指标如下：

① 试验频率低于 150Hz，正交方向振动响应不大于激振方向振动量级的 1/3。

② 试验频率高于 150Hz，正交方向振动响应不大于激振方向振动量级的 2/3。

（5）夹具波形失真小，其指标如下：

① 夹具频率低于其一阶共振频率时，波形失真一般不大于 25％。

② 夹具频率高于其一阶共振频率时，波形失真一般不大于 60％。

2) 夹具设计

为了将单轴振动台的机械振动能传递到试验件上，夹具应满足下列要求：在试验频带内夹具的传递特性无共振峰；在试验频带内不产生与主振动方向正交的横向运动；夹具与试验件接口面运动均匀。

(1) 夹具的尺寸与质量。

夹具的上、下端面尺寸分别由振动台和试验件机械接口尺寸确定。夹具的高度一般根据传递特性要求确定。在高频振动试验时，夹具的高度应小于振动传递路径波长的1/4。而在水平滑台上进行试验时，应考虑滑台的最大倾覆力矩和对试验件的耦合影响。

夹具的允许质量 m 可按式(6.10)估算。

$$m \ll K\frac{F}{a} - \sum_i m_i \tag{6.10}$$

式中，F 为振动台最大激振力；a 为正弦振动加速度峰值或随机振动加速度均方根值；K 为系数(一般取0.8)；$\sum_i m_i$ 为试验件和振动台运动部件的质量总和。

(2) 材料。

用作夹具的材料有铸铁、钢、铸铝、铝镁合金和塑料等。材料的选择满足夹具的质量限制和振动传递特性要求，还需考虑夹具加工工艺和制造成本。有些材料(如铝镁合金)的刚度与质量比较大，阻尼特性比较好，从而可抑制夹具传递特性的共振峰值。

(3) 结构形式。

夹具的结构形式有整体式和组装式两种。整体式结构可用机工、铸造或焊接方式成型；而组装式结构主要用螺接或铆接。从传递特性和刚度质量比考虑，特别是高频振动试验，一般选用整体式结构。

(4) 强度与刚度校核。

大型试验件的振动试验夹具在结构形式、尺寸和材料确定后，根据试验件特性和振动环境试验条件对夹具(包括连接螺钉)进行动态强度校核，计算夹具主体的固有频率，再加刚性负载计算夹具主体与刚性负载的耦合频率，分析动态传递特性，总体考虑夹具设计的合理性。

3) 夹具的性能检验

在夹具使用前，应在空载、模拟负载或正式试验件负载下测定夹具的动态传递特性、横向运动和机械接口面运动的均匀性，检验夹具的性能是否满足试验要求。用正式试验件作负载时，夹具性能测试应在低振级下进行，以免损伤试验件。如果夹具的某些性能不满足试验要求，可采取适当措施补救。如通过局部加强或增加阻尼以改善传递特性和接口面运动均匀性。增加配重或去掉一定质量可改善夹具动平衡特性，减小横向运动。

6.3　卫星声试验

6.3.1　声振环境模拟技术

产品在高声强声环境激励下的环境效应（声疲劳寿命、失效模式和工艺故障）相当复杂，难以用理论分析的方法预估，一般应通过声环境模拟试验考核产品结构强度和工作可靠性，鉴定产品对声环境的适应性。

1. 声环境模拟

有下列两种声环境模拟方式，可提供具有指定总声压级（overall sound pressure level，OSPL）和声压级谱（sound pressure level，SPL）的声环境[7,8]。

（1）用实际的噪声源（如喷流发动机）作为声源，对产品进行环境模拟试验。这种试验方法所提供的环境比较接近实际环境，模拟的效果较可靠，但试验设备庞大，投资和试验费用较高。

（2）用模拟的噪声源（如气流调制器），在专门的声试验室内进行声环境试验。虽然这种试验方法所提供的环境与实际环境有一定差距，但试验简便、试验条件可调、试验费用低，因而为工程试验广泛采用。

按声场的特点区分，高声强声环境装置主要有混响室和行波管两种。前者模拟混响声场（或扩散场），如湍流边界层脉动压力和飞行器整流罩内的内声场；而后者模拟行波声场，如喷流发动机喷口后的局部声场和整流罩的外声场。

对某些产品，可以用随机振动环境试验代替声环境试验。但严格地讲，声环境的激励状态、频带和谱形并不能完全由随机振动环境所模拟，环境效应有一定差别。一般规定，当总声压级超过138dB，而且对声敏感的试验件（表面积质量比大、低阻尼的试验件，如卫星太阳翼和大型天线等），必须进行声环境试验。

2. 声环境试验类型

1）声功能试验

在产品研制初样阶段和正样阶段都需验证产品在声环境下的功能是否满足设计要求。声试验的声场有宽带噪声场和以某一基波为主频的周期稳态噪声场两种。要求在试验前后对试验件进行外观检查和功能、性能检测。

2）声疲劳试验（声耐久试验）

在产品研制初样阶段，进行声疲劳试验，发现设计中的缺陷，以便采取修改措施，提高产品环境适应性。

一般讲，声试验装置不宜长时间连续工作，因而，声疲劳试验都采用加速试验，根据累积损伤假设和试验时间的限制，估算试验声压级。例如，《民用飞机机载设备环境条件和试验方法 声振试验》(HB 6167.15—1989)，声疲劳加速试验的等效关系式可参照随机振动加速试验写成下列形式[9]：

$$\frac{T_s}{T_a}=\left[\frac{\overline{p_a^2}}{\overline{p_e^2}}\right]^{\frac{b}{2}} \tag{6.11}$$

式中，T_s 为产品所要求的使用寿命；T_a 为加速试验所取的试验时间；$\overline{p_a^2}$ 为等效声压均方值；$\overline{p_e^2}$ 为加速试验的声压均方值；b 为与试验对象相关的常数。

于是，加速试验的声压级应为

$$L_{p,a}=L_{p,e}+\frac{20}{b}\lg\frac{T_s}{T_a} \tag{6.12}$$

式中，$L_{p,e}$ 为根据累积损伤假设折算的等效声压级

$$L_{p,e}=10\lg\left[\frac{1}{T}\sum_{i=1}^{n}(10^{\frac{L_{p,i}}{10}})^{\frac{b}{2}}T_i\right]^{\frac{2}{b}} \tag{6.13}$$

其中，$L_{p,i}$ 为飞行剖面第 i 工况的声压级；T_i 为飞行剖面第 i 工况的飞行持续时间；T 为总的飞行持续时间；n 为飞行剖面上的工况数目。

3. 声环境试验特点

与随机振动环境试验比较，声环境试验具有以下特点：

(1) 声模拟环境的声压级谱与声源的特性和试验室声空间的声学效应有关，还与试验件的声阻抗特性有关。

(2) 高声强声波传播时，声场呈现明显的非线性声学效应，导致输入谱与试验声空间的声谱呈非线性传递关系。

(3) 声环境谱的频带一般为 20～10 000Hz，比随机振动试验频带宽。

(4) 声模拟环境是试验件的空间全向性激励，较之单轴或多轴振动台随机振动激励更接近于实际激励环境。

4. 声环境试验参数

声环境试验参数包括总声压级、声压级谱和试验持续时间(暴露时间)，这些参数定义了声试验的严酷度。试验参数主要是根据大量实测数据归纳得到，或用类比法、统计能量分析法预估。若没用实测数据，也可采用有关标准中推荐的试验参数值。

试验还规定了试验参数的允许偏差，以保证环境试验条件的重现性。

声试验一般选用混响声场，而当用混响声场近似模拟行波声场环境时，考虑到两种声场环境引起环境效应的差别，应对试验参数进行适当修改。

6.3.2　声振环境试验技术

高声强声试验室主要有混响室和行波室两种。试验室由噪声源(包括气源和气流调制器)、喇叭、试验声空间(试验段)、排气消声装置及测控系统组成,每个组成部分的声特性都将对试验声空间的声场特性产生影响,同时,试验件的存在还会与声空间产生耦合作用,综合形成声模拟试验环境。下面主要介绍卫星常用的混响场声振试验。

1. 混响试验室

1) 试验系统配置

系统的基本工作原理是具有一定压力的气源(液氮气化的气体或空气),经气流调制器(电声换能器)调制产生高声强、宽频带的噪声源;噪声源经喇叭辐射激励混响声空间(混响室),造成模拟的扩散声场;扩散声场的压力脉动各向均匀分布地激励试验件;混响场的总声压级和声压级谱通过传声器测量,按试验条件要求由控制系统对系统进行闭环控制(图 6.12)。

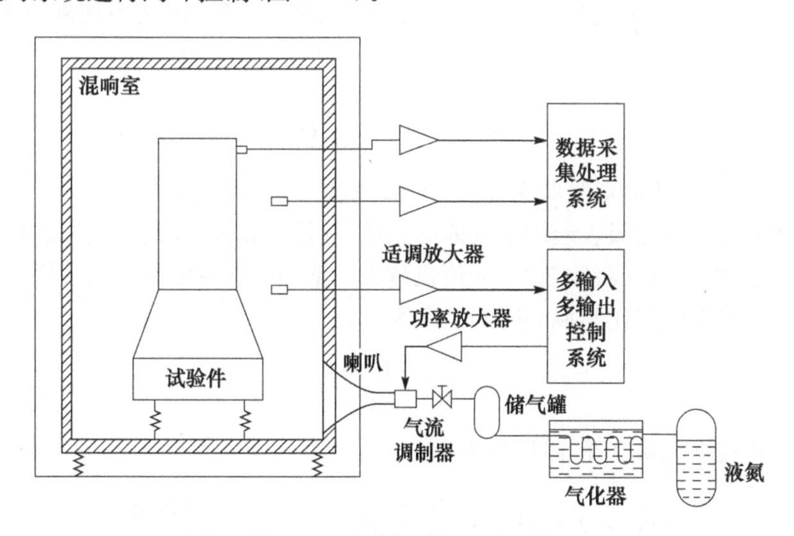

图 6.12　混响场声振试验系统

2) 混响声空间的声学特性

混响声空间是由钢筋混凝土或钢壁板构成的四周封闭空间。该室具有下列固有声学特性(以长方体为例)。

(1) 固有声模态频率(简正频率)。

$$f_i = \frac{c}{2}\sqrt{\left(\frac{N_x}{L_x}\right)^2 + \left(\frac{N_y}{L_y}\right)^2 + \left(\frac{N_z}{L_z}\right)^2} \tag{6.14}$$

式中，L_x、L_y 和 L_z 为长方体各边边长；N_x、N_y 和 N_z 为沿 x、y 和 z 向的半波数（大于等于零的正整数）；c 为声在气体介质中的传播速度。

由式(6.14)可以得到相应的声模态密度

$$\frac{\mathrm{d}n(f)}{\mathrm{d}f}=\frac{4\pi f^2}{c^3}\left(V+\frac{cA}{8f}+\frac{c^2L}{32f^2}\right) \tag{6.15}$$

式中，$\frac{\mathrm{d}n(f)}{\mathrm{d}f}$ 为对应于 f 频率的单位频率宽度上的声模态个数；L 为总边长；A 为混响室内表面总面积；V 为混响室体积。

(2) 声模态阻尼比(混响时间)。

由于气体介质和混响声空间边界壁面吸收声能形成声模态阻尼，与力学系统一样，对应于简正频率 f_i 的声模态阻尼比 ξ 定义为

$$\xi=\frac{1}{2}\frac{\Delta f_i}{f_i} \tag{6.16}$$

式中，Δf_i 为声模态共振的半功率带宽。

习惯上，混响室声能吸收用混响时间 T_{60} 来表征。T_{60} 定义为切断声源后，室内声压级衰减到 -60dB 所需要的时间，可近似按式(6.17)估计。

$$T_{60}=\frac{0.161V}{A\alpha+4mV} \tag{6.17}$$

式中，m 为气体介质的声吸收系数；α 为混响室壁面的声吸收系数。

气体介质的声能吸收起因于气体的黏性、热传导和分子吸收，气体的相对湿度越大或频率越高，分子吸收越多，m 值也越大。壁面吸收主要影响低频区的混响时间，这样，声模态阻尼比与混响时间关系为

$$\xi=\frac{1.1}{f_iT_{60}} \tag{6.18}$$

对应声模态频率 f_i 的声压振型为

$$p_i(x,y,z)=A_i\cos\left(\frac{N_x\pi x}{L_x}\right)\cos\left(\frac{N_y\pi y}{L_y}\right)\cos\left(\frac{N_z\pi z}{L_z}\right) \tag{6.19}$$

式(6.19)表征了混响空间驻波振荡的声压空间变化模式。

在稳态宽频带随机噪声源激励下，混响声空间产生各阶模态振荡，声空间中某一点(x,y,z)的声压为试验频带内各阶模态振荡向量和。

$$p(x,y,z)=\left\{\sum_{i=1}^{n}\left[A_i\cos\left(\frac{N_x\pi x}{L_x}\right)\cos\left(\frac{N_y\pi y}{L_y}\right)\cos\left(\frac{N_z\pi z}{L_z}\right)\right]^2\right\}^{\frac{1}{2}} \tag{6.20}$$

式中，A_i 为第 i 阶声模态的参与系数；n 为在试验频带内包含的声模态阶数。

理想的混响声场是由宽带噪声源激励的扩散声场。扩散场要求声波从任何方向通过空间某一点的概率相等，能量密度在空间、时间上分布均匀。封闭声空间的混响声场实际上是驻波振荡声场，因此，在低频区由于模态稀疏，声压存在不均匀性，难以满足扩散场的条件；而在高频区，模态密度较高，声压均匀性好，一般可近似达到理想的扩散条件。根据 IEC-50A-236[声致振动(草案)]规定，混响试验的最低频率定义为倍频程内的模态个数至少等于 20 时所对应的中心频率，这就是说，倍频程内的模态个数大于等于 20 时的驻波振荡声场可近似看作混响场。最低试验频率可根据式(6.16)估算。例如，体积为 $70m^3$、$200m^3$ 和 $1000m^3$ 混响室的最低试验频率分别为 250Hz、125Hz 和 31.5Hz。

合理地选择混响室的几何形状，可以调整声模态在空间和频域上分布的均匀性，从而降低最低试验频率，改善声扩散条件。一般小型混响室(体积小于 $200m^3$)可做成无平行面的不规则形状，例如，具有斜顶板的不规则五边形。如果混响室是长方体，边长比最好选用 1∶0.79∶0.63。如果混响室体积大于 $200m^3$，其边长比选为 1∶0.83∶0.47、1∶0.83∶0.65、1∶0.68∶0.42 或 1∶0.7∶0.59 等同样可获得较满意的结果。

为了改善混响室低频区的扩散特性，还可在声空间内悬挂适当的附加声反射面，改变原有反射路径。

必须指出，装入试验件后混响室的声特性与空室的混响特性并不一样，影响的程度与试验件和声空间的相对大小和位置、试验件的模态特性及试验件结构和材料对不同方向入射声波的吸声特性有关。一般认为，试验件的体积小于混响室体积的 1/10 以下，而且试验件离混响室壁面的距离大于最低试验频率所对应波长的 1/2 时，边界效应的影响可以忽略。因此，在大型试验件正式试验前，建议用模拟件进行预调试验，以避免过试验。

声压级在整个声空间内分布的不均匀性一般用标准偏差表示

$$S=\sqrt{\frac{n\sum_{i=1}^{n}L_i^2-\left(\sum_{i=1}^{n}L_i\right)^2}{n(n-1)}} \tag{6.21}$$

式中，n 为测点数；L_i 为第 i 个测点测量的声压级；S 为频率的函数，低频区偏大；而高频区偏小，但装入试验件后，可能由于壁面和试验件的边界效应而增加。

3) 气源

气源系统为气流调制器提供具有一定气压、流量的气体。一般有两种气源系统：一种是利用空气作为声传递介质的气源系统。它由空气压缩机、过滤器、储气罐、输气管道和气流控制设备组成；另一种则是利用氮气作为声传递介质的气源系统。通过液氮气化为气流调制器提供气源。采用氮气作为声传递介质是因为氮气的湿度远比空气低，高频区的声能吸收系数低，另外，氮气介质对试验件(特别是光学仪器)的污染较小。

4) 声源

混响室的声源一般采用电动式气流调制器(电声换能器)，将恒定气压的气流，通过由电信号控制的动圈位置变化改变套筒阀的开口度大小，调制流经套筒阀气缝的气流，转换成具有高声功率的噪声源。电动式气流调制器的结构如图 6.13 所示。图 6.13(b)为套筒阀，外筒为定圈，而内筒为动圈。由于受气流调制器运动部

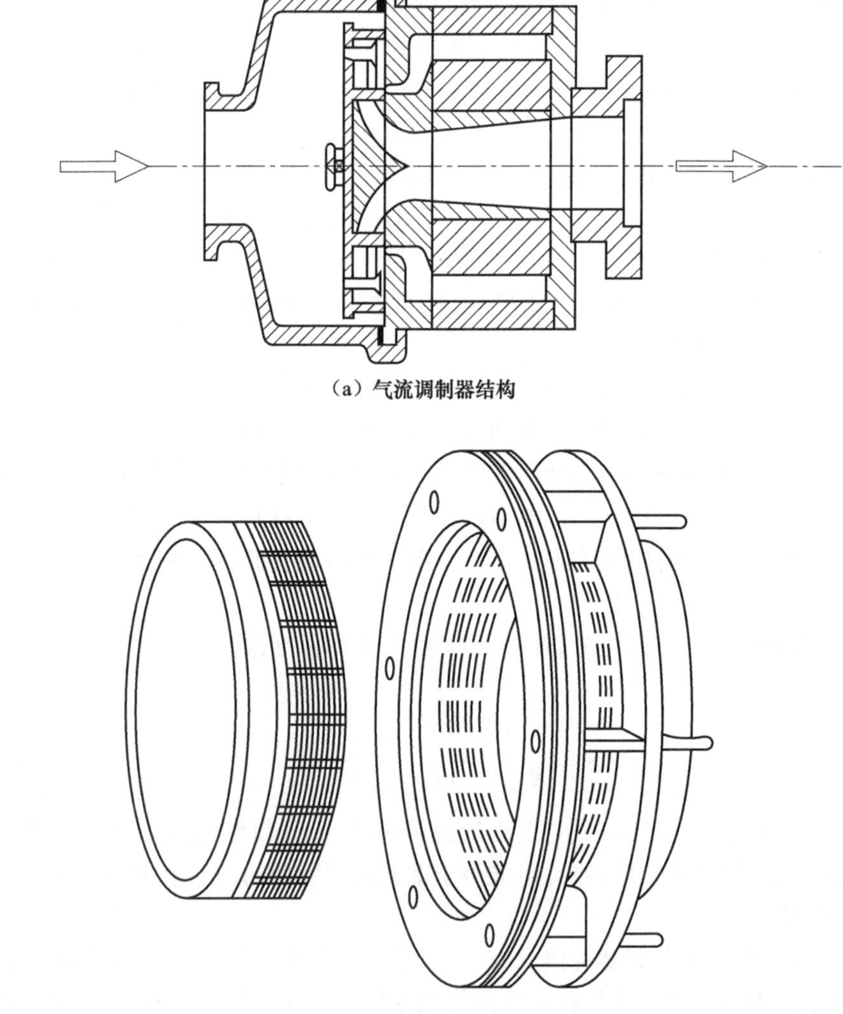

(a) 气流调制器结构

(b) 套筒阀部分

图 6.13　电动式气流调制器

件质量和弹性支承刚度所形成的力学系统动态特性的影响，在高频区动圈的位移减小，造成声功率输出降低。这表明声压的可控性与气流调制器的动态特性有关。电动式气流调制器的有效可控频率范围大致为 5～1500Hz，最大声功率输出可达 2 万 W。电液式气流调制器的最高频率为 800Hz，最大声功率输出可达 20 万 W。

5）喇叭

喇叭是用来增加声源的辐射能力，以获得最大的声传递效率。喇叭的一端与气流调制器的喉部接口；而另一端接混响室。喇叭的尺寸和形状决定了声能的传递特性和效率。喇叭一般采用指数型喇叭，它的横截面变化服从下列方程：

$$S = S_0 \exp\left(\frac{2x}{h}\right) \tag{6.22}$$

式中，S_0 为气流调制器喉部面积；h 为常数（由喇叭张开率确定）；x 为离气流调制器喉部口的距离。

为了保证喇叭与混响空间的模态耦合，喇叭与混响室的接口直径至少应为喇叭截止频率的 1/3 波长。喇叭的安装位置大都在混响室空间的三面角或两面角处。

6）混响室输入功率估算

声源在封闭声空间内辐射声能时，部分声能被室内各壁面和气体分子所吸收；另一部分被反射为混响声能。在开始建立混响场时，随着气源压力的增加，混响室声能密度逐渐增加，被吸收的声能也不断增加，当声源供给混响场的能量正好补偿被壁面和气体传递介质所吸收的声能时，混响场达到稳态激励状态。根据赛宾方程，输入声功率级与混响室声压级的关系为

$$L_{\mathrm{w}} = L_{\mathrm{p}} + 10\lg(A\alpha + 4mV) - 6 + 10\lg\left(1 + \frac{Ac}{8fV}\right) \tag{6.23}$$

式中，L_{w} 为输入声功率级；L_{p} 为混响室声压级。

式(6.23)中，A、α 的取值应考虑到喇叭的吸声和排气能量的损耗，α 一般取 0.01～0.03；式中最后一项是邻近混响室壁面的声压级损失。按式(6.23)可以得到各频带内的输入功率要求，但气流调制器的功率还需考虑喇叭与混响室的耦合损耗、喇叭的效率（一般为 30%）、喇叭的安装位置影响及气流调制器使用频带外的能量非线性分布，大致还要增加 8.5dB。于是，可根据每个气流调制器的额定声功率选择气流调制器的装机数目。每个气流调制器最好各自有独立的辐射喇叭，以避免几个气流调制器共有一个喇叭造成组合损耗。根据喇叭截止频率的不同，喇叭可分低（25Hz）、中（50Hz）和高（100Hz）三类，具体的配置要由混响室声谱要求确定。

7）混响室排气消声和隔振装置

由混响室排出的气体应经消声段消声，使试验室外的环境声压级降到允许的

环境要求。消声段可采用串接双级扩展式消声器或周围填有吸声材料(如石棉)的穿孔连通管式消声器。

混响室的内、外墙和地板宜支承在减震铺层上,以隔离混响室内的振动向外传递。

2. 试验件的安装

试验件应安装在混响室的中心部位(该部位有较均匀的声场),而且试验件的主表面应尽可能避免与混响室壁面平行。

试验件可以采用弹性悬挂或支架支承,悬挂或支架系统的基本固有频率应小于 25Hz 或最低试验频率的 1/4。

3. 混响试验控制

1) 控制方式

一般采用闭环计算机数字控制,闭环计算机数字控制系统的原理基本上与振动台随机控制一样,只不过控制系统的输入是传声器测量得到的声压信号。

2) 混响试验控制特点

基于混响室本身的谱特性和声试验的特点,混响室声场控制有以下特点:

(1) 声试验的谱是倍频程(或 1/3 倍频程)谱(表 6.1),因由傅里叶变换得到的等频率分辨率的声功率谱密度要转换到相应倍频程声压级谱。对应每个倍频程的声压均方值与该频带内等频率分辨率的声功率谱密度之和成正比,个别频率上的功率谱密度值超差对该倍频程均方值的影响相对比较小,因而一般声谱的控制要求较之于振动台随机振动控制更容易满足。

表 6.1　倍频程和 1/3 倍频程频率范围　　(单位:Hz)

中心频率			频率限	
标称值		精确值	下限	上限
倍频程	1/3 倍频程			
31.5	25	25.1	22.4	28.2
	31.5	31.6	28.2	35.5
	40	39.8	35.5	44.7
63	50	50.1	44.7	56.3
	63	63.1	56.3	70.8
	80	79.4	70.8	89.2
125	100	100	89.1	112.2
	125	125.9	112.2	141.2
	160	158.5	141.2	177.8

续表

中心频率			频率限	
标称值		精确值	下限	上限
倍频程	1/3 倍频程			
250	200	199.5	177.8	223
	250	251.2	223.8	281
	315	316.2	283.7	354
500	400	398.1	354.7	446
	500	501.2	446.5	562
	630	631	562.7	708
1 000	800	794.3	707.7	891
	1 000	1 000	890.9	1 122
	1 250	1 259	1 122	1 413
2 000	1 600	1 585	1 412	1 779
	2 000	1 995	1 778	2 240
	2 500	2 512	2 238	2 819
4 000	3 150	3 162	2 817	3 550
	4 000	3 981	3 547	4 469
	5 000	5 012	4 465	5 626
8 000	6 300	6 310	5 627	7 082
	8 000	7 943	7 077	8 916
	10 000	10 000	8 909	11 225

(2) 计算机数字合成的激励信号谱频带和测量的声压谱的带宽与试验条件要求的频带一致，而混响试验可控频带下的混响室的最低试验频率，上限为气流调制器工作频率的上限，比要求的频带窄，因此，可控频带外的声压级不可控或难以控制。可控频带外的低频可通过增加声吸收系数，调节声模态半功率带宽和模态密度，或者采用漩涡式噪声发生器补充低频声能。可控频的高频声谱靠气流调制器的非线性冲击波（这种波具有较大随机性）或者附加的一组高频声调制器增加声压级。

(3) 为了保证混响声空间的声场具有较好的扩散性，混响室的混响时间应尽量长（一般是几秒量级）。这表明达到稳态声场激励所需的闭环控制时间至少也是几秒量级，它比电动振动台控制回路时间常数长，声压数据的延时采样时间也应相应增加。

(4) 考虑声场的不均匀性，可采用多个控制检测点进行声场的平均控制。平均的声压级可按式(6.24)确定。

$$\overline{L}_{\mathrm{p}} = 10\lg\left(\frac{1}{N}\sum_{i=1}^{N}10^{\frac{L_{\mathrm{p},i}}{10}}\right) \tag{6.24}$$

式中，$L_{p,i}$为第 i 个控制检测点的声压级；N 为控制检测点的数目。

4. 声测量

1) 声测量位置

在测量时，由于传声器在声场中将对声场引起散射，影响传声器的高频性能，影响的程度随声波入射角大小而变化。根据传声器在声场中频响特性的不同，传声器还分自由场型和压强型两种，前者用于正入射声波测量；而后者用于随机入射声波测量。

传声器围绕试验件四周安装，传声器离试验件的距离应大于最低试验频率所对应波长的 1/2 或试验件到壁面距离的一半。如果距离小于最低试验频率波长的一半，应考虑试验件表面的声反射影响。

2) 声环境数据的处理

声环境数据的处理方法基本上与振动数据处理方法一样，差别在于声谱一般用 1/3 倍频程或倍频程声级谱描述。数据处理时应将由快速傅里叶变换所得到的分辨率按式(6.25)折算成倍频程(或 1/3 倍频程)的声压级谱。

$$L_p(f_i) = 10\lg\left[\frac{B\sum_{f_{Li}}^{f_{Hi}} S_p(f)}{p_0^2}\right] \tag{6.25}$$

式中，f_i 为第 i 个倍频程(或 1/3 倍频程)的中心频率；$S_p(f)$为声压的等频率分辨率功率谱密度；B 为频率分辨率；f_{Li}、f_{Hi}为第 i 个倍频程(或 1/3 倍频程)的频率下限和上限。

在测量分析频带上的总声压级为

$$\text{OASPL} = 10\lg\left[\sum_{i=1}^{n} 10^{\frac{L_p(f_i)}{10}}\right] \tag{6.26}$$

式中，n 为在测量分析频带内的倍频程(或 1/3 倍频程)数目。

6.4 卫星冲击试验

6.4.1 卫星的冲击环境

卫星所经受的冲击环境主要是由卫星上各种火工装置在工作时产生的。在卫星飞行过程中，这些火工装置被用来完成各种任务。例如，完成卫星和运载火箭末级分离，卫星舱段分离，卫星上伸展部件展开过程中的解锁、释放和分离等。卫星上所用的火工装置种类繁多，如爆炸螺栓、分离锁帽、拔销器、绳索切割器和 V 型炸药等。数量可达几十个甚至更多。这些火工装置工作时由于能量高速释放而产生所谓爆炸冲击。其严重程度因火工装置类型而异，对于卫星产生冲击环境的差别也很大。爆炸冲击环境的特点是：高幅值的振荡波形，持续时间很短，一般在 20ms 内衰减到零。在火工装置附近，冲击加速度范围为 1000～100 000g。它以应力波的形式传到卫星的各部位，加速度值随传播距离的增加而逐渐减小。

一般来说，爆炸冲击环境对于卫星结构的影响不很严重，但对一些脆性材料，如石英晶体及一些电子部件可能造成损坏或故障。如继电器产生误动作，晶体碎裂而造成仪器损坏，导线断开及污染物的移位引起电子零部件的损坏等。这些故障可能危害整个飞行器的任务完成，需要引起重视。

除爆炸冲击环境外，卫星在地面装卸、运输过程中，以及返回部分回到地面时会受到碰撞式的冲击。这种冲击的加速度时间历程近似简单冲击。对这种冲击环境的影响应尽量避免或减轻。如有必要应进行相应的冲击环境试验。

6.4.2　冲击环境模拟技术

1. 冲击环境模拟的基本途径

在冲击环境作用下，经产品结构的传递产生结构的应力和运动瞬态响应，对材料的机械性能造成冲击环境效应。因此，冲击环境模拟试验设计除了考虑激励输入(时间域和频率域)特性外，还应考虑与产品固有动态特性有关的响应特性。在试验室条件下，通常有下列三种冲击环境模拟途径。

1) 冲击时间历程模拟——时域模拟

再现实际的冲击时间历程或者能反映实际冲击时间历程主要特性(如主脉冲波形或速度变化)的典型脉冲波形(半正弦波、后峰锯齿波或梯形波)。

2) 在实际冲击激励下的响应模拟

预先根据产品的固有动态特性确定产品对实际冲击载荷激励下的响应，施加能与该响应的主要特性相一致的任何冲击波形。

3) 产品破坏条件模拟

模拟产品在实际冲击环境作用下的破坏模式和程度。此途径是最难实施的。

2. 卫星爆炸冲击环境的模拟

爆炸冲击环境的模拟比较复杂，试验设备的类型也较多。结合爆炸冲击环境模拟技术的发展，介绍几种试验方法。

1) 落下式冲击试验机和摆锤式冲击试验机模拟

落下式冲击试验机和摆锤式冲击试验机模拟曾在早期广泛使用，但由于它的固有特性，往往导致试验件不应有的损坏。然而落下式冲击试验机和摆锤式冲击试验机使用方便，试验费用低廉，重复性也较好，在没有更适合的试验设备，或者允许试验有较大的保守性时，仍然可以用于爆炸冲击环境模拟试验。

2）电动振动台模拟

利用数控振动台系统进行冲击谱模拟已经成为卫星爆炸冲击环境试验的主要方法。在早期，利用模拟式控制系统来模拟爆炸冲击环境，方法是用一个脉冲信号通过带通滤波器(如按 1/3oct 带宽)，改变通过各个滤波器的基本波形幅值来满足冲击条件的要求。把这些基本波形的组合时间历程输入振动台的功率放大器，作为输入信号。然而这些所谓冲击谱合成法只有在开发出数控系统后才得到广泛应用。数控系统可以使用各种不同的波形组合来实现冲击谱模拟。由计算机计算出给定基本波形组合的冲击谱，以满足给定的冲击谱条件。数控系统控制精度高、控制速度快、调试简单，加之振动台已广泛用于环境试验中。因此试验方法是普遍采用的环境试验方法。

但用振动台进行爆炸冲击环境试验有一定的局限性：振动台产生的冲击加速度幅值有一定限制；振动台一般使用刚性夹具，不能模拟真实的边界条件，会产生较大的过试验。

3）用火工装置进行模拟

直接使用火工装置产生冲击环境，可以更好地模拟实际的冲击环境。曾经发展了多种使用火工装置的爆炸冲击模拟器。这些试验装置并未得到推广使用。其主要原因是作为试验手段，安全是至关重要的问题，同时试验冲击谱不易控制在容差范围内。目前火工品爆炸冲击试验多在整星级试验中模拟星与过渡段分离的包带爆炸解锁试验中采用，用于分析结构响应。

4）用撞击法进行模拟

为了解决爆炸冲击模拟器存在的问题，提出了利用撞击模拟冲击环境。

一种方法是利用一部分卫星结构或是模拟局部卫星结构刚度和质量的试验夹具，用一重块自由下落撞在试验结构上，试件按实际情况固定在某个部位。这时，调节落锤高度和质量，试件就能经受到实际情况相近的冲击环境。另一种方法是将试件装在一块厚板上，用撞击的方法使板产生频率很高的振荡。这一振荡冲击的冲击谱应能满足冲击谱试验条件的要求，该试验装置的结构可以多种多样，而且比较简单。

用撞击法进行冲击模拟的优点是：安全、重复性好、调整方便，调整锤的质量、落下高度和缓冲垫的材料，可以得到不同的冲击谱。但缺乏通用性，对于加速度幅值有一定限制。板式冲击模拟装置有较大的灵活性，为了得到更高的冲击及速度，可以用炸药或气动方式锤打在试验装置上。

由此可见，由于卫星的爆炸冲击环境很复杂，选用何种模拟试验方法，需要由多方面的因素，依据现有的试验手段、试验条件、允许的保守性和试验成本等作出决定。

6.4.3　冲击环境试验技术

1. 冲击试验设备

冲击试验设备是用来产生瞬态冲击载荷的机械装置。要求冲击试验设备能再现冲击环境的特性，波形可控、重复性好及便于操作。

1）试验设备分类

按载荷作用原理，可划分如下。

（1）制动方式：跌落式、斜台式和凸轮式等。

（2）加速方式：摆锤式、气动式和振动台等。

按载荷类型，可划分如下。

（1）简单冲击：跌落式和气动式等。

（2）复杂振荡型冲击：振动台和冲击模拟器等。

还可分为单次冲击和多次重复冲击。

2）冲击试验设备的基本性能

冲击试验设备的基本性能包括以下内容：冲击波形类型、最大冲击加速度值、冲击持续时间、速度变化允差、台面尺寸、速度分布、台面横向运动、试验件最大质量和尺寸、试验件安装方式及不同试验质量、不同缓冲装置情况下冲击加速度峰值和脉冲持续时间的性能标定曲线（如跌落式冲击试验机的性能标定曲线为不同试验件质量、不同缓冲垫情况下，冲击加速度峰值和脉冲持续时间与跌落高度的变化曲线）。

2. 冲击加速度测量和数据处理

瞬态冲击加速度数据具有动态范围大、频谱特性的带宽无限的特点，而实际的数据测量、采集和处理系统的动态范围和有效分析带宽都是有限值，从而造成测量结果的失真。因此，冲击测量系统的选择和校准相当重要。冲击脉冲上升前沿和下降后沿的复现要求测量系统的频响函数上截止频率越高越好，而冲击波形的平直段的复现准确度取决于测量系统频响函数的下截止频率（最好下截止频率为零）。在测量频带内的幅频特性要求平直，而相频特性具有零相移或直线相移特性。以上这些要求难以完全满足。

为了保证同一产品在不同的冲击试验机上、由不同试验人员所做的试验条件具有可比性，确保测量结果具有一定的准确度，有必要用标准的形式规定冲击数据测量系统的频响特性要求，统一冲击测量的尺度。例如，IEC 2-27(1987)标准中规定了测量系统频响特性要求（图 6.14 和表 6.2）。

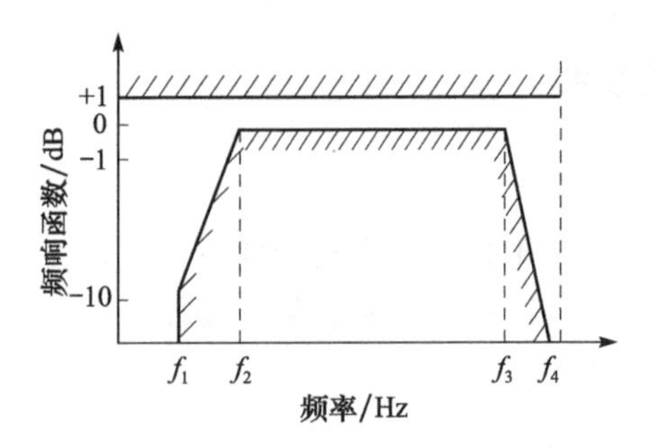

图 6.14　冲击测量系统频响特性

表 6.2　冲击测量系统频响特性要求

冲击持续时间/ms	下截止频率/Hz		上截止频率/kHz	幅频特性大于+1dB 的频率/kHz
D	f_1	f_2	f_3	f_4
0.2	20	120	20	40
0.5	10	50	50	30
1	4	20	20	20
3	2	10	5	10
6	1	4	2	4
11	0.5	2	1	2
18 和 30	0.2	1	1	2

冲击加速度测量用的加速度计一般采用压电式加速度计。加速度计的最大允许加速度值和基本固有频率应高于所测冲击加速度峰值和频率上限。

加速度计的安装必须按生产厂所推荐的方式安装，确保加速度计的性能达到标称的性能指标。加速度计应用双头螺丝安装，加速度计安装点的试验件表面应平整、光滑和清洁。在螺丝紧固前，安装面上最好涂上一层轻油以改善传递特性。每个加速度计宜单独安装，避免加速度计之间相互影响。

连接加速度计与测量仪器的电缆应采用低噪声电缆，要经得住大振幅、低频运动产生的机械应力作用。电缆的接头应具有较高的固有频率，在冲击加速度作用下不会松动。每次冲击试验前应仔细检查所有接插件的连接状态。

3. 冲击试验的夹具要求

冲击试验是否能满足模拟要求，除了与试验机的特性有关外，还与夹具的传递特性有很大关系。冲击试验用的夹具应满足前面介绍的振动试验夹具的一般要求。对高加速度和上升前沿时间短的冲击试验，要求在冲击激励的主频带内夹具不存在共振频率；夹具的尺寸设计应使力传递路径的长度小于一阶波长的 1/4，以保证试验件的测量控制点加速度满足试验要求。

6.5　卫星准静态加速度环境模拟与试验

准静态加速度环境主要在运载火箭工作时产生，在发射过程中由于发动机点火或关机、火箭级间分离等，使航天器受到的推力及加速度产生突然的变化，激起航天器结构的动态响应。因此，航天器在发射过程中经受的加速度可分为两部分：一部分是变化相当缓慢的准稳态加速度，一部分是由上述瞬态事件引起的瞬态加速度。加速度环境试验的目的一方面是检验航天器结构设计；另一方面是确认星载仪器设备能在加速度环境下正常工作。

6.5.1　准静态加速度环境模拟技术

1. 试验严酷度和试验参数

准静态加速度环境模拟试验的严酷度由过载加速度和试验持续时间所定义。对产品失效有影响的试验参数有过载加速度值、试验持续时间、加速度变化率和加速度方向等。

2. 准静态加速度环境的模拟

1）离心机试验

离心机实质上是一在平面内绕固定轴转动的长臂。试件装在臂的一端，另一端加配重以保持平衡。当该臂以某一角速度 ω 转动时，试件受指向轴心的加速度 $r\omega^2$ 的作用，r 为试件质心到离心机轴心的距离，这时试件受到离开轴心的惯性载荷。离心机试验产生的加速度场与航天器实际经受的加速度环境差别如下：

离心机试验中试件做圆周运动，而不是直线运动。这时试件上每个质点的加速度与该质点到离心机轴心的距离成正比，试件上各点将因加速度不同而产生加速度梯度，《电工电子产品环境试验 第 2 部分：试验方法 试验 Ga 和导则：稳态加速度》(GB/T 2423.15—1995)规定，试件或其考核部分任意一点的加速度应在试验规定值的 90％～110％。

离心机转动时，试验件上各点加速度的方向不平行。而是呈辐射状指向离心机轴。这时，试件上各点经受到一附加的侧向加速度。如果试件很宽，试验加速度值高，该附加加速度值就很大。但对尺寸较小的航天器组件，影响一般不大。

2）静力试验

静力试验不能真实再现加速度环境产生的惯性载荷，而是通过加载系统对航天器结构的若干部位加载，使之产生适当的应力分布，从而考核航天器结构在模拟的稳态加速度惯性载荷下的强度和刚度。

6.5.2 恒加速度试验技术

1. 离心试验技术

用于进行恒加速度试验的设备大体上可分为离心试验机和直线恒加速度试验机(火箭滑车和空气炮)两类。火箭滑车是以火箭发动机为动力,在平直铁轨上滑行的试验车,加速度的大小靠控制发动机的推力和配重来调节,这种设备造价昂贵,试验费用高。离心试验机可产生相对于试验件加速度方向保持不变、而相对于地面加速度方向不断改变的恒加速度环境,加速度值控制方便、准确,试验费用低,广泛用于恒加速度环境试验。下面就离心试验机的特性和试验技术进行简要介绍。

离心机是由安装试验件的吊篮、转臂、平衡配重、转台、减速装置、电机、汇流环和测控系统等组成。典型的离心试验机主体结构如图 6.15 所示。在电机的拖动下,吊篮做等速圆周运动,试验件上产生下列恒加速度环境:

$$G = 1.12 \times 10^{-3} RN^2 \tag{6.27}$$

式中,G 为以重力加速度为参考值的过载系数(g_n);R 为试验件重心离旋转中心的距离(m);N 为离心试验机转速(r/min)。

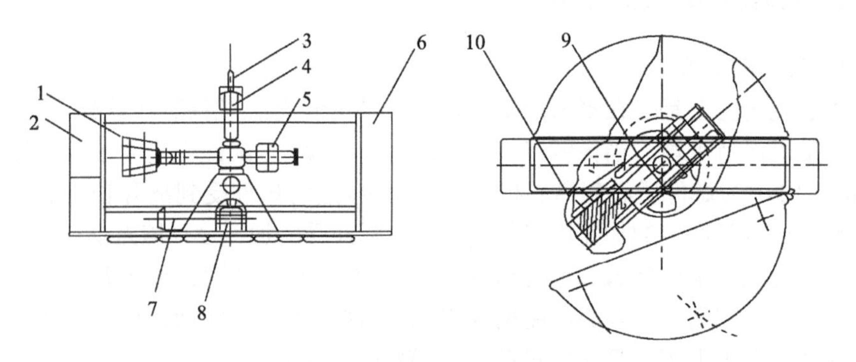

图 6.15 离心试验机

1. 吊篮;2. 配电室;3. 旋转接头;4. 汇流环;5. 配重;6. 测控间;7. 电机;8. 减速齿轮;9. 摄像机;10. 反射镜

由电机和电源组成的离心试验机电子拖动系统可采用直流变速电机,由可控硅变触发角触发或变半波数的整流电源拖动;也可采用交流电机由变频电源调速拖动。当用离心试验机进行产品恒加速度环境试验时,以下几个问题值得关注。

1) 切向加速度

在离心试验机启动加速和关机减速时,必定产生切向加速度,它与法向加速度合成的加速度值可能大于试验条件规定的加速度值,而且合成的加速度方向也偏离试验件的考核方向。为了减小切向加速度的影响,有的标准要求切向加速度值小于试验加速度的 1/10;有的标准规定了加速或减速时间不得小于 15s。

2）转速的波动

在恒加速试验时,可能由于机械传动机构或轴承间隙、电机波动、转臂两边的质量不平衡及主轴动态特性的影响造成试验机转速波动,从而使法向加速度出现波动,还叠加了切向加速度的影响。当加速度波动的频率与试验件的某一固有频率相重合时,还将产生严重的耦合影响。因此,应提高离心试验机的设计、加工制造和维护质量,尽量减小转速波动的影响。

3）加速度梯度

试验件是具有一定几何尺寸的,将它固定在离心试验机吊篮上,由于试验件上各点离旋转轴距离的不等造成加速度梯度,以致不管将试验件以哪个基准点或面安装,都使试验件其他各点的部件过试验或欠试验。为了减小速度梯度的影响,应根据试验件尺寸合理选用离心试验机的转臂半径要求,使整个试验件上所受的加速度值控制在±10%允差内。

4）气动力影响

当离心试验机转臂转动时,受到空气动力作用。特别是在恒加速度试验时,空气动力对试验件的诱发影响不可忽略,这种环境与产品的实际恒加速度环境不一致。必要时需采用整流罩屏蔽,以减小空气动力的影响。

5）角速度的影响

对角速度敏感的试验件不能采用离心试验机进行恒加速度试验,否则会给试验件性能参数带来较大误差,甚至工作异常以致无法评估产品的环境适应性。必要时应选用直线恒加速度试验设备。

6）哥氏加速度影响

如果试验件的部件相对于离心试验机转臂有较大速度,还应考虑由于离心试验机转臂的牵连运动造成的附加哥氏加速度影响。哥氏加速度为

$$a_c = 2\omega \times v_r \tag{6.28}$$

式中,ω 为离心试验机转臂角速度;v_r 为试验件中运动部件相对于转臂的速度矢量;×为矢积符号。

7）试验件的安装要求

试验件的安装边界条件应模拟产品实际的边界条件。试验件安装时,应保证试验件的受力方向与飞行时一致。为了确保试验安全,试验件的安装方式和夹具必须经过强度校核和试验验证。

2. 静力试验技术

航天器结构静载荷试验的加载系统分为:杠杆加载系统和内外压加载系统。

采用杠杆加载系统的静载荷试验包括轴向拉压载荷试验、侧向力载荷试验、纯弯矩载荷试验、纯扭矩载荷试验、集中载荷试验、均布载荷试验和多种载荷联合试验。

采用内外压加载系统的静载荷试验包括:内压载荷试验和外压载荷试验。

航天器结构静载荷试验系统分为加载系统和测量系统,一般静载荷试验系统组成如图 6.16 所示。

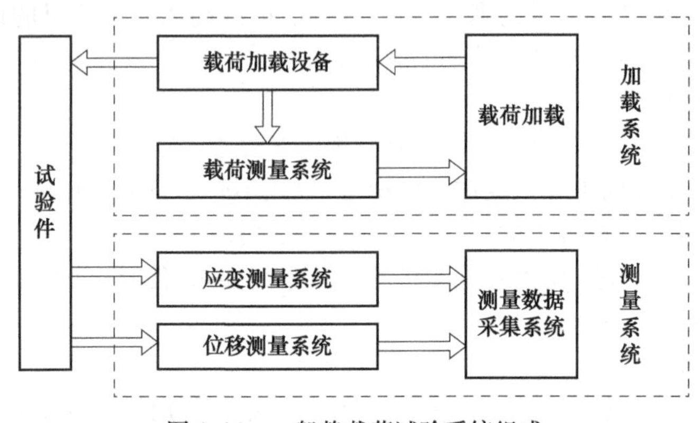

图 6.16　一般静载荷试验系统组成

1) 加载系统

加载系统主要是将加载设备产生的规定静载荷作用在航天器结构上。加载系统分为通用型和专用型。通用加载系统在静载荷试验中普遍使用,一般包括杠杆加载系统和内外压加载系统。专用加载系统为特定试验设计的加载试验设备,一般包括杠杆、加力帽、过渡段、液压筒、橡皮筒等组成,它根据不同试验技术文件要求设计。

2) 测量系统

测量系统主要是完成应变和位移两项测量内容。应变测量系统主要由应变计、静态应变仪等组成。位移测量系统主要由位移传感器、转角测量设备、百分表、千分表等组成。对于大型航天器结构静载荷试验测点需求量大的要求,现多采用计算机控制的数据采集系统进行数据采集和数据处理。

6.6　卫星模态试验

6.6.1　模态参数识别方法

模态参数识别方法有多种,按照识别域分类,分为频域法和时域法;按照自由度分类可以分为单自由度法(SDOF)和多自由度法(MDOF);按照输入输出分类可以分为单输入单输出法(SISO)、单输入多输出法(SIMO)和多输入多输出法(MIMO),具体如图 6.17 所示[10~14]。

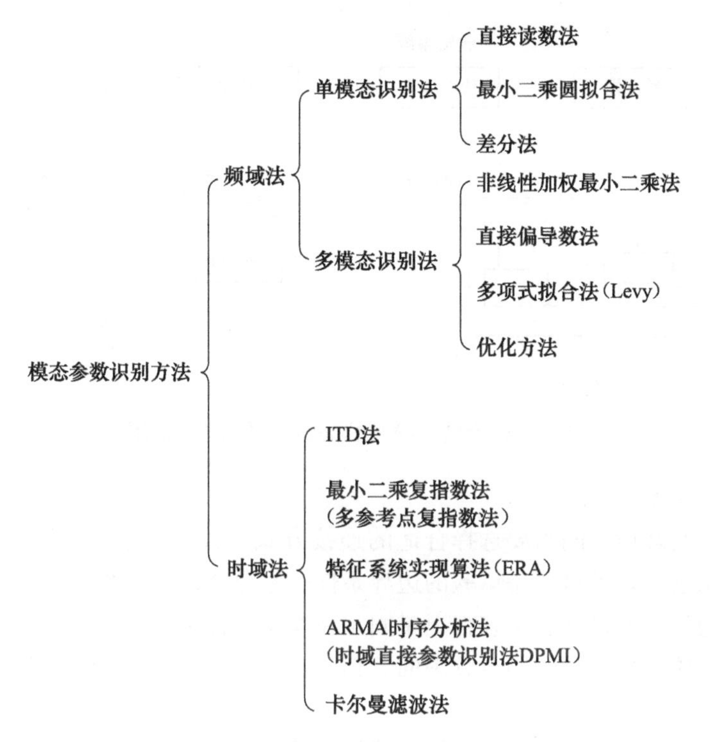

图6.17　模态参数识别的分类

6.6.2　模态试验方法

试验模态分析是理论模态分析的逆过程。首先,试验测得激励和响应的时间历程,运用数字信号处理技术求得频响函数或脉冲响应函数,得到系统的非参数模型;其次,运用参数识别法,求得系统模态参数;最后,如果有必要,进一步确定系统的物理参数。因此,试验模态分析是综合运用线性振动理论、动态测试技术、数字信号处理和参数识别等手段,进行系统识别的过程。

1. 模态试验系统组成及设备

模态试验系统一般包括四大部分:试验件系统、激励系统、测量系统和模态试验分析系统。激振器激励模态试验系统基本框图如图6.18所示。

1) 试验件系统

(1) 卫星试验件及其试验状态。

试验模拟件的结构特性应与产品设计状态一致;试验件上仪器设备的质量特性和刚度特性应模拟设计状态;试验件的边界条件应模拟卫星实际的或设计的安装状态。

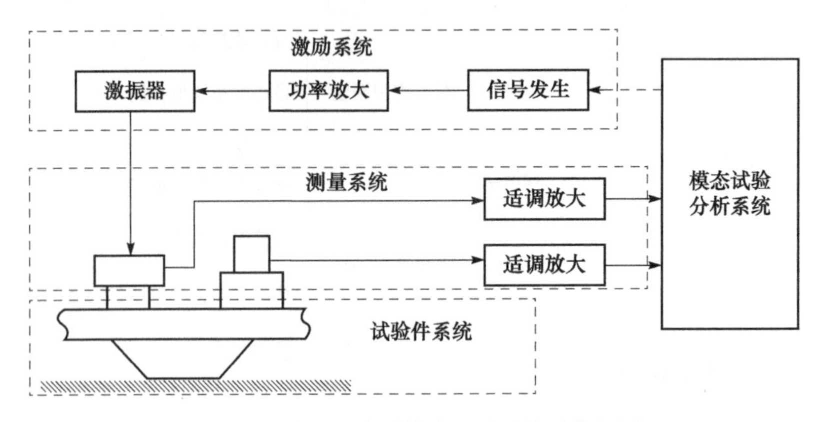

图 6.18 激振器激励模态试验系统基本框图

(2) 边界条件模拟。

试验件与环境之间需要选择合适的连接方式。技术人员需对连接方式、强度和位置作出选择。卫星模态试验的边界条件一般分为以下两种：

固定边界。通过试验工装将卫星固定在基础平面上。一般要求支撑基础的频率应高于结构分析最高阶固有频率的 5 倍，支撑基础的质量一般应大于卫星质量的 10 倍。

柔性悬挂边界。柔性悬挂支撑方式近似模拟自由状态，悬挂系统的固有频率应小于试验件一阶固有频率的 1/5。悬挂点应选在卫星结构刚度较大的节点附近，避免结构悬挂的静应力引起结构刚度变化。试验件的悬挂方向应与结构主振方向垂直。安装在试验件上的附加连接件(如橡皮绳等)的总质量不能超过试验件质量的 2%；悬挂连接件的强度安全系数不应小于 4。

2) 激励系统

卫星模态试验方法中激励方式一般有两种：一是激振器激励；二是力锤激励，如图 6.19 所示。目前广泛使用的激振器是电磁式激振器。激振器的主要特性指

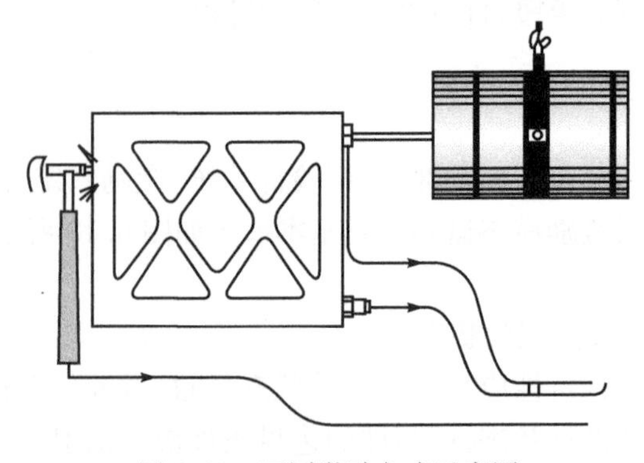

图 6.19 不同激励方式示意图

标包括激振力大小、位移量级和频率范围等。

激振器的安装一般有固定安装和摆式安装两种。安装时都需要使用一根柔性驱动杆，连接激振器和结构的被激励点。柔性杆应具有较低的横向弯曲刚度和足够的轴向刚度，确保激振力有效的传递。一般在将激振器、柔性杆和结构连接好以后，要检查杆是否能够自由运动，如果杆和激振器有摩擦，则需重新调整，直至其能够自由活动为止。另外，对于自身质量较小的激振器应尽量避免使用摆式安装方式，以防止由于惯性太小，在激振力较大时引起的激振器自身摆动。

3）测量系统

测量系统一般由测量传感器、适调放大器、信号传输及转接装置等组成。测量通道的线性程度、频响特性、动态范围和精度要求，应根据所试验结构的动态特性和试验目的来选定。

(1) 传感器的使用。

卫星模态试验时一般使用加速度传感器。要求传感器有足够的灵敏度和较低的背景噪声，横向灵敏度应小于测量方向灵敏度的5%。此外，传感器质量和惯性特性应尽量小，其质量越小，它附加在结构上的影响就越小，测量也就越精确。一般根据传感器的共振特性，它的可使用上限频率被限制在其共振频率的1/3左右。

(2) 适调放大器。

适调放大器的功能是对信号进行放大和滤波，其类型随传感器而异，如压电式加速度传感器配电荷放大器，压阻式加速度传感器配套使用直流放大器等。卫星模态试验中一般要求其非线性度不大于1%，动态范围大于60dB，幅值误差小于2%，通道间相位差小于2°。

4）模态试验分析系统

模态试验分析系统包括A/D转换器、D/A转换器、模拟式抗混淆滤波器、数据处理模块、模态分析软件等。主要用来实现激励信号控制及数据采集、数据预处理、几何模型建立、模态参数识别及振型动画显示[15,16]。

2. 试验设计与要点

根据试验目的和要求及预分析结果，结合现有的试验条件和工程经验，在试验前设计一个合理的试验方案是十分重要的，需要设计的内容主要包括以下几点：

(1) 试验要求及安装方式。

(2) 试验方法的选择，包括激励方式、信号处理方式、模态参数识别方法的选择等。

(3) 激励点的选择。

(4) 响应测点的布置。

(5) 激励、测量、数据采集和处理系统的设备配置。

(6) 提高测试精度的技术措施。

(7) 试验结果的有效性评估方法。

一般情况下,激励方式、数据处理和模态参数识别方法可以按照图 6.20 的方式综合考虑。

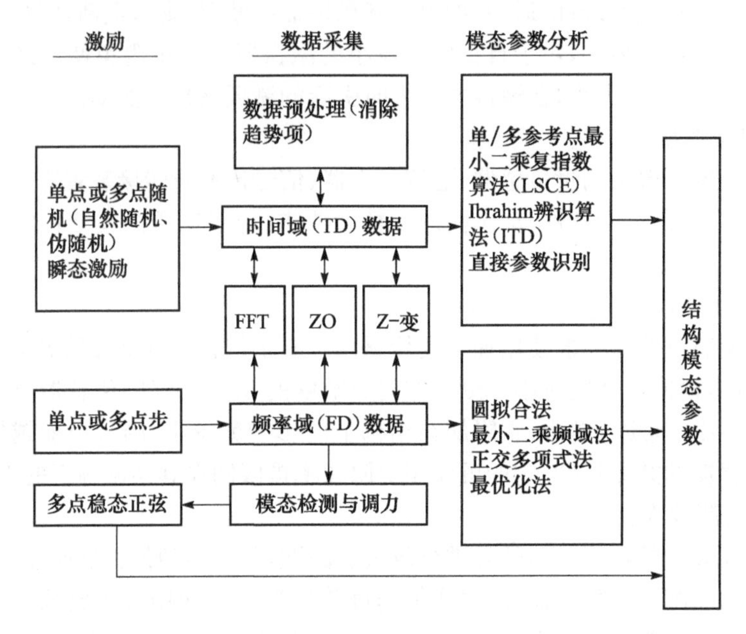

图 6.20 模态试验方法

3. 试验结果有效性评估

模态试验结束后,需要对模态辨识阶数进行确定、有效性估计和相关性检查。

1) 模型定阶

在辨识结构模态参数时,模型阶数的确定是难点之一。若低估了模型阶数,则不能很好地拟合所测得的数据,无法预示结构的响应;若高估了模型阶数,则会改变原有结构特性。一般来讲,模型定阶可以按照以下几点进行:

(1) 根据频响函数的幅频特性决定。即根据频响函数的幅频特性曲线的峰值个数、实部虚部特性曲线的虚部峰值个数、实部幅频特性曲线的零点个数或矢量图上弧长对频率导数的极大值确定。

(2) 计算模态指示函数,取模态指示函数最小值的个数作为模态阶数。

(3) 比较不同阶次模型与观测数据的拟合程度,可以确定出合适的模型阶数。

(4) 用奇异值分解法定阶。主要是假设某一响应数据是由多阶模态叠加而成的,由于噪声模态的能量相对于反映系统性能的模态能量要小得多,这样从系统矩阵可看出噪声模态所对应的奇异值比结构模态所对应的奇异值小得多。因而可根据信号中能量分配的关系来确定模型的阶数。

2）试验结果评定

一般用不同的激励方法和不同的参数辨识算法对试验结果进行评定。

（1）相干性检查。

采用单点随机激励时，应计算激励信号和响应信号的相干函数，表达式为

$$\gamma^2(\omega)=\frac{|G_{YX}(\omega)|^2}{G_{XX}(\omega)G_{YY}(\omega)} \tag{6.29}$$

式中，$\gamma^2(\omega)$为相干函数；$G_{YX}(\omega)$为响应和激励信号的互功率谱密度估计；$G_{XX}(\omega)$为激励信号的自功率谱密度估计；$G_{YY}(\omega)$为响应信号的自功率谱密度估计。

相干函数在(0,1)区间内取值，它是试验质量的重要指标之一，也是对结构的非线性影响、激励力状况、噪声污染和频率分辨率等进行综合评定的参数。相干函数值一般应大于 0.8，当相干函数较低时，应查明原因，采取适当措施（如频率细化和多次平均）来提高。

（2）互易性检验。

一般假设被研究系统遵从 Maxwell 互易性原理，即输出点 i 对输入点 j 的响应等于输入点 j 对输出点 i 的响应，因此线性结构的传递频响函数满足

$$H_{ij}(\omega)=H_{ji}(\omega) \tag{6.30}$$

式中，$H_{ij}(\omega)$为结构第 j 点激励、第 i 点响应的频响函数；$H_{ji}(\omega)$为结构第 i 点激励、第 j 点响应的频响函数。

如果式(6.29)不成立，应检查原因。

（3）数据重复性检验。

在同样的试验条件下进行多次测量，或用不同激励点激励的响应线性组合，检查试验结果的一致性，若不一致，应检查原因。

（4）模态特性的相关性检验。

固有频率比较：试验固有频率测定值与预示值比较。

振型比较：试验测量的振型与预示振型比较。

正交性检验：试验模态的正交性检查按式(6.31)进行。

$$[\Phi_T]^T[M_{TA}][\Phi_T]=[\overline{M_1}] \tag{6.31}$$

试验模态与计算模态的互正交性检查按式(6.32)进行。

$$[\Phi_T]^T[M_{TA}][\Phi_A]=[\overline{M_2}] \tag{6.32}$$

式中，$[M_{TA}]$为试验分析模型的质量矩阵；$[\Phi_T]$为试验测定的模态矩阵；$[\Phi_A]$为分

析预示的模态矩阵；$[\overline{M_1}]$与$[\overline{M_2}]$为类单位矩阵。

一般 $\overline{M}$ 为非对角矩阵，这主要是由测量误差、模型误差、参数识别误差等引起的，其主对角线元素值大于 0.9，而非主对角元素值小于 0.1，则正交性较好；如果正交性较差，应进行相干性检验，检查试验质量和检查预分析所提供的质量矩阵$[M_{TA}]$。

当质量矩阵未知时，两阶试验模态之间的相关性用模态确信指标 MAC 表示为

$$(\mathrm{MAC})_{ik}=\frac{\left|\{\phi^{(i)}\}^{\mathrm{T}}\{\phi^{(k)}\}\right|^2}{\{\phi^{(i)}\}^{\mathrm{T}}\{\phi^{(i)}\}\{\phi^{(k)}\}^{\mathrm{T}}\{\phi^{(k)}\}} \tag{6.33}$$

式中，$(\mathrm{MAC})_{ik}$为第 i 阶和第 k 阶模态之间的模态置信指标；$\{\phi^{(i)}\}$为第 i 阶模态振型；$\{\phi^{(k)}\}$为第 k 阶模态振型。

模态置信指标 MAC 的范围为 0～1。对于不同阶模态的两个向量，MAC 值应接近于 0；对于同阶模态的两个向量，MAC 值应接近 1。

计算模态与试验模态实振型的相关性检查按式(6.34)计算。

$$(\mathrm{MAC})_{\mathrm{TA}}=\{\phi_{\mathrm{T}}\}^{\mathrm{T}}[M]\{\phi_{\mathrm{A}}\} \tag{6.34}$$

式中，$(\mathrm{MAC})_{\mathrm{TA}}$为模态相关性指标；$\{\phi_{\mathrm{T}}\}$为试验振型列阵；$\{\phi_{\mathrm{A}}\}$为计算振型列阵。

MAC 表示计算模态和试验模态的一致性，取值范围为 0～1。通常，MAC 在 0.3 以下表示模态不相关，计算与试验模态不一致；MAC 在 0.7 以上，表示两阶模态相关性较大，计算与试验模态一致性较好。

6.7 动力学虚拟试验技术

动力学虚拟试验是用计算机仿真技术来模拟实际动力学试验，目的是提高试验设计水平，为卫星设计修改和可靠性评估提供技术支持，以便缩短卫星研制周期，减少试验次数，节约研制费用，使型号研制得到很高的效益比。虚拟试验技术主要解决以下问题：

(1) 指导卫星型号动力学环境试验，提高试验水平。

(2) 为卫星型号设计提供依据。

(3) 卫星实体动态试验无法实现时，用虚拟试验代替。

6.7.1 虚拟振动试验技术

图 6.21 给出了振动台虚拟试验技术的主要流程图，从图中可以看到仿真技术是一个非常复杂的过程，尤其是要获得与振动台试验实测一致的仿真结果。

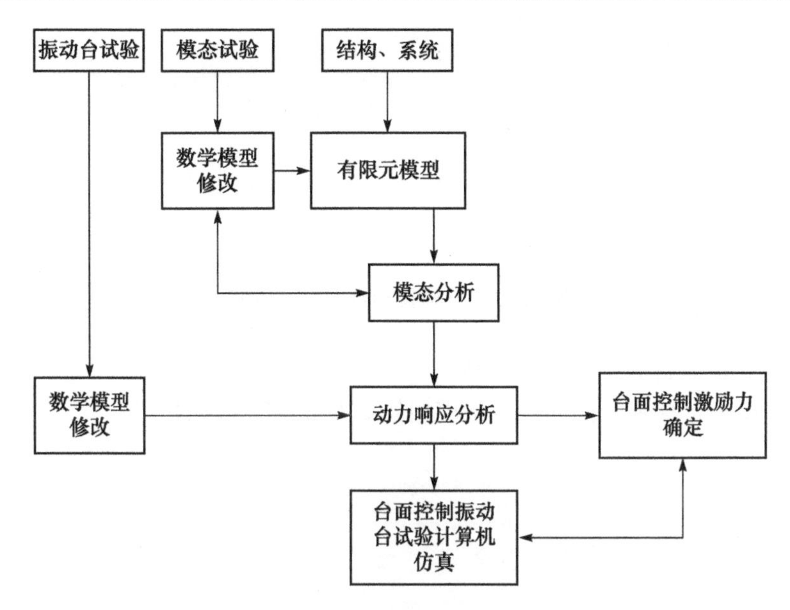

图 6.21　振动台虚拟试验系统技术流程图

计算机仿真的三个要素是:系统、模型和计算机。动态试验仿真最关键的技术是建立正确的系统级有限元数学模型。对于振动台系统,理论建模基本上不可能实现,因此必须采用试验建模技术,也即通过局部或部件的动态试验、整个系统的理论分析与综合,建立仿真系统的数学模型。

以卫星振动台仿真试验技术为例进一步说明。对卫星振动台试验仿真系统,我们同样不能一开始就处理卫星振动台试验系统的仿真,因为整个系统自由度数太大,建立正确的有限元模型非常困难。为此根据振动台试验系统的具体结构将子结构试验建模技术变为逐级结构试验建模技术,并进一步形成逐级结构振动台试验仿真技术。具体做法如下:把整个系统分为若干级结构,每一级结构都包含上一级结构,形成逐级结构的特点。对每一级结构进行仿真技术研究时,都在保持上一级结构仿真模型不变的基础上,对本级增加结构的数学模型进行诊断与修改,并用试验数据进行验证,以形成本级结构的仿真模型。这样可以把卫星振动台试验的大系统仿真的复杂问题化为若干个小系统来研究。具体分如下三个级进行:40 吨振动台振动试验仿真模型;带滑台的 40 吨振动台振动试验仿真模型;带卫星的 40 吨振动台振动试验仿真模型,每个级又分若干个子级来研究。

1. 40 吨振动台有限元数学模型

1) 建立 20 吨振动台的有限元数学模型

20 吨振动台有限元模型如图 6.22 所示(见彩图)。

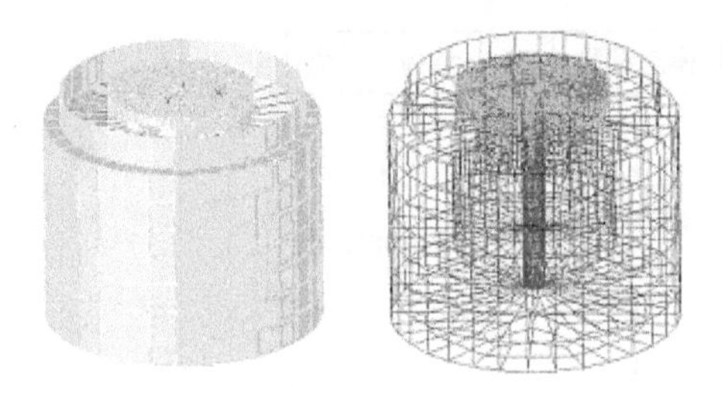

图 6.22　20 吨振动台有限元模型

2）建立扩展台面结构数学模型

40 吨振动台扩展台面的有限元模型如图 6.23 所示(见彩图)。

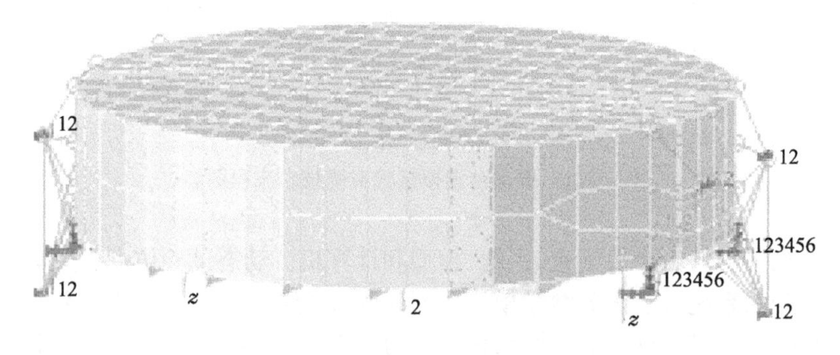

图 6.23　40 吨扩展台面有限元模型

3）建立 40 吨振动台数学模型

40 吨振动台，如图 6.24 所示(见彩图)，分南北两个 20 吨振动台并联组成，40 吨振动台有限元模型如图 6.25 所示(见彩图)。

图 6.24　40 吨振动台侧向实物图

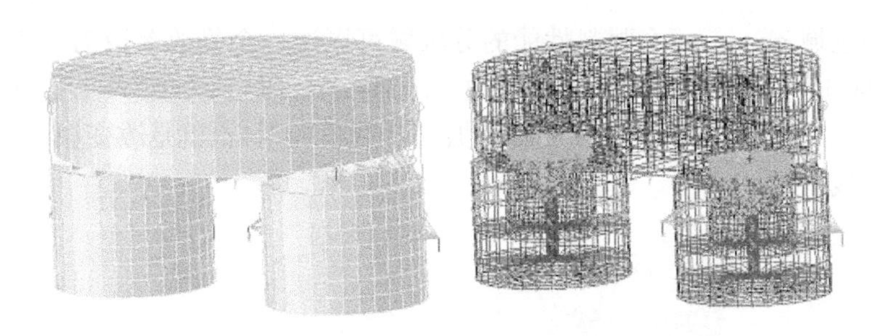

图 6.25　40 吨振动台有限元模型(垂直方向)

上述每级的振动台试验都是在振动台台面或其他位置上选取控制点,按单点控制或四点平均控制进行振动试验。所有计算均以振动台试验的振动响应仿真作为最终目标,上述每级台面控制振动台试验的计算机仿真具体流程如图 6.26 所示。

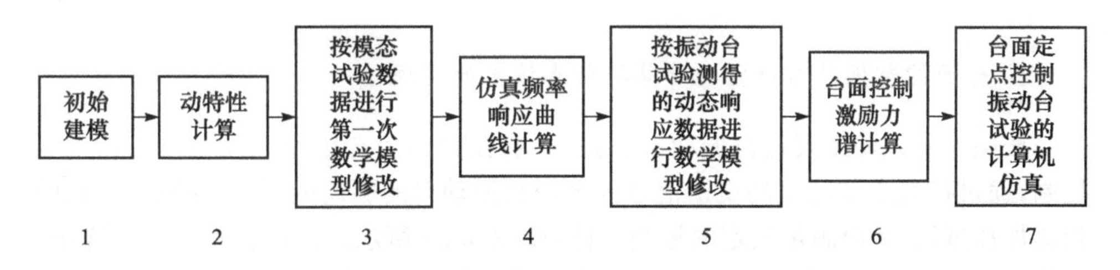

图 6.26　台面控制振动台试验的计算机仿真具体流程

2. 有限元数学模型修正

1) 数学模型修正方法

模态试验数据及其可信度是数学模型修改的主要依据,这些试验数据的误差直接影响模型修正的结果,从而直接影响仿真的精度。

数学模型修正可分为两个过程:一是数学模型诊断修改过程;二是数学模型修正过程。具体过程详见第 3 章。

由于条件的限制,目前采用手工修改的方法来进行 40 吨振动台仿真技术的研究。手工修改的具体做法是将待修改的有限元模型分为若干组,在每个组中选定一个待修改的参数,对这些参数进行修改。一般而言可以将材料常数、一些结构厚度、特征尺寸等选为待修改的参数。

2) 用频率响应曲线修正 20 吨振动台有限元模型

图 6.27(见彩图)给出了振动台动圈的物理特性示意图,将它们划分为十一组物理特性。图中的每个颜色的分区代表采用同一种材料性能的区域,即一个材料

性能的分区域 group，每个材料性能的分区域可以选一个修改参数为代表，如杨氏模量，相应 11 个分区有 11 个修改参数：A_1、A_2、A_3、A_4、A_5、A_6、A_7、A_8、A_9、A_{10}和A_{11}。改变十一个修改参数就改变整个振动台数学模型，也就是改变振动台空台频响函数曲线。

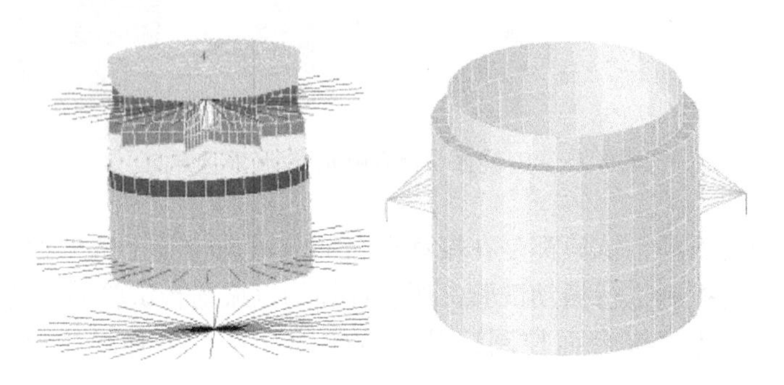

图 6.27 振动台动圈物理特性图

3. 台面控制振动台试验的计算机仿真技术的实现

按照实际试验工况进行振动台试验，一般在台面上选定单点控制或四点平均控制，通过控制点加速度的反馈信号计算控制振动台的驱动电压，使控制点的正弦扫描加速度谱 $a(f)$满足给定的控制条件，如图 6.28 所示。在计算机仿真计算中，不能直接将正弦扫描加速度谱 $a(f)$作为边界条件引入计算，这是由于程序中采用了置大数法改变了结构的固有特性，计算结果与实际试验结果不一致。下面介绍台面控制计算机仿真的实现方法。

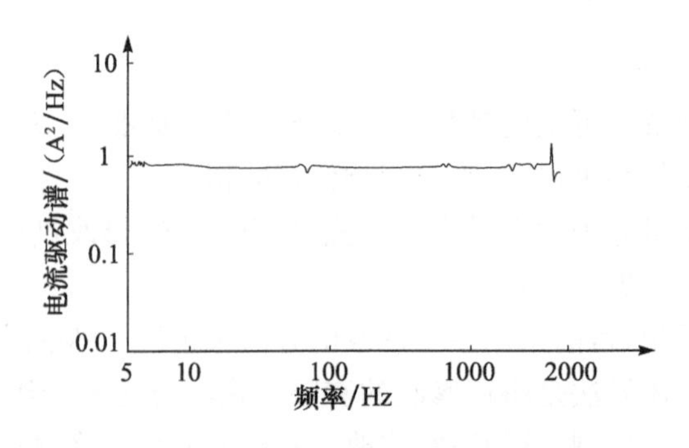

图 6.28 电流驱动谱 $I(f)$曲线

这时振动台控制台面上给出电流驱动谱 $I(f)$曲线如图 6.28 所示，在振动测试仪器上给出每个测点的振动台试验加速度响应谱试验曲线 $A(f_i)$，振动台动圈上激励力为 F，计算公式为

$$F=(QL)I(f)=GI(f) \tag{6.35}$$

式中，Q 为磁感应强度；L 为导线长度；$I(f)$ 为动圈电流；$G=QL$ 为力常数。将振动台电流驱动谱 $I(f)$ 和每个测点的加速度响应谱 $a(f_i)$ 代入式(6.36)即可求得振动台试验系统每个测点的结构频响函数试验曲线 $H(f_iT)$。

$$H(f_iT)=\frac{a(f_i)}{F(f)}=\frac{1}{G}\frac{a(f_i)}{I(f)} \tag{6.36}$$

式中，i 表示测试点号；T 表示有关试验的量。可以相对于电流驱动曲线 $I(f)$ 作加速度响应谱试验曲线 $a(f_i)$ 的传递函数曲线(图 6.29)，式(6.34)表示传递函数曲线 $a(f_i)/I(f)$ 的 $1/G$ 倍就是测点的结构频响函数试验曲线 $H(f_iT)$，因此每个测点的结构频响函数试验曲线 $H(f_iT)$ 可以作为数学模型第二次修正的依据。

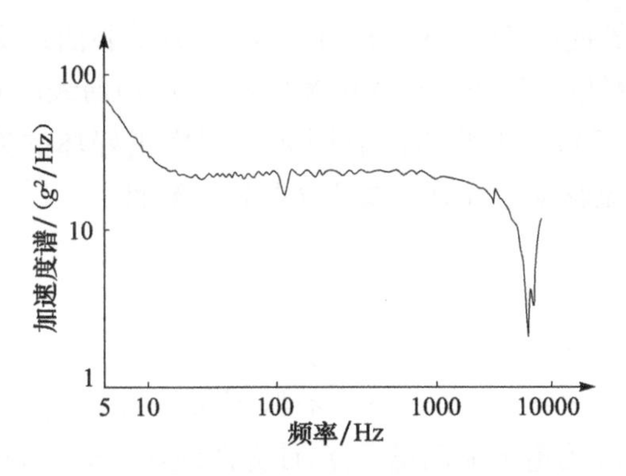

图 6.29　加速度谱控制条件 $a(f)$

以实际试验工况进行振动台试验系统的频率响应曲线计算，边界条件为动圈下端作用如图 6.30 所示的均匀激励力谱 $F_1(f)$，用 NASTRAN 有限元程序求解得到振动台试验系统每个计算点的结构响应函数 $a(f_iA)$，则结构频响函数计算曲线为

$$H(f_iA)=\frac{a(f_iA)}{F_1(f)} \tag{6.37}$$

式中，i 为计算点号；A 表示有关计算的量。模型修改就是使结构频响函数计算曲线 $H(f_iA)$ 与结构频响函数试验曲线 $H(f_iT)$ 一致。

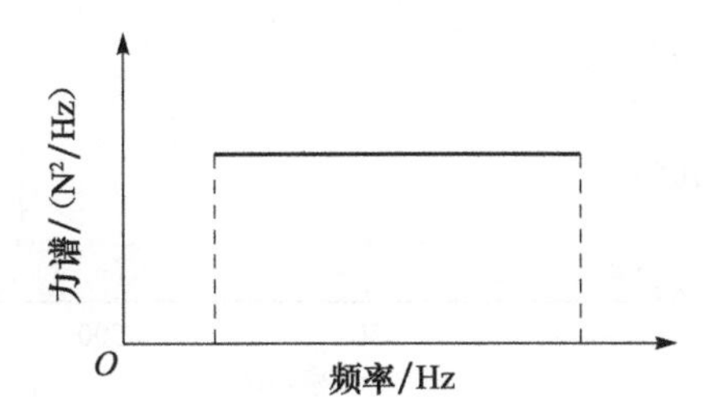

图 6.30　均匀的单位激励力谱 $F_1(f)$

同样的，在振动台动圈下端作用激励力谱为 $F_2(f)$，用有限元程序求得振动台试验系统单点或四个计算点（即四个控制点）的平均响应 $a(f_iA)$，取给定的正弦扫描加速度谱控制条件 $a(f)$。

在假设结构线性化的条件下，则有激励力谱 $F_2(f)$ 为

$$F_2(f) = F_1(f)\frac{a(f)}{a(fA)} \tag{6.38}$$

激励力谱 $F_1(f)$、单点或四个控制点的平均响应为 $a(fA)$ 和正弦扫描加速度谱控制条件 $a(f)$ 均为已知，则可用补充程序按式(6.36)计算给出激励力谱 $F_2(f)$。

以每个测点的结构频响试验曲线 $H(f_iT)$ 作为数学模型第二次修正的依据，使结构频响函数计算曲线 $H(f_iA)$ 与结构频响函数试验曲线 $H(f_iT)$ 一致。这时必然有计算给出的激励力谱 $F_2(f)$ 为电流驱动谱 $I(f)$ 曲线的 G 倍，从而给出电流驱动谱计算曲线 $I(fA)$。由此给出有限元模型修正好坏的判据，即电流驱动谱 $I(f)$ 试验曲线与电流驱动谱计算曲线 $I(fA)$ 的一致性。

4. 仿真实例分析

1) 20 吨振动台空台试验的计算机仿真

经过模型修改后 20 吨振动台空台有限元模型计算给出的频响函数曲线如图 6.31所示，图 6.32 为电流驱动谱 $I(f)$ 计算曲线，图 6.33 为电流驱动谱 $I(f)$ 试验曲线，比较图 6.32 与图 6.33 可以看出计算曲线和试验曲线非常相似。

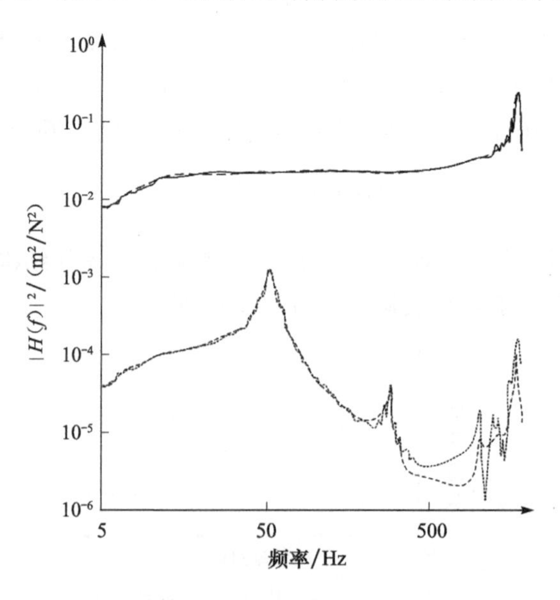

图 6.31 计算出的频响函数曲线(20 吨振动台)

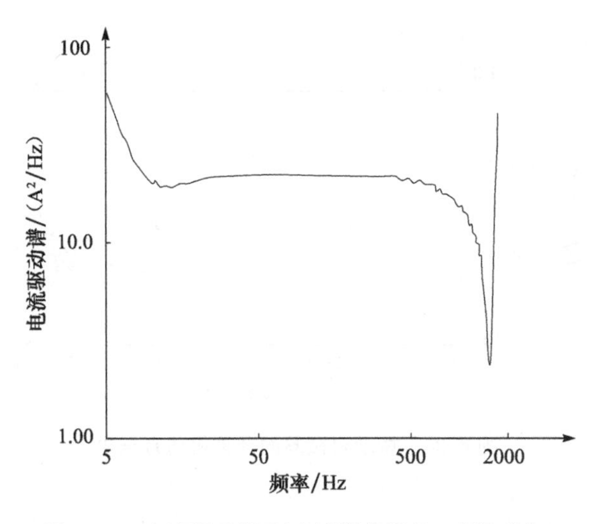

图 6.32　电流驱动谱 $I(f)$计算曲线(20 吨振动台)

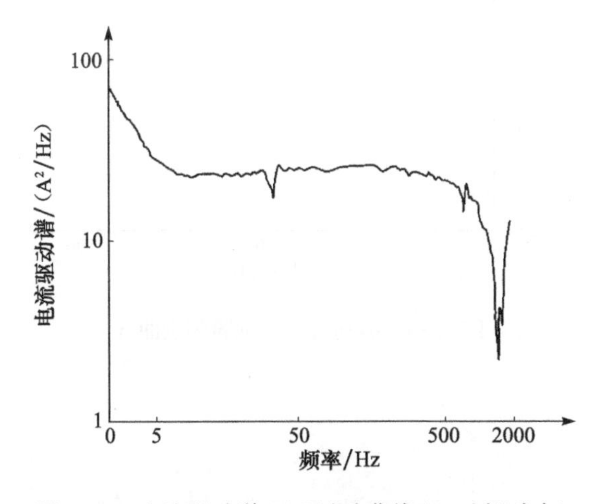

图 6.33　电流驱动谱 $I(f)$试验曲线(20 吨振动台)

将图 6.32 所示的电流驱动谱 $I(f)$计算曲线作为激励力谱作用于修改后的数学模型上,由 NASTRAN 程序计算给出振动台空台试验的计算机仿真结果如图 6.34 所示。图 6.35 给出振动台空台试验测得的响应,比较图 6.34 与图 6.35 可以看到仿真结果与试验结果的一致性,从而达到虚拟试验的目的。

2) 40 吨振动台空台试验的计算机仿真

经过手工修改的 40 吨振动台空台有限元模型计算给出的频响函数曲线如图 6.36 所示。图 6.37 为电流驱动谱 $I(f)$计算曲线,图 6.38 为电流驱动谱 $I(f)$试验曲线,比较可以看出两条曲线非常相似。

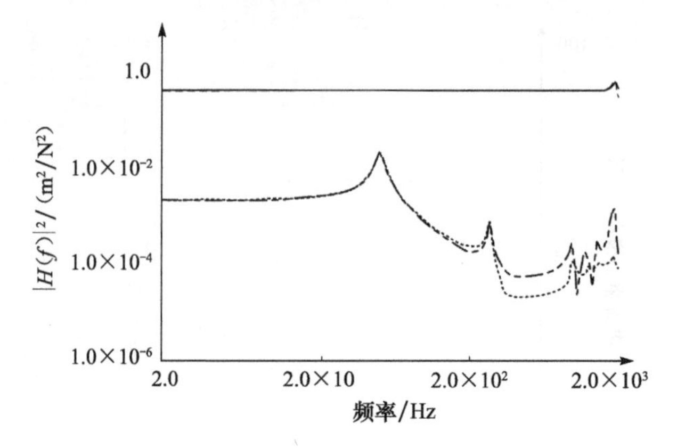

图 6.34　振动台试验的计算机仿真结果

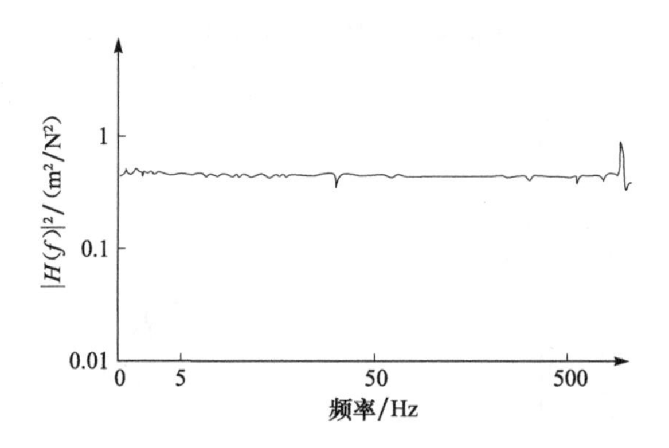

图 6.35　振动台空台试验频响曲线

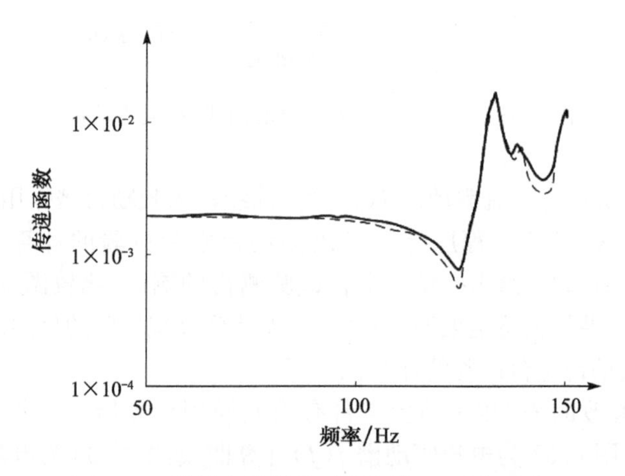

图 6.36　计算出的频响函数曲线(40 吨振动台)

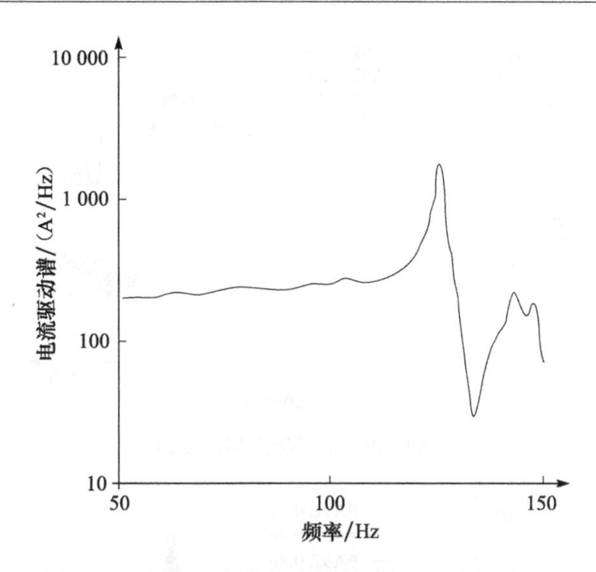

图 6.37　电流驱动谱 $I(f)$ 计算曲线(40 吨振动台)

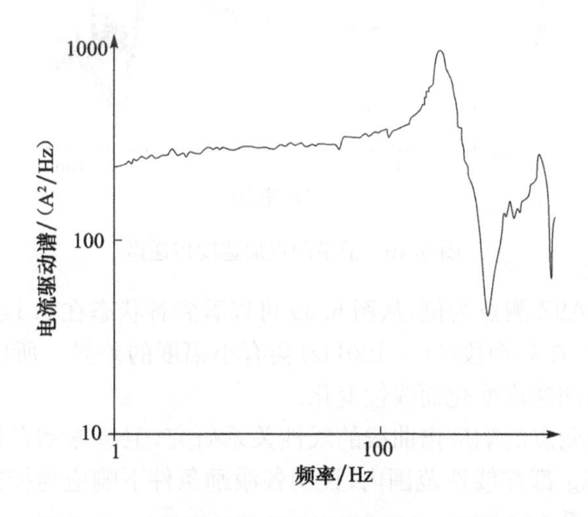

图 6.38　电流驱动谱 $I(f)$ 试验曲线(40 吨振动台)

3) 卫星振动台虚拟振动试验

卫星的振动台虚拟试验流程与 40 吨振动台建立的流程相同,首先对卫星试验进行分析处理来讨论卫星模型的线性问题,然后通过一组试验数据对卫星的有限元模型进行修正,最后对卫星其他状态的试验进行预示计算,将计算结果与试验数据进行对比分析。针对卫星振动试验进行的几组不同级别试验。将各种量对控制点的平均加速度谱作传递,计算出传递函数曲线。

卫星主结构上的测点加速度谱及加速度传递谱如图 6.39 和图 6.40 所示。

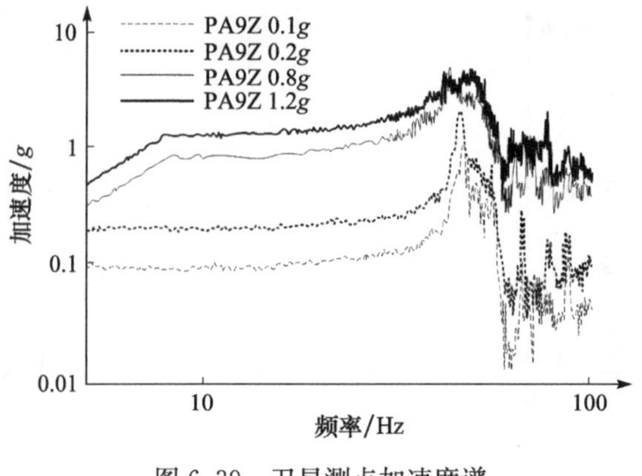

图 6.39 卫星测点加速度谱

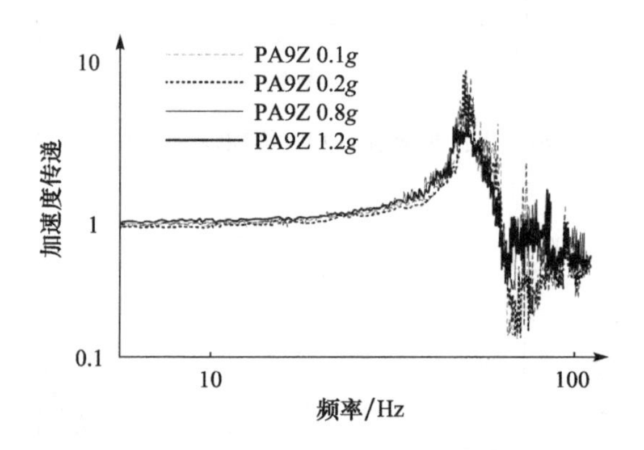

图 6.40 卫星测点加速度传递谱

以某卫星 PA9Z 测点为例,从图 6.39 可以看到各状态在 0.1g 变化到 1.2g 时各曲线基本重合,在高频段(50～100Hz)会有小幅度的差异。所以,PA9Z 测点响应谱曲线随控制加速度变化而线性变化。

综合对其他测点的响应谱曲线的线性关系研究,卫星振动台振动试验系统在 0.1g 变化到 1.2g 都在线性范围内,说明各激励条件下响应与控制加速度之间存在很好的线性关系。

以 0.2g 试验数据为参考,对卫星有限元模型进行修正分析计算,得到计算传递函数。图 6.41 是试验与计算的传递函数比较,可以看到两者误差比较小。图 6.42 是计算的驱动力谱,图 6.43 是试验的南北台电流驱动曲线,两者在形状趋势上基本相同,高频段曲线误差虽然大一些,但走向相似。因而这个模型基本上可以用于虚拟仿真。

应用修正后的卫星模型,根据 1.2g 状态的控制加速度谱(图 6.44)由定点控制激励力谱求解程序计算出 40 吨振动台两台激励力谱计算曲线 $I_A(f)$。将激励力谱加在模型上用 NASTRAN 进行分析计算,得到的结果即为振动台振动试验

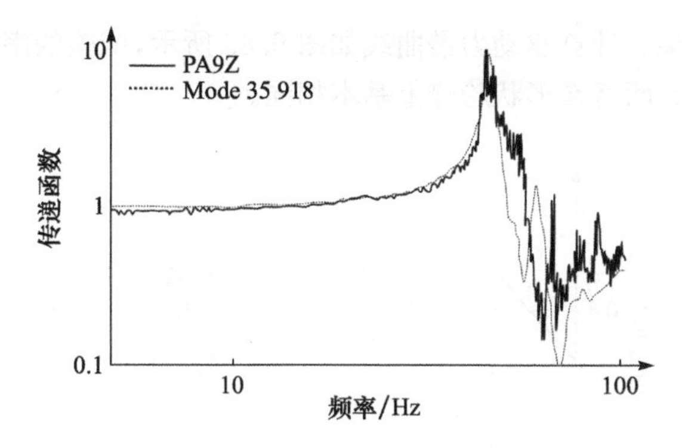

图 6.41　测点传递函数曲线比较

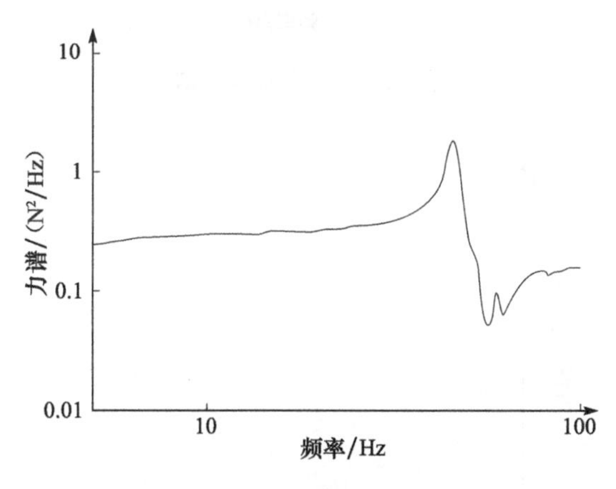

图 6.42　计算力谱曲线

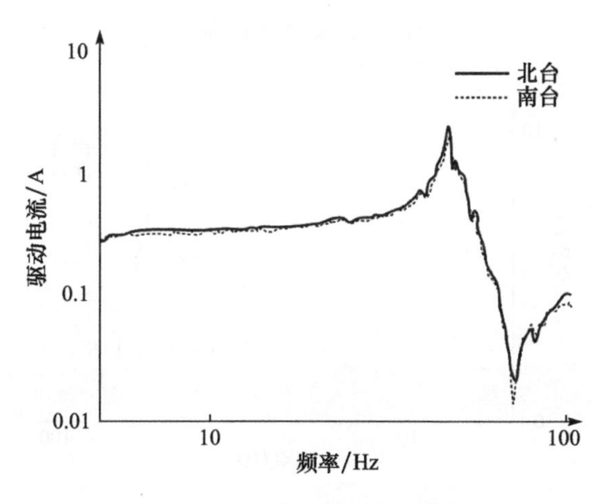

图 6.43　南北台电流驱动曲线

的计算机仿真结果。计算驱动力谱曲线如图 6.45 所示，试验的南北台电流驱动曲线如图 6.46 所示，两者在形状趋势上基本相同。

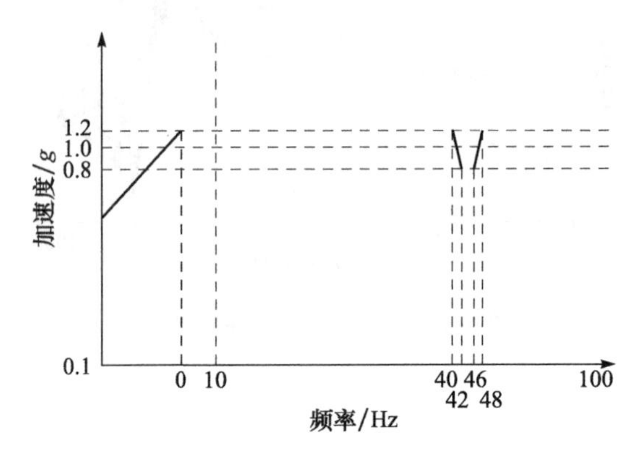

图 6.44　控制加速度谱

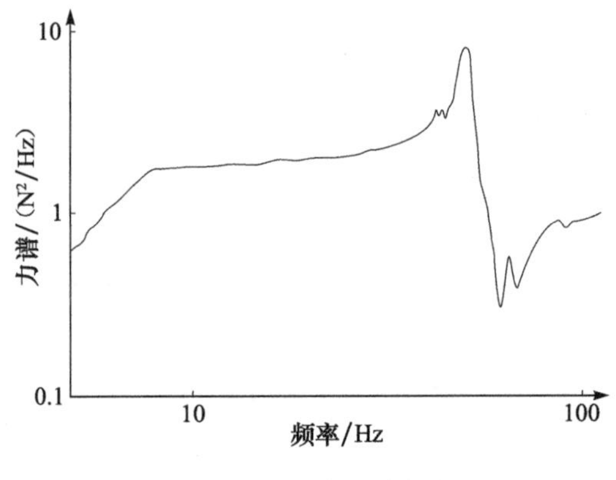

图 6.45　计算力谱曲线

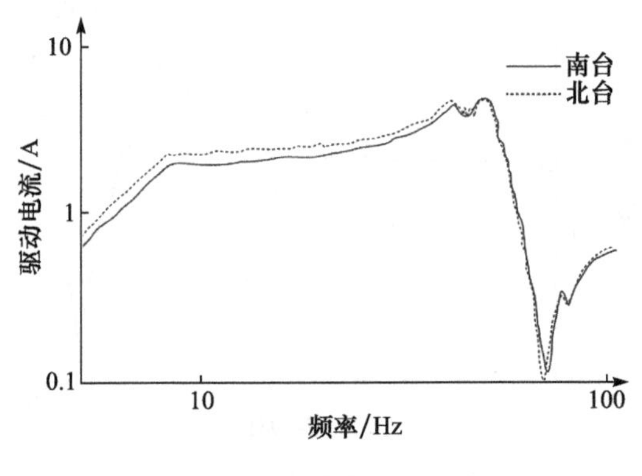

图 6.46　南北台电流驱动曲线

卫星上的测点频响函数计算曲线与试验曲线的比较如图 6.47 和图 6.48 所示，从图中可以看出，在低频段试验曲线与计算曲线比较一致，在高频段试验曲线与计算曲线误差较大。

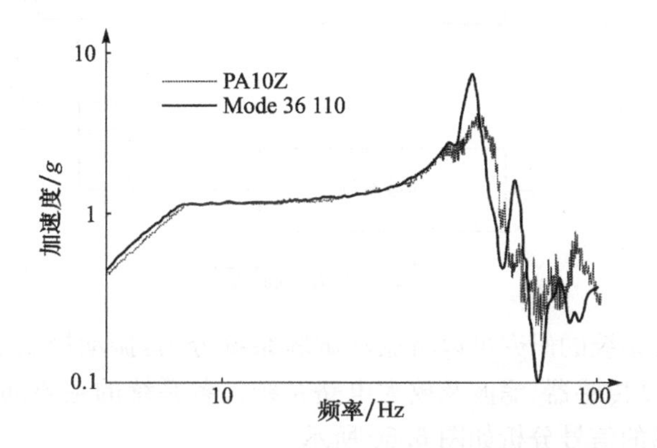

图 6.47　PA7Z-PA10Z 加速度响应曲线比较

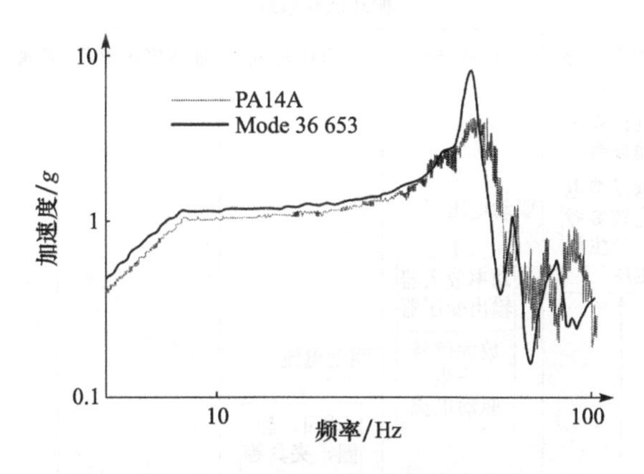

图 6.48　PA11Z-PA14Z 加速度响应曲线比较

6.7.2　振动试验系统闭环虚拟试验技术

振动试验系统的工作方式如图 6.49 所示，具体流程如下：试验时计算机控制系统输出驱动信号，经功放系统放大后输入振动台，在台面上产生振动，振动台作用力由夹具传到卫星。振动控制点上的响应由加速度传感器产生电荷信号，经过电荷放大器反馈到计算机。利用振动控制系统，采用四点平均控制方法，控制系统进行比较和修正，使驱动信号在控制点上产生的加速度响应符合试验条件的要求。对于垂直向振动试验，计算机控制系统输出的驱动信号还需要经过电流相位/幅值同步控制系统来使两个振动台相位/幅值同步。

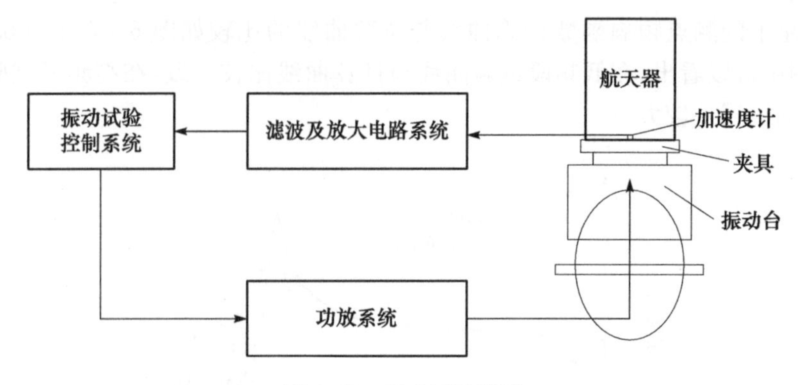

图 6.49　振动试验系统

经对振动台系统的研究可以将振动试验系统分为：振动控制系统、功放系统、台体系统、加速度传感器、滤波及放大电路系统。各系统的主要部件、主要功能及在各系统间传递的信号分析如图 6.50 所示。

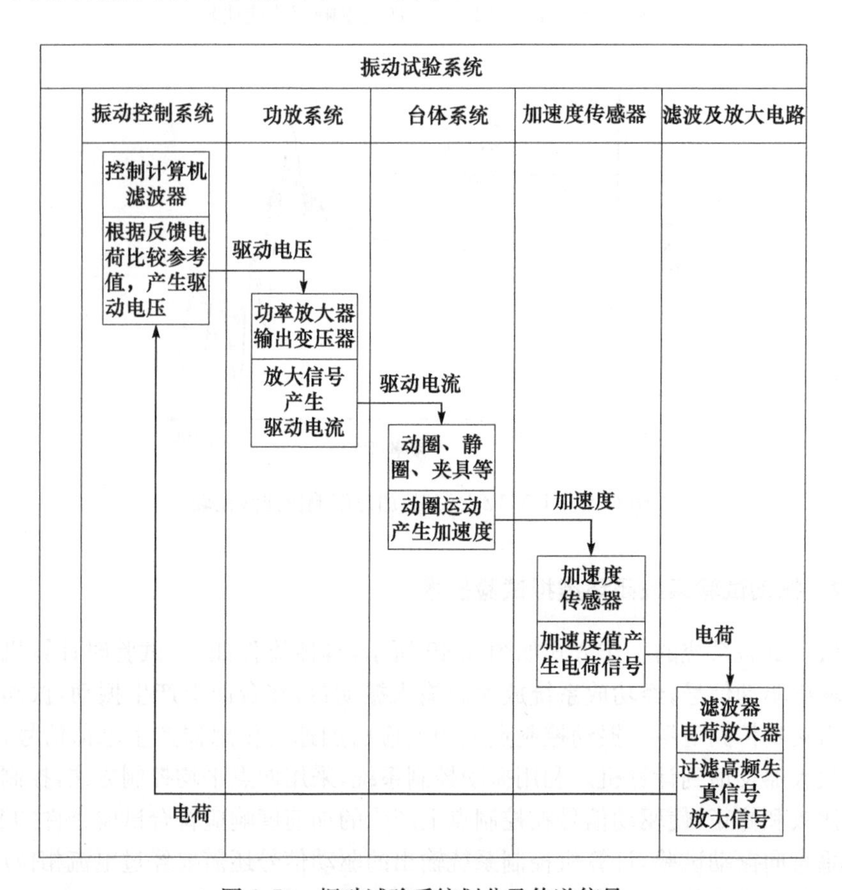

图 6.50　振动试验系统划分及传递信号

从以上系统划分可以看出，除台体系统外，其他四个系统中都是电子信号的处理及联系；台体系统中，将驱动电流转换为电磁力后，则是一个针对台体系统的强迫响应分析问题。

根据建立的各分系统(功放系统、加速度传感器系统、滤波与放大电路系统的计算机仿真方法比较简单，不再详细阐述)，这五部分联合仿真即构成了整个振动试验系统的仿真分析。结合图6.50所示的总体方案，各系统、各软件在整个系统中的联系和功能如图6.51所示。

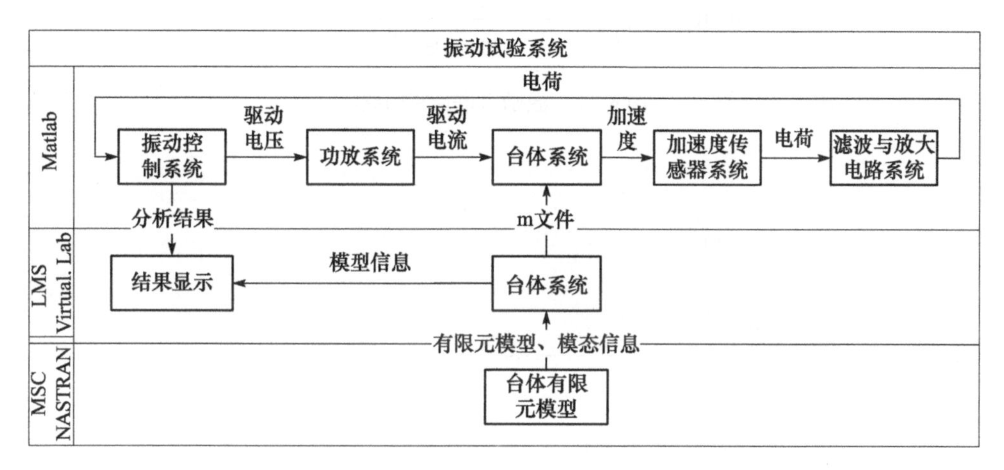

图6.51　振动试验各系统联合仿真结构

Matlab作为仿真分析的平台，各系统在其中建立，通过中间传递量进行连接，完成闭环的系统。分析处理的结果可以反映到LMS Virtual. Lab中来观察，LMS Virtual. Lab有多种结果查看方式和数据处理方法，必要时还可以自己开发有针对性的工具来进行结果分析。最终完成虚拟振动试验系统。

仿真分析的结果还需要与试验结果进行对比，根据试验数据对系统的模型进行修正，使系统达到技术指标的精度需求，分析计算结果对试验具有指导意义。

应用卫星虚拟振动试验系统进行振动台空台0.2g仿真试验，试验条件为5～500Hz，控制点平均加速度响应0.2g。根据试验条件输入系统计算出振动台空台两台激励力谱计算曲线如图6.52所示。得到的控制曲线与试验曲线对比如图6.53所示，二者比较接近。

图6.54和图6.55是仿真虚拟试验结果与真实试验加速度响应曲线的对比，其中“old”为开环分析结果，“new”为闭环分析结果。从图中可以看出，在低频段试验曲线与计算曲线比较一致，误差分析计算得到5～100Hz均方根误差均小于15%。在高频段试验曲线与计算曲线误差较大。闭环仿真的结果在低频段的误差较开环段还有所增加(这是考虑到功放的传递特性所引入的)。而高频段的误差

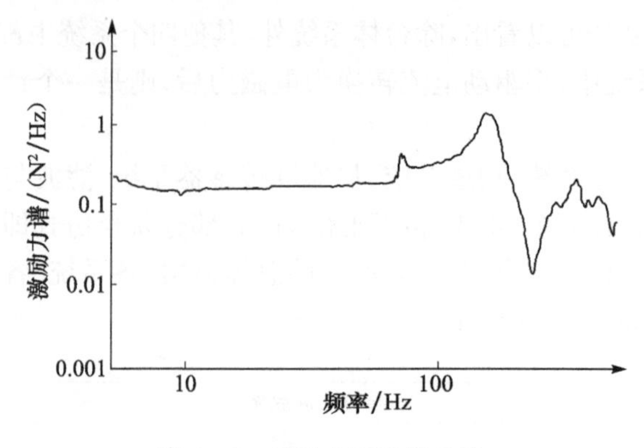

图 6.52　激励力谱计算曲线

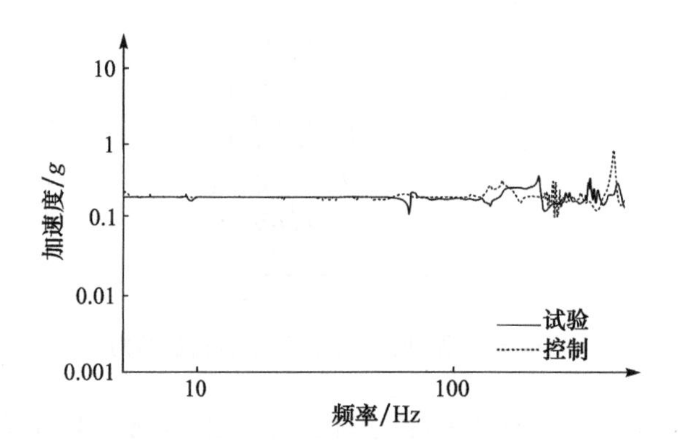

图 6.53　控制曲线与试验曲线比较

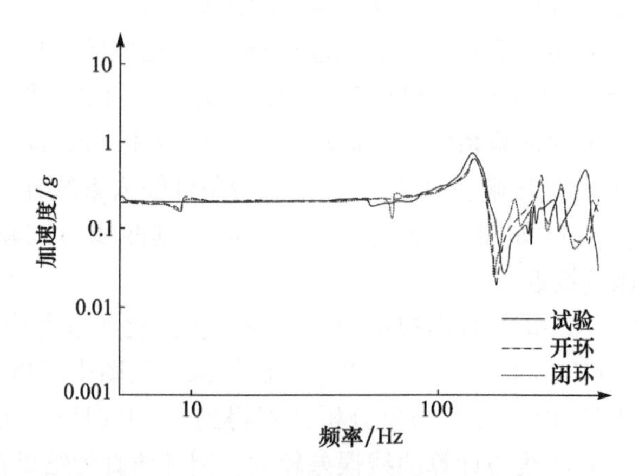

图 6.54　台面 a15 加速度响应曲线比较

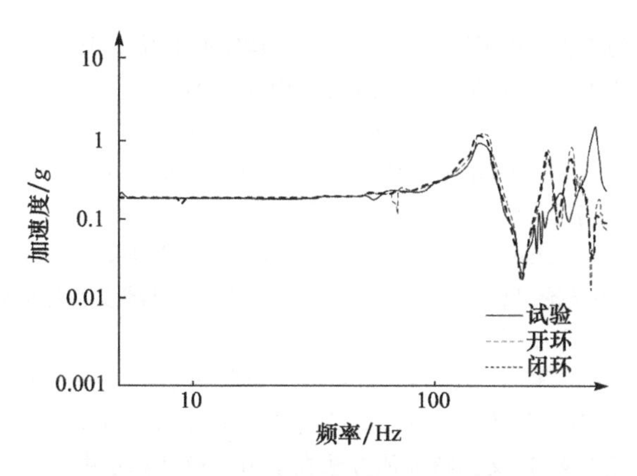

图 6.55　台面 a19 加速度响应曲线比较

与开环方法比较则有很大降低，说明该方法在高频段对仿真有很大的改进。

通过以上的研究与分析可以看出，虚拟振动试验系统是一个复杂的多硬件、多软件协同的仿真分析系统。闭环虚拟试验系统在不改变有限元分析模型，满足技术指标的前提下，仿真分析结果在高频段有很大的改善，对试验分析有效。该系统分析的结果与真实试验结果更加接近，可以对卫星进行虚拟振动试验，虚拟试验的结果为试验设计提供参考。

6.8 小　　结

本章重点针对卫星研制过程中所需的地面动力学环境模拟与试验技术进行了简要介绍，涉及振动试验、声试验、冲击试验、模态试验及虚拟试验等内容。随着科学技术的发展，卫星的力学环境模拟与试验技术也得到进一步发展，主要表现在以下两个方面：

(1) 在力学环境模拟方法上，更加逼近产品实际的力学环境。从静态载荷到动态载荷；从正弦激励到随机激励；从机械振动到声振耦合环境；从简单冲击波形到实测冲击波形再现和冲击谱复现；从单一力学环境因素模拟到综合环境因素模拟等。

(2) 在试验技术上，采用了一些新的试验技术。振动试验采用力限控制、大推力并联等技术；声试验采用多输入多输出分频控制、高声强宽频控制试验等技术；冲击试验采用汽锤、爆炸冲击、谐振冲击等技术；动力学虚拟试验技术、微振动试验技术等越来越受到重视。

参 考 文 献

[1] 向树红. 航天器力学环境试验技术[M]. 北京：中国科学技术出版社，2010.

[2] 王仁智，吴培远. 疲劳失效分析[M]. 北京：机械工业出版社，1987.

[3] 柯受全. 卫星环境工程和模拟试验[M]. 北京:中国宇航出版社,1996.
[4] 谷口修. 振动工程大全[M]. 北京:机械工业出版社,1983.
[5] 张阿舟. 振动环境工程[M]. 北京:航空工业出版社,1986.
[6] Fackler W C. 振动试验中的等效技术[M]. 北京:国防工业出版社,1979.
[7] 马大猷,沈嵘. 声学手册[M]. 北京:科学出版社,1987.
[8] Bell L H. Industrial Noise Control[M]. New York:Marcel Dekker Inc,1982.
[9] 施荣明,美立峰,周枝伦. HB 6167. 15—1989　民用飞机机载设备环境条件和试验方法 声振试验[S]. 北京:航空航天工业部,1989.
[10] 邱吉宝,向树红,张正平. 计算结构动力学[M]. 合肥:中国科学技术大学出版社,2009.
[11] 李德葆. 振动模态分析及其应用[M]. 北京:中国宇航出版社,1989.
[12] 李书,卓家寿,任青文. 广义逆特征值方法在动力学模型修正中的应用[J]. 振动与冲击,1998,17(2):63～66.
[13] 王大钧,周春燕,金定考. 重复结构的理论模态分析[C]. 第十五届全国振动与噪声控制高技术及应用会议,合肥,2001.
[14] 俞云书. 结构模态试验分析[M]. 北京:中国宇航出版社,2000.
[15] Клюев В В. 振动、噪声、冲击的测量仪器与系统手册[M]. 北京:国防工业出版社,1988.
[16] Randall R B,Tech B A. Frequency Analysis[M]. San Mateo:Larsen & Son,1987.

第7章 卫星力限振动试验技术

作为考核卫星承受动力学环境能力的振动试验，应使试验件产生的动力学效应与实际环境引起的效应相似。如果试验量级偏低而不能有效覆盖所经历各种情况下的力学环境，卫星得不到充分考核，将带着隐患发射；反之，如果试验量级偏高，卫星将在试验中承受过于严格的考核，造成卫星与运载火箭有效载荷甚至结构的损坏，降低卫星工作的可靠性，缩短使用寿命。卫星振动试验一般仅采用加速度进行控制，然而由于试验中边界阻抗的不同及试验条件的制定是采用包络形式，卫星共振频带的试验量级往往远高于实际情况，产生过试验现象，采用力限试验技术可以有效解决目前振动试验中卫星在共振频带的过试验问题。力限是指在加速度控制的基础之上，引入力响应限幅控制，使振动试验量级同时满足加速度条件和力响应限制条件，从而较真实地模拟航天器发射状态下的力学环境效应，考核卫星承受动力学环境的能力。

确定合理的力限条件是进行力限振动试验的前提，5.6节已经对力限试验条件的设计方法进行了较详细的介绍。本章则系统总结近年来卫星力限振动试验技术的研究成果[1~3]，从力限技术的发展、试验原理、力测量处理技术及力限振动试验系统搭建等方面进行论述，重点介绍力限在卫星振动试验中的工程应用技术。

7.1 力限控制理论

7.1.1 力限振动试验技术的发展

在描述卫星结构动力学特性的各种参量中，加速度以其传感器的测量精度高和便于操作实施等优点而被振动试验广泛采用。但在地面模拟动力学环境试验中，由于卫星安装在振动台上的边界条件与实际发射情况不同，仅依靠加速度控制来模拟卫星和火箭连接面的运动不足以反映卫星所经受的真实力学环境，往往使卫星结构在共振频率产生较大响应。在发射过程中，运载火箭结构机械阻抗较小，在卫星结构共振频率处，由于动力吸振效应，星箭连接面处加速度响应反而很小，卫星受到的激励力得到缓解；在振动试验中，振动台的机械阻抗较大，输入给卫星的激励力可以不断增加，在仅依靠加速度控制时往往会产生过试验，对卫星造成损伤。这种现象在卫星部组件振动试验中也同样存在。

早在20世纪50年代航天器力学环境试验方面的专家就注意到，试验时与卫星连接的振动台与运载火箭的特性存在较大差异，即后来所谓的振动台机械阻抗远高于火箭对接面的阻抗，导致了卫星振动试验中的过试验问题[4]。随着研究的深入，人们认识到振动试验是通过对卫星进行能量输入，激励起结构的运动响应，来检验卫星的动态特性及其承受动力学环境的能力。因此，正如电学中只考虑电压而不考虑阻抗和电流一样，振动试验中若只考虑运动(加速度)而不考虑产生运动的力则不能全面反映对卫星输入的激励能量。从这个角度看，卫星结构加速度响应是运载火箭激励力作用的结果。在振动试验中只有卫星连接处的加速度和激励力都得到控制，才能更真实地模拟实际飞行时的动力学环境，因此提出在传统加速度控制的基础上，通过在卫星与振动台间安装力传感器来测量力，实现加速度和力的双重控制。

早期受到测量技术发展的限制，振动试验中一般仅测量结构的加速度和应变而极少测量力。个别试验中即便出现对力的测量也主要是通过应变间接测量的。由于应变测量结果易受粘贴位置等因素的影响从而影响到力测量的准确性，所以，虽然力限技术提出较早，却没有受到人们的重视。直到20世纪80年代后期，随着新型压电石英力传感器的出现，力测量变得和加速度一样方便、准确，极大促进了力限振动试验技术的发展。90年代，NASA最早将力限技术成功应用于航天器振动试验，先后完成了一系列卫星及部组件力限振动试验，如Cassini卫星振动试验[5,6]，如图7.1所示。为规范和推广力限振动试验技术的应用，NASA相继发布多项相关论著和标准，如NASA RP1403、HDBK-7004、HDBK-7004B等[7~9]。近年来，力限振动试验技术受到很多国家的重视，如加拿大、日本、意大利、法国及韩国等[10~16]。

7.1.2 力限振动试验原理

在发射过程中卫星与运载火箭连接处的加速度响应谱在不同频率处量级不同，存在波峰和波谷，而振动试验时由于边界条件发生改变使卫星固有频率发生变化，若按发射时的频谱进行激励，势必造成两种不同连接条件下固有频率处响应的过、欠试验。同理，星载有效载荷在发射和试验两种状态下也会经历类似情况，这是振动试验自身难以克服的问题。曾有人提出设计模拟卫星安装结构动态特性的试验夹具，但这种夹具由于设计加工难度大、专用性强而不易推广。传统振动试验夹具为了使与试验件连接面各点输入的加速度大小相同并避免与试验件产生共振，都最大限度地提高刚度，造成夹具的结构特性与星箭连接处有很大不同，从而带来卫星受力情况的差异。另外，为了在地面对卫星进行充分合理的考核，振动试验条件一般采用对多次发射测试数据统计包络，并增加适当余量的方法制定，这样制定的试验条件趋于苛刻。

(a) 试验照片

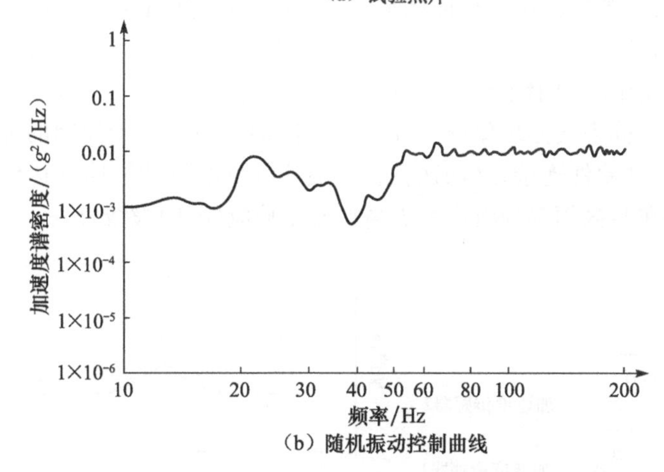

(b) 随机振动控制曲线

图 7.1　1996 年 11 月 Cassini 卫星力限振动试验

图 7.2 为某卫星声试验中，星载不同电子设备与卫星舱板连接处的六条响应曲线[4]。对于其中某一电子设备，在其共振频率处(约 140Hz)设备连接面的加速度响应很小(图中黑色曲线)，这种现象称为动力吸振效应(dynamic absorber effect)。图中上部梯形曲线是电子设备单机的随机试验条件，可见在产品共振频率处，试验条件高出实际响应 10dB 以上。在 100～500Hz 的频段内试验条件能较好地包络星上六条响应曲线，但在低于 100Hz 和高于 500Hz 的两段频率区间中，

试验条件均高出实际响应曲线较多。

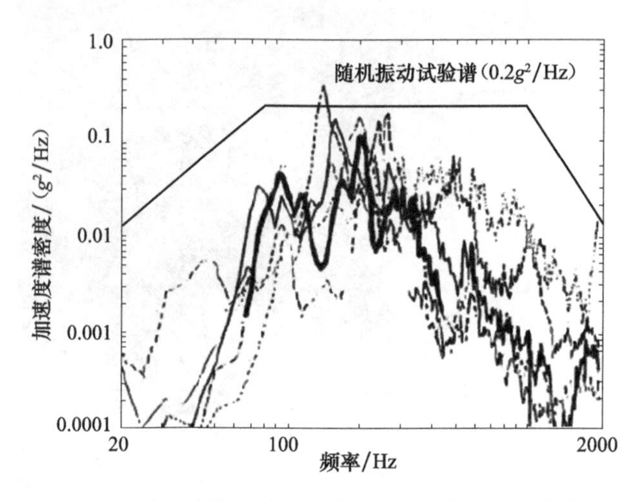

图 7.2　声试验加速度响应曲线与随机振动试验条件

在振动台空载进行正弦扫描试验调试时，一般控制曲线与试验条件重合很好。安装试验件后控制曲线在试验件共振频率段将出现波动，存在反共振现象(anti-resonance)，如图 7.3 曲线 a_1 所示，试验件上加速度响应曲线见 a_2，在共振频率附近将出现峰值，称为共振现象(resonance)。振动试验中用于控制的加速度传感器安装在台面与试验件连接处(加速度传感器 1)，假设激励加速度达到平直的试验条件，试验件在共振频率处将产生更高加速度响应(图中虚线)。

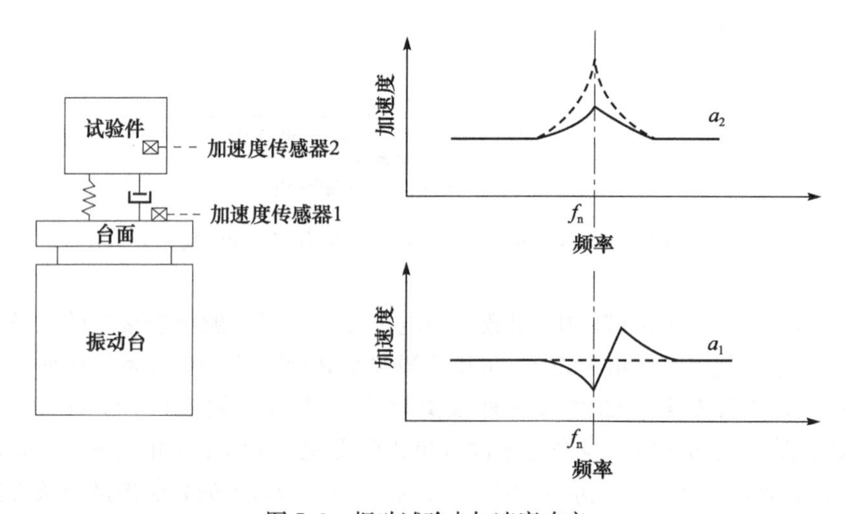

图 7.3　振动试验中加速度响应

归纳起来,产生过试验现象的主要原因有以下两个方面。

(1) 加速度试验条件制定方法引起的过试验。

振动试验控制条件通常是根据多次飞行实测数据,采用统计包络方法制定的,能很好地覆盖各种飞行条件下星箭连接面加速度的响应峰值,但对于具体某一颗卫星来说,在反共振频率处安装面的响应曲线处于波谷,这时的试验条件要远高于真实情况。

(2) 安装结构的阻抗差异引起的过试验。

与真实飞行情况下安装结构相比,试验中振动台的机械阻抗要大得多,限制了卫星振动加载方向之外的其他五个自由度,特别是在试验件共振频率处,如果仅采用加速度作为控制条件就需要较大的界面输入力来保持加载的试验量级,导致过试验。

为说明振动过试验问题,考虑一个由源和负载构成的简化二自由度振动模型,如图 7.4 所示,一般负载指试验件,如卫星(或星载部组件);源指发射和飞行状态中支撑该试验件的安装结构,如运载火箭(或卫星平台)。设 $m_1=m_2=5\text{kg}$, $k_1=k_2=200\ 000\text{N/m}$, $c_1=c_2=40$,动力放大系数 $Q=25$,基础正弦激励为 1m/s^2。

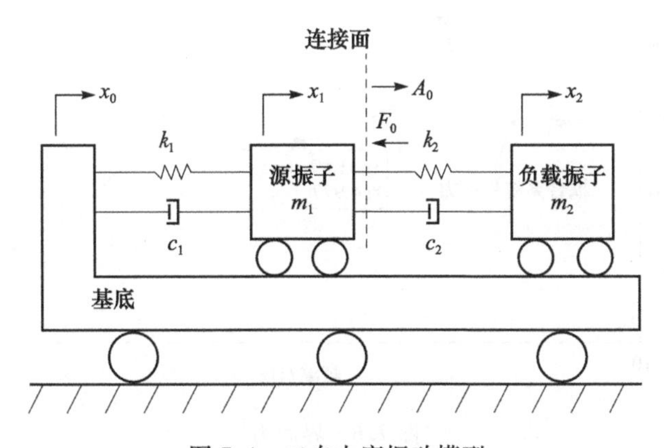

图 7.4　二自由度振动模型

图 7.5 和图 7.6 中的实线为耦合系统界面加速度和界面力,可以看出耦合系统有两个共振频率(19.66Hz 和 51.48Hz)和一个反共振频率(31.89Hz),此反共振频率即为负载共振频率。在 19.66Hz 处,耦合系统界面加速度达到最大值 29.28m/s^2,同时界面力也达到最大值,为 236.6N;由于动力吸振效应,耦合系统界面加速度在反共振频率 31.89Hz 处有一个深 Q^{-1} 的下凹,为 0.04m/s^2。

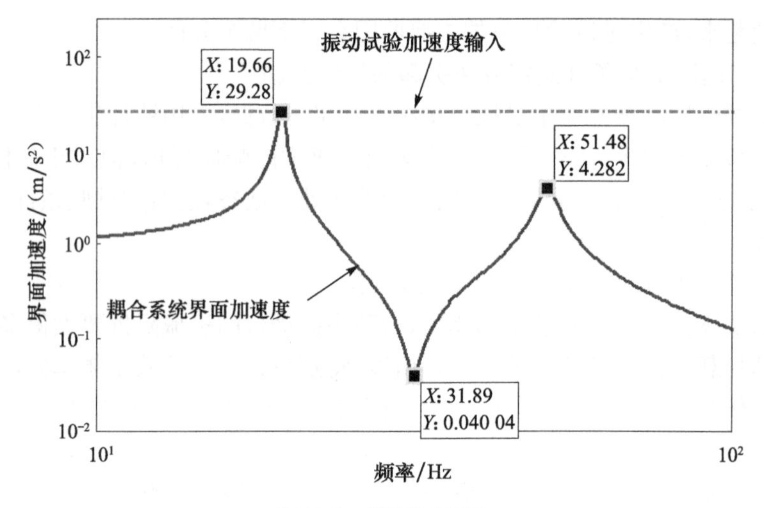

图 7.5　界面加速度

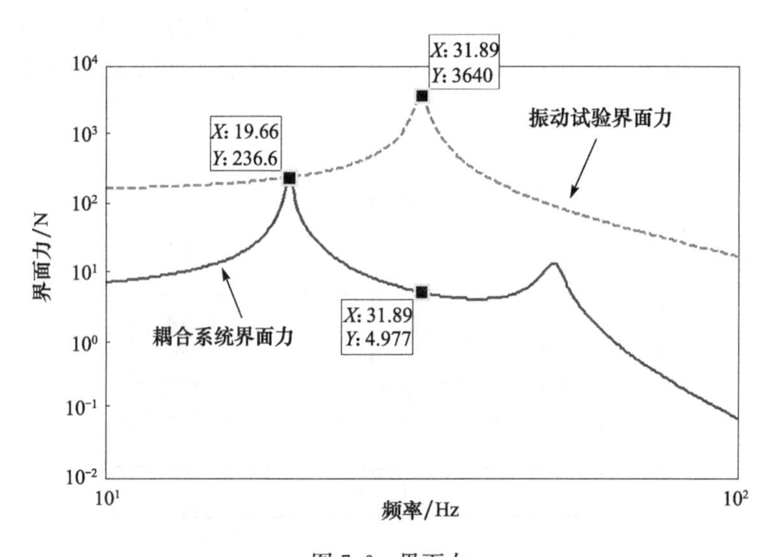

图 7.6　界面力

振动试验的加速度条件通常是根据多次实际测量的数据或者动力学分析数据,采用统计包络的方法制定的,所以此算例中假定以耦合系统界面最大加速度 29.28 m/s^2 为振动试验加速度输入条件。图 7.5 和图 7.6 中的虚线为振动试验中界面加速度和界面力,可以看出,负载在振动试验中所受界面力在其共振频率 31.89Hz 处达到最大值 3640N,是此频率处耦合系统界面力 4.98N 的 730.9 倍,是耦合系统界面力最大值 236.6N 的 15.3 倍,产生了严重的过试验。

由图 7.6 可以发现,如果在加速度振动试验的基础上限制试验件与振动台界面处的作用力,则可以在很大程度上缓解振动过试验。

Scharton 提出了力限振动试验的双控方程，即

$$\frac{A}{A_0}+\frac{F}{F_0}=1 \tag{7.1}$$

式中，A_0 为源的自由加速度，即移除负载 m_2 后界面处的加速度；F_0 为源的紧固力，即作用于界面能使界面加速度响应为零的力；A 为界面加速度；F 为界面力，如图 7.4 所示。

考虑星箭耦合系统简化的二自由度系统，如图 7.7 所示。设运载火箭质量为 M_r，推力为 F_0，运载火箭空载时加速度为 A_0，则满足

$$F_0=M_rA_0 \tag{7.2}$$

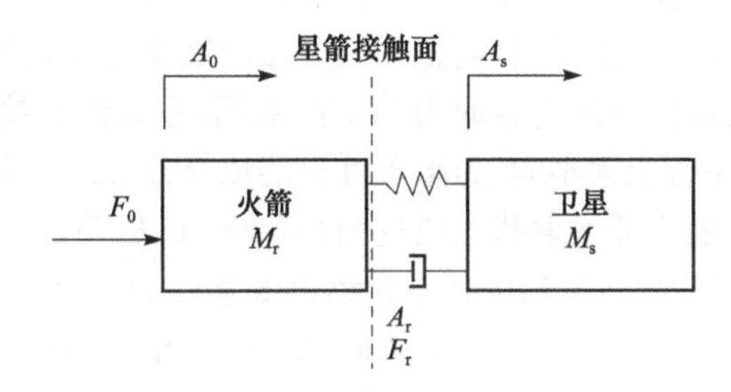

图 7.7　星箭耦合二自由度系统

当卫星与运载火箭组合后连接面处加速度为 A_r，作用力为 F_r，则满足：

$$F_0=M_rA_r+F_r \tag{7.3}$$

从方程(7.2)和(7.3)得到

$$\frac{A_r}{A_0}+\frac{F_r}{F_0}=1 \tag{7.4}$$

式(7.4)即为卫星振动试验加速度和力双重控制的理论依据，试验时只有同时控制加速度 A_r 和力 F_r，才能更好地模拟卫星所经历的真实力学环境。由于运载火箭推力 F_0 和空载时加速度 A_0 难以确定，所以式(7.4)无法在工程中直接应用，但是加速度和力一定满足：

$$|A_r|\leqslant|A_0|,\quad |F_r|\leqslant|F_0| \tag{7.5}$$

在工程实践中，A_0 和 F_0 分别用加速度条件和力限条件代替，对于正弦试验和随机试验，式(7.5)可分别改写为

$$\frac{|A|}{|A_s|}\leqslant 1,\quad \frac{|F|}{|F_s|}\leqslant 1 \tag{7.6}$$

$$\frac{S_{AA}}{S_{A_sA_s}}\leqslant 1,\quad \frac{S_{FF}}{S_{F_sF_s}}\leqslant 1 \tag{7.7}$$

式中，S_{AA}和F_{AA}分别为随机振动试验中试验件与夹具界面处的加速度谱密度和力谱密度；A_s 和 $S_{A_sA_s}$ 为加速度条件；F_s 和 $S_{F_sF_s}$ 为力限条件。

从国外实践经验和国内研究成果来看，力限振动试验技术能够有效缓解过试验，在试验件共振频率处加速度控制曲线波动较小，提高了试验控制精度。

由于在卫星实际发射中测量力的难度较大，可供制定力限试验条件的实测数据很少，多数力限条件是基于牛顿第二定律确定的，这在第 5 章中已有详细论述，在此不再赘述。需要指出的是，由于振动试验中试验件的边界条件已发生变化，不能简单地认为试验条件与实际测量曲线形状(波峰与波谷)完全一致，即可真实模拟实际飞行状态，事实上，理论分析与试验结果均表明，即使在界面加速度相同的情况下，产品在试验中受到的作用力也与实际状态不同。

卫星发射状态加注有推进剂，而正样卫星振动试验时为无推进剂状态，二者质量有很大差别，因此即使有星箭界面力的实测数据，也无法直接用于力限试验中，这一点与加速度控制有很大不同，力限条件只能依靠分析或由实测数据推算获得。文献[11]中 Cassini 航天器发射状态质量约为 5800kg，振动试验时质量为 3809kg，只加注了 60%的模拟工质，文献中并未介绍力限条件的制定方法。振动试验中卫星质量往往也有一些细微变化，需要对力限条件进行相应调整，这也是与加速度试验条件的不同之处。对于部组件振动试验，由于其质量一般不会发生变化，力限条件的确定则不存在这一问题。

7.2　力测量与处理技术

在压电式力传感器出现以前，要准确获得试验件和振动台之间的作用力并非易事，早期通过测量应变来间接得到试验件受到的作用力，但这种方法所获得的力不够准确，因为应变测量的只是试验件的局部变形，且容易受到外界干扰。下面介绍一下关于力测量方法的两种主要思路。

7.2.1　电流和电压方式

试验时振动台功率放大器提供的作用力分为两部分：一部分用于驱动卫星运动；另一部分用于驱动振动台运动部件(动圈、夹具等)产生运动。在图 7.8 的电路中，电流与力成比例，电压与速度成比例，由功率放大器提供的电流分成驱动振动台动圈等运动部件的电流(I_S)及驱动卫星的电流(I_L)。提供给振动台动圈的电流与动圈两端电压成正比，动圈电压正比于振动台与卫星连接面的速度。因此，为了有效测量施加给卫星的作用力，要求测量功率放大器输出的电压和电流。

计算力需要知道电压和电流之间的相位关系，所以要测量每一时刻(均值和有

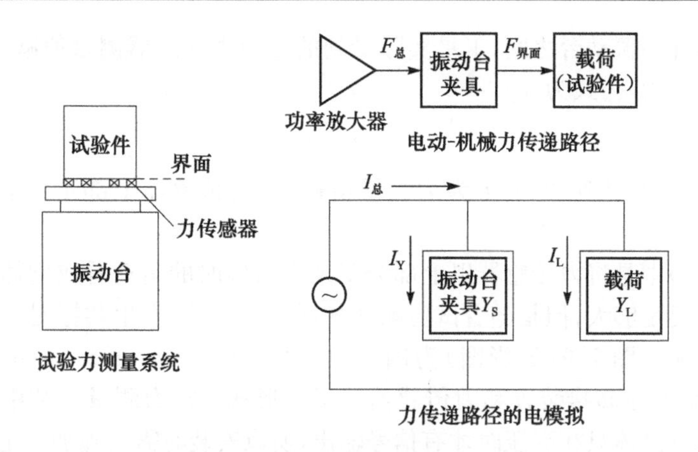

图 7.8　机械力传递路线的电路模拟

效值)的电压和电流，有如下方程：

$$f_L = K(\omega)(I - Y_s E) \tag{7.8}$$

式中，f_L 为卫星所受到的作用力；$K(\omega)$为系数，可以通过试验获得；I 为功率放大器输出总电流；E 为功率放大器输出电压；Y_s 为振动台及夹具的导纳，即未安装试验件时的测量值。

方程(7.8)给出了功率放大器输出电压 E 和电流 I 与施加给试验件的力 f_L 之间的关系。总电流 I 与用来产生振动台动圈和夹具运动电流 Y_sE 之差正比于 f_L。

根据方程(7.8)计算卫星受到的作用力需要进行两次试验。首先进行空台(无负载)振动试验，以确定 Y_s，见方程(7.9)；接着在振动台上安装已知质量的刚性载荷进行试验，根据测量的载荷加速度 a、功率放大器输出电流和电压用方程(7.10)计算出 $K(\omega)$。

$$Y_s = \frac{I_{空台}}{E_{空台}} \tag{7.9}$$

$$K(\omega) = \frac{M_{载荷} a_{载荷}}{I_{总电流} - Y_{空台} E} \tag{7.10}$$

得到 $K(\omega)$和 Y_s 后，正式试验时就可以用方程(7.8)计算出施加给卫星的作用力。即通过控制功率放大器输出的电流和电压来限制力，对于电动振动台这种方法可使试验频率达到 500Hz 而不失真[17,18]。

7.2.2　力传感器方式

通过力传感器可以实现对力的直接测量，但是，由于需要通过工装将力传感器

安装在试验件与振动台之间,卫星实际受到的力为力传感器测量值减去其上部工装运动需要的力,公式为

$$F = f - ma \tag{7.11}$$

式中,F 为卫星所受到的力;f 为力测量值;m 为力传感器上部工装质量;a 为加速度。

式(7.11)中是将力传感器以上部分工装在试验时的运动看成刚体平动,因此要求其刚度要足够大,但是随着试验频率的增加,当工装发生共振时,力的测量精度将受到影响。图 7.9(见彩图)为国外力测量工装(force measurement device, FMD),采用上、下转接装置和力传感器的组合形式。在力测量工装中,因为力传感器内的压电晶体只在受压时才有信号输出,所以安装时需要施加一定的预紧力,以确保试验中卫星连接面与振动台始终处于压紧状态,预紧力施加的大小要使振动试验过程中力测量值始终处于传感器量程范围内。要求力传感器上部工装的质量尽量轻,刚度尽量大,以避免发生共振带来的力测量误差。

图 7.9　力测量工装

7.2.3　力信号处理技术

力传感器测量的力信号要经过信号调节器处理,得到最终控制所需要的合力或合力矩信号。对于由 4 个三向力传感器按矩形分布组成的工装(图 7.10),三个相互垂直方向的合力分别由 4 个力传感器相应方向的分力相加得到,而三个合力矩是由不同传感器分力与相应力臂乘积相加获得,其中绕 z 轴的合力矩最复杂。可以看出当进行水平 y 方向振动试验时,最大力矩为绕 x 轴合力矩 M_x,由各传感器 z 方向分力计算得到,适合作为力限试验条件;最大合力为振动方向合力 F_y,由各传感器 y 方向分力计算得到,也适合作为力限试验条件。根据工装中力传感器的分布,三个相互垂直方向的合力与合力矩计算公式见方程(7.12)。

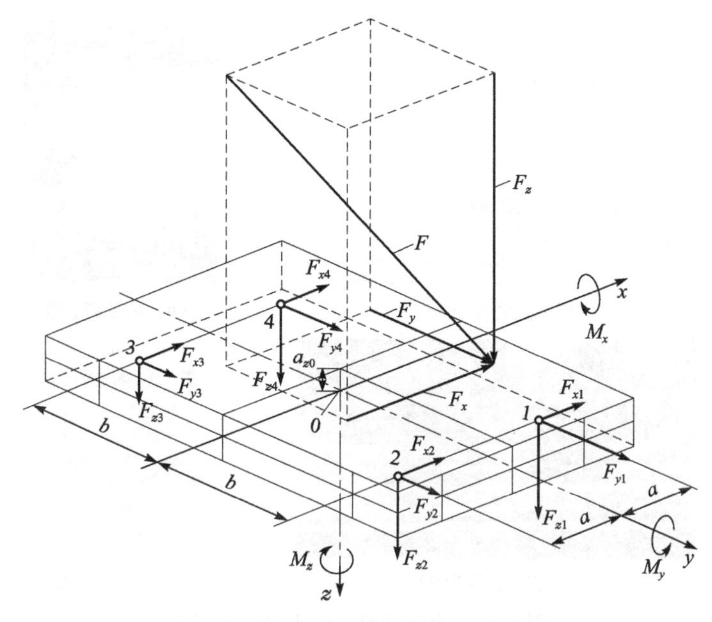

图 7.10　合力与合力矩计算示意图

$$
\begin{cases}
F_x = F_{x1} + F_{x2} + F_{x3} + F_{x4} \\
F_y = F_{y1} + F_{y2} + F_{y3} + F_{y4} \\
F_z = F_{z1} + F_{z2} + F_{z3} + F_{z4} \\
M_x = b(F_{z1} + F_{z2} - F_{z3} - F_{z4}) \\
M_y = a(-F_{z1} + F_{z2} + F_{z3} - F_{z4}) \\
M_z = b(-F_{x1} - F_{x2} + F_{x3} + F_{x4}) + a(F_{y1} - F_{y2} - F_{y3} + F_{y4})
\end{cases}
\tag{7.12}
$$

7.3　力限振动试验系统

7.3.1　系统组成及控制原理

力限振动试验系统是在传统振动试验系统基础上，增加一个力测量和控制的环节，将卫星受到的激励力作为响应限制条件，辅助加速度完成试验控制。力限振动试验系统主要由控制、激励和信号采集处理三部分组成。控制仪要有足够的通道，除具备传统振动试验控制的各种功能外，还要有响应限幅控制功能；试验激励加载部分包括功率放大器和振动台，功率放大器将控制仪发出的驱动信号进行放大，输出能量给振动台使其按照规定的条件进行振动，完成对试验件的加载；信号采集处理部分包括力测量工装、加速度传感器及信号处理器，其作用是将试验件受到的激励力、产生的加速度进行采集并处理成控制仪所需要的信号传输给控制系统。组成力限振动试验系统的典型仪器设备如图 7.11 所示(见彩图)。

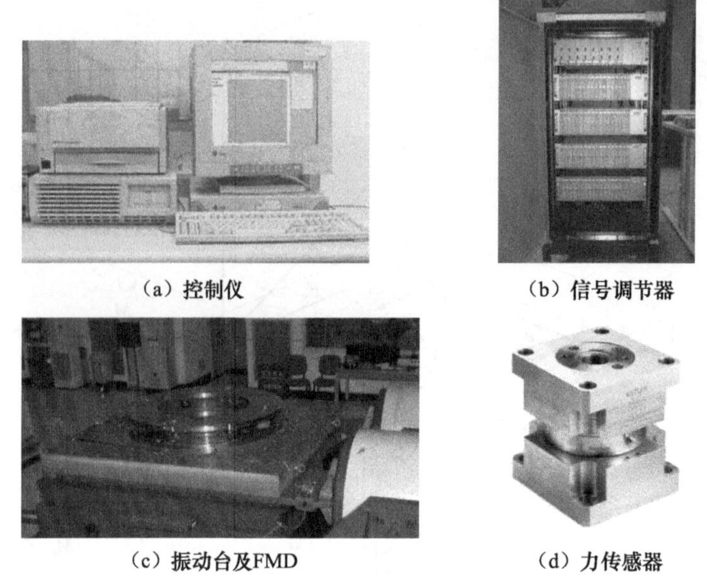
(a) 控制仪　(b) 信号调节器

(c) 振动台及FMD　(d) 力传感器

图 7.11　力限试验系统主要仪器设备

试验时控制系统输出驱动信号经功率放大器放大后输送到振动台使台面与试验件产生振动。试验量级由安装在试验件连接面的加速度传感器获取，经信号调节器处理后反馈给控制系统。控制系统对输出的驱动信号进行修正，使振动台输入到试验件的振动满足试验条件。同时，试验件受到的激励力由安装在振动台与试验件之间的力传感器测量，经信号调节器处理后反馈给控制系统，当所测量的力大于所规定的限制条件时，控制系统减小输出驱动信号，使振动台振动加速度量级降低，从而避免过试验的发生。力限振动试验控制原理如图 7.12 所示，其与传统

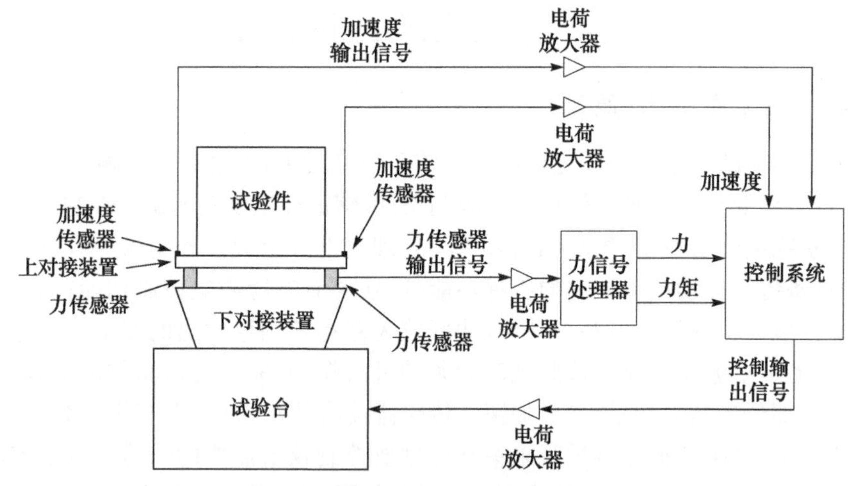

图 7.12　加速度与力双重控制原理图

振动试验最显著的不同是试验件所受到的作用力参与了试验控制，为此，在试验件与振动台之间需要安装力传感器，改变了传统试验中试验件与振动台的连接方式。

7.3.2　力测量工装

虽然力限试验技术提出较早，但是直到压电式石英力传感器出现后，才在工程实际中得到应用。力限试验要求将力传感器安装在振动台和试验件之间来测量力，改变了试验件的安装方式，试验夹具与力传感器组成系统的力学特性将对试验结果产生一定影响。

1）通用力测量工装

早期参考国外文献设计了通用力测量工装，如图 7.13 所示（见彩图），采用上、下安装环及力传感器的形式。上、下安装环为不锈钢材料，分别有与振动台和试验件的连接接口，安装环之间装有八个均匀分布的三向力传感器[力传感器外形如图 7.11 所示]，每个传感器水平方向量程为 75kN，垂直方向量程为 150kN。

图 7.13　通用力测量工装

为保护安装面发动机等突出物，卫星需要通过具有一定高度的夹具（俗称“花盆”）与振动台连接。力限振动试验中，要将通用力测量工装安装在“花盆”与振动台之间，这一变化是否会对试验结果产生影响呢？我们利用结构星进行了对比试验。图 7.14（见彩图）为垂直方向振动试验，图 7.14(a)是通过传统夹具的连接方式，图 7.14(b)是通过力测量工装的连接方式（力传感器安装在“花盆”与振动台之间），图 7.15（见彩图）为两种连接方式水平方向振动试验。

结构星和“花盆”的总质量为 2330kg，试验采用正弦扫描方式，频率范围为 5～100Hz，量级为 0.15g。垂直方向不同连接方式下卫星结构上同一测点响应对比如图 7.16 所示（见彩图），两条曲线几乎完全重合，一阶频率在 56Hz 附近，连接方式对试验结果没有影响。水平方向卫星结构响应对比如图 7.17 所示（见彩图），采用“花盆”连接方式时，一阶频率为 22.12Hz，峰值为 2.87g；采用力测量工装与“花盆”组合连接方式时，峰值在 21.02Hz 处达到 2.7g，基频前移约 1Hz，响应幅值相当。

(a) 通过传统试验夹具安装

(b) 通过力测量工装安装

图 7.14　垂直方向振动试验安装方式

(a) 通过传统试验夹具安装

(b) 通过力测量装置安装

图 7.15　水平方向振动试验安装方式

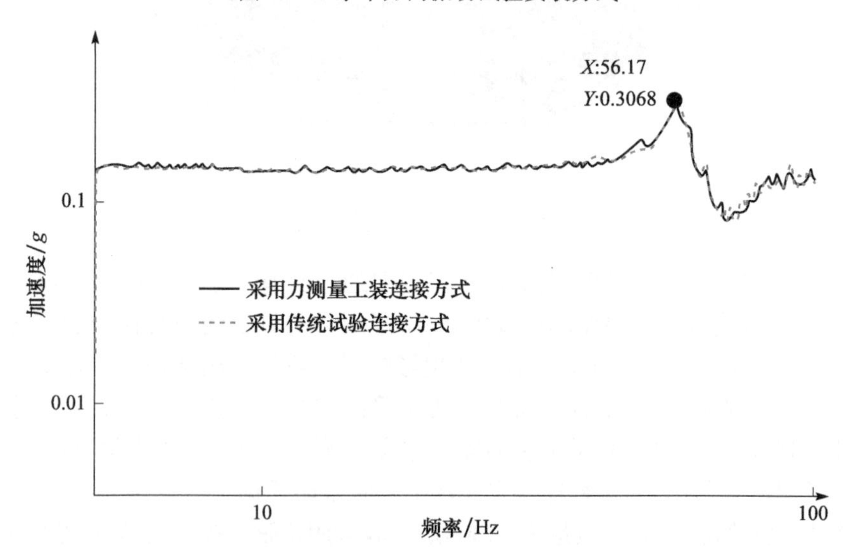

图 7.16　垂直方向试验卫星结构响应

采用通用力测量工装试验，由于“花盆”要安装在力传感器之上，卫星质心位置相对加高，同时增加了力传感器之上工装部分质量(超过试验件质量的 10%)。尤其在水平方向振动试验中，较高的质心将引起较大的弯曲力矩，局部力传感器要承受更大载荷，水平方向力测量工装刚度相对较小。

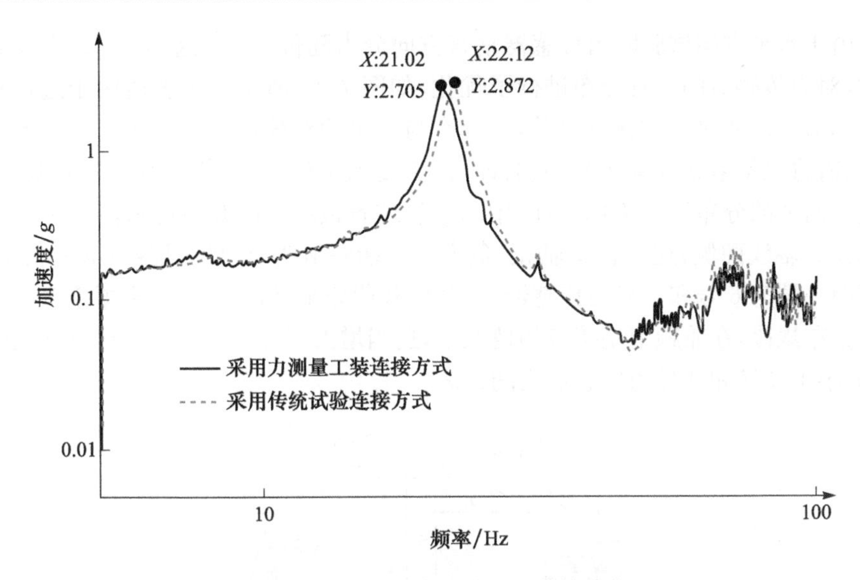

图 7.17　水平方向试验卫星结构响应

2）卫星试验专用力测量工装

在前期研究成果基础上，根据卫星试验特点，设计出专用力测量工装，如图 7.18 所示（见彩图），力传感器以下部分采用花盆形式，可与振动台连接，上方对接环设计有与卫星连接的接口。在具有相似接口的卫星力限试验中只需更换对接环即可。为了在对接环和花盆之间安装力传感器，增加了花盆厚度，总高度与传统工装相当。对接环和花盆均采用铝合金材料，整个力测量工装总质量为 830kg，其中力传感器上部的质量为 163kg，在计算卫星受力时要考虑这部分工装的影响。连接力传感器螺栓施加的预紧力，要确保试验中卫星与振动台始终保持压紧状态，工装水平方向和垂直方向基频均高于 450Hz。

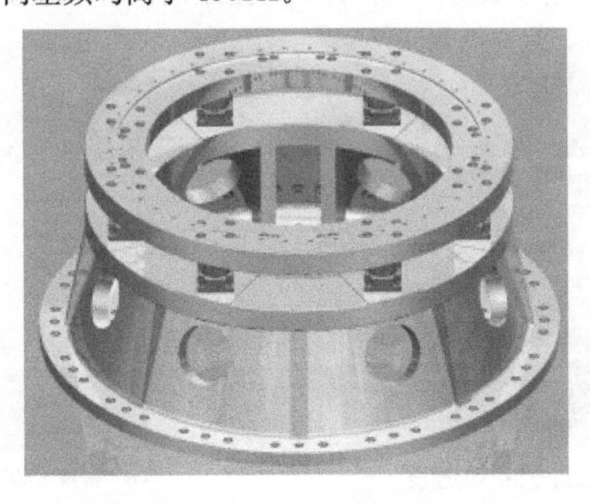

图 7.18　专用力测量工装

由于水平方向试验时力传感器垂直方向分力随位置变化差异较大，在夹具设计时，对力传感器的位置分布进行了优化，如图 7.19 所示。工装适用于进行垂直方向和沿 x 轴水平方向振动试验，上部有与卫星的对称接口。不同水平方向试验时，只需将卫星沿 z 轴旋转 90°安装即可（工装无需转动）。考虑到 x 方向振动时，垂直方向力的分布沿 x 方向增加，中间 y 轴位置最小。因此力传感器的位置对称分布在 x 轴线两侧，这样在 x 轴正、负方向一端各由两个力传感器来承担载荷，如正方向一端为 6 号和 7 号力传感器，工装中载荷分布更合理，同时根据垂直方向作用力分布规律，在兼顾卫星接口的情况下，适当增大了 1 号和 8 号力传感器之间距离，减小了 2 号和 3 号力传感器之间距离。

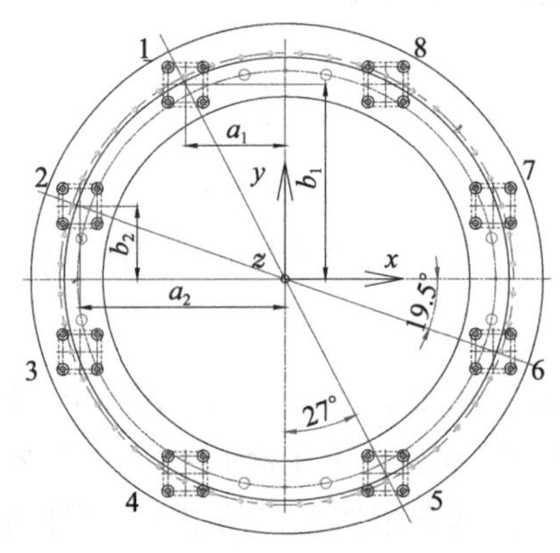

图 7.19　力传感器分布示意图（俯视图）

采用卫星模拟结构对专用力测量工装进行水平方向振动对比试验，如图 7.20 所示（见彩图）。卫星模拟结构是模拟卫星结构动力学特性设计的试验件，由承力筒和上、下储箱配重等组成，质量为 2480kg，质心位置及动态响应特性与卫星基本一致（后面还将多次用于试验）。图 7.20(a)卫星模拟结构通过专用力测量工装与

(a) 采用专用FMD连接

(b) 传统工装连接

图 7.20　卫星模拟结构水平方向振动试验

振动台连接,力传感器位于“花盆”与卫星模拟结构之间;图 7.20(b)卫星模拟结构通过“花盆”直接与振动台连接,无力传感器。试验结果表明,专用力测量工装力学特性与传统夹具特性基本一致,两种连接方式卫星模拟结构的响应曲线几乎完全重合,如图 7.21 所示(见彩图)。专用力测量工装水平方向刚度得到提高,适用于卫星不同方向的振动试验。

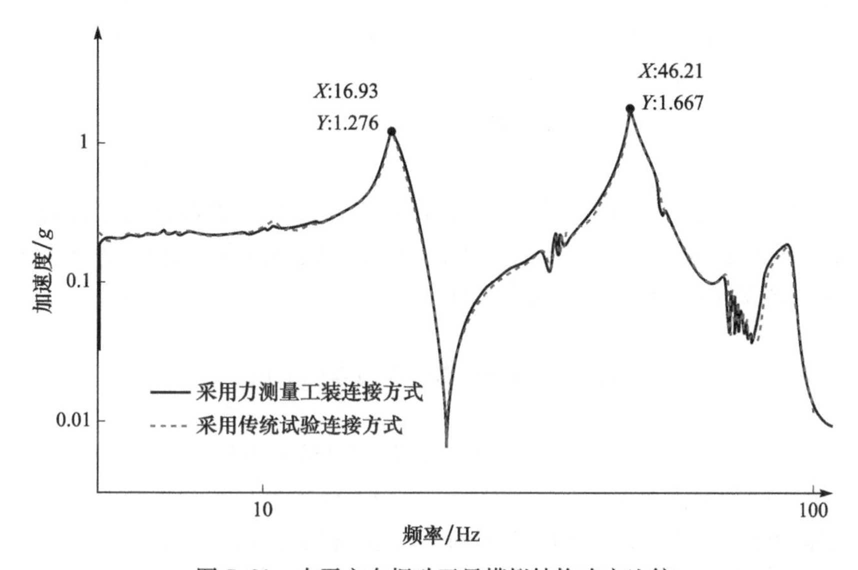

图 7.21　水平方向振动卫星模拟结构响应比较

需要注意的是,除了要定期对力传感器进行标定外,由于力测量工装应用在动态振动环境下,还要定期对工装进行动态标定检查。动态检查可采用标准砝码作为试验件进行试验的方式进行。由于砝码固有频率高,在试验频率范围内可以看成刚体运动,采用定频或频响扫描测试均可。在整星振动试验中,可以通过定频振动试验对整个力测量系统进行检验。在低频段正弦扫描试验中卫星也可以看成刚体,观察激励方向的合力测量曲线是否符合规律,从而对力测量的准确性做出判断。

7.3.3　信号调节器的选用

力信号调节器的作用是将工装中每个力传感器测量信号进行调制,完成力和力矩信号的合成。图 7.18 中专用工装每个力传感器有三个输出通道,与之相配套的信号调节器需要 24 个输入通道,至少 30 个输出通道(其中包括 24 个分力、3 个合力和 3 个合力矩通道)。由于力传感器输出电荷量大,因此信号调节器在将电荷转换成电压信号的同时,还要对信号进行不同程度的衰减,目前市面上很难找到适用的产品,需要进行专门的设计生产。

专用力测量工装中,设 1 号传感器输出 x、y、z 三个垂直方向分力分别为 F_{x1}、F_{y1} 和 F_{z1},则输出力绕 x 轴和 y 轴的力矩分别为 $M_{x1}(F_{z1}\times b_1)$ 和 $M_{y1}(F_{z1}\times a_1)$,

以此类推，力信号调节器的合力及合力矩按式(7.13)计算。

$$\begin{cases}F_x = F_{x1}+F_{x2}+F_{x3}+F_{x4}+F_{x5}+F_{x6}+F_{x7}+F_{x8}\\ F_y = F_{y1}+F_{y2}+F_{y3}+F_{y4}+F_{y5}+F_{y6}+F_{y7}+F_{y8}\\ F_z = F_{z1}+F_{z2}+F_{z3}+F_{z4}+F_{z5}+F_{z6}+F_{z7}+F_{z8}\\ M_x = b_1(F_{z1}+F_{z8}-F_{z4}-F_{z5})+b_2(F_{z2}+F_{z7}-F_{z3}-F_{z6})\\ M_y = a_1(F_{z1}+F_{z4}-F_{z5}-F_{z8})+a_2(F_{z2}+F_{z3}-F_{z6}-F_{z7})\\ M_z = b_1(-F_{x1}+F_{x4}+F_{x5}-F_{x8})+b_2(-F_{x2}+F_{x3}+F_{x6}-F_{x7})\\ \qquad +a_1(-F_{y1}-F_{y4}+F_{y5}+F_{y8})+a_2(-F_{y2}-F_{y3}+F_{y6}+F_{y7})\end{cases} \tag{7.13}$$

对于质心偏置不大的卫星，一个方向的振动试验只有激振方向的合力及合力矩最大。例如，x 方向水平振动试验时，F_x 及绕 y 轴力矩 M_y 最大，适合用于响应控制，参见图 7.10，其他方向数据供参考。

7.4 力限控制效果验证

目前在卫星动力学环境试验中，采用正弦扫描试验考核卫星的低频特性，采用随机或者声试验考核卫星的高频特性。一般来说，体积和质量较大的卫星通常进行正弦振动和声试验，较小的卫星进行正弦振动和随机振动试验。试验中卫星要分别承受三个相互垂直方向激励的考核，即一个垂直方向和两个水平方向。垂直方向为沿卫星与运载火箭安装轴线的飞行方向，卫星一阶固有频率较高，承受来自飞行方向的作用力；水平方向与飞行方向垂直，卫星一阶固有频率较低，承受垂直于飞行方向的作用力。由于这两个方向试验中，卫星所受到的作用力模式有所不同，本节分别对水平方向正弦振动和垂直方向随机振动力限控制效果进行验证。

7.4.1 水平方向正弦振动试验

在水平方向振动试验中，卫星安装在水平滑台上，随滑台做水平方向运动。由于振动方向合力距离质心较远，卫星根部受到的作用力及力矩都很大，由力矩引起的局部垂直方向力可能更大，需要特别关注。此时，合力、力矩及局部力都可以作为振动试验的限制条件。水平方向试验时，卫星垂直方向分力随位置不同而变化，作用力的方向也不相同，在计算力矩时应引起注意。

利用前面提到的卫星模拟结构进行力限控制效果检验的方案是，先采用加速度控制完成低量级试验，获取卫星模拟结构安装面的作用力；随后进行高量级力限振动试验，限制条件为低量级试验时测量获取的作用力，考察力限起作用的频率区间和控制加速度下凹达到的程度。卫星模拟结构通过专用力测量工装安装在水平滑台上，如图 7.22 所示(见彩图)，低量级采用 5～100Hz 的 0.1g 正弦扫描，卫星前两阶共振频率响应非常明显，如图 7.23 所示，一阶共振频率 16.8Hz 处力矩为 74kN · m，二阶共振频率 48Hz 处合力为 21kN。由于卫星与振动台发生耦合，控制曲线在卫星共振频率出现明显波动。高量级试验量级为 0.4g，从 5Hz 扫描到 100Hz，一阶频率和二阶频率分别通过力矩、合力进行限幅控制，即在 30Hz 以下限幅力矩为 74kN · m，30Hz 以上限幅合力为 21kN。

图 7.22　卫星模拟结构振动试验

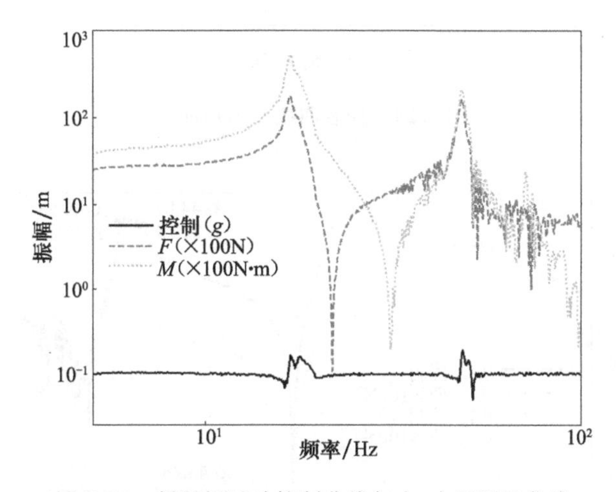

图 7.23　低量级试验控制曲线与力、力矩测量曲线

在卫星模拟结构一阶共振频率处采用力矩限的控制结果如图 7.24 所示，下部两条曲线分别为 0.1g 和 0.4g 试验的控制曲线，上部两条曲线分别为相应的力矩曲线。从图中可以看出，力矩限幅作用的频率范围为 14.8～18Hz，力矩曲线在卫星模拟结构一阶共振频率处变得平坦，并很好地包络了低量级力矩曲线，控制加速度下凹到 0.089g，与低量级控制曲线量级接近，此时由于卫星模拟结构与振动台

的耦合作用，低量级控制曲线也正处于波谷。图 7.25 为卫星模拟结构二阶共振频率处采用力限的控制结果，同样图中下部两条曲线分别为控制曲线，上部两条曲线分别为合力曲线。力限幅起作用的频率范围是 44.9～49.6Hz，最大力为 22.5kN，控制加速度下凹到 0.092g。从两幅控制曲线图中可以看出，在水平方向振动试验中，力矩与力均起到了理想的控制效果，使输入加速度逐渐下降到低量级(0.1g)控制曲线附近，曲线波动小，控制精度明显改善。

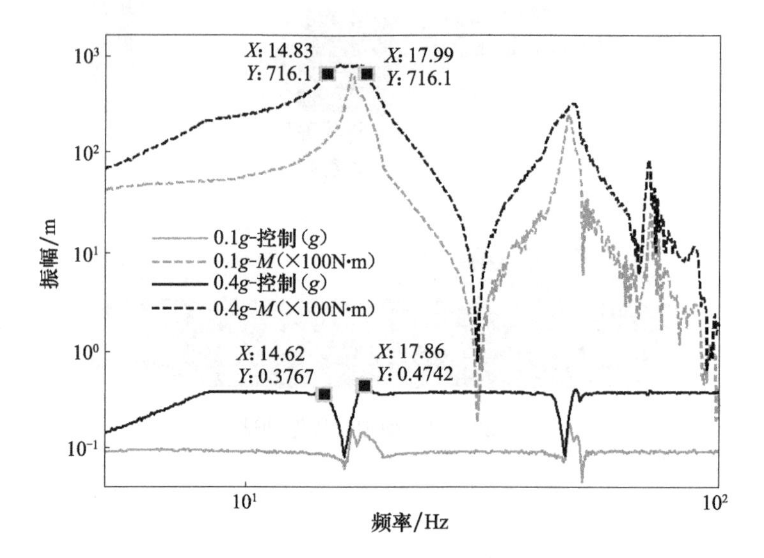

图 7.24　控制曲线与力矩曲线

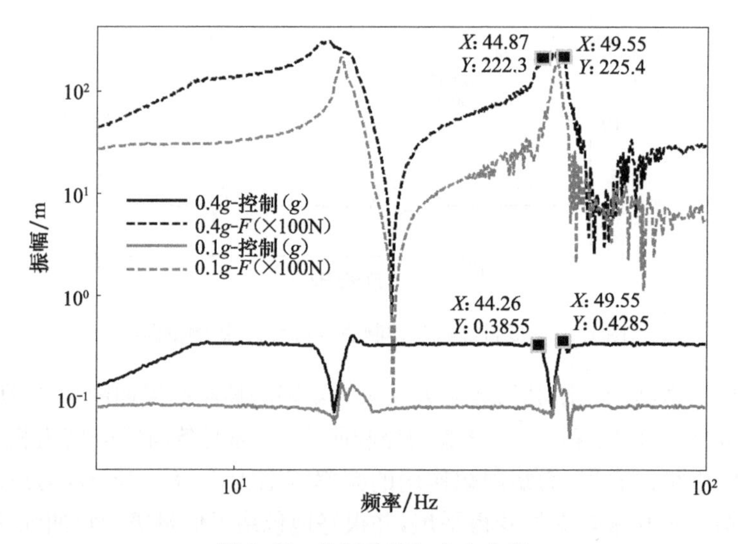

图 7.25　控制曲线与合力曲线

7.4.2　垂直方向随机振动试验

进行垂直方向随机振动试验的验证星质量为573kg，质心与星箭对接面距离644mm。试验条件为150～600Hz加速度谱密度为0.02g^2/Hz，20～150Hz以3dB/oct上升，600～2000Hz以−6dB/oct下降，试验照片如图7.26所示(见彩图)。

图7.26　卫星垂直方向振动试验

随机试验之前，先进行一次低量级正弦扫描试验以检查卫星结构特性，试验结果显示卫星垂直方向基频为68Hz，二阶频率为96Hz，均处于随机试验条件的上升段，对应的加速度谱密度分别为0.0091g^2/Hz和0.0128g^2/Hz。这里存在一个问题，7.1.1节提到Cassini卫星随机振动试验条件中，上升段与平直段的拐点为20Hz，20～200Hz加速度谱密度为0.01g^2/Hz，卫星共振频率处于平直谱试验条件的频率范围内。但目前国内小卫星随机振动试验条件上升段拐点大多数在150Hz(少数在100Hz)，而卫星结构基频均在100Hz以内。由于卫星共振频率处于试验条件上升频带，力谱有可能继续上升，其具体形状需要通过低量级随机试验确定。本次试验实测结果显示，在验证星基频之上，力谱下降，但由于试验条件仍处于上升段，力谱下降程度受到一定影响。

在验证试验中，利用相同试验条件分别进行了单一加速度控制和力限控制两次试验，力限试验中，力限条件采用半经验方法，根据低量级试验结果取C=2.5计算，在80Hz以前以7.5×10^5N^2/Hz作为卫星基频的限制条件；80Hz之上以5.0×10^5N^2/Hz作为限制条件。试验控制结果对比如图7.27(a)所示，图中分别为加速度控制和力限控制曲线，可以看到力限条件起作用后使加速度谱密度在68.67Hz处由0.0091g^2/Hz下降到0.003 173g^2/Hz，在96.64Hz处由0.0129g^2/Hz下降到0.002 448g^2/Hz。合力谱测量结果对比如图7.27(b)所示，力谱在卫星一阶、二阶共振频率处的峰值被明显限制在力限条件附近。需要指出的是，随机试验中试验量级需要逐级加载并有均衡的过程，达到满量级力限起作用后，共振频率处试验量级逐渐下降,持续时间视试验件结构特性而定。

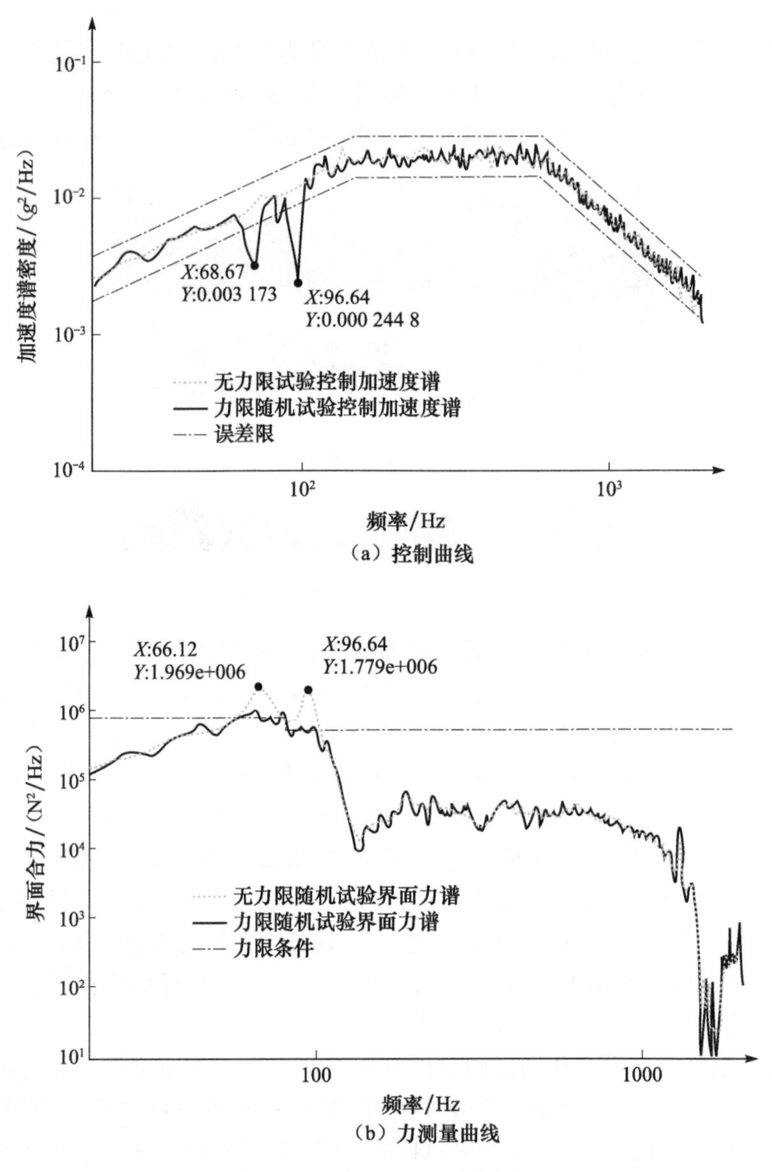

(a) 控制曲线

(b) 力测量曲线

图 7.27 垂直方向试验结果对比

7.5 卫星力限振动试验

本节以某卫星水平方向正弦力限振动试验为例,论述力限技术在卫星振动试验中的工程应用。试验卫星质量为5500kg，垂直方向质心高1481mm，卫星水平方向振动试验照片如图7.28所示(见彩图)。试验前首先检查力测量工装中螺栓是否达到规定的预紧力，确保试验中力传感器始终处于受压状态，以准确测量每一时刻试验件受到的作用力。

图7.28　卫星水平方向振动试验

试验量级为0.9g，从5Hz扫描到100Hz。试验中卫星根部有些位置可能受到很大的作用力，在卫星根部四个象限处分别粘贴了4个垂直方向应变片，用于检测卫星根部结构变形情况。振动试验除采用合力、合力矩限制条件外，还考虑到局部力限保护。

加速度试验条件的下凹要根据试验中主结构的受力不大于静载条件下的受力原则来确定。根据卫星设计准静态过载条件的分析计算，发射状态星箭连接面垂直方向准静态设计载荷等效合力为908kN，水平方向准静态设计载荷等效合力矩为272kN·m，由此可线性推算出各种状态下的力限制条件。通过5Hz定频振动的应变测量数据来确定结构根部最大支反力的放大系数，应变和力测量数据见表7.1。

表 7.1 5Hz 定频试验时卫星根部应变、合力及力矩测量值

卫星部位	试验量级		
	$0.2g$	$0.4g$	$0.6g$
$+x$ 象限根部对接框 S1/$\mu\varepsilon$	22.1	42.4	83.4
$-x$ 象限根部对接框 S2/$\mu\varepsilon$	20.2	42.7	72.1
振动方向(x 方向)合力 F_x/N	9 658	19 810	32 300
绕 y 轴力矩 M_y/(N·m)	14 750	30 620	52 300

参考表 7.1 中试验数据，取准静态设计等效力矩的 90%并适当取整，确定在 $0.9g$ 试验中采用力矩 240kN·m 进行限幅控制。考虑到力传感器分布在 ϕ1216mm 的圆周上及在振动方向(x 方向)传感器之间的距离，试验中同时采用 98kN 进行局部保护性限制。低量级试验结果表明，卫星上某主要载荷一阶频率 75Hz 处加速度响应峰值很高，但此频率不是卫星结构的共振频率，力和力矩响应不明显，因此，无法采用力限方法对该载荷进行下凹保护，为此事先将试验条件在 75Hz 附近进行下凹处理，谷底量级为 $0.6g$。

力限试验控制结果如图 7.29 所示，加速度控制曲线在卫星结构基频 13.74Hz 处下凹至 $0.3334g$，与 75Hz 附近事先主动下凹的倒梯形控制曲线不同，由力限导致的控制曲线下凹呈倒三角形状，曲线过渡平稳、波动小，控制效果理想。图 7.30 为三个方向的力矩曲线，M_y 峰值为 250kN·m 略高于限制条件。图 7.31 为两个最大分力的测量曲线，位于对称位置传感器的力测量曲线重合非常好，最大作用力为 99.62kN。从试验结果看，力限技术使加速度控制曲线在卫星共振频率处下凹效果明显，但在星载有效载荷共振频率处，由于合力曲线峰值不明显，一般只能采用主动下凹或加速度响应控制方法。

星载有效载荷质量为 1050kg，其先后经历过单机和整星两次振动试验，结构测点位置完全一致，可以对比分析两次试验中同一位置的响应情况。在整星级试验中，载荷根部与卫星承力筒相连，根部的响应(图 7.32)作为结构响应的输入条

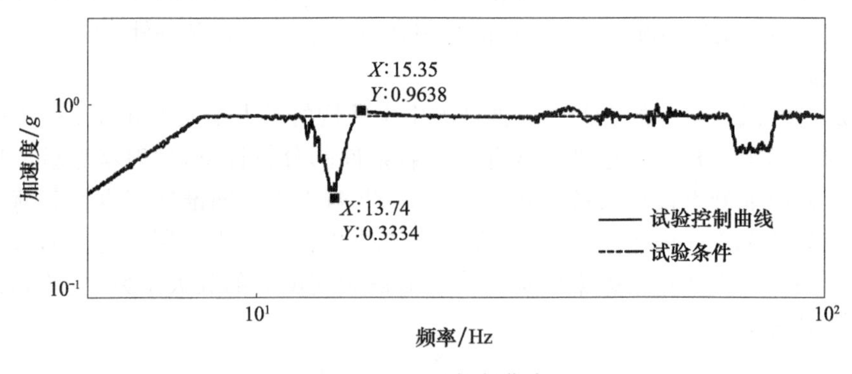

图 7.29 试验控制曲线

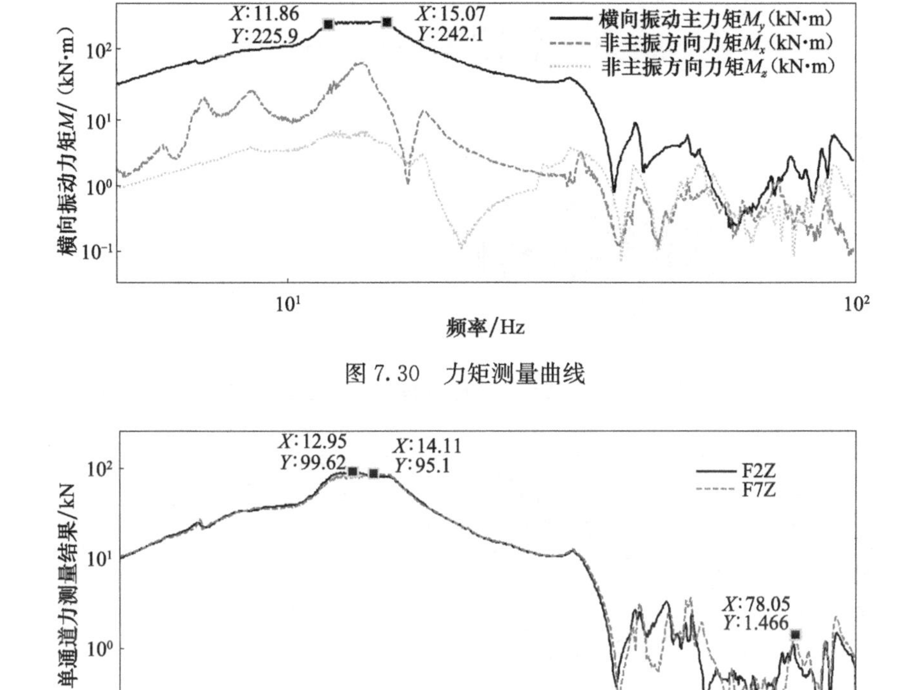

图 7.30　力矩测量曲线

图 7.31　局部最大力测量曲线(2 号和 7 号)

件;而在单机试验中,载荷根部则直接与振动台相连。图 7.32 中上部两条曲线分别为有效载荷单机试验条件和控制曲线,下部两条曲线是整星试验中有效载荷根部两个测点的响应。单机试验条件在卫星共振频率 13Hz 和有效载荷共振频率附近很好地包络了整星试验中有效载荷根部的响应。图 7.33 为有效载荷质心附近结构响应曲线,可以看出若不是卫星试验中在基频进行力限控制及 75Hz 的下凹处理(图 7.29),有效载荷响应将超过单机试验的响应。同时也可以看出由于试验边界条件不同,载荷结构响应峰值的频率亦不相同,单机共振频率在 55Hz 附近(图 7.32 试验条件下凹处)。

在产品不同研制阶段,力限试验条件的制定策略应有所不同。在设计阶段力限条件的制定主要参考结构设计载荷,条件相对保守;对于正样卫星,要根据实际飞行力学环境制定力限条件。上面介绍的卫星都是通过适配器与运载火箭相连的,因此力测量工装上部接口设计成圆环形式。若卫星与运载火箭的连接形式改变,卫星能够通过力传感器直接与振动台连接,则可以减少中间环节,提高试验控制和测量精度,此连接方式下的卫星力限控制振动试验如图 7.34 所示(见彩图)。

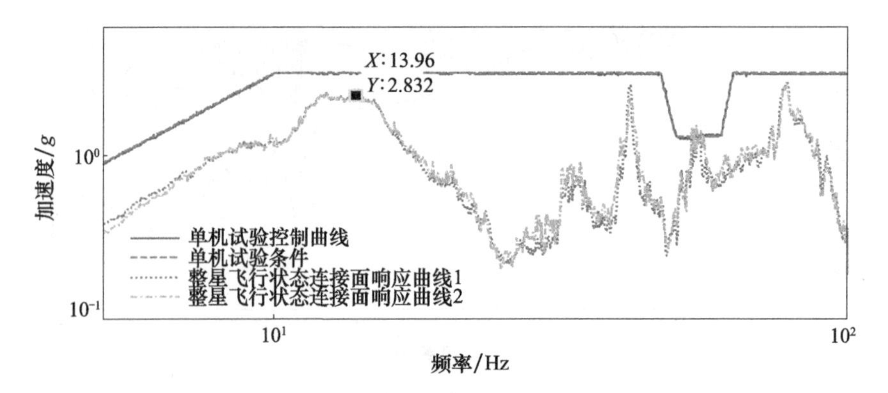

图 7.32　卫星振动试验时某有效载荷根部响应曲线与单机试验控制曲线

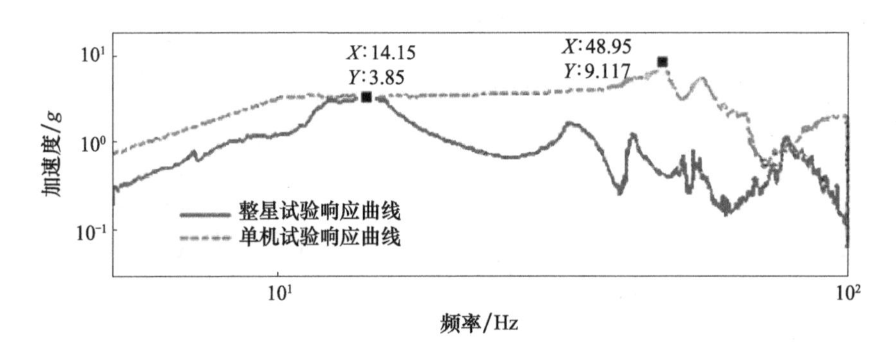

图 7.33　卫星振动试验时某有效载荷质心响应曲线与单机试验响应曲线

图 7.34　卫星力限控制振动试验

7.6　小　　结

本章系统介绍了卫星力限振动试验技术，包括力测量与处理技术、力限振动试验系统、力限控制效果验证及卫星力限振动试验应用情况。相比传统的加速度控制，在结构共振频率处辅以力响应限幅控制对缓解卫星及其部组件的振动量级具有显著的效果，而且可以明显提高共振频率处的控制精度。由于我国在卫星研制过程中采用力限振动试验技术的时间不长，尚缺乏足够的工程经验，在研究和应用工作中要特别注意以下几个方面：

(1) 力限条件的制定。垂直方向试验时每个力传感器在振动方向测量的分力大小接近，合力适合用于限幅控制；水平方向试验时各力传感器所测量的局部力大小不同，除振动方向上的合力较大外，力矩和局部力也适用于作为响应限幅控制。对于大多质心较低的部组件产品，采用振动方向的合力作为力限条件更恰当。另外，目前国内正样卫星进行动力学环境试验时都处于非加注燃料状态，其质量与质心位置与实际情况有所差别，在制定力限条件时应引起关注。

(2) 力限振动试验中对有效载荷的保护。力限技术可以在卫星结构主频处有效地缓解过试验，并提高控制精度，但由于卫星上有效载荷共振频率处卫星根部力的峰值不明显，仍需要配合加速度主动下凹或响应限幅控制以保护载荷不过试验。

(3) 力测量工装预紧力要求。由于力传感器内压电晶体只有受压时才有信号输出，所以试验中必须确保卫星连接面与振动台始终处于压紧状态，并且所施加的预紧力使力测量值始终处于传感器量程范围内。

(4) 推广力限振动试验技术。虽然在航天工业部门已经有多次成功的实践，但力限试验技术仍处于起步阶段，距离大规模推广应用尚有一定差距。今后应在完善试验技术体系的同时，加强该项工作在行业内的推广，为提高我国卫星的地面试验验证水平服务。

参考文献

[1] 张俊刚，马兴瑞，庞贺伟. 航天器振动试验力限控制技术研究[D]. 北京：中国空间技术研究院，2009.

[2] 李正举，马兴瑞，韩增尧. 航天器振动试验力限条件设计技术研究[D]. 北京：中国空间技术研究院，2010.

[3] 马兴瑞，于登云，韩增尧. 星箭力学环境分析与试验技术研究进展[J]. 宇航学报，2006，27(3)：323～331.

[4] Scharton T D. Force-limited vibration testing monograph[R]. National Aeronautics and Space Administration，1997.

[5] Chang K Y，Scharton T D. Cassini spacecraft and instruments force limited vibration testing [C]. 3rd International Symposium on Environmental Testing for Space Programs，Noordwijk，1997.

[6] Jahn H，Ritzmann S，Chang K，et al. Force limited vibration testing of Cassini spacecraft cosmic dust analyzer[C]. The European Conference on Spacecraft Structures，Materials and Mechanical Testing，Noordwijk，1996.

[7] Scharton T D. NASA HDBK-7004　Force-limited Vibration Testing[S]. Washington DC: National Aeronautics and Space Administration, 1996.
[8] Scharton T D. NASA HDBK-7004A　Force-limited Vibration Testing[S]. Washington DC: National Aeronautics and Space Administration, 2002.
[9] Scharton T D. NASA HDBK-7004B　Force-limited Vibration Testing[S]. Washington DC: National Aeronautics and Space Administration, 2003.
[10] Scharton T D. Vibration and acoustic testing of spacecraft[J]. Sound and Vibration, 2002, 257(6): 2～6.
[11] Rice C E, Buehrle R D. Validation of force limited vibration testing at NASA Langley Research Center[R]. National Aeronautics and Space Administration, 2003.
[12] Brunner O, Breaken R. Force measurement device for ariane 5 payloads[C]. Proceedings of the 5th International Symposium on Environmental Testing for Space Programs, Noordwijk, 2004.
[13] Nagahama K, Shi Q Z. Validation of force limited vibration testing using dummy satellite structure[C]. Proceedings of the 5th International Symposium on Environmental Testing for Space Programs, Noordwijk, 2004.
[14] Youngkey K K, Kyung-Won K. Review experiments on NASA RP-1403 'Force Limited Vibration Testing Monograph'[C]. Proceedings of the 5th International Symposium on Environmental Testing for Space Programs, Noordwijk, 2004.
[15] Norman H, James L. Force controlled vibration tests using voltage current measurements [R]. Institute of Environment Sciences, 1996.
[16] Amato D, Thomsen K. Force limited vibration test of HESSI imager[R]. Goddard Space Flight Center, 2000.
[17] 柯受全. 卫星环境工程和模拟试验(下)[M]. 北京：中国宇航出版社，1996.
[18] 于海昌. 航天器振动试验的最新进展[J]. 导弹与航天运载技术，1999，28(4)：1～10.

第 8 章　卫星与运载火箭联合动力学试验技术

在运载火箭和卫星的研制过程中，多数运载火箭和卫星动力学试验是独立完成的。但仍有部分试验需要星箭联合，且随着宇航技术的不断发展和宇航产品的日益复杂，星箭联合的系统级试验验证要求不断提高。本章星箭联合动力学试验技术所研究的对象是卫星火箭联合产品，试验种类有全箭模态试验、星箭分离与整流罩分离试验、星箭振动试验、星箭噪声试验和星箭多维振动试验等，主要从试验目的、试验原理与方法、试验模拟、试验系统与试验技术等方面进行论述。

8.1　全箭模态试验

运载火箭的全箭振动试验是为了测量运载火箭的全箭模态参数。这些参数在星箭设计中主要起到三个作用：一是星箭载荷设计；二是运载火箭的姿态控制系统设计；三是运载火箭的跷振设计。全箭模态试验状态通常按照实际的飞行状态进行模拟，因此在试验时要将运载火箭和卫星组装成飞行状态进行试验。

8.1.1　全箭模态试验原理

全箭模态试验原理与其他结构模态试验原理相同，是由已知激励和响应确定结构模态参数的过程。通过给运载火箭施加一定的激励，同时测量其响应，从而辨识其模态参数。模态试验一般原理见第 6 章。运载火箭结构为细长结构，结构的长细比较大，对其主要的低阶模态进行分析时，可以将其简化为梁结构。又由于运载火箭带有一些如发动机、卫星之类的分支结构，因此其模态呈现分支梁结构特征。本节首先对一般梁的模态特点进行分析，然后对带有分支的梁的模态特点进行分析，最后对运载火箭模态特点进行总结。

1. 简单梁结构模态

对于简单梁结构，其位移方向垂直于轴线方向，称为横向位移，主要是由弯曲变形引起的。在工程实际中，由于梁弯曲振动的固有频率通常比它们作为杆的纵向振动或扭转振动的固有频率低，因此梁的横向振动具有更大的实际意义。

考虑如图 8.1 所示的变截面梁。假设梁各截面的中心主轴在同一平面内，且只考虑此平面的横向位移或弯曲变形，这样可以简化为一个平面上的梁。假定此梁的截面位置为 x，弹性模量为 E，截面惯性矩为 $I(x)$，单位长度的质量为 $m(x)$，

它们沿跨度 L 随位置 x 而任意变化。假定横向载荷 $p(x,t)$ 随位置和时间任意变化，横向位移响应 $v(x,t)$ 也是时间和位置的函数。两端的边界支撑可以是任意的，图中的简支条件只是某种特殊情况。

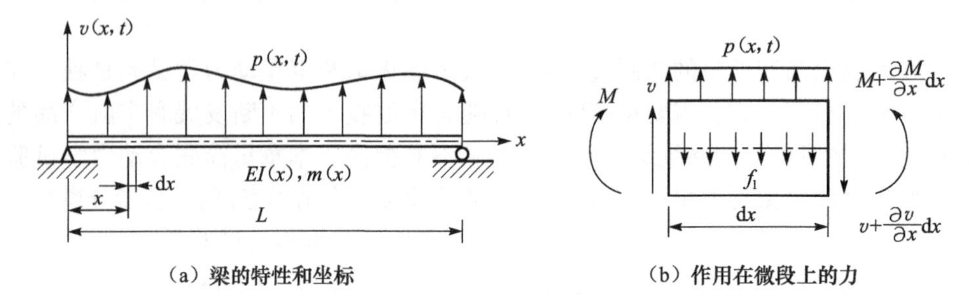

(a) 梁的特性和坐标　　(b) 作用在微段上的力

图 8.1　承受横向载荷的平面梁

用作用在微段上的力的平衡条件可以导出动力方程。图 8.1(b)标出了作用在微段上的力。把全部横向力加起来可得到第一个动力平衡方程

$$Q+p\mathrm{d}x-\left(Q+\frac{\partial Q}{\partial x}\right)-f_i\mathrm{d}x=0 \tag{8.1}$$

式中，Q 为截面剪力，$f_i\mathrm{d}x$ 表示微段上的横向惯性力，它等于微段质量和该微段加速度的乘积

$$f_i\mathrm{d}x=m\mathrm{d}x\frac{\partial^2 v}{\partial t^2} \tag{8.2}$$

将式(8.1)代入式(8.2)，简化后得到

$$\frac{\partial Q}{\partial x}=p-m\frac{\partial^2 v}{\partial t^2} \tag{8.3}$$

式(8.3)可以看做是剪力和横向载荷之间的标准关系式，但现在的横向载荷应包含由梁的加速度引起的惯性力。应当注意的是，由于梁截面转角惯性力影响很小，在此忽略，在图 8.1(b)所示的微段上，没有画出梁截面的转角加速度带来的惯性力。

对微段右截面和梁中心轴交点处求力矩和，得到第二个平衡关系式，即

$$M+Q\mathrm{d}x-\left(M+\frac{\partial M}{\partial x}\mathrm{d}x\right)=0 \tag{8.4}$$

式(8.4)进一步简化成剪力和弯矩的标准关系式，即

$$Q=\frac{\partial M}{\partial x} \tag{8.5}$$

将式(8.5)对 x 求导,并代入式(8.3),整理后得

$$\frac{\partial^2 M}{\partial x^2}+m\frac{\partial^2 v}{\partial t^2}=p \tag{8.6}$$

最后引入材料力学中梁的弯矩和曲率的关系$\left(M=EI\frac{\partial^2 v}{\partial x^2}\right)$,可以导出梁横向运动的最基本的偏微分方程

$$\frac{\partial^2}{\partial x^2}\left(EI\frac{\partial^2 v}{\partial x^2}\right)+m\frac{\partial^2 v}{\partial t^2}=p \tag{8.7}$$

式中,E 和 I 可以随 x 任意变化。对于截面沿长度方向均匀的梁,EI 不随 x 变化,式(8.7)可简化为

$$EI\frac{\partial^4 v}{\partial x^4}+m\frac{\partial^2 v}{\partial t^2}=p \tag{8.8}$$

当外力 p 为零时,即得梁的横向自由振动方程

$$EI\frac{\partial^4 v}{\partial x^4}+m\frac{\partial^2 v}{\partial t^2}=0 \tag{8.9}$$

经过类似的推导,可以得到梁的纵向自由振动方程

$$EA\frac{\partial^2 v}{\partial x^2}+m\frac{\partial^2 v}{\partial t^2}=0 \tag{8.10}$$

式中,v 为 x 截面处的纵向位移;E 为弹性模量;A 为截面面积;m 为单位长度质量。

扭转振动具有与纵向振动同样的形式,所不同之处是将弹性模量换为剪切模量,将面积换为转动惯性矩,将单位长度质量换为转动惯量。

假定均匀截面梁的长度为 l,考虑梁在自由边界条件下做横向振动。根据式(8.9),当梁的两端边界条件为自由,即满足如下条件:

当 $x=0$ 时,$v''(0)=0$,$v'''(0)=0$;

当 $x=l$ 时,$v''(l)=0$,$v'''(l)=0$。

可以推导出梁的无阻尼横向自由振动第 i 阶频率为

$$\omega_i=\frac{(k_i l)^2}{l^2}\sqrt{\frac{EI}{m}} \tag{8.11}$$

第 i 阶振型函数为

$$v(x)=\mathrm{ch}k_i x+\cos k_i x+\frac{\mathrm{ch}k_i x-\cos k_i x}{\mathrm{sh}k_i x-\sin k_i x}(\mathrm{sh}k_i x+\sin k_i x) \tag{8.12}$$

式中,$k_1 l=4.730$,$k_2 l=7.853$,$k_3 l=10.996$,$k_4 l=14.137$。

等截面梁横向振动振型图如图 8.2 所示。

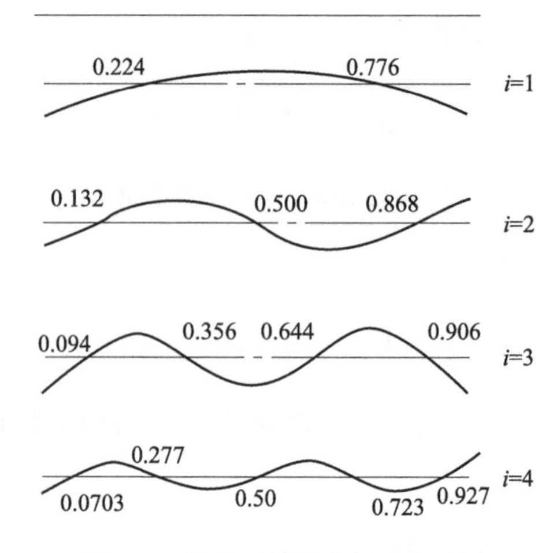

图 8.2 等截面梁横向振动振型图

当梁作纵向振动时，自由边界条件表示如下。

当 $x=0$ 时，$v'(0)=0$；

当 $x=l$ 时，$v'(l)=0$。

根据式(8.10)，可以推导出梁的无阻尼纵向自由振动第 i 阶频率为

$$\omega_i = \frac{i\pi}{l}\sqrt{\frac{EA}{m}} \tag{8.13}$$

第 i 阶振型函数为

$$v(x) = \cos\frac{i\pi x}{l} \tag{8.14}$$

等截面梁纵向振动振型图如图 8.3 所示。

梁的扭转自由振动频率和振型与纵向类似，这里不再赘述。

2. 分支梁结构模态

分支梁结构可以认为在简单梁结构的基础上加上分支梁，如图 8.4 所示。当简单梁上的某些质量块与简单梁的连接刚度不足够大，可以将质量块当做分支梁结构[1]。

假定主体梁上连接一质量块 A，其质量为 m、连接刚度为 k，分析分支梁的存在会对主体梁的模态有多大的影响。当质量 m 远远小于主体梁时，这个结构的模态特性可以认为以主体梁为主，分支结构的影响很小。当分支质量逐渐增大时，其影响逐渐变大。假设主体梁固定不动，此时分支结构的模态频率取决于其质量 m 和连接刚度 k，设分支结构模态频率为 ω，则

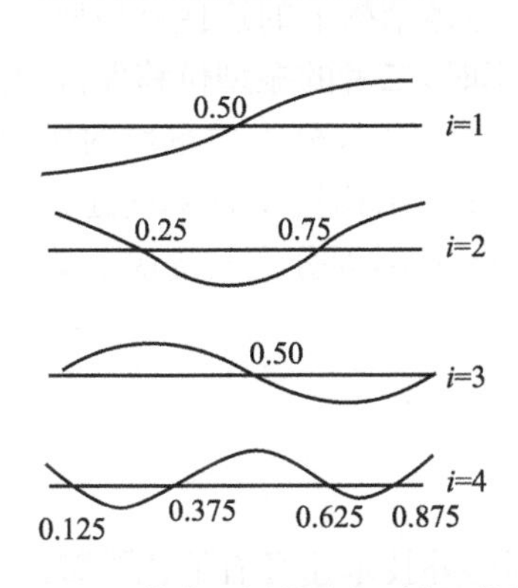

图 8.3　等截面梁纵向振动振型图

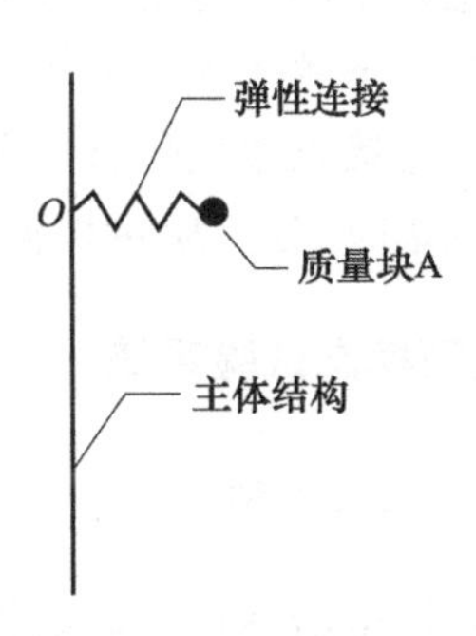

图 8.4　带有分支梁的结构

$$\omega^2 = \frac{k}{m} \tag{8.15}$$

当主体梁固定时，分支结构的模态称为分支结构的局部模态，ω 称为分支结构的局部模态频率。分支结构对整体结构模态的影响取决于整体模态与分支结构的局部模态之间的关系。在整体结构中，对于某阶模态，分支结构的运动可以认为在分支连接到主体结构的点做强迫运动时的响应。设分支质量块位移为 $u(t)$，分支质量连在主体结构上的点的位移为 $u_1(t)$，不考虑阻尼的影响，有公式

$$[u_1(t) - u(t)]k = - mu(t) \tag{8.16}$$

整理式(8.16)，并考虑式(8.15)，有

$$u(t) + \omega^2 u(t) = \omega^2 u_1(t) \tag{8.17}$$

考虑整体结构共振情况，所有点的运动为简谐运动，设

$$u_1(t) = U_1 \sin(\omega_1 t) \tag{8.18}$$

式中，U_1 为质量块与主体结构连接点的振幅，或该点的振型位移；ω_1 为整体结构的共振频率。设

$$u(t) = U\sin(\omega_1 t) \tag{8.19}$$

式中，U 为分支质量块的振幅，或分支质量块的振型位移。式(8.18)和式(8.19)代入式(8.17)后整理得

$$U = \frac{\omega^2}{\omega^2 - \omega_1^2} U_1 \tag{8.20}$$

从式(8.20)可得，当整体结构模态频率 ω_1 远远低于分支结构的局部模态频率 ω 时，$U \approx U_1$，分支质量块随主体结构的连接点一起运动，二者的振型位移基本一致，好像分支质量块固定在主体结构上一样；随着整体结构模态频率逐渐接近局部

模态频率，分支质量块的振型位移逐渐大于主体结构上的连接点振型位移，但当整体结构模态频率小于分支质量局部模态频率时，二者的振型位移保持同向（同号）；当整体结构模态频率大于分支质量局部模态频率时，分支质量块的振型位移与主体结构上的连接点振型位移反向（反号）；当整体结构模态频率远远大于分支质量局部模态频率时，分支质量块振型位移逐渐趋于 0，即分支质量块不动。

8.1.2　全箭模态试验系统

1. 全箭试验振动塔

为了获得全箭飞行状态的模态参数，国内外技术途径有缩比模型试验、子结构试验综合、实尺寸全箭试验[2]。目前我国主要采用实尺寸全箭振动试验途径，因此全箭振动试验塔成为必不可少的试验设施。

全箭振动试验塔是开展全箭模态试验的试验场所。图 8.5（见彩图）和图 8.6 给出了全箭振动塔的外观和内部示意图。

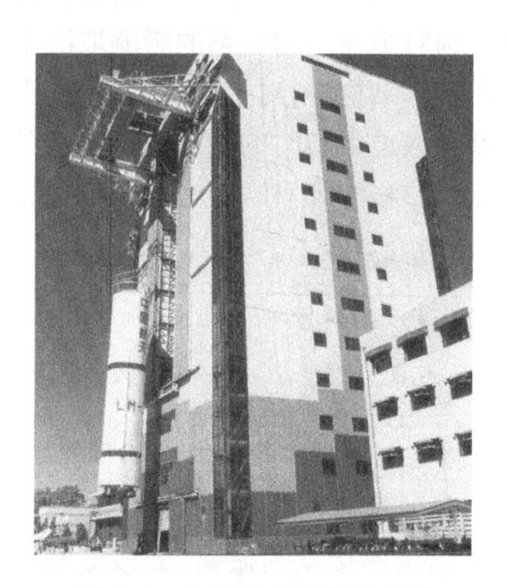

图 8.5　全箭振动塔的外观图

为了模拟运载火箭的燃料，振动塔需配备加注系统。为了模拟运载火箭的自由边界条件，振动塔需配备悬吊系统。

2. 试验产品状态模拟

试验产品采用单独生产的振动试验箭。振动试验箭要求模拟真实火箭的质量和刚度特性，一般地，只模拟研究所需的低阶模态。从模拟要求和成本综合考虑，一般振动试验火箭结构系统是真实的，其他系统则可以采用等效模拟，例如，贵重

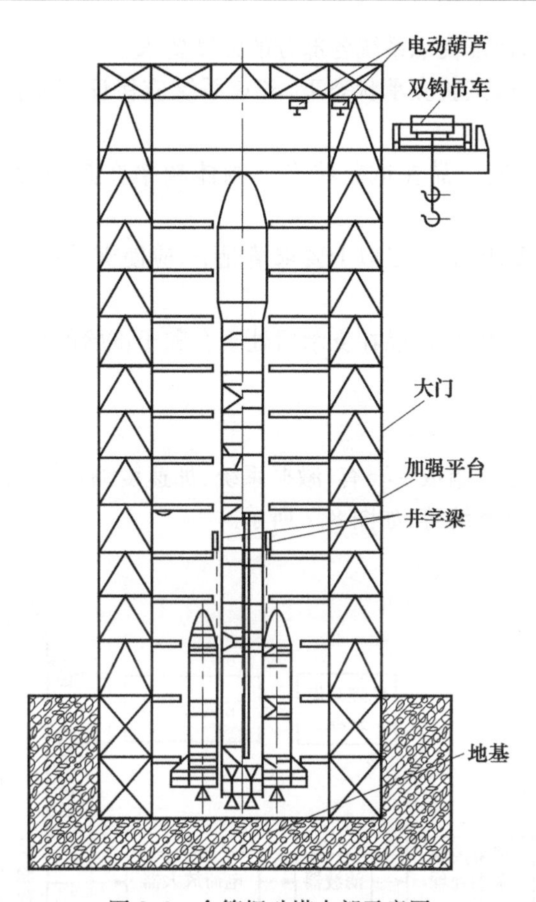

图 8.6　全箭振动塔内部示意图

的仪器只使用外壳并用等效配重模拟。卫星采用结构模拟星,其中的贵重仪器也采用等效模拟。

液体火箭的燃料占火箭质量的绝大部分,因此燃料的模拟在试验产品状态模拟中是十分重要的。燃料模拟利用振动塔内的加注系统,通过向振动火箭储箱中加注模拟液以模拟不同秒状态下的燃料质量。由于加注液密度与真实燃料密度稍有不同,因此在加注模拟时有两种模拟方式:等质量模拟方式和等体积模拟方式。等质量模拟是指模拟液的质量与真实燃料的质量相等;等体积模拟是指模拟液的体积与真实燃料的体积相等。两种模拟方式可以结合使用,例如,二级采用等体积模拟,而一级采用等质量模拟。

试验件在进行全箭模态试验时的边界条件应模拟真实火箭的飞行边界条件,实际飞行时火箭处于无约束的自由状态,因此试验件边界条件尽量模拟自由-自由边界条件。自由边界条件的模拟有几种不同的方式,我国采用的是悬吊模拟方式。悬吊支承系统的设计应考虑以下技术要求:

(1) 强度要求，保证支承系统各部分的强度要求。

(2) 稳定性要求，试验支承状态下，支承系统应保证产品恢复力矩/产品倾倒力矩＞1.5。

(3) 刚度要求，使产品在试验状态下刚体频率在其一阶弹性模态频率 1/6 以下。

(4) 附加质量要求，在满足以上要求情况下，应使支承系统带来的附加质量尽可能小。

(5) 几何位置要求，使产品在支承后处于有利于试验的几何位置。

3. 激振测量系统

试验激振测量系统组成主要有：激振系统、加速度测量系统、斜率测量系统、模态试验控制采集处理系统等，如图 8.7 所示。

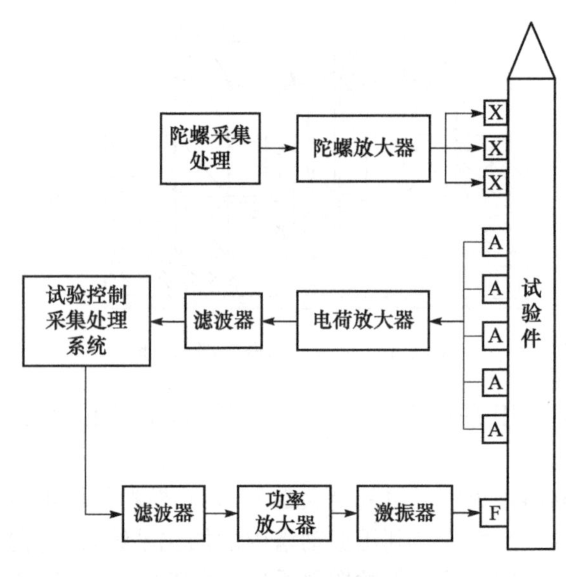

图 8.7 试验系统组成

F. 力传感器；A. 加速度传感器；X. 陀螺

1) 激振系统

激振系统是用来完成对产品激振的，包括功率放大器、激振器、激振台、力锤、滤波器、力传感器。由计算机发出的激振信号经滤波器滤波，送到功率放大器，再由功率放大器放大，送到激振器或振动台，以实现对产品的激励。为了对激振力进行测量，在激振器与试验件之间设置力传感器及配套的放大器，在激振频率较低时还应使用激振器固定支座。

2）加速度测量系统

加速度测量系统是用来测量试验件的加速度响应，包括加速度传感器和电荷放大器或信号调节器，加速度传感器直接感应产品振动的加速度，将加速度信号变为电信号，电信号经电荷放大器放大后，由计算机进行信号采集。

3）斜率测量系统

斜率测量系统用来测量试验件振型斜率，主要包括速率陀螺、陀螺放大器、陀螺电源、磁带机及软件等。

4）模态试验控制采集处理系统

模态试验控制采集处理系统在试验系统中用作激振控制、数据采集和模态参数识别等，是试验系统的中心，它由计算机和运行其上的试验软件构成。首先，由计算机产生激振信号，经激振系统实现对产品的激振；其次，产品的振动经加速度测量系统返回并由计算机进行采集，同时激振力通过力传感器返回计算机并由计算机进行采集。计算机将采集到的力和加速度信号进行分析、处理，计算出模态参数。还可以根据采集的激振力对产品的激振进行控制。

8.1.3　全箭模态试验技术

在运载火箭的模态试验当中，模态试验方法主要有正弦调谐、多点随机、锤击试验三种方法，其中，以正弦调谐方法为主。以下对这三种方法及其特点进行介绍。

1）正弦调谐方法

由试验软件或信号发生器产生多个相位相同或相反的正弦信号，驱动多个激振器同时激振，并测量连接在激振器激振杆上的力信号，根据测得力与预设力的比较调整输出正弦信号的大小与相位，直至使测得的力与预设的力一致。在正弦调谐方法试验中，依次进行全频域扫描、模态调谐、模态测量三个试验步骤。首先进行全频域扫描，通过单点激振在宽频带上进行扫描，目的是找出试验件模态的分布情况；其次进行模态调谐，需要针对每个模态采用多激振力调出所谓的“纯模态”响应；最后是模态测量，利用调谐好的纯模态激振力分布在每个模态共振频率附近进行扫描，测量共振频率附近的传递函数。

在正弦调谐模态测试当中，使用指示函数判断模态纯度，指示函数表示为

$$\mathrm{IF}(w)=1-\frac{\sum_{i}\mathrm{Re}H_i(w)M_i\mid H_i(w)\mid}{\sum_{i}M_i\mid H_i(w)\mid^2} \tag{8.21}$$

式中，$|H_i(w)|$为第 i 点加速度响应幅值；$\mathrm{Re}H_i(w)$为第 i 点加速度响应实部；M_i为第 i 点的权。当 IF＝1 时，为纯共振；当 IF＝0 时，为非共振。

正弦调谐方法能够提供精度较高的模态参数。

2）多点随机方法

由试验软件或信号发生器产生多个不相关的随机信号，每个信号驱动不同的激振器同时激振，用测量到的响应谱计算出响应分别对每个激振点的传递函数，并用这些传递函数拟合出模态参数。用传递函数拟合模态参数所用的主要方法有：峰值法、模态圆法、多自由度法。多点随机方法可以对模态进行快速普查，试验时间较短，不容易遗漏模态。

3）锤击试验方法

锤击试验方法是通过力锤人工敲击的方法实现对产品的激振，和多点随机方法类似，区别只是在于，在激振时不是用随机信号发生器发出随机信号驱动激振器进行激振，而是用力锤敲击的方式进行激励。力锤敲击方法设备需求简单，试验实现容易，但试验精度较低。

在运载火箭模态试验中，振型可分为平移和转角两部分。转角部分又称为振型斜率。与多数模态试验不同的是，运载火箭模态试验更加关注振型斜率。振型斜率测量通过陀螺传感器进行，陀螺传感器感应转角速率。使用正弦调谐模态测试方法，当试验件的振动达到纯模态或较纯的模态时，对陀螺信号进行采集，同时对标准点的陀螺信号和加速度信号进行采集，斜率符号通过测点的陀螺输出信号相位与标准点的陀螺输出信号相位对比给出。例如，两个相位相差在$\pm 90°$以内，则测点斜率与标准点斜率为同号，否则为反号。斜率值则通过测点角速率和标准点的加速度值计算得出，即

$$\text{斜率值} = \text{角速率幅值} \times \text{共振圆频率} / \text{标准点加速度幅值}$$

陀螺选位就是在运载火箭上找到一些位置，这些位置在一阶模态或二阶模态的斜率值符合一定范围的要求。在选位时一般先通过理论计算或经验给出选位点的大致范围，然后在这些给定范围通过不断更换陀螺的位置，测量不同位置的斜率，直到找到合适的位置。

目前，我国的长征系列火箭均进行了全箭模态试验。全箭模态试验通常规模庞大，风险高。试验的激振、测量点需要科学配置，在保证需要获取的全部模态信息的基础上尽量降低试验规模。为此，试验前的仿真预示是全箭模态试验必不可少的环节。一般试验前需要开展两项仿真工作：第一项是试验预示；第二项是试验流程仿真。

模态试验预示通过试验件的设计建立其动力学有限元模型，通过有限元分析预示所关心的模态参数。根据模态参数的预示结果，合理布置振型测点和激振测点。某火箭模态试验结果与预示结果如图 8.8～图 8.10 所示[3]。

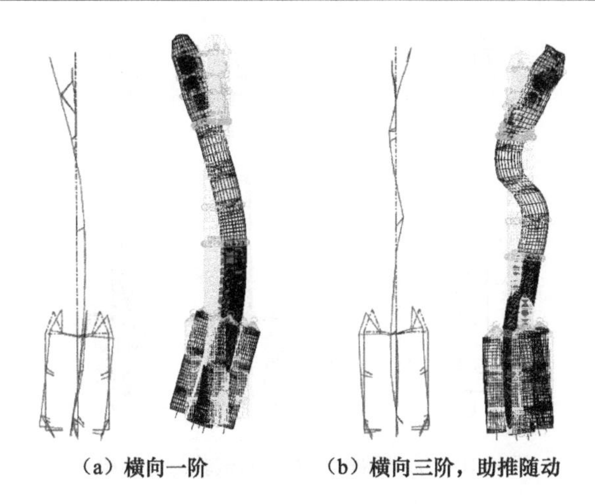

(a) 横向一阶　　(b) 横向三阶，助推随动

图 8.8　横向为主的试验与计算模态

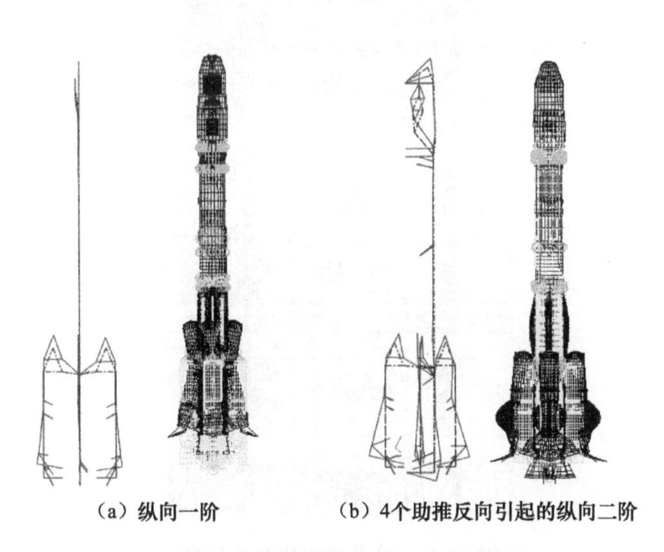

(a) 纵向一阶　　(b) 4个助推反向引起的纵向二阶

图 8.9　纵向为主的试验与计算模态

试验流程仿真主要是采用试验系统、试验工装、试验件的计算机辅助设计模型对火箭的进出塔、试验件安装过程进行仿真，以便通过仿真验证试验安装流程的正确性，通过仿真能够在试验前发现火箭进出塔和安装过程是否有尺寸不协调的问题，以及是否存在安装过程理论上可行但实际安装无法实现的问题等，全箭进出塔流程仿真如图 8.11 所示。

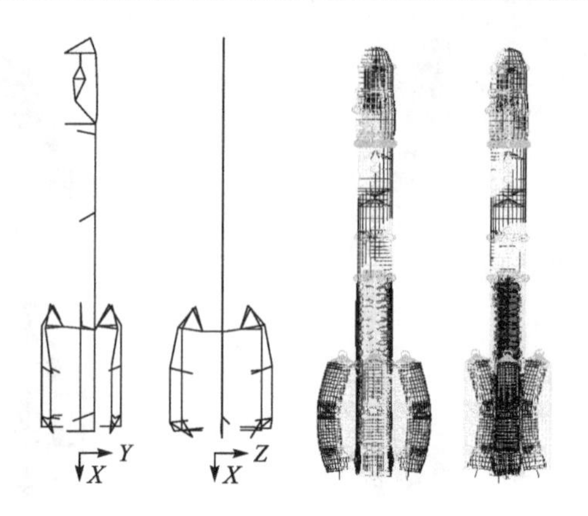

图 8.10　助推器横向为主的试验与计算模态

图 8.11　全箭进出塔流程仿真

8.2　星箭分离与整流罩分离试验

在航天飞行器研制过程中,分离起着重要作用,设计者特别关心分离的可行性及分离动作对分离体可能产生的影响。为了把有效载荷发射到预定的目标和轨道,所有运载火箭、载人飞船和航天飞机等航天飞行器都需要把完成了预定功能的级和舱段进行解锁和分离,各类分离系统的设计与试验是必不可少的,其中包括星箭分离、整流罩分离、级间分离和助推器分离等。这些分离的成功与失败直接关系到航天飞行任务的成败，为此地面分离试验成为运载火箭研制的必要环节。

8.2.1　分离试验原理

星箭分离是指卫星与末级火箭进行的分离，其作用是使卫星单独进入预定轨道正常运行。星箭分离方式大致有以下几种：

(1) 弹射式分离。卫星和运载火箭末级上均作用有沿纵轴方向的力，采用这种分离方式的分离推动装置一般有压缩螺旋弹簧弹射器和气动作动器。

(2) 制动式分离。通常由末级辅助反推火箭或利用推进器储箱排出的增压气体所产生的反推力，使末级火箭制动。

(3) 旋转式多星分离。对称于末级纵轴并列安装两颗或多颗卫星，由卫星固定端的末级分配器带动卫星绕末级纵轴旋转；分离时卫星解锁，在轴向弹簧分离力和转动离心力的作用下，将多星同时分离出去。

星箭分离试验是在地面上验证星箭分离系统分离性能的试验，目的是验证分离系统的分离性能和可靠性，测试卫星结构在分离冲击环境下的动态响应。试验时将卫星、分离系统和模拟运载器的质量块悬挂起来，通过爆炸螺栓爆炸断裂达到分离作用，采用高速摄影记录分离过程，用加速度传感器测量卫星的分离冲击响应。

整流罩分离是运载火箭飞行过程中重要的动作。整流罩分离试验是在地面验证整流罩分离系统性能和可靠性的试验，能否实现安全分离是决定飞行成败的关键因素之一。整流罩分离系统的设计必须使整流罩按要求地过顶角速度或平抛速度完全脱离箭体，并且不与整流罩内有效载荷或箭体发生任何碰撞。整流罩分离系统可概括为两类：下端铰链约束侧向转动分离系统、侧向平推分离系统。第一类转动分离系统具有可靠性高和安装简易等优点。第二类平推分离系统亦具有高可靠性，但需要在大型真空罐内模拟高空抛罩试验。

分离试验主要用以检验分离结构的协调性、分离装置的可靠性等。在分离试验中，一般还要测量爆炸解锁引起的冲击环境，确定爆炸解锁装置附近的冲击环境。分离试验需模拟真实的飞行状态，因此要使用与飞行中完全相同的结构部件和分离装置进行分离试验，功能性部件、包带、分离弹簧、火工品等必须使用真实件，卫星和运载火箭可使用满足质量模拟要求的模拟件即配重代替。为了复现失重特性，试验时，试件要有足够的悬挂高度，以满足行程要求，使分离在失重状态下进行。

8.2.2　分离试验系统

星箭分离试验的主要目的是：验证星箭系统机械功能和动力学性能及电气接口的协调性；检查分离过程中卫星与运载火箭的碰撞边界；模拟真实的分离动作；

获取分离系统干扰量等数据;获取星箭分离过程中的运动学参数与力学环境;验证分离方案的可靠性。

星箭分离试验系统一般由试验架、悬吊与释放装置、控制系统、测量系统、摄影录像系统、回收系统及数据处理系统等组成,如图 8.12 所示。试验架供悬吊、释放和回收使用,一般由底座、铸块、钢梁组成。根据悬吊系统高度、试验件高度、星释放高度及独立的下回收网垫系统高度,确定试验架总高度。悬吊与释放装置主要由悬吊杆、释放钩、承力座等组成,需具有足够的强度,安全系数在 2 以上。悬吊杆通过星箭组合件的质心,悬吊杆长度可调节,并与缓冲器匹配。控制系统是通过时序控制器连接测试系统、高速摄影机及火工品引爆装置,时序控制器一般应有两组通道:一组只给出无功率输出的触点信号,用于启动高速摄影机;另一组传输足够的电流用于引爆火工品。测量系统由传感器(位移计、冲击加速度计、速率陀螺仪等)与其相应的二次仪表等组成。主要测量分离运动参数(角度、角速度和位移、速度)、结构响应参数(结构冲击响应)、应变和压力等。数据处理系统一般由低通滤波器、实时信号分析仪、A/D 变换器、计算机及打印机等。回收系统主要由上回收装置、下回收装置组成。

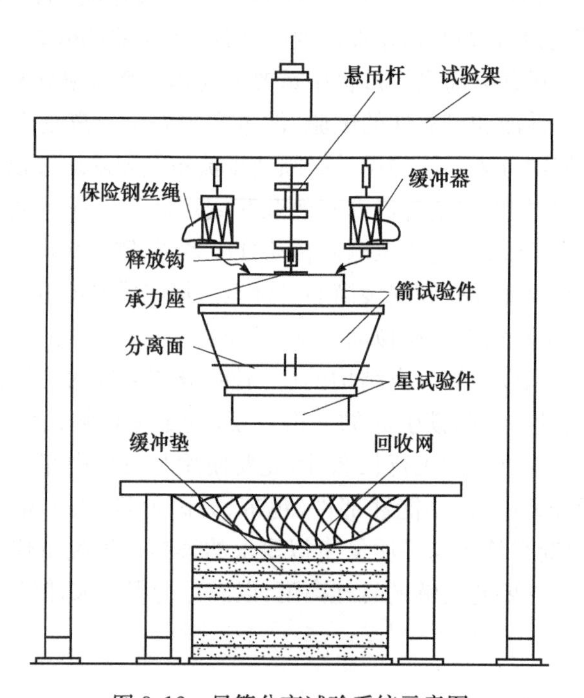

图 8.12　星箭分离试验系统示意图

整流罩分离试验的主要目的是:获取整流罩分离时的抛罩轨迹;测量整流罩分离时两个半罩的角速度;考核分离过程中整流罩与卫星(有效载荷)的碰撞边界;测

量整流罩分离瞬间，其内腔压力变化情况；测量仪器舱、支架前端框等位置的冲击环境数据；测量铰链支座载荷；考核分离结构的协调性。

整流罩分离试验系统主要由试验基座、控制系统、测量系统、摄影录像系统、回收系统及数据处理系统等组成，如图 8.13 所示。

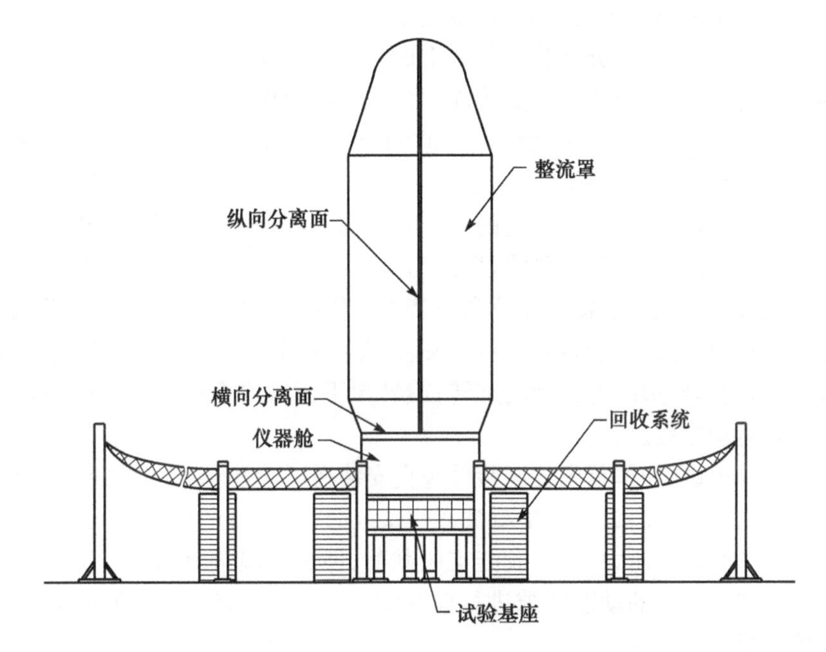

图 8.13　整流罩分离试验系统示意图

8.2.3　分离试验技术

星箭分离试验的卫星和火箭试验件均为模拟件，其质量、质心和转动惯量及外形均实现了模拟，分离装置、卫星支架为真实结构件。模拟星由卫星模型和卫星下框组成，箭体由模拟配重、卫星支架等组成。整流罩分离试验的试验件产品包括整流罩和仪器舱真实结构件及卫星模拟件。

分离试验模拟准则如下：

(1) 模拟卫星失重状态下进行分离，悬挂高度要确保自由落程并有足够的缓冲距离。

(2) 释放装置动作要迅速，初始干扰要小。

(3) 试验件不允许发生碰撞、损坏，要确保安全回收。

(4) 原则上模拟罩体解锁及分离的机械动作。

在分离试验过程中，各种特征参数的测试是必不可少的。这些参数主要包括加速度、速度、位移、角加速度、角速度、角位移、脉动压力、冲击响应等。有时还要测量分离装置本身，如包带等的变形情况，检验其受力均匀性。分离过程要用高速摄影机进行拍摄，以便观察分离时各分离部件的相对位置。分离试验测量参数类型多，试验记录的数据量较大，而且不同类型的数据需采用不同的处理方法。

旋转式多星分离试验时，首先将星模型倒置于地面上，进行星箭对接，而后将其吊运至调试架下，通过分离装置与架上的可动组合梁上的转盘、杆系相连，同时和上回收系统、回收支架相连。试验前，将星箭组合体、可动组合梁和测控电缆一起吊运至试验架上固牢，再用钢丝绳将起旋配重和转盘及挂弹钩相连。试验开始，控制系统下达指令，挂钩解锁释放，配重下落，转盘带动星箭组合体起旋。角速度大于额定转速时，旋转装置和梁上的限位器相碰，反馈给控制器一个电信号，控制系统下达指令，分离装置起爆释放，星箭组合体边旋转边自由跌落，控制器下达指令，爆炸螺栓起爆，包带解锁。在分离弹簧推力作用下，卫星和运载火箭分离，弹簧作用完毕，卫星和运载火箭各自绕质心旋转，并做自由落体运动。箭体由上缓冲系统回收，并由刹车器边缓冲边制动旋转；旋转星下落被安全回收，在此过程中获取星箭姿态和运动参数。

整流罩分离试验时，首先将试验件竖直安装在试验基座上，控制系统启动分离程序，整流罩实施分离，最后两半罩被回收系统回收。试验中对整流罩的分离运动轨迹、呼吸运动、内腔压力变化、铰链支座载荷、冲击环境等参数进行测量，并对整流罩与有效载荷之间的动态间隙进行监视记录。图 8.14(见彩图)所示为整流罩分离试验情况。

图 8.14　整流罩分离试验

试验中测得的两个半罩绕各自铰链的角速度数据如图 8.15 所示；测量了半罩质心附近的加速度变化情况如图 8.16 所示；测得的整流罩的内腔负压变化数据如图 8.17 所示；冲击加速度测量曲线如图 8.18 所示。

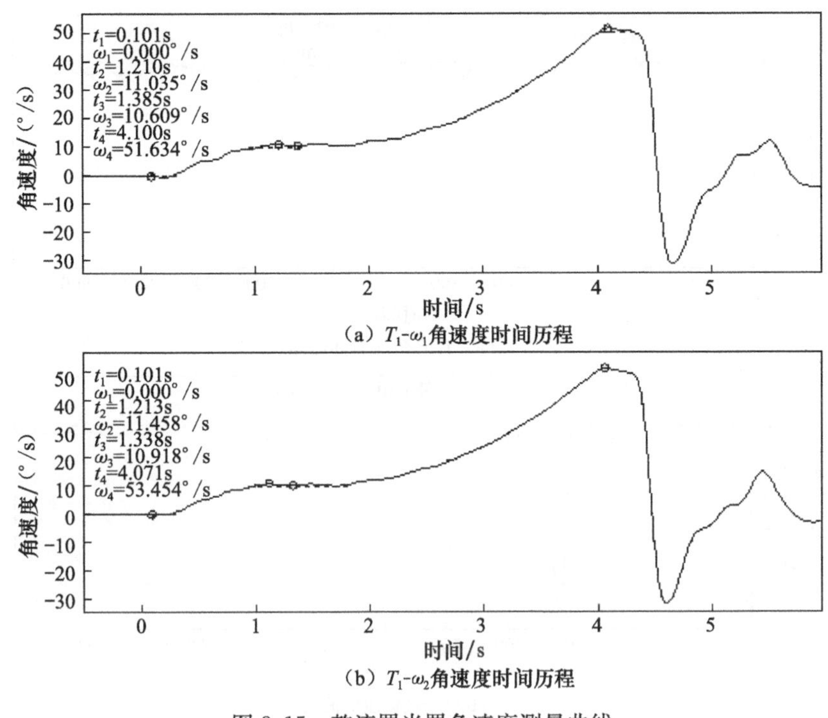

（a）T_1-ω_1角速度时间历程

（b）T_1-ω_2角速度时间历程

图 8.15　整流罩半罩角速度测量曲线

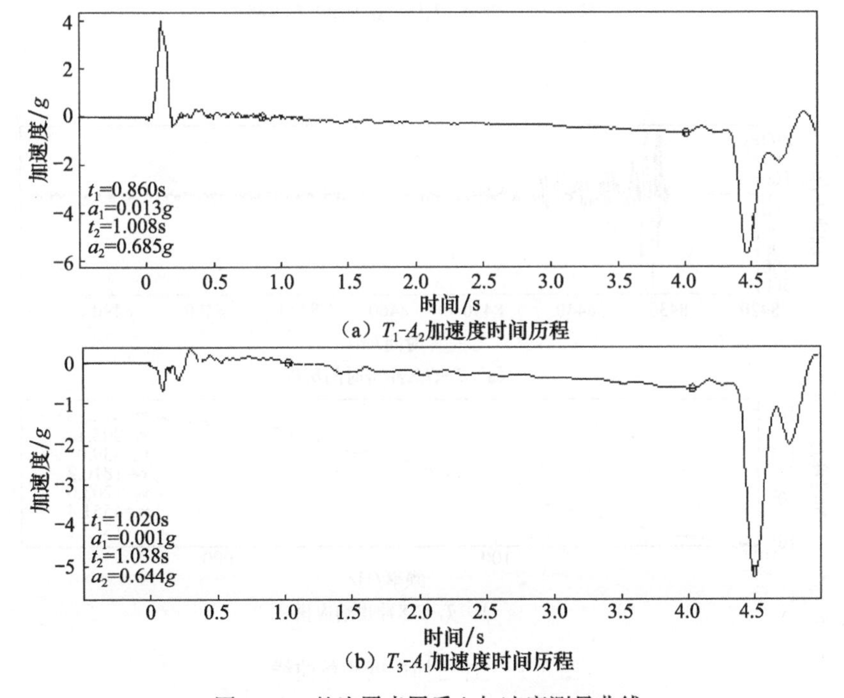

（a）T_1-A_2加速度时间历程

（b）T_3-A_1加速度时间历程

图 8.16　整流罩半罩质心加速度测量曲线

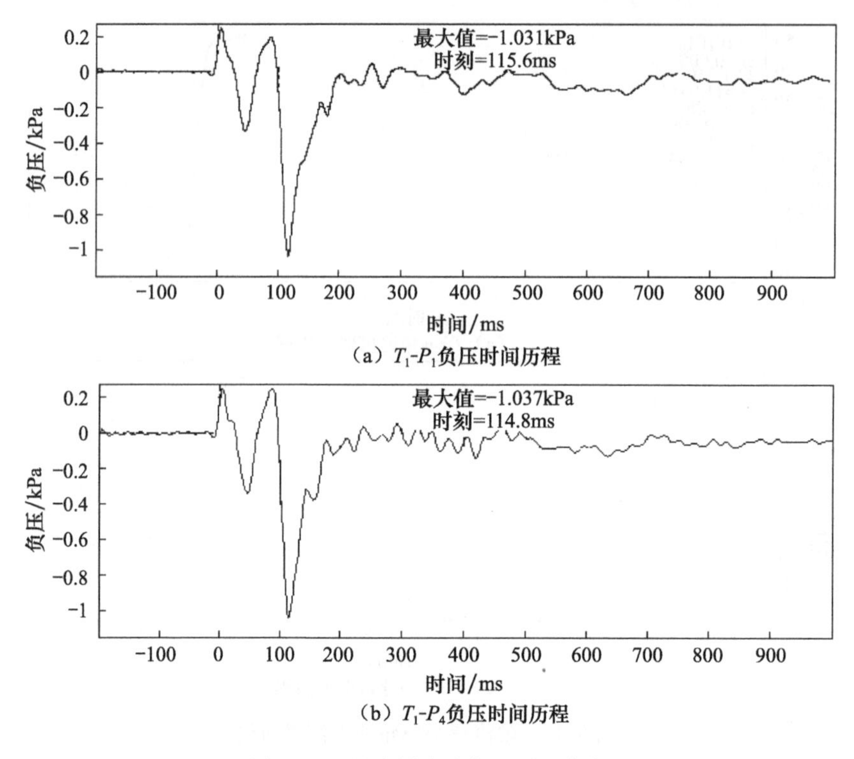

(a) T_1-P_1负压时间历程

(b) T_1-P_4负压时间历程

图 8.17　整流罩内腔负压测量曲线

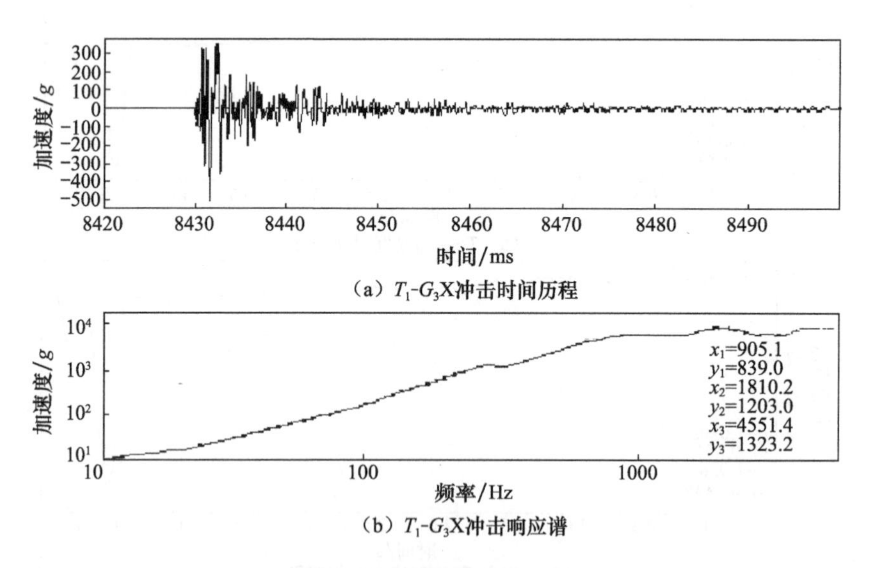

(a) T_1-G_3X冲击时间历程

(b) T_1-G_3X冲击响应谱

图 8.18　冲击加速度测量曲线

8.3　卫星与运载火箭振动试验

振动环境由于作用的持久性、环境效应的严重性及环境本身的复杂性，使之成为卫星与运载火箭产品最重要的动力学环境之一。基于振动环境对星箭结构及仪器设备的影响，为了确保卫星发射成功并能正常工作，必须在地面进行振动试验，再现卫星与运载火箭在地面运输和发射飞行过程中所经受的振动环境，以考验星箭结构及仪器设备承受振动环境的能力，本节主要针对星箭系统级产品振动试验特点进行阐述。

8.3.1　振动试验原理

振动试验的基本原理是将要求的振动条件控制在误差范围内，根据振动方式分为正弦振动试验、随机振动试验和瞬态振动试验。试验输入为给定控制点的幅值和扫描速率、功率谱密度、瞬态时域波形等，控制试验件激励输入满足试验控制谱，有时在此基础上还同时监控试件上某些点作为响应控制，确保某些点的响应量级不超过设定值。振动试验过程中通过加速度传感器、应变片等监测关心点的加速度响应、应变响应等，具体内容参见6.2节。

振动环境模拟的基本准则是在试验条件下复现产品在使用、运输和储存期间可能经受的环境效应，模拟产品破坏或失效模式，即在产品试验件中产生的振动效应与实际振动环境可能存在的效应比较接近，这样才能有效地检验产品的环境适应性。环境模拟的逼真程度取决于振动环境应力（振动量级、谱形和持续时间）的模拟和边界条件的模拟。试验方法以如何更有效地再现实际环境效应为准则，因此可以根据实际情况选择试验方法。

1. 随机振动与正弦振动的等效性问题

正弦振动和随机振动的表示方法是两种截然不同的数学理论。经常试图比较正弦振动的峰值和随机振动的均方根值，两者之间唯一相同的地方是用同一个物理量纲单位 g。正弦加速度峰值是一个频率上的最大加速度值，随机振动的均方根值是谱密度曲线的面积均方根。正弦振动与随机振动不存在一般的等效关系。

而实际产品的结构是无限自由度的分布系统，在宽带随机振动环境激励下，结构的响应包含了频带内所有阶模态的贡献；而正弦扫描振动环境激励是依次激起各阶模态共振，不能模拟各阶模态同时被激发所造成的疲劳损伤效应。因此，随机振动环境一般采用随机振动试验模拟。

2. 随机振动的等价条件

随机振动是一种不确定的振动，随机过程的每一个样本函数都是不重复的。

因此需考虑若干次地面随机振动试验之间的等价性及其与实际飞行随机振动的等价性。

随机振动等价是指两个随机振动的全部统计特性都相同，对单点输入的随机振动模拟，用以下特性来比较：①幅值域，如均值、方差和均方值；②时域，如自相关函数；③频域，如自功率谱密度函数。

一般相同的功率谱对结构材料有相同的损伤，对仪器设备有相同的影响。因此，对于平稳的、各态历经的和高斯分布的随机振动，如果功率谱完全相同就保证了等价条件。

对于多点输入的随机振动，除需模拟各点的自功率谱外，对各点的互功率谱或互相关函数也需模拟。

3. 快速正弦扫描

目前国内外均大量利用快速正弦扫描试验模拟瞬态环境。但应用正弦扫描激励模拟瞬态激励会产生以下情形：对试件考核同时存在欠试验与过试验。欠试验是因为正弦扫描试验中在一个时刻只能激起设备的某一阶谐振，而瞬态激励能同时激起设备的多阶谐振；过试验是正弦扫描试验比瞬态激励事件要使设备经历更多次的应力循环。

4. 边界条件的动态特性等效问题

产品在振动环境激励下，结构响应的分布与产品试验件和平台所组成的系统固有动态特性有关，它们是作为一个系统来振动的，因此，在试验室条件进行振动环境模拟试验，只有在产品试验件、试验安装夹具和试验设备所形成系统的动态传递特性与实际状态相一致时，才能复现振动环境效应。边界条件等效的目的是复现结构实际的动态传递特性，改善模拟试验的失真性。

由于地面振动试验状态与飞行状态的不同，有可能出现如下情况。

1）欠试验问题

产品试验件虽然已经通过振动台试验，但上天飞行时仍可能出问题。例如，在振动台试验状态，产品试验件的固有频率与振动台试验系统固有频率不耦合时，振动台试验时产品的动态响应很小，振动台试验很容易通过；但是全箭状态时，产品的固有频率有可能与箭体固有频率耦合，此时产品的动态响应很大，上天飞行时安装在箭体结构上的产品有可能因为响应过大而出现问题。

2）过试验问题

产品在地面振动试验时振动量级很大，但上天飞行时没有问题。例如，在振动台试验状态，产品试验件的固有频率与振动台试验系统固有频率耦合时，振动台试验时产品的动态响应很大，振动台试验不能通过；但是全箭状态时，产品的固有频率有可能与箭体固有频率不耦合，此时产品的动态响应很小，上天飞行时安装在箭体结构上的产品有可能因为响应很小而不出现问题。

3）产品试验件的振动响应特性发生变化

由于安装在全箭上的产品，边界连接处的刚度特性和安装在振动台上的产品边界连接处的刚度特性不一致，在两种不同的边界情况下，振动的传递特性会发生变化，进而导致产品试验件的振动响应发生变化。

以仪器舱振动试验为例，在实际飞行中，仪器舱与有效载荷、箭体等相连，构成真实边界条件；在地面振动试验中，仪器舱一般通过夹具与振动台相连，夹具与振动台构成又一种边界条件；在分析中，一般认为振动试验对试件是基础激励强迫振动，不考虑连接结构对试件响应的影响，对仪器舱而言，该状态即为仪器舱＋给定的运动边界条件。进行真实边界、夹具＋振动台边界、给定运动边界下的仪器舱随机响应分析，控制点均选择仪器舱下端框相隔为 180°的两个点，采用两点平均控制，控制谱均为同一个梯形谱。分别对三种边界条件下仪器舱响应进行计算，将三种边界条件下仪器舱上同一点的响应曲线放在一起进行比较，如图 8.19 所示。

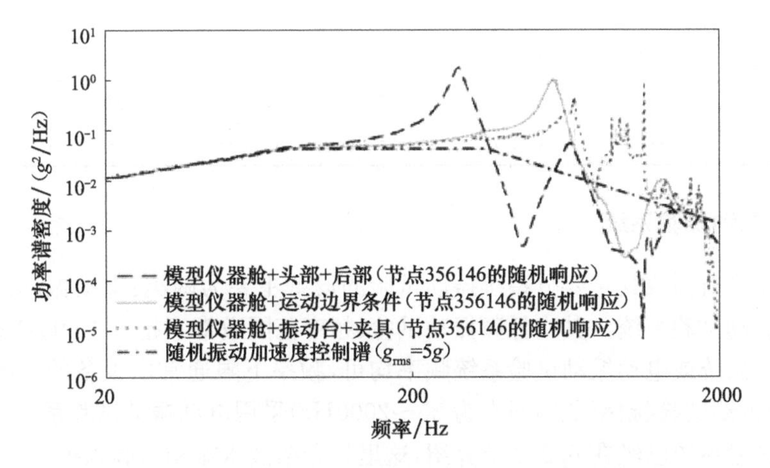

图 8.19 三种边界条件下仪器舱上节点的随机振动响应曲线

由图 8.19 可见，型号实际飞行时共振峰出现在 300Hz 左右，最大峰值达 1.70g^2/Hz，这是由卫星与运载火箭系统动特性所决定的。地面振动试验时，在 300Hz 左右，仪器舱、夹具与振动台系统没有共振峰，响应幅值仅为 0.04g^2/Hz，没有达到飞行时的共振响应值 1.70g^2/Hz，这就出现地面振动试验欠试验的情况；而在地面振动试验中在 600Hz 左右出现共振峰，最大峰值达 0.302g^2/Hz，这是由仪器舱、夹具与振动台系统的动态特性所决定的。而型号实际飞行时有一个小峰出现在 600Hz 左右，最大峰值才达到 0.08g^2/Hz，没有达到地面振动试验时的共振响应值 0.302g^2/Hz，这就出现所谓的地面振动试验过试验现象；基础激励的情况下是在 600Hz 左右出现最大响应，同样也不能反映真实响应。

表 8.1 所示为三种边界状态下仪器舱各计算点共振峰的频率与大小，可以看出有很大的差别。在共振频率附近，除控制点外连接界面上其他点的响应不再与控制谱一致，共振频率由整个系统的特性决定，因此在相同的界面加速度控制条件下、相同位置处的点在不同的边界条件下会在不同频率处出现大小不同的共振峰。每个共振峰都是由该系统的动态特性所决定的，因而仪器舱＋夹具＋振动台边界的地面振动试验状态、仪器舱＋给定运动边界激励的基础激励状态均不能准确复现天上飞行状态时模型仪器舱的响应。

表 8.1　三种边界状态下计算节点的共振峰频率及幅值

节点号	飞行状态共振峰		地面振动试验状态共振峰		基础激励状态共振峰	
	频率/Hz	幅值/(g^2/Hz)	频率/Hz	幅值/(g^2/Hz)	频率/Hz	幅值/(g^2/Hz)
356 146	286	1.700	652	0.3020	580	0.958
357 965	286	1.510	650	0.2580	582	0.867
357 569	286	1.140	652	0.1860	582	0.690
357 261	286	0.864	652	0.120	580	0.499
356 865	286	0.562	650	0.0729	576	0.398
356 542	286	0.387	642	0.0565	580	0.347

8.3.2　振动试验系统

用于飞行器或其主要分系统振动试验的设备主要为两类：电动振动试验系统和液压振动试验系统。其中低频振动试验(频率范围通常不超过 100Hz)采用液压振动试验系统或电动振动试验系统频率均可，频率下限通常由设备的低频能力决定；高频振动试验(频率范围通常为 20～2000Hz)采用电动振动试验系统。关于电动振动试验系统已经在 6.2.2 节介绍，这里只介绍液压振动试验系统。

1) 液压振动试验系统

液压振动试验系统由液压振动台、高压油源、电信号源(放大器)、电动控制的双向阀、控制仪、一个或几个加速度监测装置(控制用加速度传感器)，如图 8.20 所示。对于振动台的固定台面，可将试件刚性连接到活塞杆上，活塞杆被约束只能做直线运动。活塞杆油源回路的双向阀所产生的液压驱动做上下运动，双向阀由更小的电动阀所驱动。放大器为阀的电驱动器提供励磁电流，就如同动圈驱动信号一样控制双向阀调节所需的流量以使台面产生期望的运动。控制仪生成台面所期望运动的激励信号，反复比对控制加速度传感器的谱与规定的参考谱并不断消除二者的差异得出新的驱动谱。如此反复进行，使控制谱达到并满足试验控制精度要求。

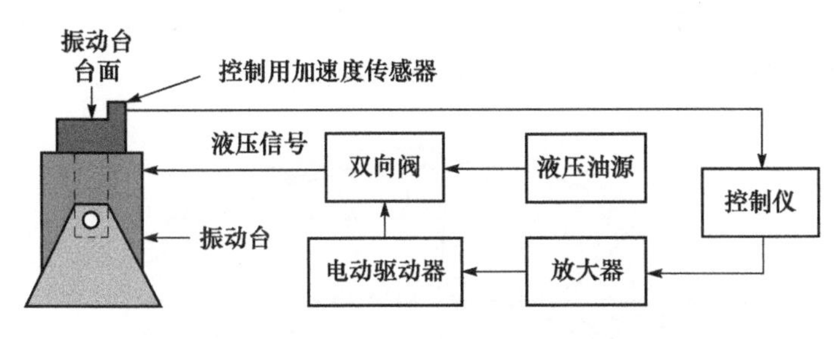

图 8.20　液压振动试验系统示意图

由于液路中液柱谐振，大多数液压振动试验系统提供的振动激励不超过100Hz。液压振动试验系统与电动振动试验系统相比，其主要优势是 20Hz 以下可提供更佳的性能。因为液压台可产生较大位移从而在更低频率获得更大的加速度，这使得液压振动试验系统适用于低频振动试验。

2）控制仪

在振动试验中，振动控制仪用来产生振动信号和控制振动量级的大小。随着计算机技术的飞速发展，振动控制技术得到了长足进步，振动控制仪从单一控制功能发展到现在一台控制仪有各种振动控制方式供选择，包括正弦定频控制、正弦扫描控制、随机振动控制、冲击试验控制等；此外，控制方式也有单点控制、多点平均控制、多点极值控制及响应限控制等多种方式可以选择。

3）夹具

几乎所有的振动试验都需要一个在振动台和试件之间过渡的夹具，因为振动台是通用设备，台面上有固定的连接螺孔，而试件千差万别，一般情况下试件的固定螺孔位置和大小与振动台台面几乎不可能匹配，因此需要一个过渡件即夹具将试件和振动台或滑台连接起来。夹具的功能主要是：连接或固定试件；传递力或振动参数；保持或改变振动方向；某些试验中需模拟试件的真实边界。

试验时总是希望夹具能不失真地将运动传递给试件，而且需要夹具上各点运动均可一致。这就要求夹具在试验频段内最好不出现共振峰，即有足够的刚度。但希望夹具是刚体的想法是很难实现的，为了保证振动试验的质量，还常有以下几种控制措施：①规定夹具的一阶共振频率不能低于某个频率值，高于这个频率值时允许有共振，但要限定放大倍数和 3dB 带宽，即限定夹具共振时的运动及频率大小；②限定允许的正交运动，即规定在非试验方向的振动值必须小于某个值，即限定各种横向运动；③规定试件和夹具相连接的若干个固定点之间允许的振动输入偏差值，即不能因试件的模态引起试件各固定连接点的振动不均匀性。

对于大型结构，夹具设计时要综合考虑振动台承载能力、夹具谐振频率等要求，避免大型结构对振动台可能造成的损伤。图 8.21 为某型号双星整流罩/仪器舱正弦振动试验时所采用的夹具。由于试件总质量约为 6.8t(不包括夹具)，而振动台台面最大承载不超过 5t，需要增加纵向扩展台面支承试件大部分的质量，余下的少部分质量由动圈承受。扩展台示意图如图 8.22 所示。

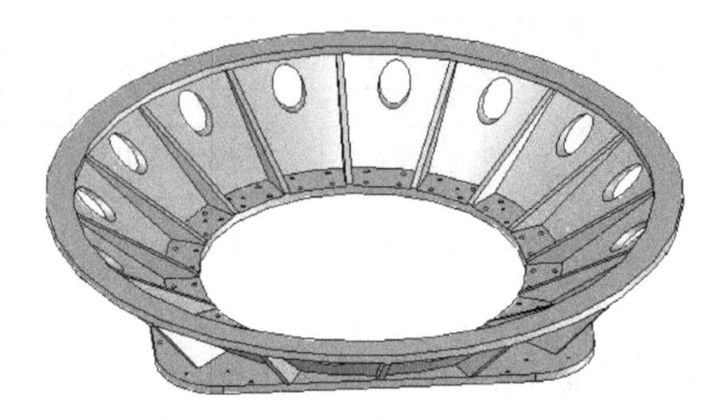

图 8.21　振动台夹具示意图

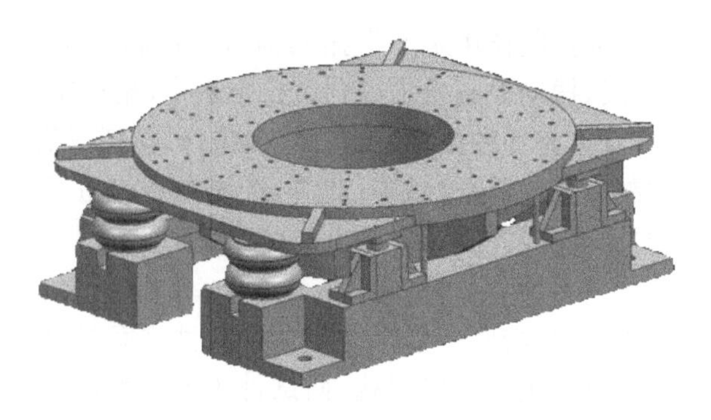

图 8.22　振动台扩展头示意图

边界条件对振动响应分布的影响在有些情况下不可忽略，有时需根据试验目的及试件实际边界，要求地面振动试验夹具模拟试件的真实边界。

8.3.3　振动试验技术

根据所经受环境的特点及地面振动试验设备的适用范围，卫星与运载火箭系统一般开展的振动试验包括正弦扫描振动试验和随机振动试验。

1）正弦扫描振动试验

正弦扫描振动试验是振幅按规定的量级而扫描频率随时间线性或对数变化的试验。正弦扫描振动试验的频率上限因具体环境或试验目的而不同。

卫星与运载火箭系统开展正弦扫描振动试验的目的:①确定试件关键结构响应特征,然后利用分析手段检验试件对期望的低频瞬态环境的承受能力;②利用正弦扫描振动试验获得结构响应数据,以验证结构的整体特性计算分析结果;③用于模拟可能造成潜在损坏的瞬态载荷以代替实际的低频瞬态试验。

正弦扫描激励用电动振动台或液压振动台实现,振荡频率以线性或对数方式增大。振动幅值和扫描率按设备响应分析所预示的瞬态事件的响应来确定。

对某型号双星整流罩、仪器舱进行了正弦扫描振动试验,该试验是为考核双星整流罩、卫星支架、过渡支架、两颗模拟星、转接框、仪器舱段、电缆、管路及各单机等在振动环境下的安装是否存在相互间的动态干扰。

由于产品高度高、质量大,为保证试验安全,需搭建龙门架保护。试验时产品与龙门架之间加装保护用钢丝绳并将其固定到四个铸块上,试验时保护装置不受力。如图 8.23 和图 8.24 所示。

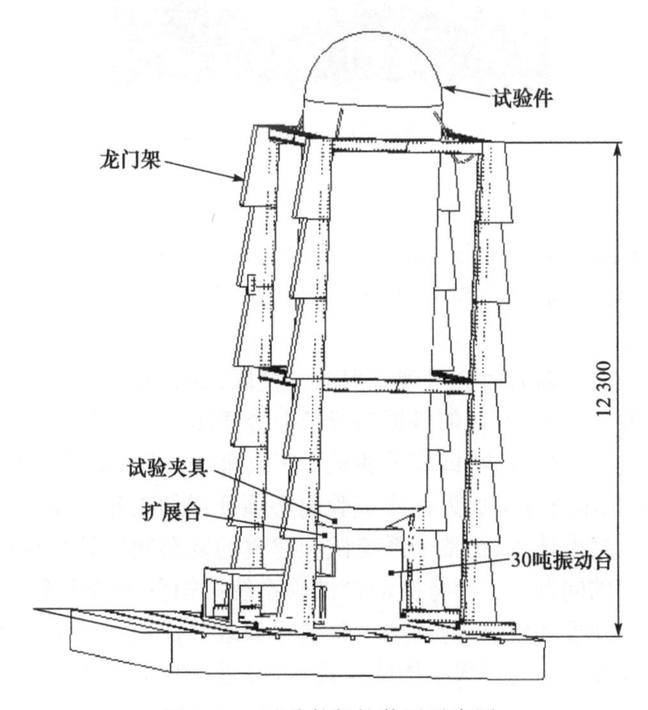

图 8.23　试验件保护装置示意图

通过小量级预试验测量各测点响应情况,对各级正弦扫描条件进行响应限值控制,有效避免局部过试验。正式试验时发现加速度响应放大明显,暴露了产品的薄弱环节,据此提出了改进措施并经过了试验验证。

图 8.24 某型号双星整流罩振动试验

2) 随机振动试验

随机振动试验的频率下限通常由设备的低频能力决定。低频随机振动试验采用电动振动台或液压振动台均可;高频(高至 2000Hz)随机振动试验通常采用电动振动试验系统。

由于液体运载火箭有时会出现跷振等一些瞬态振动,完全采用随机试验条件与实际情况不符,此时在宽频随机振动背景上会叠加一些突出频率的振动,此时可以采用上述试验方法的复合,即宽带随机+正弦振动试验方法来模拟。

当前,试验预示已逐渐成为正式试验前必须开展的工作。振动试验预示技术采用子结构试验建模技术,把整个系统试验建模的复杂问题转变成较简单一些的子结构试验建模的问题[4]。即将振动台试验系统结构分为若干个子结构,对每个子结构进行初始建模和模态试验,用试验数据修改验证数学模型。在此基础上将子结构试验建模技术变为逐级结构建模技术,并进一步形成逐级结构振动台试验仿真技术。

按自然状态将振动台试验系统分为空台(由动圈、静圈、台体、支座构成)、夹具、试验件等子结构,分别建立其有限元模型,并利用模态试验数据对各子结构进行第一次模型修正,分别考虑各子结构之间的连接,逐级形成振动台试验系统的有限元模型如图 8.25 所示。

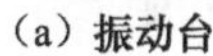
（a）振动台

（b）夹具+振动台

（c）仪器舱+夹具+振动台

图 8.25 逐级振动台试验系统有限元模型

对振动台空台及夹具＋振动台状态分别进行正弦扫描试验获取其频响曲线，以此为依据进行模型修改，使各点计算频响曲线与试验频响曲线在整个频段内符合工程误差要求。保持振动台＋夹具试验系统模型不变，对某仪器舱随机振动试验进行仿真分析，图 8.26 所示为试验参考谱，采取两点平均控制。与仪器舱上试验测点位置对应的计算节点的随机振动响应仿真结果与试验结果对比如图 8.27 所示。

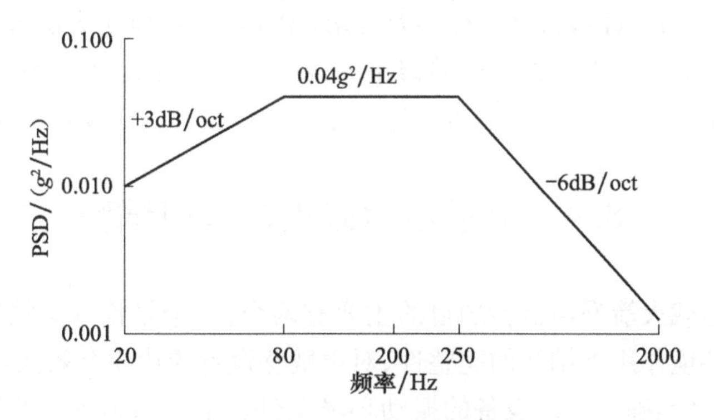

图 8.26 振动试验参考谱

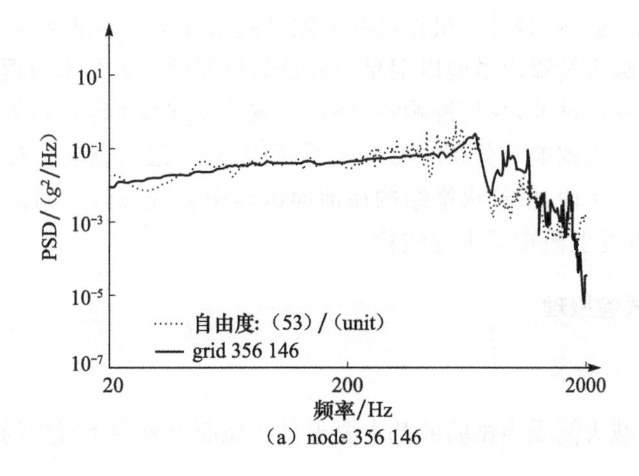

（a）node 356 146

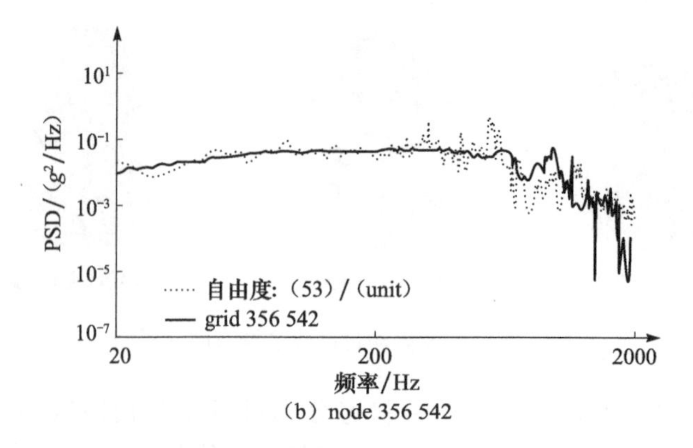

(b) node 356 542

图 8.27　仪器舱上节点随机振动仿真与试验响应对比

由图 8.27 可以看到，在试验频段(20～2000Hz)内，仪器舱上节点 356 146 的随机振动响应均方根值与对应试验结果的误差为 1.347dB；节点 356 542 与对应试验结果的误差为－1.323dB，其余计算点的计算响应均方根值与试验响应之间的误差也均在±3dB 以内，符合工程误差要求，说明经逐级修正方法进行振动台试验预示的工程有效性。上述经过试验修正的振动台＋夹具试验系统模型可进入振动试验模型库作为标准模型使用，直接应用于其他试验件的振动试验预示。

8.4　卫星与运载火箭噪声试验

卫星与运载火箭噪声试验的目的主要有两个：一个是检验星箭结构在喷流噪声或气动声环境作用下结构的完整性、对声敏感设备的功能有效性，确保星箭飞行可靠性；另一个是确定星载设备的振动环境条件。卫星与运载火箭噪声试验为声振响应预示、整流罩不同填充状态下声填充效应、部段级试验和系统级试验环境效应差异、卫星及其有效载荷随机振动和力限试验条件研究提供支撑。

卫星与运载火箭噪声试验以卫星、整流罩、仪器舱及火箭末级短壳为试验对象进行系统级的噪声试验，采用混响室、修正行波管等试验手段模拟外噪声载荷。从研究声场分布与振动响应分布的关系入手，研究复现振动响应分布的方法及实现所需声场的技术手段，能使火箭结构在地面试验中复现飞行中的振动分布和内部声场，在一定程度上模拟了飞行试验。

8.4.1　噪声试验原理

1. 试验基本要求

卫星与运载火箭噪声试验的基本要求是在地面上复现飞行中的振动场和内部

声场。为达到上述基本要求,理论上有两种可能的方法:一种是载荷模拟,即在地面复现飞行中的声场,但在运载火箭飞行中,气动噪声是假声,它的压力对流速度与声波的传播速度不同,因此要想完全复现飞行声场是不可能的;另一种是响应模拟,即可以使用任意的声载荷和方法,只要产生的结构振动场与飞行试验的振动场相同,可以由飞行振动分布识别出试验声场。

现实可行的方法是兼顾载荷模拟和响应模拟的折中办法。对于卫星与运载火箭声环境试验,一般只要求被试系统的各个仪器及星载有效载荷安装点的随机振动,在统计意义上包络了飞行时最严酷的情况,可采取部分载荷模拟、部分响应模拟的原则简化试验。

噪声场由总声压级、声功率谱密度及空间相关系数三个因素决定,声试验时应充分考虑这些参数才能完整描述噪声场。总声压级和声功率谱密度目前在试验中已充分考虑,但是空间相关系数由于其模拟十分困难,关注还不多。当结构模态的波长和声场空间相关系数的波长相等时,结构上出现很强的振动,这种现象称为波长吻合效应,它说明结构对载荷的波长有强烈的选择性,与结构对频率的选择性同等重要,因此在噪声试验中应考虑声场空间相关系数的模拟[2,5]。

2. 空间相关系数

在噪声场中,作用在结构上的压力是一种在时间和空间上都是平稳的随机过程,确定这个压力场的充分必要条件是功率谱密度和窄带空间相关系数。星箭系统级噪声试验条件的声功率谱密度容易给出,但是不同声场的空间相关系数很难给出,因此地面噪声试验和飞行环境存在很大差异。空间相关系数定义为

$$r(f,\zeta)=\frac{W_{\mathrm{p}}(f,\zeta)}{W_{\mathrm{p}}(f)} \tag{8.22}$$

式中,$r(f,\zeta)$为空间相关系数;$W_{\mathrm{p}}(f)$为空间一点的自功率谱密度;$W_{\mathrm{p}}(f,\zeta)$为空间两点的互功率谱密度;ζ为空间两点距离;f为声场频率。

混响声场的理论空间相关系数的 r-k 曲线如图 8.28 所示。其中 k 为波数,由 $k=f\times\frac{\zeta}{c}$确定,r为空间相关系数,c为波长。图 8.29 是预测的喷流噪声的频谱、喷流噪声环向空间相关系数。图 8.30 是预测的气动噪声的频谱、气动噪声环向空间相关系数。二者不完全一致,因此在进行噪声试验模拟时应加以关注。

气动噪声纵向空间相关系数的归一化无量纲频率是$\frac{f\varepsilon_1}{u_{\mathrm{c}}(f)}$,$u_{\mathrm{c}}$为对流速度,$f$为频率,$\varepsilon_1$为紊流附面层厚度。图 8.31 是实测的锥柱体的纵向空间相关系数。

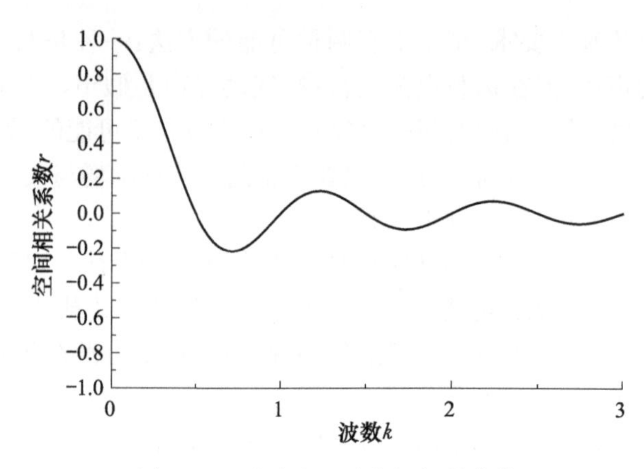

图 8.28　混响室理论空间相关曲线

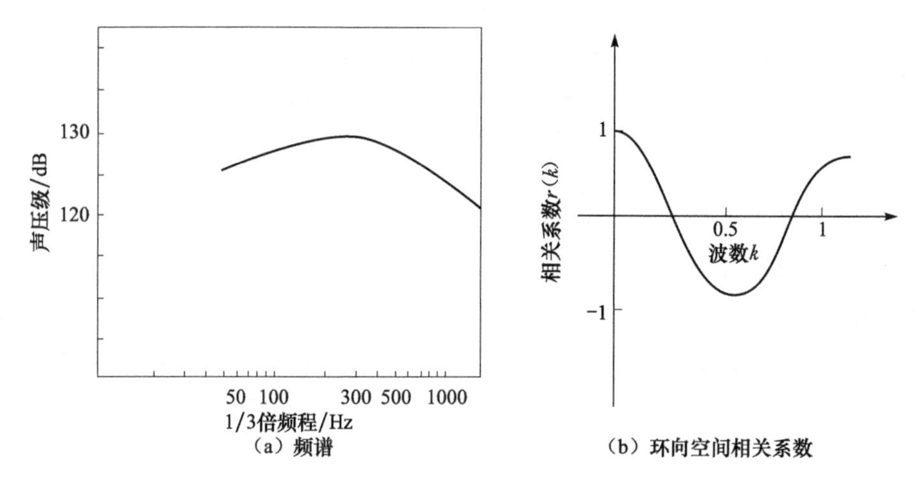

图 8.29　预测的喷流噪声的声压频谱和空间相关系数

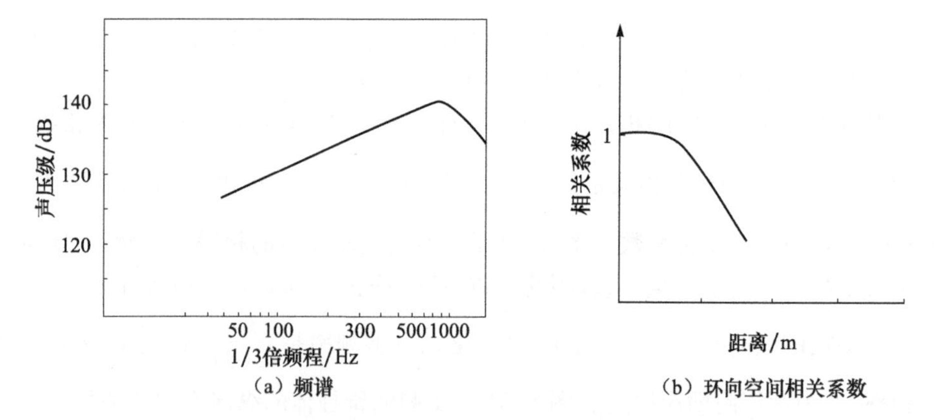

图 8.30　预测的气动噪声的声压频谱和空间相关系数

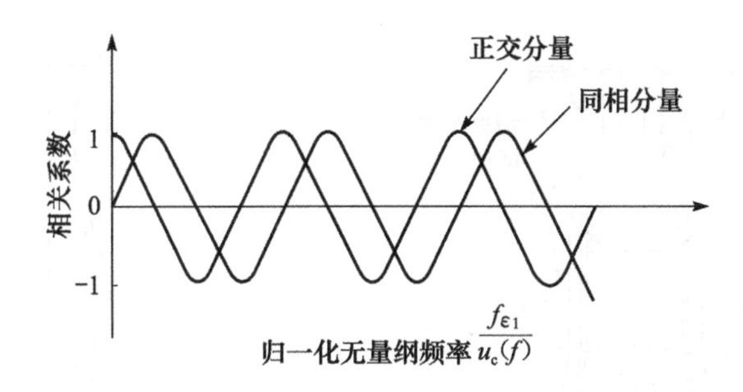

图 8.31　锥柱体气动噪声的纵向空间相关系数

8.4.2　噪声试验系统

1. 系统级行波管噪声试验

NASA 在 20 世纪 60 年代利用修正行波场和混响场完成阿波罗飞船系统级噪声试验，图 8.32 为阿波罗飞船声试验用的行波装置，沿飞船纵向安排 16 路行波管均匀地分布在飞船的四周，相邻行波管之间用挡板隔开，挡板与蒙皮接触处为可压缩橡胶管，它可防止声压在相邻管道之间渗透，并减少结构的附加约束。飞船的外蒙皮作为每路行波管的内侧壁板，每路行波管声源和终端装置是独立配备的。当用互相独立的电信号分别输入 16 路噪声源时，产生各路不相关声场，因此该装置可以在飞船的外表面产生许多压力相关模式的声压。

我国东方红 2 号通信卫星在 20 世纪 70 年代末进行了行波场噪声试验。由于壁板结构对声作用最敏感，整流罩在产生卫星结构振动和改变卫星内声场分布方面起着重要作用，因此卫星试验带罩进行，运载火箭仪器舱和卫星支架作为卫星的边界条件使用。该试验使用真实的卫星整流罩、三级火箭仪器舱、卫星支架和三级火箭短壳。行波声场由 12 路周向环绕的声道产生，每个声道都用单独的功率放大器和电动气流扬声器控制，声道截面按声压大小要求沿纵向变化，声道出口采用了减少声反射的喇叭形扩散段。该系统有三个主要功能：①可以控制周向相关长度，以近似模拟气动噪声，因为它具有相对小的相关区域；②用调整行波管横截面积的方法控制飞船表面沿轴向的声压级的变化；③有效利用声能，以达到高声压级。试验装置如图 8.33 所示。

2. 系统级混响室噪声试验

星箭系统级的试验规模较大，一般小的混响室不满足要求。早在 20 世纪 50 年代就出现了高声强噪声混响室，用于火箭整流罩外声场。后来发现，混响室的空间相关长度很短，有可能用等效响应的方法模拟卫星与运载火箭飞行振动分布。到 70 年代末期出现了大型混响室，用于模拟星箭系统级试验。

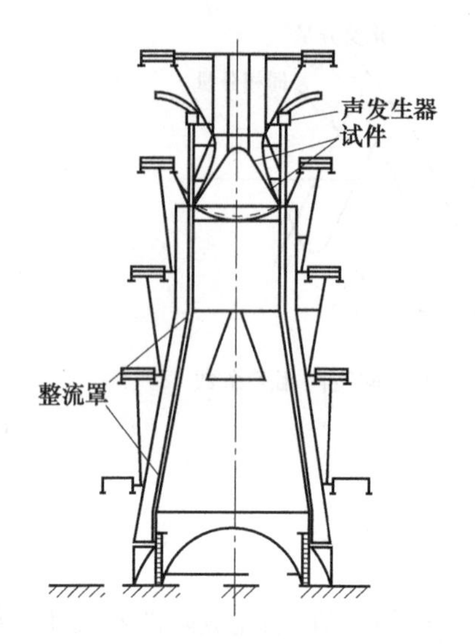

图 8.32 阿波罗飞船声试验装置

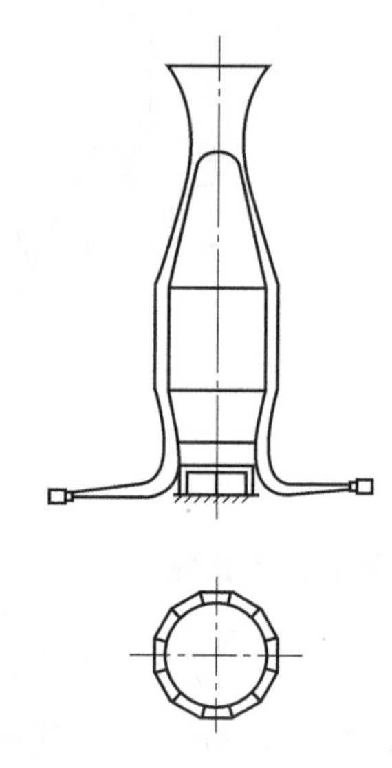

图 8.33 东方红 2 号声试验装置

典型的混响试验装置是高声强混响室，工程试验用高声强混响室应满足下列要求：①应具有足够大的试验空间；②足够高的声压级和调整谱形形状的能力；③避免设备对环境的噪声污染；④足够低的下限频率和足够高的模态频率；⑤具备工程意义上的连续平滑的试验声谱形成能力。

美国太空实验室（Skylab）开展噪声试验所采用的混响室尺寸为 13.5m×14.4m×22.86m，体积为 4444m³，试验总声压级为 158dB，如图 8.34 所示。

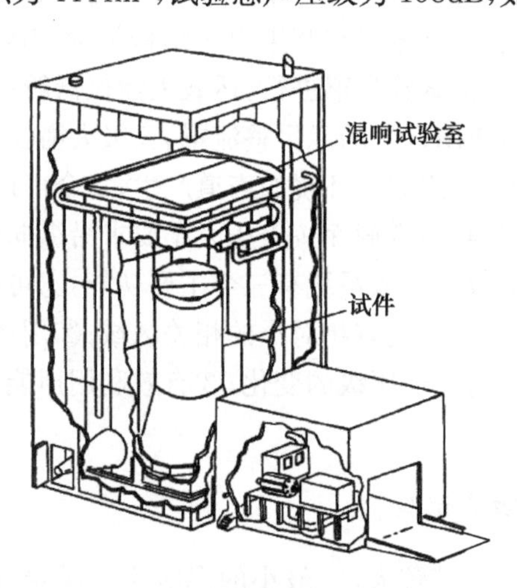

图 8.34 大型混响室试验系统

近年来某型号整流罩、卫星支架、模拟卫星和转接框在混响室中进行了噪声试验，验证了内、外噪声试验条件和仪器设备安装的合理性。整流罩试验状态如

图8.35所示,图8.36为噪声试验时的现场状态。通过试验,测定了双星状态上、下整流罩内声场,并评估了上、下罩内声场均匀性和声敏感设备的功能有效性。

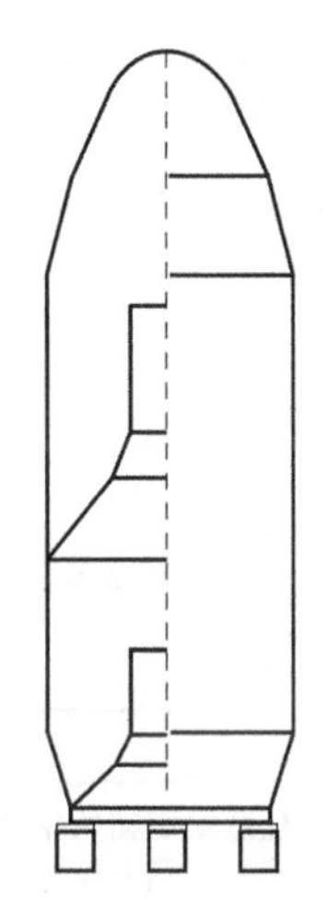

图8.35　整流罩试验状态

图8.36　整流罩噪声试验状态

3. 试验系统组成和试验控制流程

噪声试验系统包括噪声控制系统、数据采集系统、噪声加载系统、测量系统、声源系统等。试验系统组成如图8.37所示。声谱控制可通过噪声控制系统完成,其控制流程如图8.38所示。

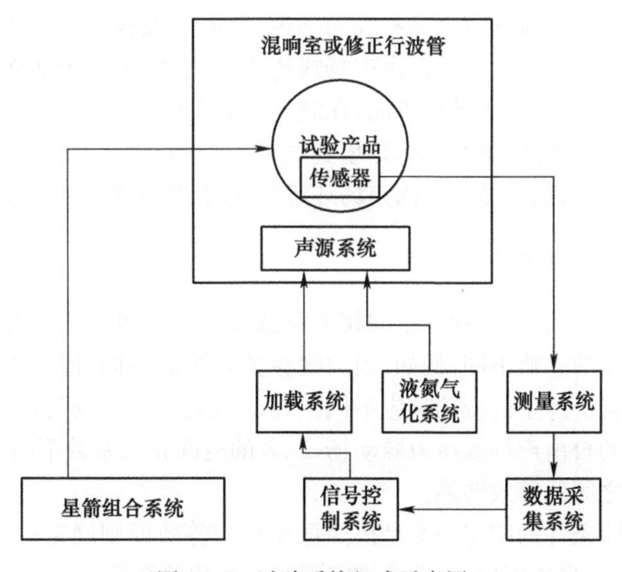

图8.37　试验系统组成示意图

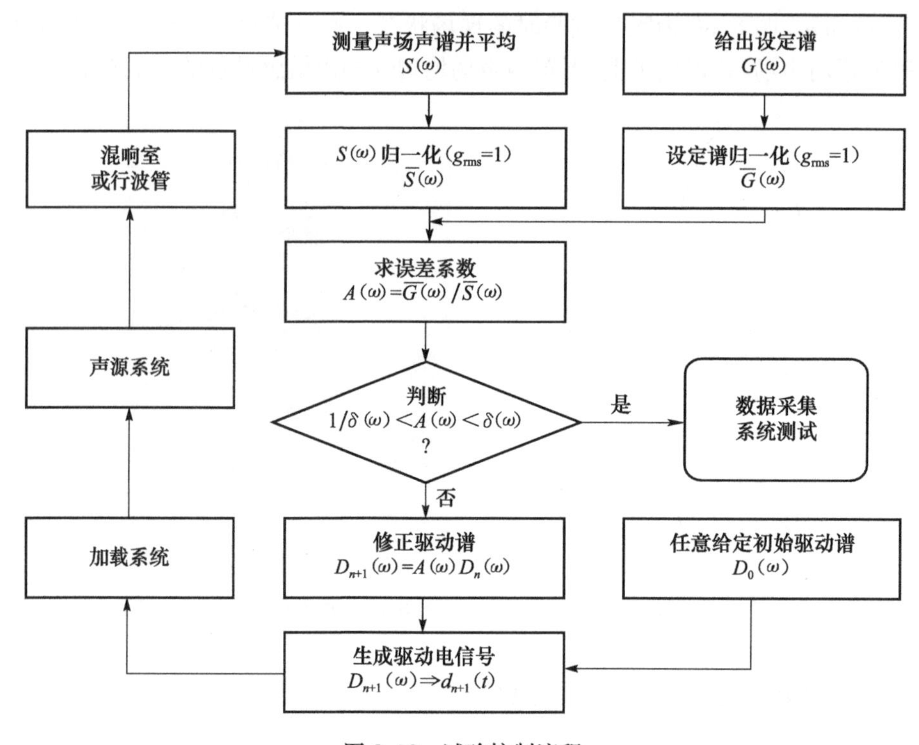

图 8.38 试验控制流程

8.4.3 噪声试验技术

飞行声场包括喷流噪声声场和气动噪声声场，一般根据遥测或理论预示方法获取。由于它们都是非均匀的自由声场或压力脉动场，不同于地面混响声场和行波声场，对星箭结构的作用效应不同，在制定混响室噪声或行波管试验条件时需考虑二者之间的等效关系，进行飞行环境到试验条件的转换。由于航天器填充效应引起内声场的变化，制定整流罩内声场环境条件时，填充效应不能忽略不计。

1. 声环境试验条件制定

声功率谱密度、总声压级和空间相关系数 3 个参数可描述一种噪声场。不同声场对结构振动的影响不同，例如，因空间相关系数的不同，同一声压级不同性质的噪声场在结构上产生的振动响应不同。地面试验声场是均匀声场，但是飞行声场都是非均匀的自由声场或压力脉动场，二者的空间相关系数不同，需进行飞行声场和试验声场之间的等效转换。

声环境试验条件的制定一类是按照振动响应等效原则确定；另一类是载荷模拟，即模拟声场的平均声压、声功率谱密度和空间相关系数。

阿波罗声试验采用修正行波管方法，在一定程度上模拟了声场空间相关系数，用响应等效的方法制定试验声谱。阿波罗有的部段也用混响室进行了整体声试验，声压、频谱的制定方法与修正行波管相同，得出了这两种试验声场之间的转换关系，其转换关系仅仅限于阿波罗相同的结构。美国太空实验室与阿波罗用同样的运载器，结构外形和壳体构造都是相同的。它的混响室试验就用了阿波罗的转换关系。阿波罗和美国太空实验室采用试验的方法进行噪声试验条件制定。

对于结构上的任意点，其响应与载荷的关系为[6]

$$W_y(\omega,x)=\sum_n\sum_m\frac{\alpha_n(x)}{Y_n(\omega)}\frac{\alpha_m(x)}{Y_m(\omega)}W_\mathrm{p}(\omega)\iint_{ll}r(\omega,\zeta)\alpha_n(x)\alpha_m(x')\mathrm{d}x\mathrm{d}x' \tag{8.23}$$

式中，$W_y(\omega,x)$为结构上任意点的响应功率谱；$\alpha_n(x)$为结构第 n 个模态；$Y_n(\omega)$为结构第 n 个模态阻抗；$W_\mathrm{p}(\omega)\iint_{ll}r(\omega,\zeta)\alpha_n(x)\alpha_m(x')\mathrm{d}x\mathrm{d}x'$ 称为广义载荷；$r(\omega,\zeta)$为空间相关系数。

根据结构振动场相等的原则，即可得出两个不同声场之间的转换关系。

对某混响声场与飞行声场进行了声场转换研究，结果表明对于相同的结构，声场转换关系由声场特性(空间相关系数)决定，混响声场效率比飞行声场(气动声场和喷流声场)效率总声压级高 4～6dB，且不同频率声谱对应的转换关系不同。

某混响声场的环向及纵向空间相关曲线如图 8.39 和图 8.40 所示，k 为波数。

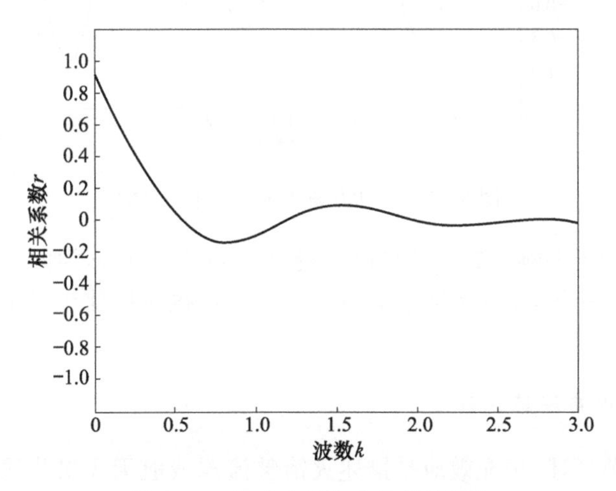

图 8.39　混响室环向空间相关系数

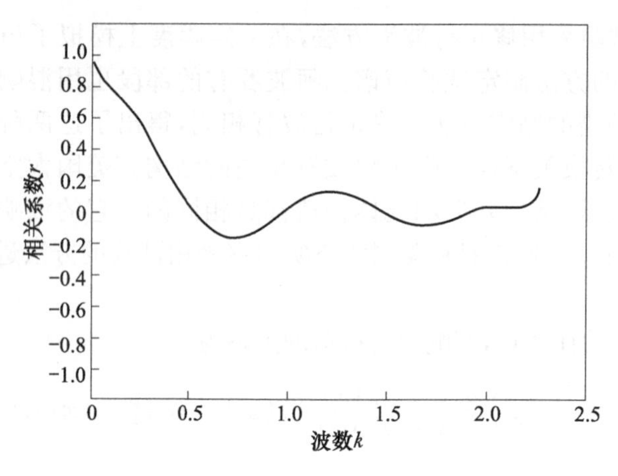

图 8.40　混响室纵向空间相关系数

某半自由场空间相关系数的环向及纵向空间相关曲线如图 8.41 和图 8.42 所示。

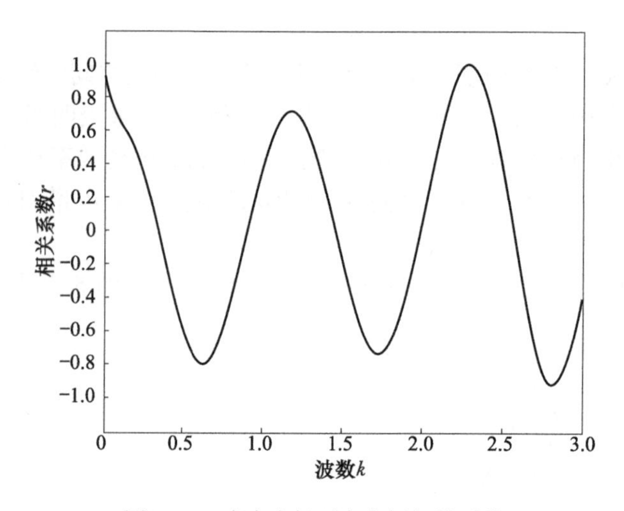

图 8.41　半自由场环向空间相关系数

某结构进行了混响声场与半自由声场响应等效转换，k 为两种声场之间转换系数，如图 8.43 所示，结果表明混响声场产生的声振响应比半自由声场产生的声振响应高。

2. 整流罩内声场填充效应

如 5.3.2 节所述，填充效应是描述火箭整流罩或航天飞机货舱由于装入有效载荷而引起其内部声压级变化所用的术语，填充因子就是有效载荷外部的声压级减去空罩或舱内部的声压级得到的增量。

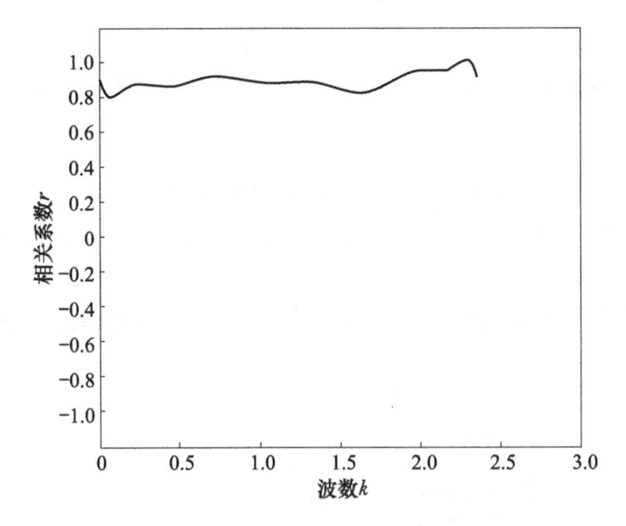

图 8.42　半自由场纵向空间相关系数

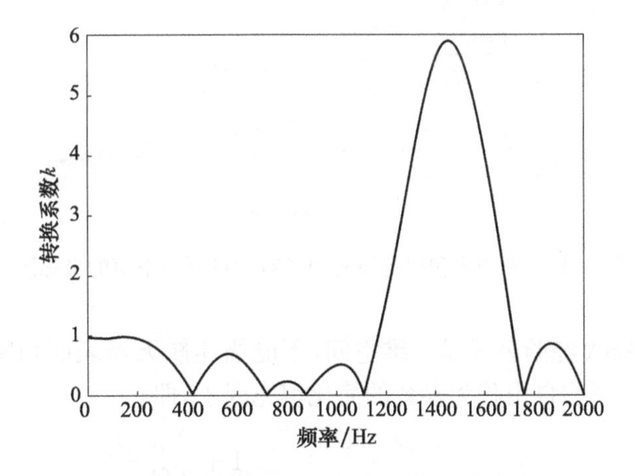

图 8.43　混响声场与半自由声场的转换关系

航天飞行器的声环境一直都受到设计人员的关注。为了将整流罩内噪声的量级控制在设计范围内,防止发生故障,需要对航天飞行器的内部声场进行比较准确的预示。通常声环境的预示都是按未填充的(没有有效载荷的整流罩)环境来确定的,而真实的航天飞行器整流罩均有填充物,由于装上有效载荷后必然会导致内部声压级的变化,这样就会引起实际声环境预示的误差,可能会给航天飞行器的设计带来风险。

美国研究了航天飞行器的声填充效应,统一填充因子设计标准,总结了声填充效应的一般规律,并提出了可直接使用的经验公式[7]

$$
填充效应(\mathrm{dB}) = 10\lg\left(\frac{1+\dfrac{c}{2fH_{间隙}}}{1+\dfrac{c}{2fH_{间隙}}(1-\mathrm{VOL}_{比例})}\right) \tag{8.24}
$$

式中，c 为声速(=344.4m/s)；f 为 1/3 倍频程带宽的中心频率；$H_{间隙}$ 为有效载荷和整流罩或货舱壁之间的间距；$\mathrm{VOL}_{比例}$ 为有效载荷体积对空整流罩体积或空货舱体积之比。

图 8.44 绘制了不同容积率 V_r 的填充因子对无量纲频率值的坐标图。

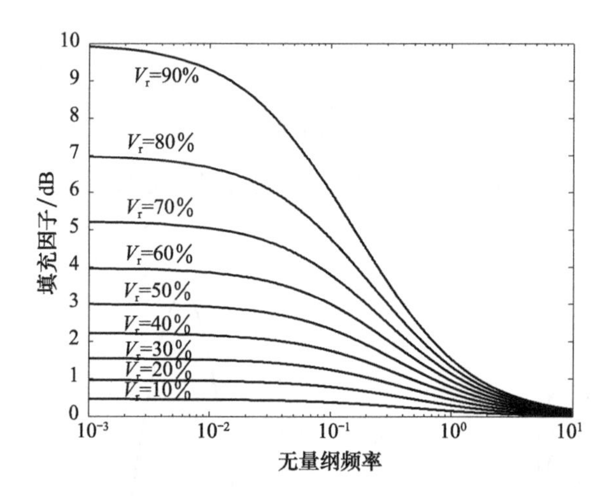

图 8.44　不同容积率的填充因子对无量纲频率值的坐标图

考虑到 NASA 经验公式是二维空间，不能描述航天器表面积特性，因此在研究基础上提出了平均自由程为参数的简化填充因子，即

$$
填充效应(\mathrm{dB}) = 10\lg\frac{1+\dfrac{c}{2f\Lambda_{填}}}{1+\dfrac{c}{2f\Lambda_{空}}} \tag{8.25}
$$

式中，c 为声速；$\Lambda=4V/S$ 为室内平均自由程，V 为圆柱形体积，S 为总面积。

图 8.45 绘制了不同容积率的填充因子对频率值的坐标图。

结合理论、数值模拟方法及运用 SEA 和 FE-SEA 混合方法，结合混响室噪声试验，验证了填充效应的一般规律和填充因子的计算公式，结果表明：①整流罩内声场填充效应明显；②FE-SEA 混合方法能够较准确地计算声填充因子；③声模态偏移对声填充因子影响较大。如图 8.46 所示给出不同计算方法获得的大圆柱、中圆柱、大立方体填充状态下的填充因子。

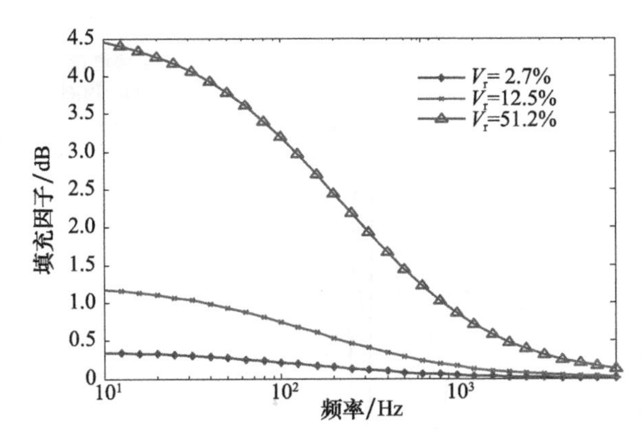

图 8.45　三种容积率的填充因子对频率值的坐标图

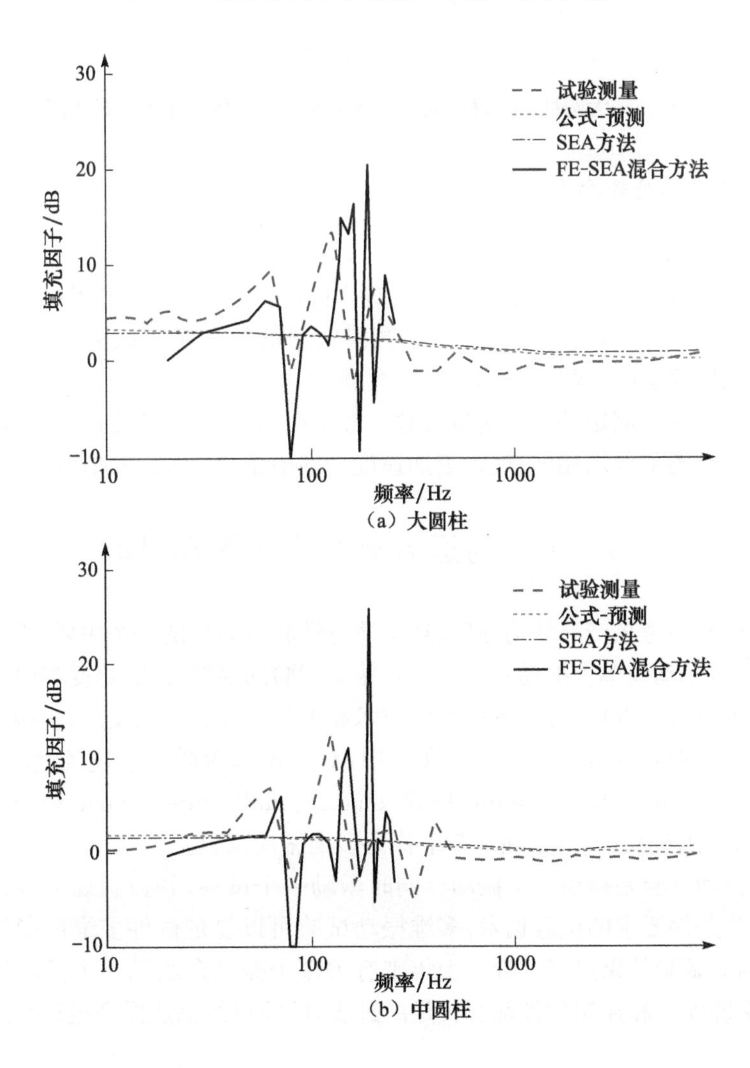

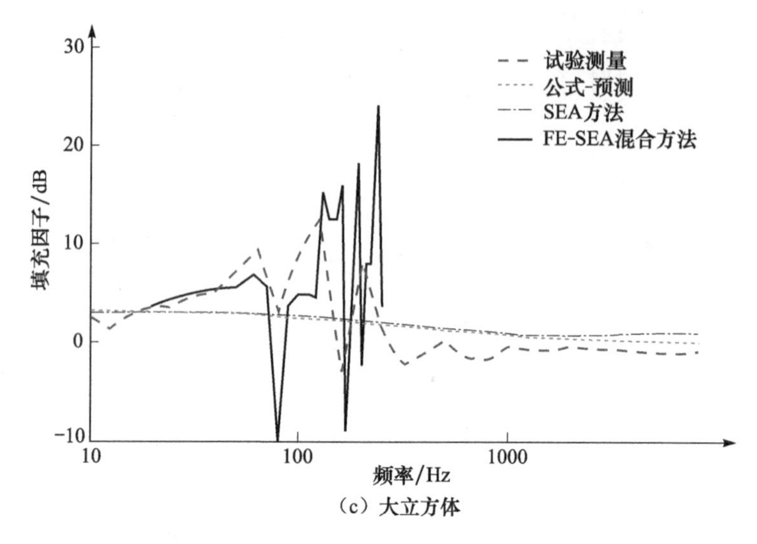

(c) 大立方体

图 8.46 大圆柱、中圆柱、大立方体填充状态下各填充因子对比图

3. 试验数据处理要求

声试验时要求将声环境的测量数据处理为功率谱密度、1/3 倍频程谱或倍频程谱及总声压级。试验时应配备实时频谱分析仪，它在声试验过程中可对关键的监控点进行实时显示，对大量的声环境测量数据的处理是在试验完成后进行的。数据采集系统会实时采集谱数据和时域数据。

声试验时所需测定的结构响应参数一般是振动加速度、应变时间历程，其测试技术与振动试验的要求相同，处理成加速度功率谱密度、均方根加速度值。

8.5 卫星与运载火箭多维振动试验

振动试验是考核产品结构强度、环境适应性和可靠性的一个主要试验方法，长期以来，单向振动或单个振动台的振动是振动试验的主要方式，这受当时的硬件和软件的发展所限。近年来，随着振动台技术和控制软件技术的发展，多振动台激振试验技术逐步得到发展。在国外的文献中，对多振动台激振表述的名称较多，如 multi-exciter、multi-shaker、multi-DOF shaker、multi-dimensional 和 multi-axial testing 等，考虑到汉语习惯，在本节中称为多维振动试验。

多维振动试验是指用几个振动台同时激励一个试件，并控制规定位置上的运动达到试验条件要求的试验技术，多维振动试验可以复现试件多维环境与多维内力状态，因而试验效果更好。近二十年来有关多个振动台激励一个试件的试验方法、振动系统硬件和控制软件都有长足的进步，试验目的也从提高振动系统的推力和避免细长体试件的过试验，发展到真实模拟使用环境。卫星转发器、惯性测量组合、导引头和引信等设备的单维振动和多维振动的试验结果比较表明，多维同时激振确实比传统的单维顺序激振更能找出产品的薄弱环节，达到考核宇航产品的目的。

随着宇航产品的日益复杂，传统的单维顺序激振已经不能满足研制需求，有必要对大型仪器舱、星箭联合体等产品开展多维振动试验考核。

8.5.1　多维振动试验原理

多维振动试验的基本原理与单振动台试验大致相同，都是要将要求的振动条件控制在误差范围内，实现包括时间波形再现、正弦、冲击和随机等形式的振动控制。但是多维振动的控制方法和单振动台试验相比还要复杂得多，时域描述多维振动试验条件时，需要多个时间历程，频域描述多维振动试验条件时，试验输入除了规定控制点的自谱密度以外还需要互谱密度，多维振动试验系统的传递函数识别结果都是矩阵的形式，而不是单台单轴试验那种简单除法运算。多维振动控制实际上是多输入多输出的控制，在实际工程中，有时也会遇到数学上有解但工程上无法控制的情况，这时还需要对一些控制算法进行优化。

1）多维振动控制方法

多维振动试验用多个振动台实现，如图 8.47 所示。

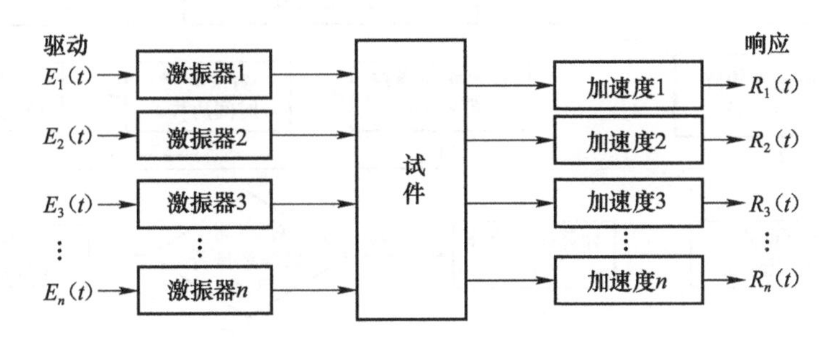

图 8.47　多自由度振动示意图

控制仪、功放、振动台、试件和运动测量已构成一个多输入多输出振动系统。系统的响应在时域可用微分方程表示，在频域则用代数方程表示，即

$$R(f) = H(f)E(f) \tag{8.26}$$

式中，$R(f)$为系统响应列阵$(m\times1)$；$H(f)$为表征系统特性的频响函数矩阵$(m\times n)$；$E(f)$为系统驱动列阵$(n\times1)$。

驱动和响应的功率谱关系表示为

$$G_{rr}(f) = H(f)G_{ee}(f)H^{H}(f) \tag{8.27}$$

式中，$G_{rr}(f)$为响应谱矩阵($m\times m$)；$G_{ee}(f)$为驱动谱矩阵($n\times n$)；上标 H 表示矩阵的复共轭转置。

振动台的个数与所要控制的响应点数匹配时，也就是所要控制的响应点数等于激励点数，此时频响函数矩阵为方阵，只要满秩，频响函数矩阵 $H(f)$就有唯一解

$$G_{ee}(f) = H^{-1}(f)G_{rr}(f)(H^{H}(f))^{-1} \tag{8.28}$$

在振动试验中所要控制的响应点数不等于激励点数时，此时频响函数矩阵为非方阵。用伪逆代替式(8.28)中的求逆运算，得到驱动谱。用这样的驱动谱去生成时间历程作为激励所造成的控制点响应一般是不能达到规定精度要求的，控制算法目前仍是研究的方向，可以考虑优化算法。一般的多维振动控制流程如图 8.48 所示。

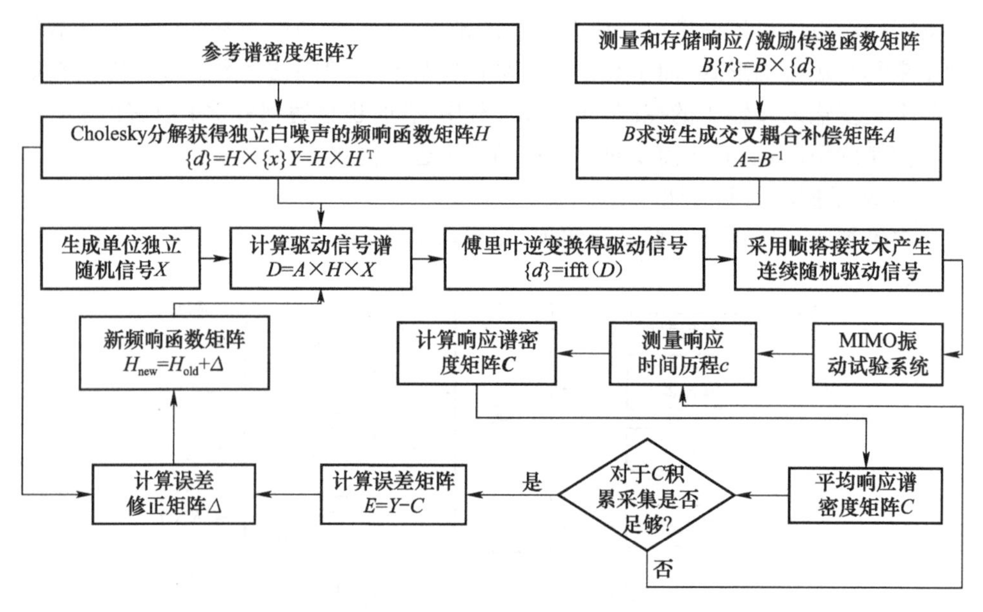

图 8.48　多维振动试验控制算法一般流程

2) 多维振动控制参考点的解耦方法

多维振动试验一般是以界面运动激励为基础，并且假定界面为刚性平面，以单面六自由度多维振动为例，要完整描述一个界面刚体运动需要六个自由度：三个平动和三个转动。通常用空间布置的六个线加速度传感器通过解耦获得线角振动数据。

假设一个刚体的六自由度微幅振动 $D=(x,y,z,\gamma,\varphi,\psi)$，将坐标原点定在质

心惯性坐标系中，刚体上位置为(r_x,r_y,r_z)的任一点振动位移$(\mathrm{d}x,\mathrm{d}y,\mathrm{d}z)$可表示为

$$\begin{bmatrix}\mathrm{d}x\\ \mathrm{d}y\\ \mathrm{d}z\end{bmatrix}=\begin{bmatrix}1&0&0&0&r_z&-r_y\\ 0&1&0&-r_z&0&r_x\\ 0&0&1&r_y&-r_x&0\end{bmatrix}\begin{bmatrix}x\\ y\\ z\\ \gamma\\ \varphi\\ \psi\end{bmatrix}\tag{8.29}$$

假设测量方向的方向矢量为$m=(\cos\vartheta_x,\cos\vartheta_y,\cos\vartheta_z)$，则所得到的位移为

$$m_{\mathrm{d}}=m\cdot d$$

$$m_{\mathrm{d}}=\begin{bmatrix}\cos\vartheta_x\\ \cos\vartheta_y\\ \cos\vartheta_z\end{bmatrix}^{\mathrm{T}}\begin{bmatrix}1&0&0&0&r_z&-r_y\\ 0&1&0&-r_z&0&r_x\\ 0&0&1&r_y&-r_x&0\end{bmatrix}\begin{bmatrix}x\\ y\\ z\\ \gamma\\ \varphi\\ \psi\end{bmatrix}\tag{8.30}$$

采用六点测量可以得到六点线位移矢量为$m=TD$，T为6×6阶的矩阵，其元素由式(8.30)右边前两个矩阵相乘而得到，与测点的位置、方向有关。如果矩阵T可逆，就可以得到刚体运动的位移为

$$D=T^{-1}m\tag{8.31}$$

8.5.2　多维振动试验系统

多维振动试验可分为三类。一类是单方向多台并激，即几个振动台激励方向是平行的，这种振动形式主要针对单个振动台单轴振动试验不能实施的三类试件，即要求大支架的笨重试件，单个振动台推力不够；结构界面局部薄弱易损试件，无法加载；容易弯曲破坏的高长细比试件等，都需要多个振动台激励。当各个激励同相时形成多台同步振动，否则形成空间运动；这种振动形式的系统在欧洲ESTEC公司有一套4个16吨振动台构成的大推力垂直振动试验系统(图8.49)，德国的IABG试验室4个振动台构成大推力水平振动试验系统(图8.50)等。

第二类是三轴振动，即几个振动台激励方向是互相垂直的，形成三轴振动。这种振动形式存在角振动，不进行控制。主要针对产品在使用时主振方向变化，不与三个正交轴重合，多轴分开试验不能发现潜在故障，表现为欠试验，需要三个方向同时试验。如美国空军实验室的三轴振动试验系统(图8.51)，我国研发的三轴振动试验系统(图8.52)等。

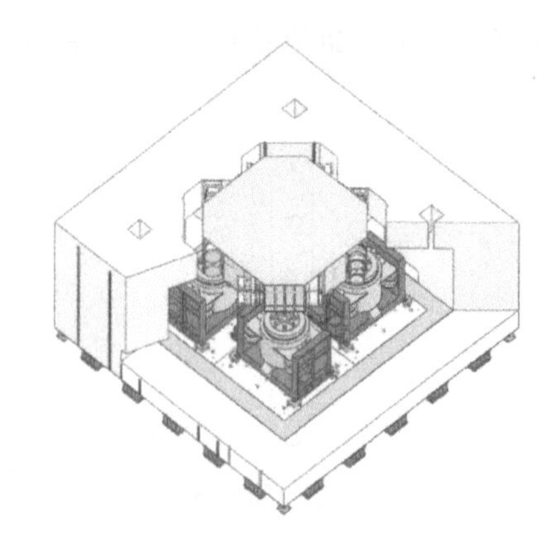

图 8.49 欧洲 ESTEC 垂直振动试验系统

图 8.50 德国 IABG 水平振动试验系统

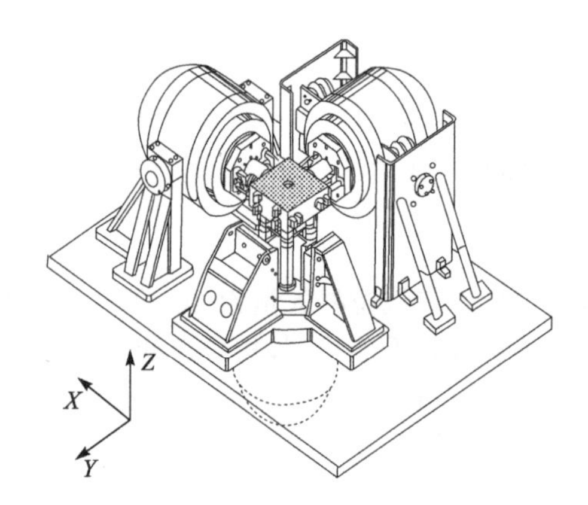

图 8.51 美国空军试验室三轴振动试验系统

图 8.52 我国研发的三轴振动试验系统

第三类是六自由度振动，真实模拟刚性平面假设的界面六自由度运动，即三个正交轴的平动(线振动)和围绕它们的转动(角振动)。目前这样的系统有美国空军试验室的高频六自由度系统(图 8.53，见彩图)，用于仪器舱的振动试验；日本的 NSADA 用 10 个振动台组成的多维振动试验系统(图 8.54，见彩图)，用于卫星的振动试验。最新的是美国 NASA 为了提高环境试验能力，在 Glenn Plum Brook Station 建立了一套新的多维低频试验系统，用于 Ares 的低频振动试验，该振动试验系统目前是世界上最大的振动试验系统，如图 8.55 所示(见彩图)，该设备能够对高 22.87m，质量约为 34t，重心高度为 7.22m，直径为 5.49m 的产品进行正弦振动试验，试验量级为垂直方向 1.25g，水平方向 1g，频率范围为 5～150Hz，这套系统是美国 TEAM 公司在欧洲 ESTEC 公司 HYDRA 系统基础上改进的。目前日本 JAXA 的多维振动系统和 NASA 的多维振动系统都是实施单向振动试验，产品振动试验时无需变换方向，但从试验能力上具备多维振动试验的能力，可以用于研制中的有关多维振动试验。只不过宇航产品的试验标准还未明确要求多维振动试验，武器装备的环境试验标准已经有明确要求。

图 8.53　美国空军实验室多轴试验系统

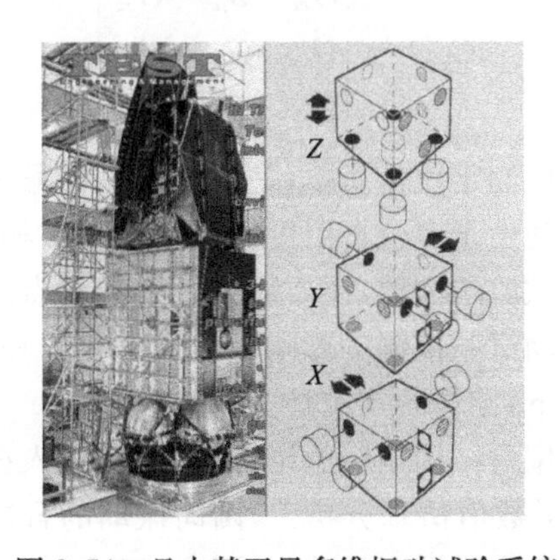

图 8.54　日本某卫星多维振动试验系统

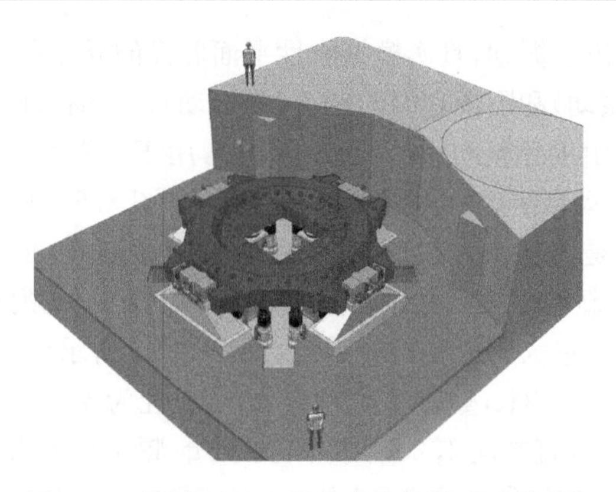

图 8.55　美国 NASA 的在建多维振动试验系统

8.5.3　多维振动试验技术

运载火箭在发射飞行过程中的振动力学环境目前是按单个方向的振动环境条件给出的,实际飞行过程中在运载火箭的某个截面上的振动环境不仅存在线振动环境,还存在角振动环境,并且线振动环境和角振动环境是同时存在并作用在星箭结构上,单向振动环境试验考核还不能全面覆盖天上飞行过程中的力学环境。下面从控制点试验条件的制定、模型仿真、多维振动结构响应、多维振动结构损伤分析等方面说明多维振动试验技术的一些研究进展。

1）控制点试验条件的制定

多维振动试验条件一般通过外场或飞行试验测试包络后获得,通常用控制谱矩阵来描述。其对角线项为实数,为该自由度的自谱密度,描述该自由度的振动环境在各个频带内的能量分布情况;非对角线项为自由度间的互谱密度为复数,描述自由度间的独立关系。用矩阵形式表述为

$$G_{xyz}=\begin{bmatrix}G_{xx} & G_{xy} & G_{xz}\\ G_{yx} & G_{yy} & G_{yz}\\ G_{zx} & G_{zy} & G_{zz}\end{bmatrix}$$

单维振动的试验条件制定比较简单,一般对实测信号进行谱包络来获取控制点的自谱密度。多维振动由于多个自由度振动之间存在相互运动耦合影响,单纯的自谱密度已不能满足试验的需要,还要明确不同控制点之间的相干、相位信息,这些控制参数对多维振动试验控制的影响很大。从分析和试验结果可以看出,不同的相干控制参数状态下,结构的响应是不同的。

为了说明相干和相位对结构响应的影响,对两路输入振动信号的相干分别为 0、0.5、1 三种情况进行了数值仿真分析[8],两向振动的合成结果如图 8.56 所示。如果输入信号之间的相干为零即互相独立,那么试验平台不存在确切的激励方向;

如果输入信号之间的相干为 1 即两个振动台用同一个信号驱动，那么试验平台的激励方向始终不变，物理上变成一维的；如果输入信号之间的相干取 0～1 的值，那么试验平台按一定的期望方位以椭圆方式振荡。这个期望方位与外场激励的方向关联。另外对某宇航产品进行二维振动试验。试验为横向两个方向（Y、Z 方向）的联合振动，两个方向的振动谱型一致，相干分别取 0、0.5、0.95 进行控制，相位为 0。图 8.57 为相干控制情况。

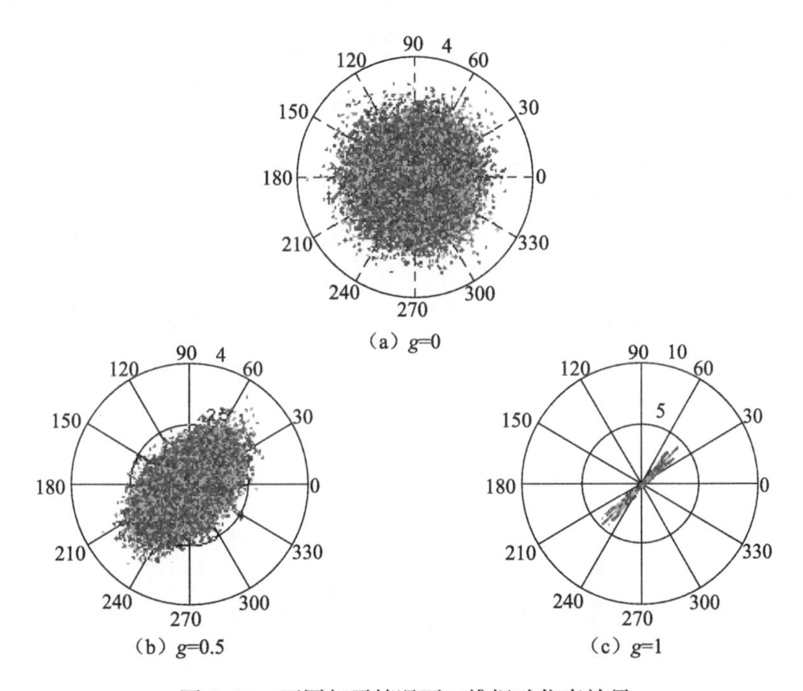

图 8.56　不同相干情况下二维振动仿真效果

多维振动试验的模拟依赖于相干函数的定义，图 8.58 为试验平台上一个点在给定时间的合成激励运动。如图 8.58 所示，如果输入信号是不相关的（相干为 0），那么试验平台不存在确切的激励方向。如果两个输入轴之间的相干为 0～1 的某个值（试验为 0.5），那么试验平台按照一定的方位以椭圆方式震荡。如果两个输入轴之间的相干为 1，表明两个轴向的运动全相关，两个振动台是以同一个随机信号驱动，那么试验平台的运动应该是一条直线，试验在物理上变成了一维振动。在相干为 0.95 的实际控制中，由于某些频率受到平台和试件的谐振频率的影响，相干并没有达到期望值，因此平台的运动没有达到一条直线的理想值。图 8.59 为结构上某一点在给定时间的合成激励运动。从图中可以看出，结构响应的运动规律并不完全与试验平台一致。在相干为 0 的情况下，结构响应同样没有确切

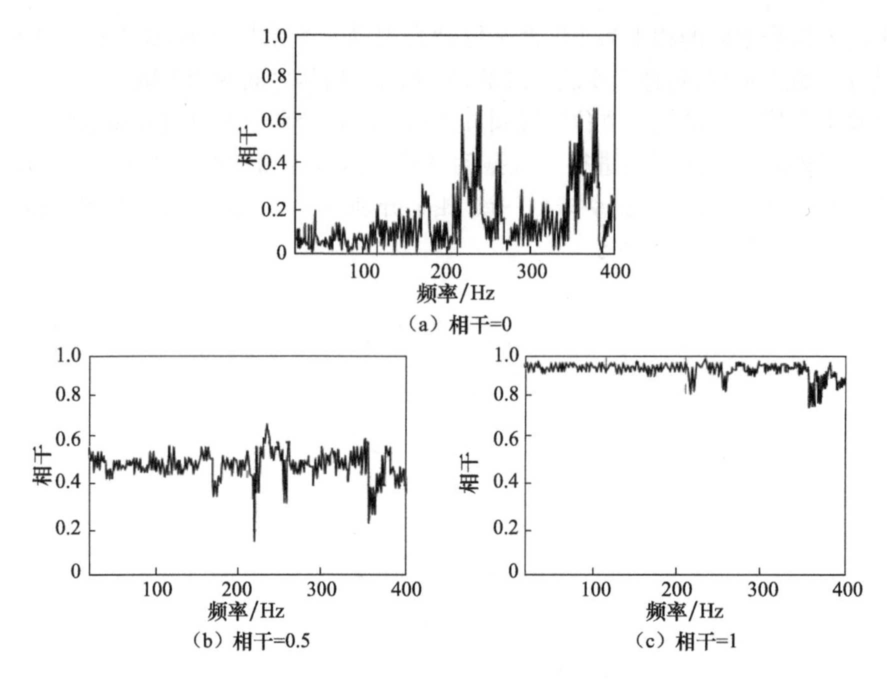

图 8.57　相干的实际控制情况

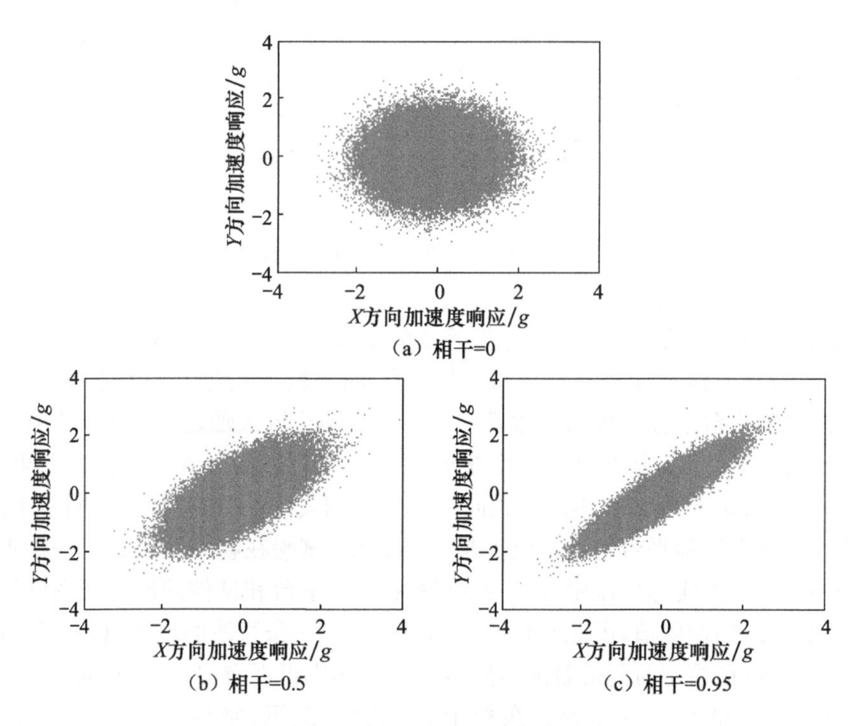

图 8.58　试验平台的二维合成运动

的运动方向。当相干为 0.5 时,结构响应的运动也是按照一定的方位以椭圆方式震荡,但是椭圆形状与试验平台有所不同,趋于分散化。当相干为 0.95 时,结构响应的运动仍然是按照一定的方位以椭圆方式震荡。这是由于结构自身的模态特性的影响,试验平台在单项激励时,结构上某一点的响应并不是完全在激励方向有响应,在非激励方向同样存在振动响应。

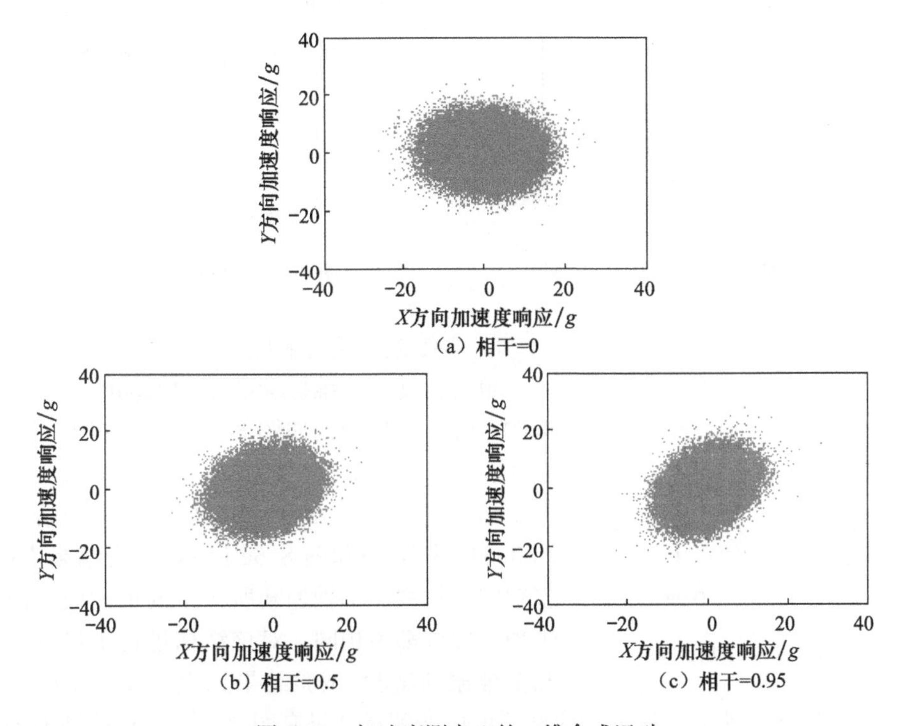

图 8.59 加速度测点 1 的二维合成运动

由以上分析可知,全相干同相位振动时,两个振动台同步振动,相当于一个振动台在试件的两个位置施加振动。全相干反相位振动时,两个振动台作反向振动,相当于对试件施加一个角振动激励。不相干振动情况下,两个振动台施加互不相干的激振作用。多维振动试验控制参数的获取需要对产品的使用振源环境进行合理分析,对结构传递进行深入研究,并且有充分的实测数据进行试验条件的迭代分析,才能最终得到有效的控制参数。

2) 模型仿真

传统的振动试验都是基于单台单向振动,而单向振动在某些情况下并不能激发出结构所有的动特性,这也是单维和多维振动的根本区别。为了说明单维和多维的区别[8],如图 8.60 所示的一个二自由度集中质量模型作定性分析,在基础线振动的情况下,是激发不出以下简单系统的全部模态的。

当基础作线位移 x_0 运动时，此时只能激出频率为 ω_1 的同相模态。在基础以角位移 θ_0 振动情况下，就可以激出频率为 ω_2 的反相模态。基础运动受力情况如图 8.61 和图 8.62 所示。

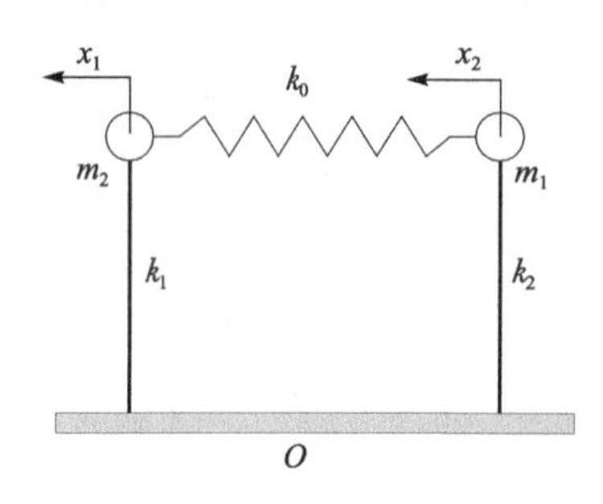

图 8.60　二自由度模型

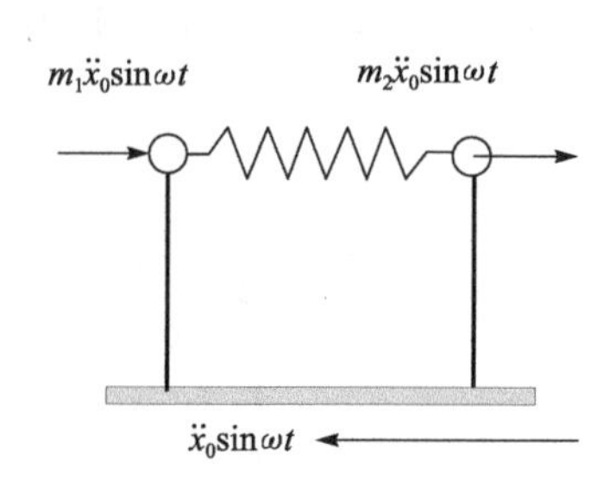

图 8.61　基础线振动

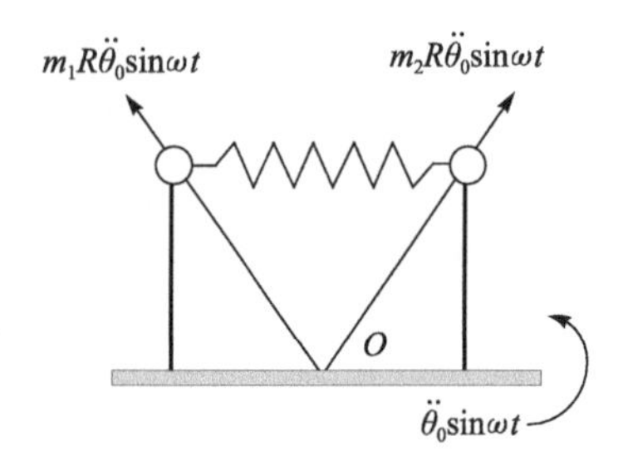

图 8.62　基础角振动

3）多维振动结构响应

单台振动和多维振动的结构振动响应是不一样的。针对简单结构如图 8.63 所示，它由一个安装在长方形截面短梁上的集中质量块构成。对该简单结构进行了仿真分析[9]，结构响应的结果见图 8.64（见彩图）和图 8.65 所示，分析结果表明，多轴同时加载和单轴加载所产生的最大应力值和出现的部位都不相同。对该结构进行了单台振动和多维振动试验，试验结果见表 8.2～表 8.5，试验结果表明质量块的加速度响应和梁的应变测量结果有明显差别。这些结果表明多维试验与单台振动试验相比模态参与程度是不相同的，合成瞬时应力与加速度状态也不相同，不仅表现在幅值上而且表现在位置和方向上，这表明潜在的失效模式也不一样。

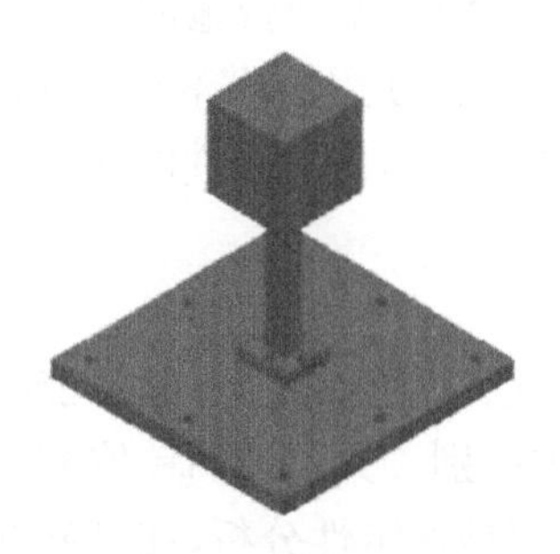

图 8.63　简单结构示意图

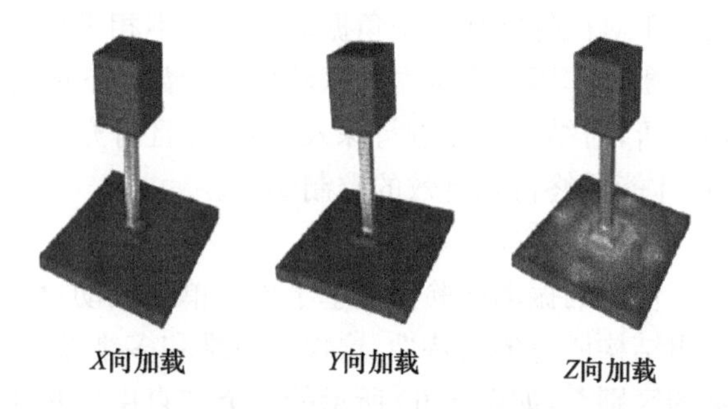

图 8.64　单轴输入的最大应力

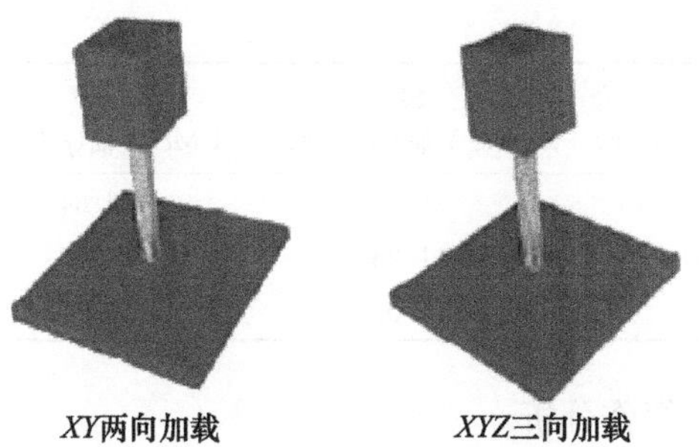

图 8.65　组合单轴输入的最大应力

表 8.2　最大应力

输入载荷	最大 von Mises 应力/MPa
X 输入	2.38
Y 输入	2.24
Z 输入	0.29
组合 XY 输入	3.27
组合 XYZ 输入	3.28

表 8.3　质量块的平动加速度

输入	A_X RMS X 轴/g	A_Y RMS Y 轴/g	A_Z RMS Z 轴/g	$\sqrt{A_X^2+A_Y^2+A_Z^2}/g$
X	6.22	0.77	0.85	6.33
Y	0.63	9.46	0.63	9.50
Z	1.02	0.70	16.54	16.58
XYZ	6.67	11.28	15.48	20.28
6-DOF	8.51	11.07	16.21	21.40

表 8.4　质量块的角加速度

输入	R_X RMS X 轴/(rad/s^2)	R_Y RMS Y 轴/(rad/s^2)	R_Z RMS Z 轴/(rad/s^2)	$\sqrt{R_X^2+R_Y^2+R_Z^2}$ /(rad/s^2)
X	6.22	0.77	0.85	6.33
Y	0.63	9.46	0.63	9.50
Z	1.02	0.70	16.54	16.58
XYZ	6.67	11.28	15.48	20.28
6-DOF	8.51	11.07	16.21	21.40

表 8.5　梁的应变测量结果

输入	S1 RMS X 轴(μ 应变)	S2 RMS Y 轴(μ 应变)	S3 RMS Z 轴(μ 应变)	S4 (μ 应变)
X	6.22	0.77	0.85	6.33
Y	0.63	9.46	0.63	9.50

续表

输入	S1 RMS X 轴(μ 应变)	S2 RMS Y 轴(μ 应变)	S3 RMS Z 轴(μ 应变)	S4 (μ 应变)
Z	1.02	0.70	16.54	16.58
XYZ	6.67	11.28	15.48	20.28
6-DOF	8.51	11.07	16.21	21.40

4）多维振动结构损伤分析

单台振动和多维振动对结构的损伤效应不一样，针对某宇航产品结构件分别进行了 X、Y、Z 三正交方向的顺序随机振动试验和六自由度随机振动试验，如图 8.66 所示。试验条件为环境应力筛选谱，如图 8.67 所示。表 8.6 所示为产品上同一截面不同象限上的三个测量点的试验比较。

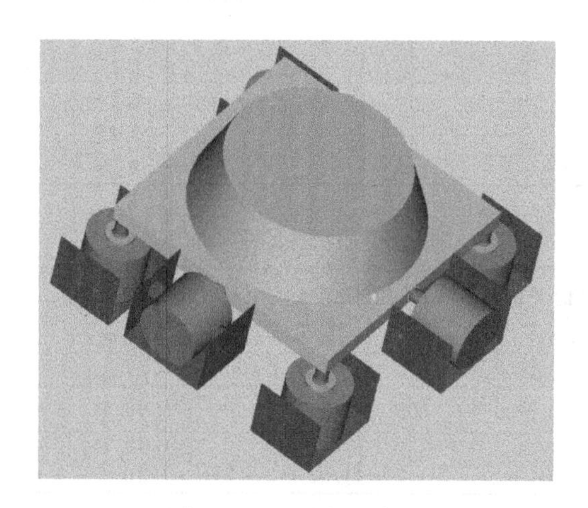

图 8.66　试验件示意图

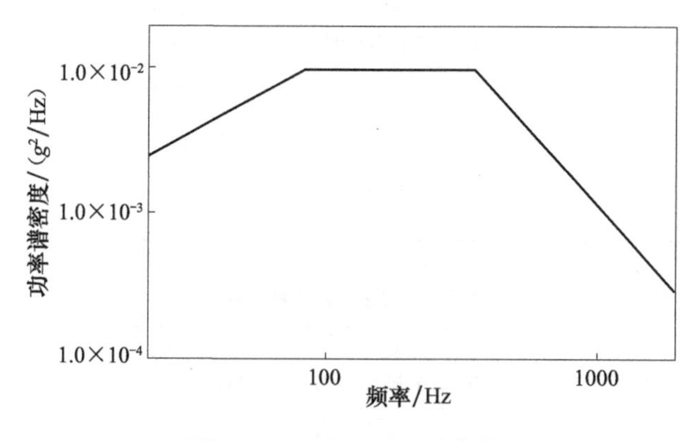

图 8.67　随机振动试验条件

表 8.6　试验典型测点不同振动试验的差异

测点编号	测点方向	X 向振动		Y 向振动		Z 向振动		六自由度振动	
		RMS	主轨迹	RMS	主轨迹	RMS	主轨迹	RMS	主轨迹
1	R	5.00	RX 方向	5.74	RX 方向	4.97	T 方向	7.94	RX 方向
	T	1.38		1.13		2.99		3.59	
	X	3.49		2.35		1.60		3.93	
2	R	3.28	RX 方向	4.15	RT 方向	3.97	RT 方向	6.19	RX 方向
	T	1.89		2.06		2.91		4.00	
	X	3.34		1.46		1.43		3.66	
3	R	4.35	RX 方向	2.82	T 方向	5.55	RX 方向	7.79	RX 方向
	T	0.94		2.85		1.36		2.96	
	X	3.25		1.30		2.14		3.87	

根据上述数据，对单轴和多维振动激励所造成的疲劳积累损伤进行初步的定量分析，按各测点的空间主运动轨迹合成等效加速度功率谱密度和均方根值 σ_{ae}，将各测点的等效加速度谱转化为速度谱，并求出等效速度均方根值 σ_{ve}，求出等效频率 f_e，按照结构动态应力正比于速度响应的关系推出各状态应力水平的关系。按照文献[10]推荐的不同应力水平等效试验时间的关系

$$T_2 = T_1(\sigma_1/\sigma_2)^b, \quad 一般取\ b = 4 \tag{8.32}$$

考虑到等效频率的影响得到单维与多维的等效试验时间关系

$$n_{ei} = \frac{T_{ei}}{T_{e6DOF}} = \frac{f_{e6DOF}}{f_{ei}} \cdot \left(\frac{\sigma_{e6DOF}}{\sigma_{ei}}\right)^4, \quad i = X,Y,Z \tag{8.33}$$

将单维顺序试验的等效试验时间求和即可得到单维与多维振动试验的累积疲劳损伤关系

$$N = \sum_{i=X,Y,Z} \frac{1}{n_{ei}} \tag{8.34}$$

表 8.7 为单维和多维振动试验的典型测点等效加速度和等效速度及等效频率的计算结果，表 8.8 给出了单维相对于多维振动试验的等效试验时间。

从试验件的结构特点和以上各表数据分析可知单维相对于多维振动试验的等效试验时间分别为 0.44、0.607 和 0.497，即多维振动试验造成的疲劳损伤为单维顺序三向振动试验 1.6 倍以上。

表 8.7　各试验状态等效加速度、等效速度和等效频率

试验状态		A6	A9	A12
X 向振动	等效加速度 σ_{ae}/g	5.63	4.2	4.85
	等效速度 $\sigma_{ve}/(m/s)$	0.052	0.041	0.049
	等效频率 f_e/Hz	167.6	163.2	159.1

续表

试验状态		A6	A9	A12
Y向振动	等效加速度 σ_{ae}/g	5.97	4.31	2.87
	等效速度 σ_{ve}/(m/s)	0.055	0.043	0.039
	等效频率 f_e/Hz	166.7	162.6	150.7
Z向振动	等效加速度 σ_{ae}/g	2.87	4.42	5.56
	等效速度 σ_{ve}/(m/s)	0.035	0.044	0.053
	等效频率 f_e/Hz	128.3	145.2	153.7
六自由度振动	等效加速度 σ_{ae}/g	8.35	6.53	8.15
	等效速度 σ_{ve}/(m/s)	0.08	0.063	0.074
	等效频率 f_e/Hz	163.2	163.2	166.5

表 8.8 单轴相对六自由度振动的等效试验时间系数

测点	单轴相对六自由度振动的等效试验时间系数			
	X向	Y向	Z向	累积
1	0.183	0.228	0.029	0.440
2	0.179	0.216	0.212	0.607
3	0.184	0.070	0.243	0.497

同样,国外也开展了基于典型的宇航产品Ku频段转发器的振动试验[11],进行了三轴试验和单轴振动试验,三轴试验时间与单轴试验时间一样,在使用同一试验程序的情况下,同时三轴随机激励引起的疲劳损伤大约是顺序施加单轴激励所引起的疲劳损伤的两倍。

与8.3节中振动环境试验一样,在宇航产品的多维振动试验中,产品边界条件或称为产品的状态和真实的飞行状态不一致时,也一样会引起结构响应的不一致。如仪器舱振动试验时,没有带有效载荷参加试验,也就出现了试件的界面连接条件和使用中的实际状况不一致的问题。连接界面的变化一方面造成结构质量特性的变化,另一方面造成界面阻抗特性的变化,这种不一致会引起结构响应不一致,从而会导致结构的破坏模式的不一致。

在特定的试验目的要求下,如星箭系统的基础激励模态测试、环境试验考核、导航精度试验、力限条件的获取等,有必要开展卫星与运载火箭的多维振动试验。在我国载人飞船的研制过程中就实施了仪器舱飞船联合状态的振动试验。

8.6 小 结

本章对卫星与运载火箭联合力学环境相关的主要试验技术进行综述,包括全箭模态试验、星箭分离试验、星箭振动试验、星箭噪声试验及多维振动试验等。卫星与运载火箭联合动力学试验由于试验件状态和试验边界条件模拟真实，结构动力学响应分布和大小与飞行状态响应更加一致，正在逐渐被航天工程研制所重视，将成为提高力学环境试验覆盖性和有效性的重要途径。与卫星和火箭单独开展的动力学试验相比，联合试验既有相似之处，亦有自身的特点，而且实施起来往往难度更大。根据未来试验技术的发展，在系统级层面应加强如下研究和应用工作：

(1) 加强星箭系统级动力学数值分析和仿真研究。

(2) 加强组合动力学环境试验技术研究，如星箭声振综合环境、任务剖面模拟等试验技术研究。

(3) 推广多维振动试验技术。

参考文献

[1] 王建民. 根据导弹模态试验结果诊断其结构缺陷的方法[J]. 强度与环境，2005，(3)：14～18.

[2] 黄怀德. 振动工程[M]. 北京：中国宇航出版社，1995.

[3] 王建民，荣克林. 捆绑火箭全箭动力学特性研究[J]. 宇航学报，1999，30(3)：821～826.

[4] 邱吉宝，王建民. 航天器虚拟动态试验技术研究及展望[J]. 航天器环境工程，2007，2(1)：1～15.

[5] 张正平，任方. 飞机噪声技术研究——工程解决方法[J]. 航空学报，2008，29(5)：1207～1212.

[6] Stephen H C. Random Vibration[M]. New York: John Wiley & Sons, 1959.

[7] Hughes W O, McNelis M E, Manning J E. NASA lerc's acoustic fill effect test program and results[R]. National Aeronautics and Space Administration, 1994.

[8] 吴家驹，荣克林. 多维振动环境试验方法[J]. 导弹与航天运载技术，2003，(4)：27～32.

[9] Gregory D, Bitsie F, Smallwood D O. Comparison of the response of a simple structure to single axis and multiple axis random vibration inputs[R]. SVB, 2008.

[10] National Aeronautics and Space Administration. NASA-STD-7005　Dynamic Environmental Criteria[S]. Washington DC: National Aeronautics and Space Administration, 2001.

[11] Himelblau H, Hine M J, Frydman A M, et al. Effects of triaxial and unaxial random excitation on the vibration response and fatigue damage of typical spacecraft hardware[R]. SVD, 1996.

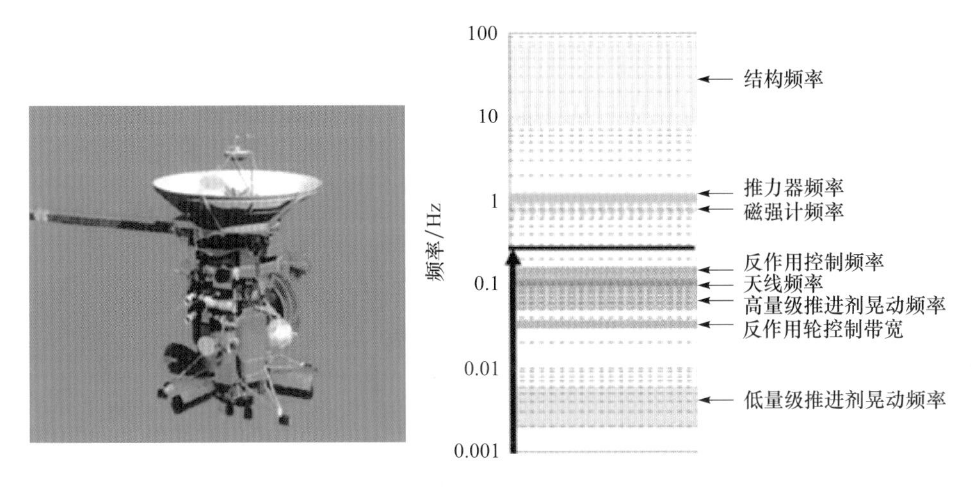

图 1.3　Cassini 深空探测器影响其指向精度的主要频率分布

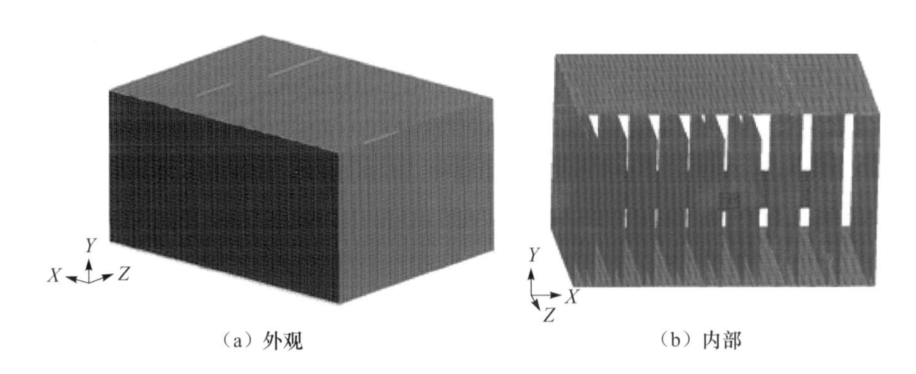

图 2.5　某卫星电源分系统控制单机有限元模型

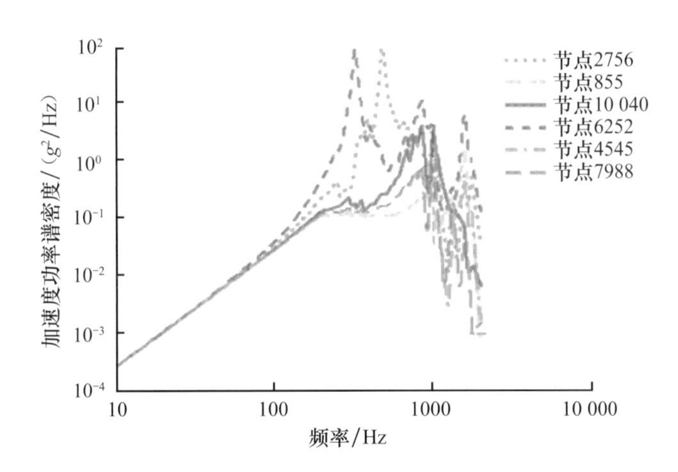

图 2.6　某卫星电源分系统控制单机典型节点的加速度响应谱

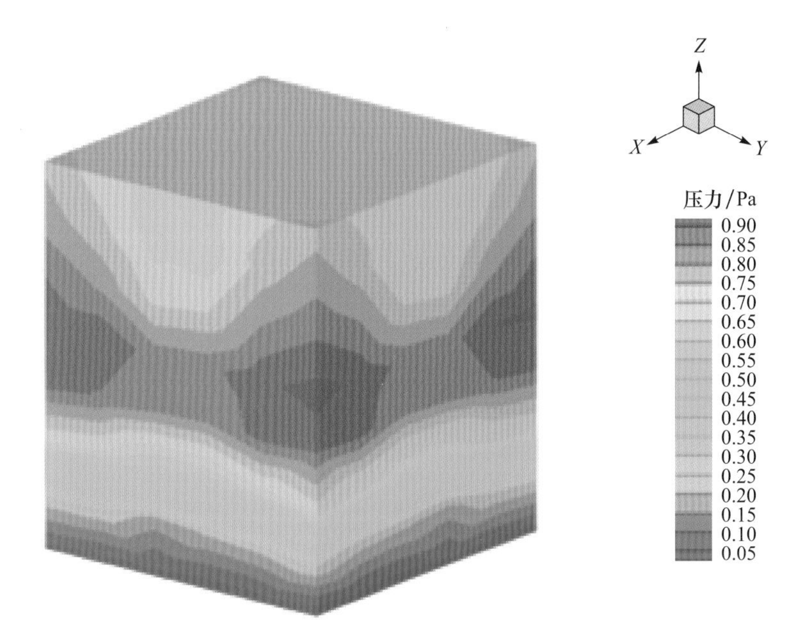

图 2.11　声源频率 20Hz 时结构表面的声压分布

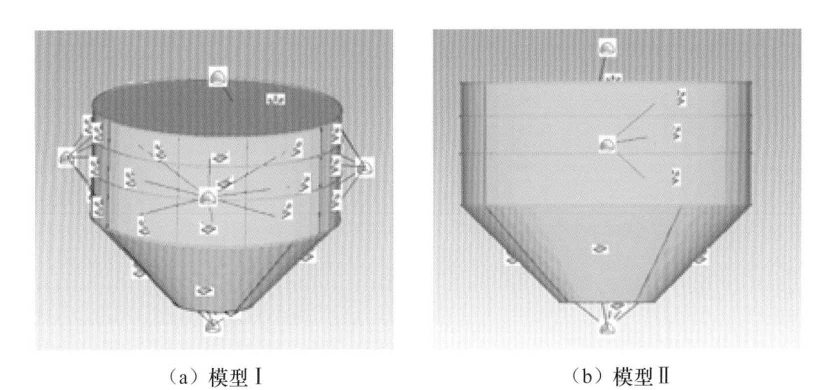

（a）模型Ⅰ　　（b）模型Ⅱ

图 2.14　仪器舱的统计能量模型

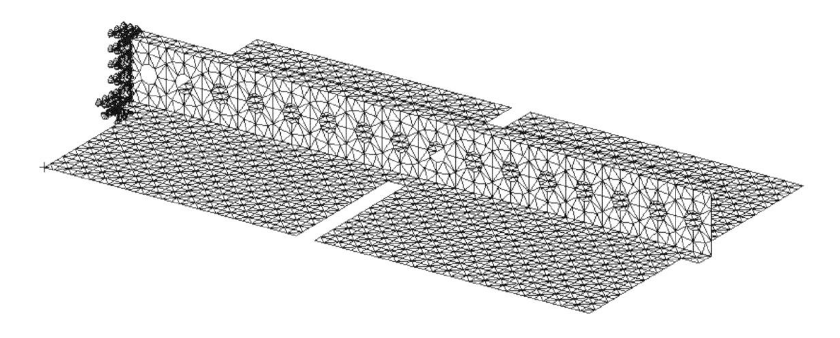

图 2.24　梁板组合结构的有限元模型

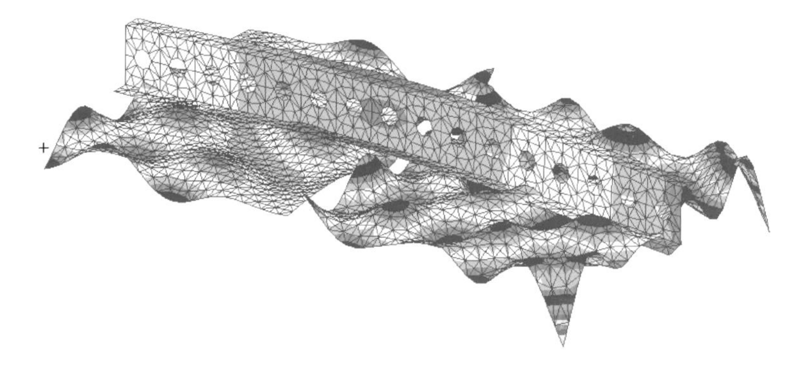

图 2.25　有限元模型(未添加集中质量)的第 100 阶模态(903.86Hz)

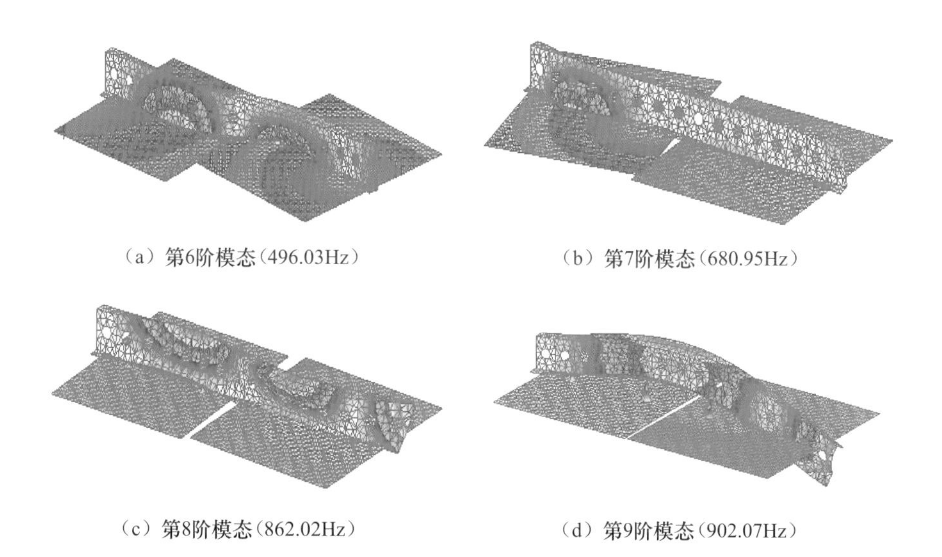

(a) 第6阶模态(496.03Hz)　　(b) 第7阶模态(680.95Hz)

(c) 第8阶模态(862.02Hz)　　(d) 第9阶模态(902.07Hz)

图 2.29　确定性子系统的各阶模态

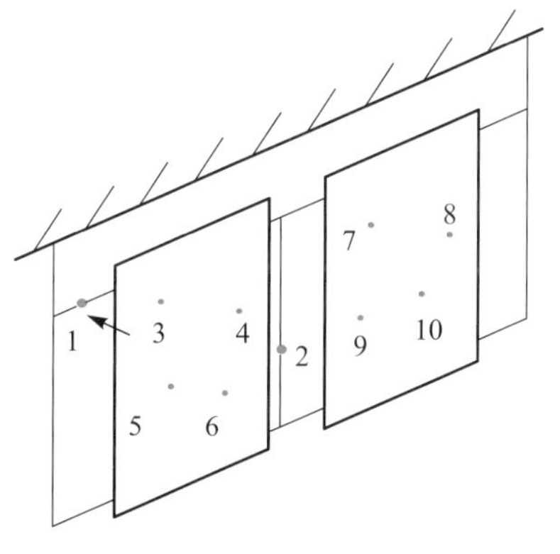

图 2.31　梁板组合结构及测点

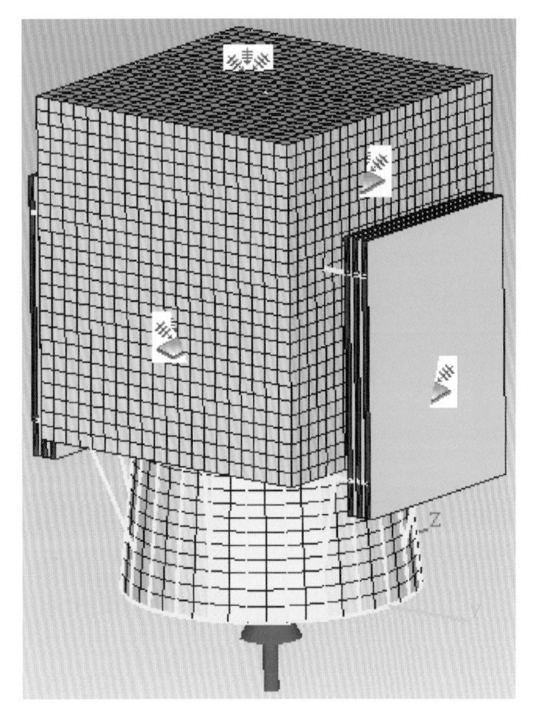

图 2.34　混合 FE-SEA 模型

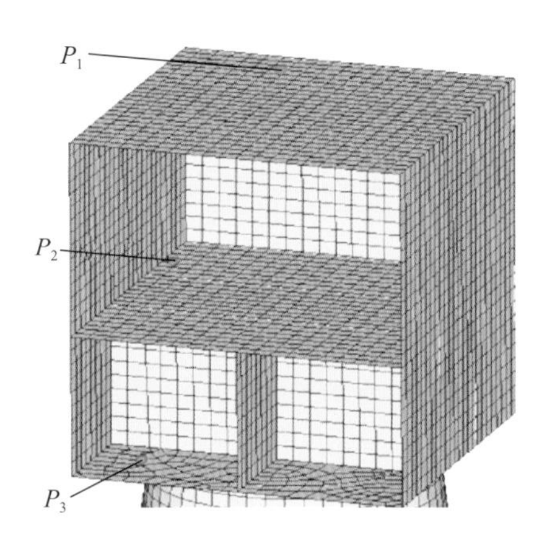

图 2.35　计算输出点位置

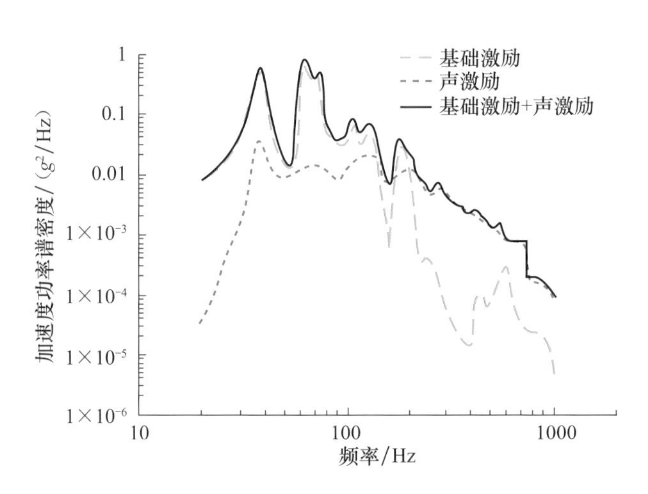

图 2.36　P_1 在组合载荷作用下的响应曲线

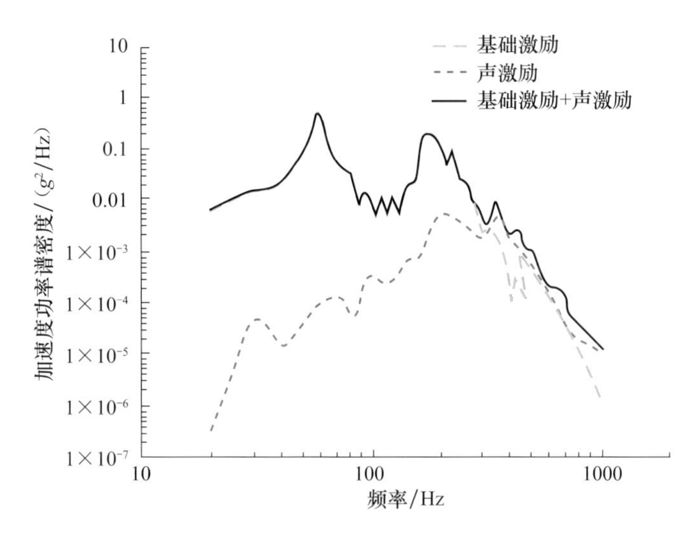

图 2.37 P_2 在组合载荷作用下的响应曲线

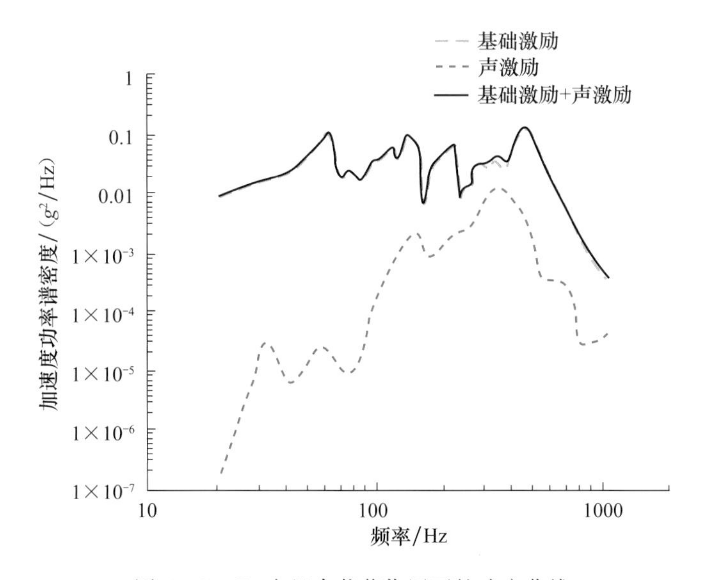

图 2.38 P_3 在组合载荷作用下的响应曲线

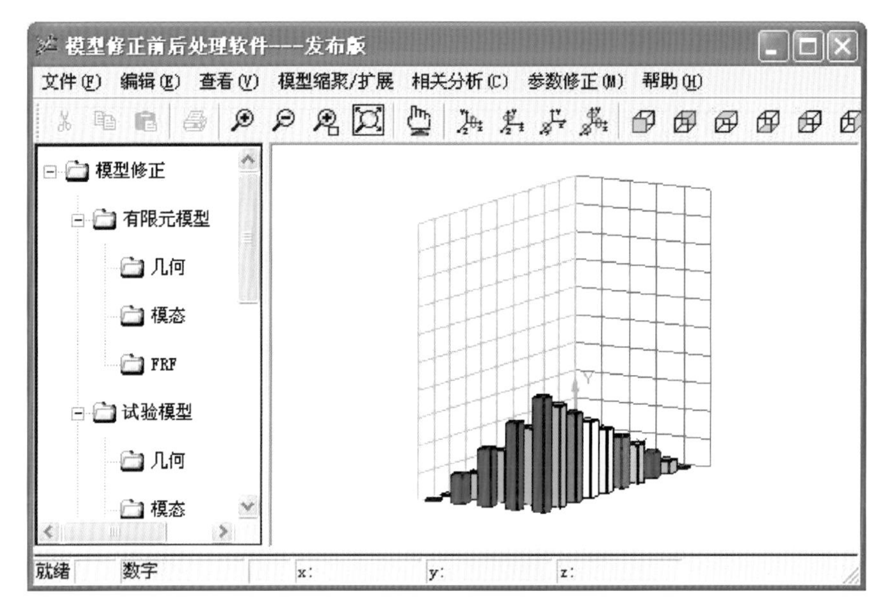

图 3.11　有限元模型修正软件界面

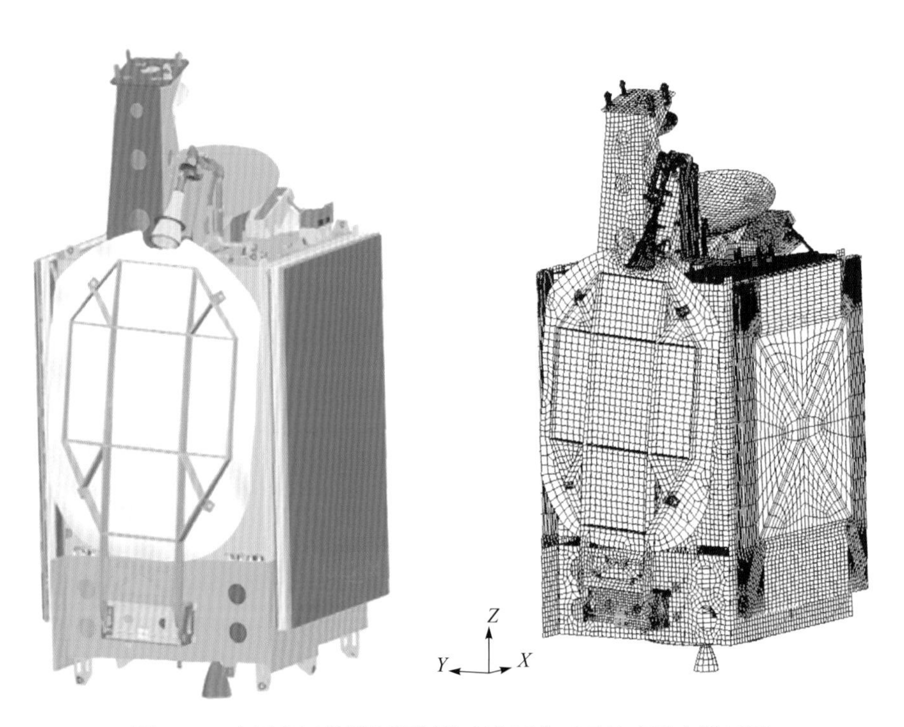

图 3.12　中国为巴基斯坦研制的商业通信卫星构型及有限元图

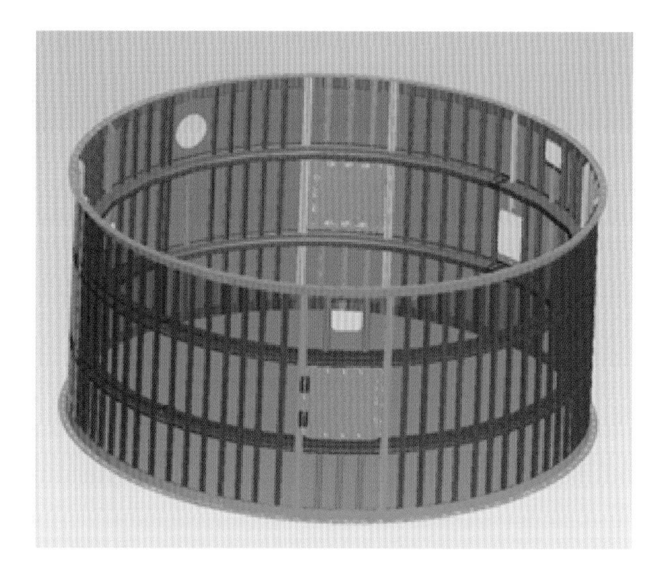

图 3.16　蒙皮加筋圆柱壳结构

图 4.20　动态信号采集器

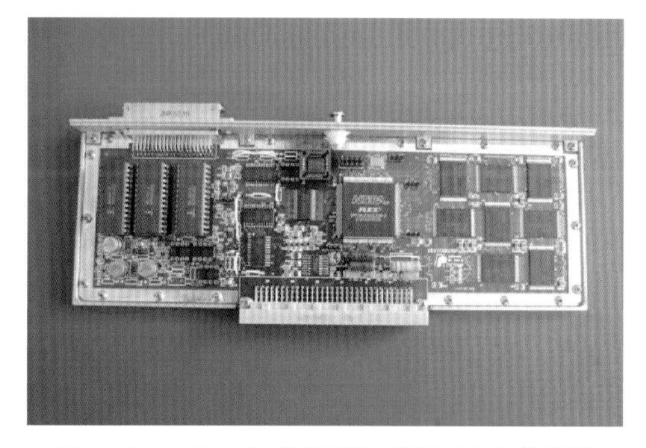

图 4.45　卫星力学环境遥测系统采集模块

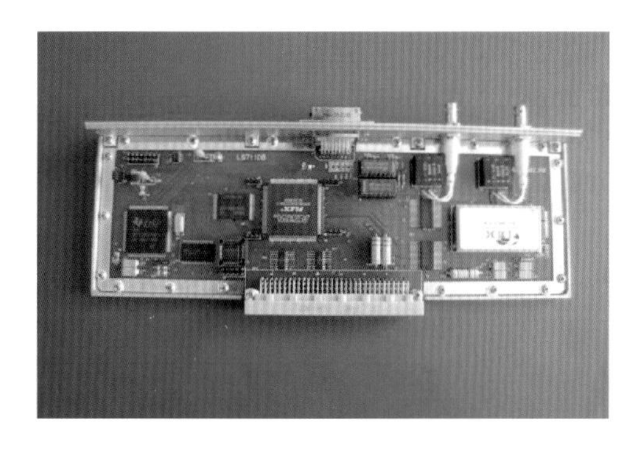

图 4.46　卫星力学环境遥测系统中央处理单元模块

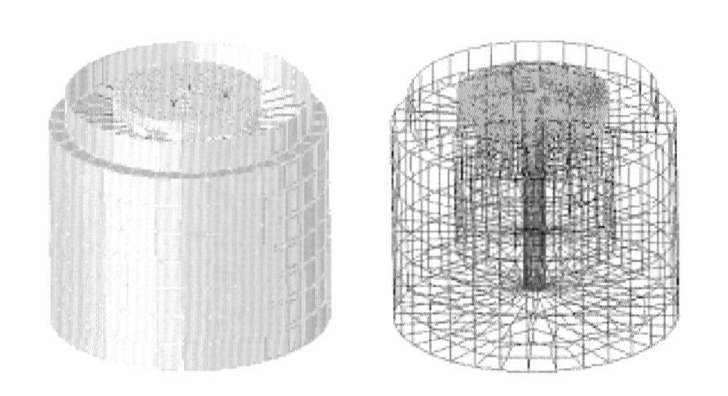

图 6.22　20 吨振动台有限元模型

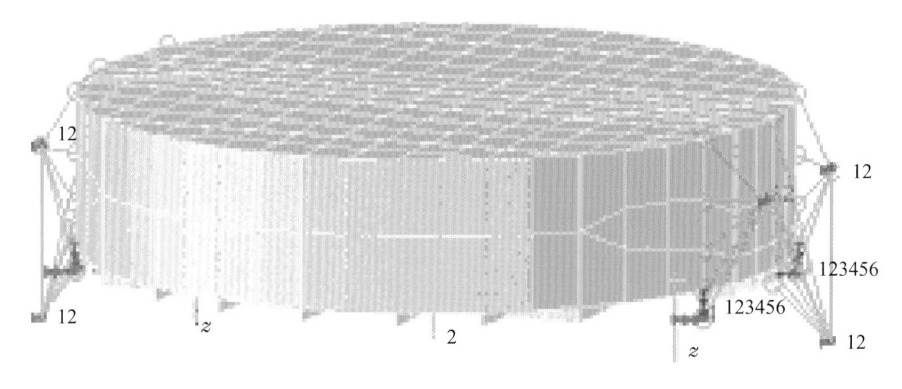

图 6.23　40 吨扩展台面有限元模型

图 6.24　40 吨振动台侧向实物图

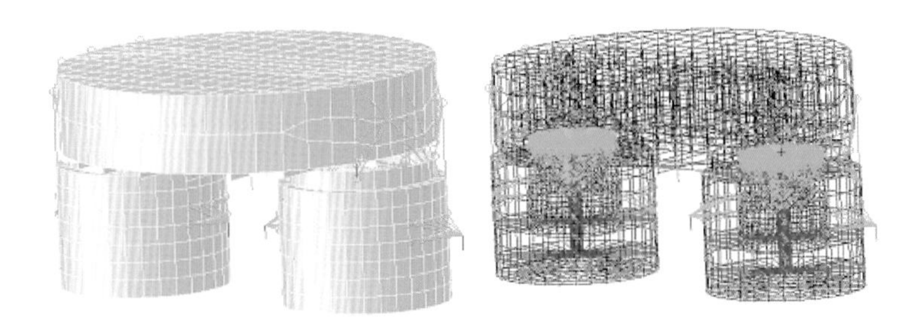

图 6.25　40 吨振动台有限元模型(垂直方向)

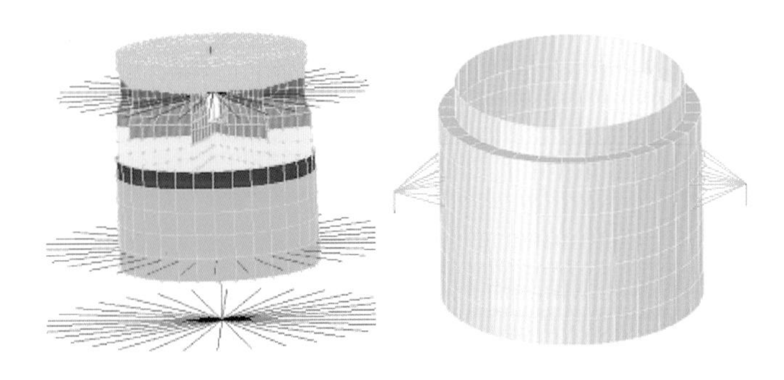

图 6.27　振动台动圈物理特性图

图 7.9　力测量工装

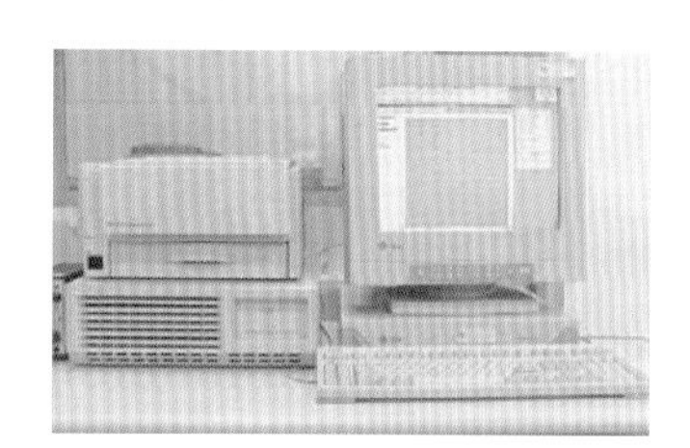

（a）控制仪

（b）信号调节器

（c）振动台及FMD

（d）力传感器

图 7.11　力限试验系统主要仪器设备

图 7.13　通用力测量工装

(a) 通过传统试验夹具安装

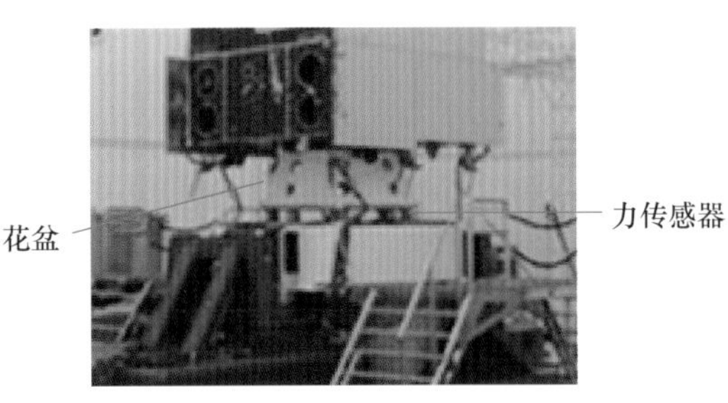

(b) 通过力测量工装安装

图 7.14　垂直方向振动试验安装方式

(a) 通过传统试验夹具安装

(b) 通过力测量装置安装

图 7.15　水平方向振动试验安装方式

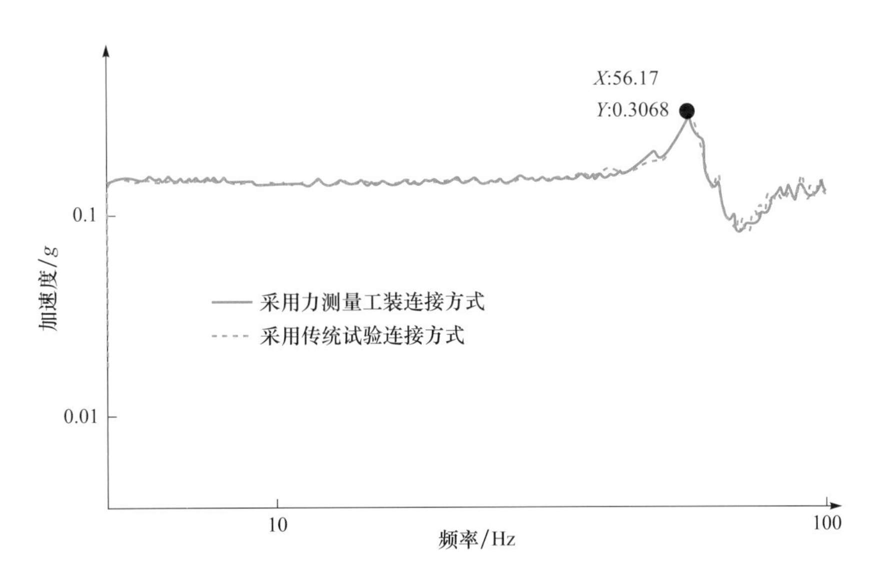

图 7.16　垂直方向试验卫星结构响应

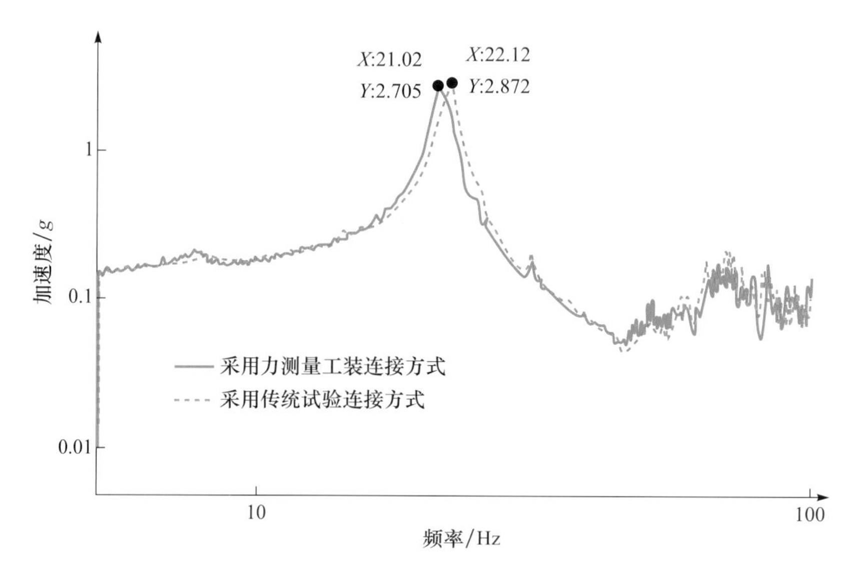

图 7.17　水平方向试验卫星结构响应

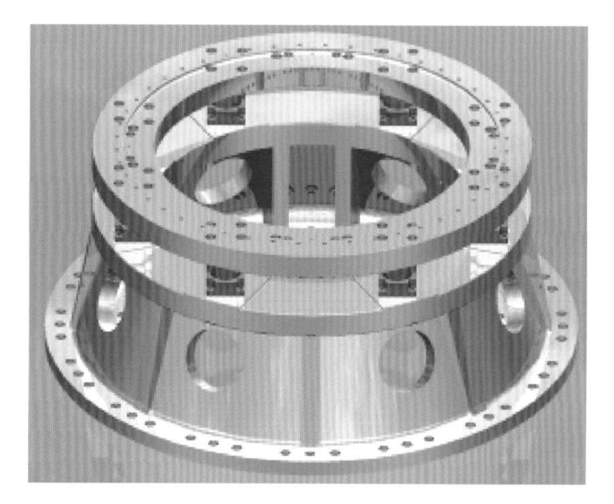

图 7.18　专用力测量工装

（a）采用专用FMD连接

（b）传统工装连接

图 7.20　卫星模拟结构水平方向振动试验

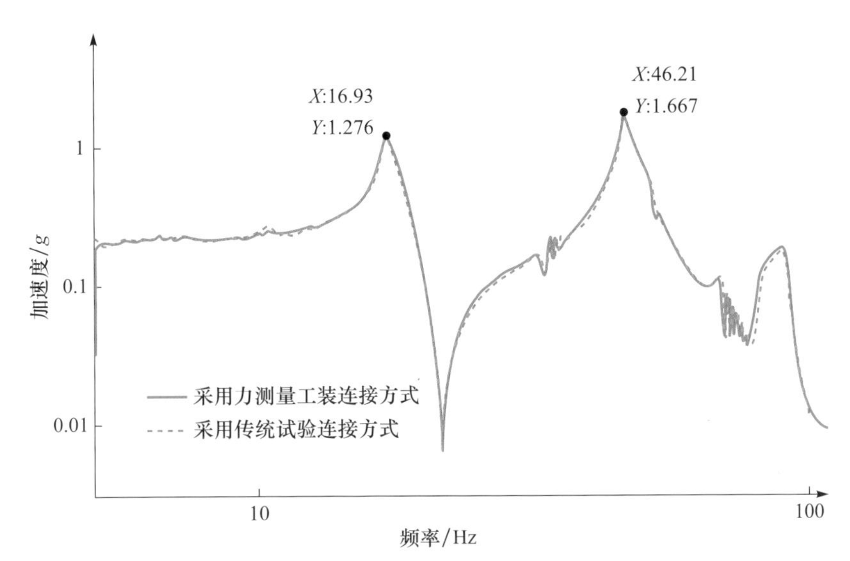

图 7.21　水平方向振动卫星模拟结构响应比较

图 7.22　卫星模拟结构振动试验

图 7.26　卫星垂直方向振动试验

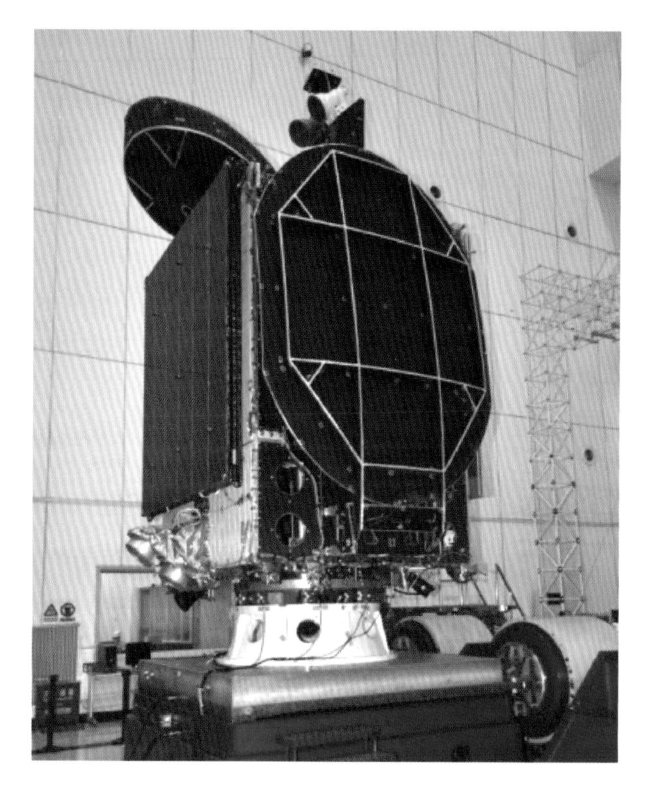

图 7.28　卫星水平方向振动试验

图 7.34　卫星力限控制振动试验

图 8.5　全箭振动塔的外观图

图 8.14　整流罩分离试验

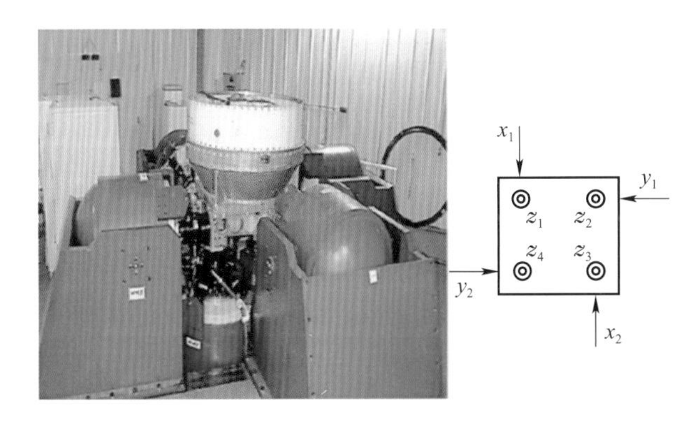

图 8.53　美国空军实验室多轴试验系统

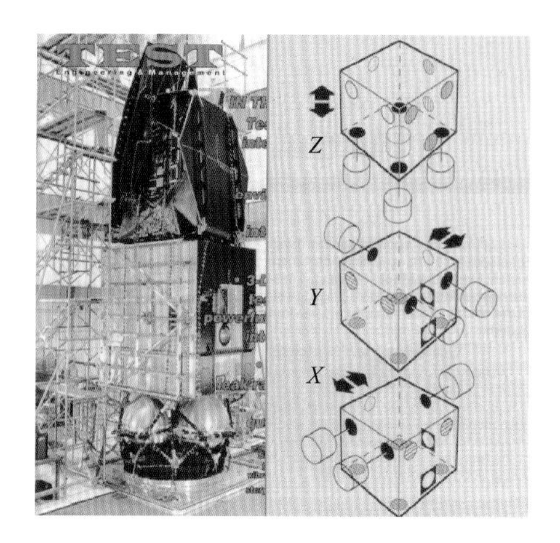

图 8.54　日本某卫星多维振动试验系统

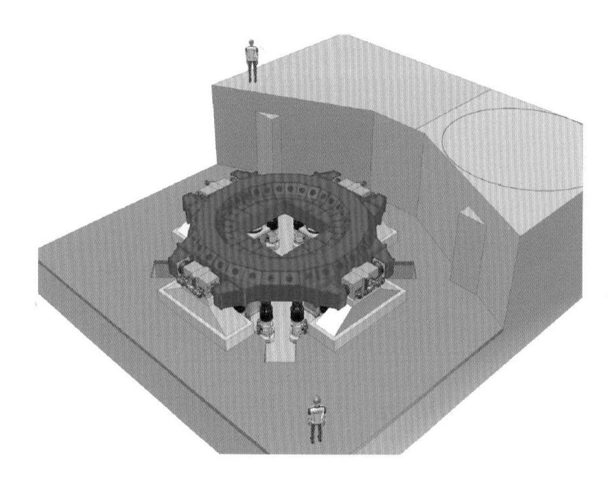

图 8.55　美国 NASA 的在建多维振动试验系统

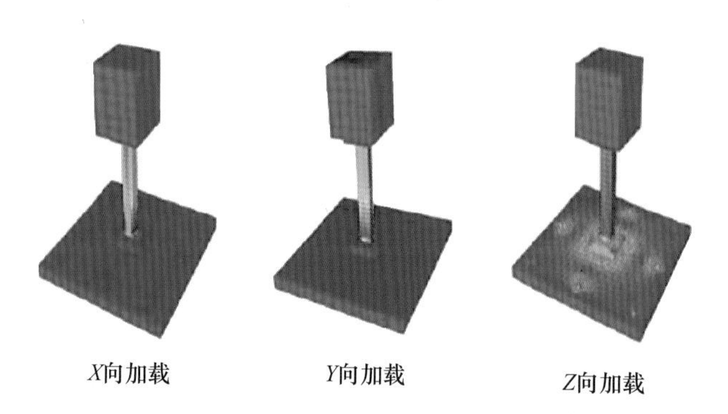

图 8.64　单轴输入的最大应力